当一个事物有助于保护生物共同体的和谐、稳定和美丽的时候,它就是正确的,当它走向反面时,就是错误的。

——奥尔多·利奥波德

地球之难：困境与选择
THE GLOBAL DISASTER Dilemma and Selection

孙家驹◎著

江西人民出版社

目 录

一、引论
(一) 颠覆性 … 1
(二) 整体性 … 4
(三) 探索性 … 6
(四) 开放性 … 7

二、大地整体论
(一) 土地共同体 … 9
(二) 自毁之因果 … 13
(三) 伦理追溯 … 16
(四) 科学与情感 … 19

三、现代盖娅论
(一) 地球生命体 … 26
(二) 盖娅进化 … 30
(三) 盖娅自调节 … 33
(四) 盖娅的意义 … 38

四、共生进化论

(一)生物学困惑　　45
(二)共生与进化　　49
(三)共生与盖娅　　52
(四)生命与非生命　　56

五、环境与生命

(一)天平倾斜　　61
(二)地球构造　　66
(三)生命起源　　70

六、进化之谜

(一)生命进化　　77
(二)环境演化　　82
(三)进化之网　　86

七、人猿分手

(一)漫漫长途　　91
(二)天择性择　　99
(三)手脑强者　　106

八、创造文明

(一)采集群体　　111

(二)食物生产　　　　　　　　　　118
(三)历史浩劫　　　　　　　　　　127

九、人口困境

(一)人口争议　　　　　　　　　　135
(二)乘数效应　　　　　　　　　　142
(三)骑虎难下　　　　　　　　　　147

十、自然已非

(一)悄然巨变　　　　　　　　　　155
(二)人类选择　　　　　　　　　　163
(三)临渊履薄　　　　　　　　　　170

十一、社会苦难

(一)平等失落　　　　　　　　　　176
(二)暴力与异化　　　　　　　　　186
(三)出路何在　　　　　　　　　　193

十二、伦理危机

(一)道德基因　　　　　　　　　　204
(二)伦理拓展　　　　　　　　　　210
(三)走出困境　　　　　　　　　　216

十三、心理探秘

(一)心灵之窗　　　　　223
(二)心理疾患　　　　　231
(三)新的方向　　　　　239

十四、市场祸福

(一)市场功绩　　　　　253
(二)市场之祸　　　　　261
(三)祸福之因　　　　　268
(四)聚焦谜团　　　　　277

十五、和谐之路

(一)文化进化　　　　　284
(二)复活自然　　　　　295
(三)社会变革　　　　　305

十六、老龄社会

(一)总量与结构　　　　318
(二)老龄化问题　　　　326
(三)柳暗花明　　　　　332

主要参考书目　　　　　　345

Table of contents

One: Introduction

(1) Subvention   1
(2) Holism   4
(3) Exploration   6
(4) Openess   7

Tow: Holism of the earth

(1) Earth Community   9
(2) Cause and Effect of Self-destruction   13
(3) Retrospect of Ethics   16
(4) Science and Emotion   19

Three: Gaia Hypothesis

(1) Earth of Life   26
(2) Evolution of Gaia   30
(3) Self-regulation of Gaia   33
(4) Meaning of Gaia   38

Fore: Symbiosis theory

(1) Confusion of Biology   45
(2) Symbiosis and Evolution   49
(3) Symbiosis and Gaia   52
(4) Life and Non-life   56

Five: Environment and life

(1) Bias of Balance   61
(2) Construction of the Earth   66
(3) Origin of Life   70

Six: The enigma of evolution

(1) Evolution of Life   77
(2) Evolution of Environment   82
(3) The Net of Evolution   86

Seven: evolution of human being

(1) Long Journey   91
(2) Natural Selection   99
(3) Brain and Hands   106

Eight: Creation of civilization

(1) Collect Popular   111

(2) Production of Food	118
(3) Disaster of History	127

Nine: Dilemma of popular

(1) Controversy of Population	135
(2) Effect of Multiplication	142
(3) Dilemma of Population	147

Ten: change of nature

(1) Radical Change	155
(2) Human Choice	163
(3) Ice Brink	170

Eleven: misery of society

(1) Loss of Equality	176
(2) Violence and Alienation	186
(3) Way Out	193

Twelve: crisis of ethics

(1) Gene of Ethics	204
(2) Expansion of Ethics	210
(3) Walk Out of Predicament	216

Thirteen: exploration of psychology

(1) Window of Heart 223
(2) Illness of Psychology 231
(3) New Direction 239

Fourteen: market effect

(1) Contribution of Market 253
(2) Misfortune of Market 261
(3) Cause of Effects 268
(4) Focus on the Enigma 277

Fifteen: path of harmony

(1) Evolution of Civilization 284
(2) Revival of Nature 295
(3) Revolution of Society 305

Sixteen: aging society

(1) Amount and Structure 318
(2) Problem of Aging 326
(3) Turning Point 332

References 345

一

引 论

生命是行星尺度的现象,地球是一个活的生命体。地球上所有具体的生命形式包括人类都共生于地球生命体之中,都不能离开这个生命体而孤立地存在。所有具体的生命之间是一个既竞争又协同的关系,竞争是协同的动力机制,协同是生命的实现形式,竞争从属于、服务于协同,淘汰不协同从而推动协同的进化,协同是更深层更本质的关系,如果竞争破坏、摧毁了协同,地球生命体就会解体。地球生命的整体性、协同性,是人类实现可持续发展的认识和实践基础。也是本书全部论述将一以贯之的主线。

(一) 颠覆性

1962年,美国海洋学家卡逊的惊世之作《寂静的春天》问世,标志着科学家、学者和民众对资源环境问题广泛关注的开始。随着资源环境问题的真相不断被揭示出来和民众压力的不断增大,各国政府乃至联合国也开始介入这一进程。10年后的1972年,联合国在瑞典斯德哥尔摩召开第一次世界性的人类环境会议,会议提交了一份集58个国家152位一流科学家和学者智慧、影响深远的《只有一个地球》的研究报告,通过了具有里程碑意义的《人类环境宣言》。1987年,世界环境与发展委员会向联合国第38届大会提交了一份《我们共同的未来》的研究报告,对实现可持续发展提出了"全球的变革日程"和对策,为各国采取一致行动提供了途径和方法[①]。1992年,联合国在里

[①] 世界环境与发展委员会:《我们共同的未来》,王之佳等译,吉林人民出版社,1997年版第5页。

约热内卢召开环境与发展会议,179个国家表决通过了《二十一世纪议程》的工作计划。半个世纪来,科学家和学者们所提供的大量的相关研究成果,已使人类对环境问题的认识有了巨大的进步;各国政府所制定的相关法律、政策、规划,联合国会议所产生的相关宣言、公约、法规,各国政府和联合国所设置的相关机构及各种相关民间组织的大量涌现,表明人类在可持续发展道路上设置的各种路标和监护正渐成体系;企业节能减排、清洁生产、开发新能源替代技术和资源循环利用流程渐成趋势;社会追求绿色消费、保护环境和生物多样性渐成风气,等等,这一切都显示出:人类在寻求与自然和谐的发展方式中取得了多方面的进展,征服自然的观念正在被抛弃。

但是,人类努力的成效赶不上资源环境恶化的速度,1966年至2007年,人类的生态足迹增长了1倍,已超出地球生态承载力的50%[1],40多年前的地球还有生态盈余,40年后就面临着生命力被耗尽的威胁,而这一切又都是发生在卡逊的呐喊之后和人类生态意识的觉醒之时!这是一个莫大的讽刺,它无情地撕开了现代文明的华丽外衣,暴露出其内在机制悖反可持续的深层问题。无论人们用何种经济增长的数据、环境治理的案例、科技研发的成果、学术争论的观点和文字操控的技巧,都无法掩饰地球生命力正在迅速衰竭的事实。没有社会深层机制的根本性变革,环境恶化的趋势就不可逆转。

地球生命力的衰竭使得她再也难以为人类和众生提供一个相对稳定的生存和进化环境,人类正在进入一个环境剧变、"天灾"频仍、风险莫测的领域,现代文明将承受超出常规频率和规模的干旱、洪水、高温、严寒、飓风、虫灾、疫病的轮番攻击;与此同时,人口膨胀和资源短缺、环境恶化的加剧,又将使人类社会现行结构和运行机制中各种利益的纷争、恶斗等"人祸"困扰有增无减。通往可持续发展的道路似乎荆棘丛生、阴云低垂!人们不禁要问:人类社会有可持续发展的前途吗?

只要人类适应性进化的生物学本能和文化认知能力没有被贪婪和自大所泯灭,严峻的挑战就有可能变成巨大的转机,就有可能催生出人类思维方

---

[1] 世界自然基金会:《地球生命力报告2010》,载中华人民共和国环境保护部《世界环境》2011年第1期。

式、行为方式、发展方式的根本性转变。这就是我们必须坚定可持续发展的信心和希望所在。显然，建立在思维方式、行为方式、发展方式的根本性转变上的信心，与建立在"车到山前必有路"的自我宽慰，与相信科学技术和自由市场会创造出解决一切难题的奇迹的现代迷信，不仅有着根本的不同，而且认为，正是这种自我宽慰和现代迷信使人类心存侥幸和幻想，以致浪费了大量的时间、资源和错失了许多争取历史主动性的机遇，其后果是人类将为此而付出沉重的代价。

可持续发展需要有社会动力和制衡机制的根本性转换，这需要从一些基本观念的颠覆开始。所有的人都必须明白：人类从属于地球生命的整体，人类的福祉依赖于这个生命整体的健全与生命力的增强。生命进化没有预定的计划和目标，但却有自我增强的趋向。与无机宇宙浩瀚巨大、无所不在的自然还原力量相比，地球生命是孤独而脆弱的，地球生命从单细胞到多细胞、单一性到多样性、少数生态位到各种生态位、生产者—还原者两极结构到生产者—消费者—还原者三级结构的进化，正是地球生命趋向越来越充分地利用太阳能和地球的无机资源来生成、壮大自己的进化，正是地球生命趋向自我健全和强大的进化。正是这种进化抗御了还原力量几十亿年无孔不入的袭击，维护了地球远离热力学平衡态的生命适宜性环境和生命自身的安全。在这一过程中，地球上的多样性生命形式是一个协同的整体，都在整体协同中为地球生命的保存和进化作出了贡献。

长期以来，人们把人与人、人与万物间的关系简单地归结为竞争生存资源和吃与被吃的关系，并把这种竞争关系发挥到极致。这种片面的认识将人类引向了一条征服自然和相互征服的道路，迄今为止的人类文明史都是以这两个征服的形式书写的，它虽然遭到人类智慧的无数质疑，但却牢牢地固着在人类的思维、行为和制度的内在机制之中。人类未来的前途全在于改弦易辙！如何改弦易辙？是等到"不到乌江不尽头""不见棺材不落泪"时再改吗？这对个人而言可谓司空见惯，但对于人类而言则必须避免这种毁灭性灾难！人类的科学和智慧已经具备了这种条件。本书以大量的自然科学和人文科学研究成果，全方位地给出地球生命世界和人类社会现象的宏观与微观、历史与现实的统一图景，跨越过往的局限，颠覆执迷的信条，其目的就是要为构建人类协同推进可持续发展的认识基础作出努力。

(二)整体性

现代人类所面临的可持续发展问题无疑是一个巨大的整体性问题,而且现代人类在总体上也已奠定了对这一整体性问题认识的基础,正如《只有一个地球》所指出的那样:

"我们在统一性上,过去还缺乏广博的理论。我们的预言家曾寻求过这种理论。我们的诗人曾梦想过这种理论。但是只有到了我们现在的时代,天文学家、物理学家、地质学家、化学家、生物学家、人类学家、人种学家和考古学家,全都联合在先进的科学之中,才得出唯一的论证。这个论证告诉我们,在人类的任何一个历程中,我们都属于一个单一的体系,这个体系靠单一的能量提供生命的活力。这个体系在各种变化的形式中表现出根本的统一性,人类的生存有赖于整个体系的平衡和健全。"①

但这决不等于我们今天已解决好了整体性的认识问题。可持续发展之所以步履蹒跚,其原因很多,但可以归结为两个:一是认识问题,现代社会细密的分工已使所有的人都有可能成为某一领域的专家,但很难有人是众多领域更不要说是所有领域的通才,个人和专业化组织对事物和世界缺乏整体性认识是一个普遍现象。二是利益问题,现代社会是一个各种利益主体逐利最大化的社会,不仅没有直接商业化价值的课题难以获得研究资助,不仅生存竞争的巨大压力使得绝大多数人没有多少时间、精力和兴趣去关注整体性和持续性问题,而且人们的所思所行皆为利动,屁股指挥脑袋,为了私利而缩小、夸大、掩盖、歪曲真相的现象比比皆是,这就使人们更难以知道事物的全貌。早在50年前,蕾切尔·卡逊就尖锐地指出:

"现在是这样一个专家的时代,这些专家们只眼盯着他自己的问题,而不清楚套着这个小问题的大问题是否褊狭。现在又是一个工业统治的时代,在

---

① [美]芭芭拉·沃德等:《只有一个地球—对一个小小行星的关怀和维护》,《国外公害丛书》编委会译校,吉林人民出版社,1997年版第258页。

工业中,不惜代价去赚钱的权利难得受到谴责。当公众由于面临着一些应用杀虫剂造成的有害后果的明显证据而提出抗议时,一半真情的小小镇定丸就会使人满足。我们急需结束这些伪善的保证和包在令人厌恶的事实外面的糖外衣。"①

正是由于绝大多数人类个体和专业化、利益化组织都难以达到对事物和世界的整体性认识,这就带来了一个尖锐的矛盾:人类的各个个体和组织过度沉陷于自身利益的竞争之中,而很少关注和了解整体性和长远性问题,而我们恰恰又是地球生命整体的一部分并生活在社会的全球化时代。要解决这个矛盾就必须致力于消除产生这一矛盾的上述两个原因,这就要求我们既要在理论建设中大力推进哲学与相关自然科学和社会学成果的大整合,打开人们的专业性狭隘眼界去放眼天地人的全貌,为社会宣传、国民教育、文化观念和思维方式转变创造条件;又要在社会实践中大力推进适应可持续发展要求的利益机制变革,从而使社会的经济组织、利益机制、伦理规范、政治结构、文化观念和个人的知识基础、行为准则整体性地协同起来。

适应这种要求,本书的论述从地球是一个生命体开始,并作为特例以3章的篇幅分别介绍利奥波德、拉伍洛克、马古利斯三位科学家的伟大创见,而没有占用过多的篇幅去作相关的广征博引,不仅是因为我感到他们的科学发现可以单独成篇,而且是要给读者以人类认识发展的具体历史感。这样做,比把他们的卓识与其他人的相关贡献等量齐观地作为例证来综述,更能引起一般读者对科学的亲近感和对人与自然关系问题的沉思。在此基础上,本书对地球演化、生命进化、人猿分化、历史文明等进程所作的展示,对当代经济、人口、自然、社会、伦理、心理、教育、政治、文化等问题的探讨,也都是以整体性的视野和方法所作的尝试。这里的困难是显而易见的,因为刨根究底比就事论事要费力得多,但是,如果不找到问题的根本所在,也就不知道人类的根本出路何在。

需要申明的是:本书所探讨的主要是问题,这决不等于我只看到了问题

---

① [美]蕾切尔·卡逊:《寂静的春天》,吕瑞兰等译,吉林人民出版社,1997年版第11页。

而看不到成就,更不等于我要否定成就。历史学家对人类文明的伟大成就有着海量的论述,我即使只是简要的提及,也将使本书冗长得令人生畏;同时,我所探讨的问题也是有选择的,而不可能是巨细无遗,如不这样,本书也将永无完成之时。这会不会严重损害我们对世界事物整体性的认识呢?不会,因为我们对世界事物整体性的认识不是详尽无遗地复写,而是"观古今于须臾,抚四海于一瞬"的把握。而我们的具体生活实践,则是同各人所遇到的各种具体事物打交道,这既需要我们去深入地认识这些具体事物的细节和特殊性质,又需要我们在整体性的把握中认识其在复杂的世界之网中的关系。因而,强调整体性认识的重要性,决不否定专门性的深入剖析所形成的专业知识,二者是互为前提、相互补益的,如果把它们对立起来,我们的认识要么如浮云轻烟,随风飘忽无依,要么如朝菌蟪蛄,不知晦朔春秋。

(三)探索性

在人生的道路和社会的发展中,人们总是盼望能有天才、伟人的指引。的确,没有天才,人类至今仍然会坚信地球是宇宙的中心,自己是万物之灵。人们总是希望有人能对疑难问题给出答案,特别是在艰辛、踟蹰的探索旅途中,连博学多才的大师们也会因没有从权威那里获得肯定的结论而抱怨。著名的精神分析学家威廉·赖希肯定列宁指明了"幸福的爱情生活"的方向,但抱怨他"没有提出一个纲领性的意见"[①]。乔治·弗兰克尔由衷地赞成马克思的"需要对主流社会进行坚决的批评的观点",但抱怨马克思"在描述社会主义社会应该是什么样的情形上太犹豫不决。可能是这一疏忽导致了共产主义被曲解。倘若他的描述能够更加细致而明确的话,就有可能避免这种歪曲。"[②]思想史上有大量的类似现象,这虽然是可以理解的,但把人当成完人和先知来苛求则是错误的。科学也是如此,如果科学对基因的解读能使每个

[①] [奥]威廉·赖希:《性革命——走向自我调节的性格结构》,陈学明等译,东方出版社,2010年版第175页。

[②] [英]乔治·弗兰克尔:《性革命的失败》,宏梅译,北京国际文化出版公司,2006年版第6页。

人对自己何时要患什么病、何时要离开这个世界都了如指掌,那么人类的生活也就索然无味。科学和所有的人都处在全知与无知的中间点上。探索,是别人无法代劳的,是所有希望拥有未来的人自己的事情。

任何个人和集体都不可避免地存在知识、阅历、精力、关注点的局限,他们的思想理论探索也不可避免地存在各种局限,我们既不能因其有某种局限就轻视甚至否定其价值,也不能因其有价值就看不到或不承认其局限。因而,我在本书中引用或赞赏某人的观点,决不等于我全盘肯定、赞赏他的所有观点;反之,我对某人某种观点持有异议,也不等于是全盘否定某人和他的所有观点。瑕不掩瑜,瑜不掩瑕,瑕瑜互见才是人及其探索的真实情形。

同样的道理也适应本书,因为我在这里要冒险涉猎一些自己所不熟悉的领域,虽然我可以广泛阅读和求教,但受条件和时间所限,我所能做到的也很有限,而且即使能做到,也难免会犯错。人类超出动物的本能去创造自己的文明,这种创造本质上就是一个永无止境的探索过程,它是在无数的犯错改错中实现的,人类如果因探索会犯错而止步,文明就不能持续下去,人类就会沦落成既不能自立,又无法回到自然怀抱中去的弃儿。

从现行的不可持续的发展方式转向可持续,是人类社会发展方式的整体性变革,它不可能靠少数人的努力就能完成,这是一个需要全人类从宏观到微观、从观念到习俗、从制度到伦理、从科技到情感、从生产到生活的整体性探索和创新过程,致力于推进这一过程的人越多,它就越有希望。

(四)开放性

历史上不乏把科学理论当成僵化教条对待的教训,从而阻碍了科学的发展。在半个多世纪前的革命年代里,马克思主义在全球有巨大影响,而弗洛伊德精神分析学在欧美也信之者众,一些精神分析学家尝试把二者结合起来,但由于各自的信徒都把他们所信奉的理论视为绝对真理,像教条那样对待,结果是既封闭了科学的发展道路,又制造了个人悲剧,威廉·赖希就是众多令人感慨的例子之一。赖希认为马克思主义与弗洛伊德主义都是唯物的、辩证的、批判的、革命的,前者是对资本主义的经济批判,后者是对资本主义的心理批判,前者是一种宏观革命论,后者是一种微观革命论,两者不是水火不容而是可以结合的。精神分析学家应跳出"精神分析"的狭隘圈子,把精神分析与社会革命结合起来。只有在社会制度和意识形态方面实现了根本的革命性改造,才能为预防精神病创造必要的前提。如不改变整个社会制度的基础,而要想在某一个领域实行改变,纯属痴心妄想。他于1927年加入了奥地利共产党,以精神分析学会会员和共产党员的双重身份从事社会实践活动和理论研究工作。但他的这种思想和实践遭到来自共产党和精神分析学会两个方面的反对,都将他排斥在组织之外。1939年他定居美国,后又遇到"法庭裁决科学问题"的案子,于1957年猝死于美国的监狱中①。思想的偏执、禁锢,无论是对个人、社会还是科学,都是一个悲剧。

  举这个例子当然不是要去讨论马克思主义与弗洛伊德精神分析学是否可以结合或如何结合的问题,而只是说任何科学的思想和理论都必须是开放的、不断发展的。一切都以时空条件为转移,即使某个人在某个理论中有重要贡献,也离不开对前人和当代人智慧的吸取,并需要后人继续把它推向前进。如果把他们的理论当成僵化的教条,拒斥吸收和发展,自我封闭,就会窒息它的生命力。科学是开放的,只有开放才能达到整体性认识。

---

① [奥]参见威廉·赖希:《性革命——走向自我调节的性格结构》,第255—264页。

二

大地整体论

人类重视土地,因为人类不能离开土地而生存,人类生存和享用的资源几乎全来自于土地;人类又轻视土地,因为人类可以随意摆弄它,可以践踏、翻掘、种植,也可以填埋、移土、建筑,即使后来知道它是微生物的王国并还有蠕虫等许多生物生存于其中,仍然很难引起人类对其尊重的情感。1949年,由于美国科学家奥尔多·利奥波德(Aldo Leopold,1887—1948)的不朽著作《沙乡年鉴》的出版,一种人类与土地的整体性关系才第一次在这里得到深刻的阐发,人类对土地的认识,才开始发生根本性改变。

(一)土地共同体

利奥波德在融汇生态学成果和深刻反省资源保护主义失败的基础上,抛弃了传统的思维方式,从整体上来认识生物与土地的关系,提出土地是一个有机体,土壤、高山、河流、大气、生物等是这个有机体的各个器官、器官的零部件或动作协调的器官整体,其中的每一部分都有确定的功能,由此而创立了著名的"土地共同体"理论。

利奥波德用生态学的生物区系金字塔来论述土地金字塔:植物吸收太阳能,这一能量通过生物区系的路线流动,生物区系可以由一个多层次组成的金字塔表示,其底层是土壤,植物层位于土壤之上,昆虫层在植物之上,马和啮齿动物层在昆虫之上,如此类推,通过各种不同的动物类别达到最高层,这个最高层由较大的肉食动物组成。这个金字塔的每一层次都以它下面的一层为食,又为它上面的一层提供食物和其他用途,由下而上的每一个接续的层次在数量上都大大地减少。每一种肉食动物或植食动物都不只吃一种动物或植物,每种动物都有上百个食物链相联系,所以这个金字塔也是一团不同的纠缠在一起的链条。它是如此复杂,但这个体系的稳定性证明,这是一个高度组织起来的结构,其功能运转依赖于它的各个不同部分的相互配合和竞争。最初的金字塔很低矮,各种食物链短而简单,进化使它一层又一层,一种联系又一种联系地增加着,进化的趋势是使生物区系更为精致和多样化,人类是这座金字塔的高度和复杂的众多增添物中的一种。一定物质的不可思议的含量,决定着土壤对植物、植物对动物的价值:

"土地并不仅仅是土壤,它是能量流过一个由土壤、植物以及动物所组成的环路的源泉。食物链是一个使能量向上层运动的活的通道,死亡和衰败则使它又回到土壤中。这个环路不是封闭的,某些能量消散在衰败中,某些能量靠从空中吸收而得到增补,某些则贮存在土壤、泥炭,以及年代久远的森林之中。这是一个持续不断的环路,就像一个慢慢增长的旋转着的生命储备处。其中总有一部分会由于向下坡的冲蚀而流失掉,但这是在正常情况下由岩石侵蚀而引起小量和部分的损失。它们在海洋中沉积下来,在一定的地质时代的进程中,上升形成新的陆地和新的金字塔。"①

能量向上流动的速度和特点取决于生物共同体的复杂结构,结构意味着其组成品种的特别的数字,及特有的种类和功能。"在土地的复杂结构和其作为一种能量单位顺利发挥功能之间,相互的依存关系是它的属性之一。"②这个环路的某一部分出现变化时,其他很多部分就必须去适应它。进化是一个漫长的、系列性的自我感应性变化。

利奥波德敏锐地看到,生态学上的变化通常是缓慢而局部的,人类对工具的发明和使用引起了各种在激烈、迅速和范围上都是史无前例的变化。人为的变化与生态学上的变化相比,是一种不同序列的变化,它具有的影响比意愿中或意料中的要更为广阔。人为的变化已引起:

"几乎是世界范围内的在土地上所呈现出来的混乱,这好似一只动物的

---

① [美]奥尔多·利奥波德:《沙乡年鉴》,侯文蕙译,吉林人民出版社1997年版,第205页。
② [美]奥尔多·利奥波德:《沙乡年鉴》,第205页。

身体得了病。只是尚未达到彻底的混乱和死亡的程度。一块土地复原了,但却在某种程度上降低了复杂性,并且降低了它承载人类、植物和动物的能力。很多现在被看做是'充满机会的土地'的生物群,事实上正在依靠踩蹦性的农业而生存着,它们已经超越了其持续的承载能力。"①

他认为,历史和生态学上的综合论据可能提出一个总的推论:人为改变的激烈程度越小,在金字塔中的重新适应的可能性就越大。这个推论与流行哲学的无限增长将使人类的生活得以无限丰富的观点相反。"生态学知道,并没有为无限广阔的增长而存在的密度关系。一切从密度上的所得,都受到报酬递减律的制约。"②

他强调,土壤、水、植物、动物和人都同属一个共同体的成员,在这个共同体中,每个成员都相互依赖,每个成员都有资格占据阳光下的一个位置。"当一个事物有助于保护生物共同体的和谐、稳定和美丽的时候,它就是正确的,当它走向反面时,就是错误的。"③

人只是生物队伍中的一员的事实,已由对历史的生态学认识所证实。许多历史事件,至今还都只是从人类活动的角度去认识。事实上,它们都是人类和土地之间相互作用的结果,土地的特性,有力地决定了生活在它上面的人的特性。但是,人们总是片面地看待土地,保护主义的很多处理方式是表浅的,例如,如果土地缺乏肥料,人们就浇上肥料;如果鼠害严重,人们就去毒死它们,人们没有看到其背后隐藏的相互依赖的链条,没有看到其蜕变的复杂原因。任何有机体都具有自我更新的能力,土地有机体同样如此。如果发生了紊乱,那就是生病了,土地有机体自我更新的紊乱是人类造成的:

"有两种有机体,其新陈代谢的过程受制于人类的干预和控制。一种是人自身(医疗和公共卫生),另一种是土地(农业和保护主义)……当土壤失去了肥料,或被冲刷的速度快于其形成的速度,以及水系出现了不正常的泛滥和短缺时,土地就有病了……一些植物和动物,没有明显的原因就消失了,尽管已经尽力保护它们;其他东西,如害虫的入侵,尽管在极力控制它们。这

---

① [美]奥尔多·利奥波德:《沙乡年鉴》,第208页。
② [美]奥尔多·利奥波德:《沙乡年鉴》,第209页。
③ [美]奥尔多·利奥波德:《沙乡年鉴》,第213页。

些现象,在缺乏简单明了的解释的情况下,必须被看成是土地生物机体生病的症状。"①

"正是在它(土地——引者)上面的动植物首先造成了土壤。就土壤的保养来说,它们也可能同样重要……一个植物共同体的混乱正是啮齿动物侵袭的真正(原因——引者)所在……保护区和养殖场维持着猎物和鱼的供应,但解释不了这些供给不能使自己维持下去的原因……在土地上,正如在人体上,病症可能发生在某个器官,而原因却在另一个上……保护主义的措施,在很大程度上都只是起着局部的镇痛作用。它们是必要的,但不能把它们同治愈混淆起来。土地医疗艺术正在生气勃勃地实践着,但是,土地卫生科学也应当诞生了。"②

土地卫生科学需要一套能说明土地如何像生物体一样维持健康的基本常规数据,这种数据只能来自土地生理保持正常的地方,能提供这种范例的是荒野:

"古生物学提供了丰富的证据,说明荒野在极其漫长的岁月里,一直自我保养着,它所拥有的物种,很少有丧失,它们也不会失去控制……荒野作为一个土地卫生研究实验室,具有无法预料的重要性。"③"为什么草原植物能比取代它的农业植物耐旱……为什么生长在使用过的田野里的松树,从来达不到长在未清理过的森林土壤中的松树那样大,也不如后者经得起风吹。"④"人们不可能在亚马逊研究蒙大拿的生理学。每个生物群的活动范围都需要它自己的荒野来进行使用过和未使用的土地之间的比较研究。"⑤

由于荒野现在只有很少的零星残留,而且区域太小,已不够保留天然的肉食动物,也不能避免由家畜所带来的动物疾病,以致最大的荒野也存在着部分失调。要抢救一个比荒野失衡体系更多的东西是太晚了,以致"在很多

---

① [美]奥尔多·利奥波德:《沙乡年鉴》,第184—185页。
② [美]奥尔多·利奥波德:《沙乡年鉴》,第185—186页。
③ [美]奥尔多·利奥波德:《沙乡年鉴》,第186页。
④ [美]奥尔多·利奥波德:《沙乡年鉴》,第187页。
⑤ [美]奥尔多·利奥波德:《沙乡年鉴》,第186页。

情况下,我们确实不知道,需要有怎样良好的行动,才能指望得到健康的土地"①。

荒野的价值是多方面的,它不只是具有作为土地科学研究根据的价值、休闲的价值、野生生物保护的价值,还是"人类从中锤炼出那种被称为文明成品的原材料",但不是一种具有同样来源和构造的原材料,"它是极其多样的,因而,由它而产生的最后的成品也是多种多样的。这些最后产品的不同被理解为文化。世界文化的丰富多样性反映出了产生它们的荒野的相应多样性"。但是,"在人类历史上,前所未有的两种变化正在逼近。一个是……更多的适合于居住的地区的荒野正在消失。另一个是由于现代交通和工业化而产生的世界性的文化上的混杂"②。人们把这两种变化视为文明的发展、繁荣和进步,而把荒野视为贫穷、落后、边缘化的象征。这种为了部分人眼前的利益而牺牲土地共同体的整体和长远利益的思维,不仅极为浅薄,而且为害无穷。

(二) 自毁之因果

利奥波德认为人类正在自毁土地共同体,其原因除上面所涉及的之外,认识的片面性是重要原因之一。由于土地共同体涵盖及关联到自然科学的几乎全部内容,自然的复杂性,使研究自然的科学走向学科的不断分化,每一个专家都受到学科的局限,因而对土地共同体的认识往往只能是管窥蠡测:

"普通的公民都认为,科学知道是什么在使这个共同体运转,但科学家始终确信他不知道。科学家懂得,生物系统是如此复杂,以致可能永远也不能充分了解它的活动情况。"③

美国当时的资源保护主义者们自以为知道如何保护好资源,可是,他们在"保护"问题上的意见分歧却往往令人无所适从,就更不要说其他人如何看待保护问题了。大家都认为回到自然去是一件好事,可是,好处在哪里呢?

---

① [美]奥尔多·利奥波德:《沙乡年鉴》,第187页。
② [美]奥尔多·利奥波德:《沙乡年鉴》,第178页。
③ [美]奥尔多·利奥波德:《沙乡年鉴》,第194—195页。

那些"社会的栋梁"们所看到的往往只是荒野的休闲价值,他们"把无数生物贮存起来的原动力倾入他的汽油箱……像蚂蚁一样挤满了大陆",他们搜集珍奇植物、稀有鸣禽,偷猎野鸭,涂写歪诗,而专业人员和保护主义组织则给这些人提供他们所需要的东西,所有这些人都自称是保护主义者,但他们实际上都是不同方式的狩猎者,"荒野协会在探讨如何才能禁止道路通向边远地区,而商会则想方设法扩大交通的范围。这两者都打着休闲的旗号。猎人捕杀老鹰,爱鸟者保护它们,分别凭借着猎枪和望远镜进行搜索",他们相互叫骂,"而事实上,这时每一方所考虑的都是休闲过程中的一个不同组成部分",为了使休闲者得到垂钓、狩猎的欢悦体验,人们杀灭肉食动物,用人工繁殖和管理的办法去增加鱼和猎物的产量,结果是河流被污染,损害了其野生鱼类自然繁殖的能力,人工孵化饲养的鱼类则发生了退化,而失去了天敌的鹿、兔、山羊等则过度繁殖,"从而不可能使它们所食用的植物有所存留,或者再繁殖",使得"这个植物群的组成部分,从野花到森林的树木都在逐渐枯竭",反过来植食动物也就陷入了缺少食物的挨饿困境,"同时还加剧了对其他资源,如非猎动物、天然植被以及农作物的损害……在被剥夺了食肉天敌的哺乳动物和被剥夺了天然的可食植物的牧场之间,通过这种情况所造成的相互的伤害程度,将是很难估计的。由于这种生态管理上的错误,农作物便处于上下夹攻的困境之中,于是,只好靠没完没了的保险赔款和带刺的铁刺网来补救了"①。

人们只追逐经济上的私利则是另一个重要原因。美国政府针对土壤流失的严重状况,用政府提供机器、材料等办法去激励农场采取补救措施,但合同期满后,"农场主们继续使用的仅仅是那些能使他们获得最直接和最明显收益的措施"。为什么会这样?人们认为是社会还没有作好支持它的准备,为此要先进行教育。"然而,在进行中的教育,除了那些受私利支配的义务以外,实际上是不提及对土地的义务的。结果则是,我们受到的教育越多,土壤就越少,完美的树林就越少,而同时,洪水则和1937年一样多。"②由于对土地

---

① [美]奥尔多·利奥波德:《沙乡年鉴》,第155—161页。
② [美]奥尔多·利奥波德:《沙乡年鉴》,第194页。

的使用"是由经济上的私利所支配的","农场主们只是选择使用那些确实有利可图的措施,而忽视那些对共同体有利"的义务①,他进而指出:

"在一个全部是以经济动机为出发点的资源保护体系中,一个最基本的弱点是,土地共同体的大部分都不具有经济价值。"②

人们以能否出售、食用或有其他经济用途来作为划分生物是否"有用""无用"或"有利""无利"的标准,土地共同体的绝大部分成员就不具有经济价值,因而,绝大部分生物也就因此而被开除了"树籍"或"草籍""虫籍""兽籍""鸟籍"。不仅物种是这样,一些整体性的生物群共同体也是这样,因为"有利"和"有用"有大有小,在经济利益的比较选择中,荒野不如农牧业,农牧业不如工商业,于是物种灭绝和土地共同体的破坏便不可遏制地蔓延扩散开来。他由此而看到:

"一个孤立的以经济的个人利益为基础的保护主义体系,是绝对片面性的。它趋向于忽视,从而也就最终要灭绝很多在土地共同体中缺乏商业价值,但却是(就如我们所能知道的程度)它得以健康运转的基础的成分。它设想,生物链中有经济价值的部分,将会在没有无经济价值的部分的情况下运转我认为是错误的。"③

由于上述原因,人们在对与土地的关系中充当的是一个征服者的角色,我们正在漫不经心地毁灭着它的整个共同体,那么,其结果是什么呢?

"在人类历史上,我们已经知道(我希望我们已经知道),征服者最终都将祸及自身,为什么会如此? 这是因为,在征服者这个角色中包含着这样一种意思:他就是权威,即只有这位征服者才能知道,是什么在使这个共同体运转,以及在这个共同体的生活中,什么东西和什么人是有价值的,什么东西和什么人是无价值的。结果呢,他总是什么也不知道,所以这也就是为什么他的征服最终只是招致本身的失败。在生物共同体内存在着类似的情况,亚伯拉罕(《圣经》中的古希伯来人的始祖——引者)确切地懂得土地的含义:土地会把牛奶和蜜糖送到亚伯拉罕一家人的口中。当前,我们用以对待这种观

---

① [美]奥尔多·利奥波德:《沙乡年鉴》,第198—199页。
② [美]奥尔多·利奥波德:《沙乡年鉴》,第200页。
③ [美]奥尔多·利奥波德:《沙乡年鉴》,第203页。

点的狂妄态度恰与我们的教育程度成反比。"①

(三) 伦理追溯

利奥波德系统地提出大地整体论,不仅是因为他了解现代生态学的知识,还在于他长期与大森林、荒野交往所带来的自然情感的觉醒,这两者的融合、升华,才使他形成了大地是共同体、有机体的全新认识,才使他完成了从参与灭绝白山地区的灰熊行动中"感到的只是一种强烈的对这种行动的伦理学上的不安"②,在任西南部国家森林管理局局长时,"又是灭绝亚利桑那和新墨西哥灰狼的帮凶"③,到最终认识到"土地是一个有机体"④的转变。这种转变使他把环境问题的根源追溯到伦理学,从而创立了土地伦理。利奥波德认为:

"迄今还仅仅是由哲学家们所研究的伦理关系的拓展,实际上是一个生态演变中的过程。它的演变顺序,既可以用生态学的术语来描述,同时也可以用哲学词汇来描述。一种伦理,从生态学的角度来看,是对生存竞争中行动自由的限制;从哲学的观点来看,则是对社会的和反社会的行为的鉴别。这是一个事物的两种定义。事物在各种相互依存的个体和群体向相互合作的模式发展的意向中,是有其根源的。生态学家把它们称作共生现象。政治学和经济学则是提高了的共生现象,在这种共生现象中,原有的自由竞争有一部分被带有伦理意义的各种协调方式取代了。各种协调方式的复杂性随着人口的密度,以及工具的效用而不断增长。"⑤

他指出:最初的伦理观念是处理人与人之间的关系的,后来扩展到处理个人与社会的关系。当古希腊《荷马史诗》中的英雄俄底修斯从特洛伊战争中返回家园时,他绞死了一打女奴,因为他怀疑她们在他离家时有不轨行为。

---

① [美]奥尔多·利奥波德:《沙乡年鉴》,第194页。
② [美]奥尔多·利奥波德:《沙乡年鉴》,第218页。
③ [美]奥尔多·利奥波德:《沙乡年鉴》,第219页。
④ [美]奥尔多·利奥波德:《沙乡年鉴》,第221页。
⑤ [美]奥尔多·利奥波德:《沙乡年鉴》,第192页。

他这样做在当时不会引起质疑,因为女奴只是一种财产,处置财产只有是否划算的问题,而无所谓对错。人类对土地的态度,就如同俄底修斯对其女奴一样,只需要特权而无需尽义务。现在,伦理拓展的前两步已经实行了:

"伦理向人类环境中的这种第三因素的延伸,就成为一种进化中的可能性和生态上的必要性……我把当今的资源保护主义看做是确认这种信念的萌芽……个人是一个由各个相互影响的部分所组成的共同体的成员。他的本能使得他为了在这个共同体内取得一席之地而去竞争,但是他的伦理观念也促使他去合作……土地伦理只是扩大了这个共同体的界限,它包括土壤、水、植物和动物,或者把它们概括起来:土地……土地伦理是要把人类在共同体中以征服者的面目出现的角色,变成这个共同体中的平等的一员和公民。它暗含着对每个成员的尊敬,也包括对这个共同体本身的尊敬。"①

利奥波德看到,人们高唱着对土地和家园的热爱和责任,但爱的却不是土壤、水、植物、动物这整个共同体,并没有认识它的远比经济价值高的哲学意义上的价值,我们一再重复着:

"同样的基本矛盾:作为征服者与作为生物共同体的公民之间的对抗;作为草坪割草机的科学,与作为宇宙探照灯之间的对抗;作为奴隶和仆人的土地,与作为一个集合有机体的土地之间的对抗。"②"土地伦理观在发展过程中所面临的最严重的障碍,是这样一个事实:我们的教育和经济体系是背离,而不是朝向土地意识的。很多中间人和无数的物质发明,把你的真正现代化的人和土地分割开来了。"③

那么,我们该怎么办?他强调了"社会进化":

"我是有意把土地伦理观作为一种社会进化的产物而论述的,因为再没有什么比一种曾经被'大书'过的道德更重要的了……土地伦理的进化是一个意识的,同时也是一个感情发展的过程。保护主义被证明是由无用的,甚至是危险的良好意愿筑成的,因为它既缺乏对土地,也缺乏对经济性的土地

---

① [美]奥尔多·利奥波德:《沙乡年鉴》,第193—194页。
② [美]奥尔多·利奥波德:《沙乡年鉴》,第211页。
③ [美]奥尔多·利奥波德:《沙乡年鉴》,第212页。

使用的批判性的了解。"①

这种"社会进化"将放在本书的后面再作深入探讨。这里要提及的是,这种"社会进化"姗姗来迟,《沙乡年鉴》于1949年出版后,并未引起社会应有的反响。在此后的10多年中,发达国家的人们都沉浸在二战胜利后科技发展、经济繁荣、征服自然高歌猛进的一派乐观氛围中。直至1962年,卡逊《寂静的春天》发表才如一声惊雷催人猛醒,该书无情地揭示了人类征服自然、滥用杀虫剂,使化学毒素沿食物链聚集,最终祸及人类自身的可怕过程。其17章的标题也振聋发聩,如"死神的特效药""再也没有鸟儿歌唱""死亡的河流""自天而降的灾难""崩溃声隆隆"等,最后一章她以"另外的道路"为题,提出了与征服自然的灾难性道路不同的另一条"最后唯一的机会让我们保住我们的地球"的道路,它依赖于对整个生命结构的理解,并警告:

"我们必须与其他生物共同分享我们的地球……'控制自然'这个词是一个妄自尊大的想象产物,是当生物学和哲学还处于低级幼稚阶段时的产物……应用昆虫学上的这些概念和做法在很大程度上应归咎于科学上的蒙昧。这样一门如此原始的科学却已经被最现代化、最可怕的化学武器武装起来了;这些武器在被用来对付昆虫之余,已转过来威胁着我们整个的大地了,这真是我们的巨大不幸。"②

《寂静的春天》问世,终于引起了人们思想的极大震撼,虽然它遭到农药生产的化学工业集团和农药使用的农业部门的猛烈抨击,连德高望重的美国医学学会也参与其中,甚至作者本人也遭到诸如歇斯底里的病人、极端主义分子、煽情、老处女关心遗传学等等恶劣的人身攻击,但在民众的压力下,美国总统任命一个特别委员会来调查农药的污染问题,得出了卡逊的警告是正确的结论。从此,人类的环境意识开始逐步觉醒,各种关于环境问题的研究著作不断增多,征服自然的观念和行为遭到广泛质疑,人与自然的关系被深入探讨,利奥波德的大地整体主义思想终于像云雾散去后露出的启明星那样引人注目。

---

① [美]奥尔多·利奥波德:《沙乡年鉴》,第214页。
② [美]蕾切尔·卡逊:《寂静的春天》,第262—263页。

1974年,第一本研究利奥波德理论的专著问世,这就是苏珊·福莱德的《像山那样思考:奥尔多·利奥波德对鹿、狼及森林的生态观的演变》。此后利奥波德及其大地整体观才迅速传播开来,利奥波德被认为是一个"先知""美国新环境理论的创始者",《沙乡年鉴》被认为是自然史文献中的经典,环境保护主义的圣经。利奥波德的大地整体论是一个科学的结论,在论述人与土地的共同体关系中,他对人类被经济利益一叶障目而蹂躏土地的批判,和对土地所持的恭谦态度及热爱情感,使他把大地整体论上升到伦理层次,直接名为是"大地伦理论",这是西方文献中第一个自觉不懈地和系统地试图创建一种包括整个地球自然界和将整个地球自然界作为一个整体置于道德视野的伦理理论。

利奥波德去世后60年来,生态学已有了长足的发展,我们今天对地球生命的整体性认识无疑已更加丰富、深化和清晰,可持续发展也在实践中推进。但是,毋庸讳言,人类今天的土地观仍是传统的陈旧的土地观占主导地位,利奥波德对于地球生命现象的整体性思维的划时代的奠基性意义,在很大程度上仍停留在少数生态学家的认识中,要使它普遍地见诸人类的实践似乎还有很大的距离。

(四)科学与情感

为什么一个在60多年前就诞生了的科学的土地共同体理论,人们至今都未在实践中接受它,为什么土地共同体理论至今仍被许多人当成是多愁善感或遥不可及的乌托邦而不屑一顾?其原因主要有二:一是社会利益机制使然,在市利博弈身心俱疲的人们心目中,人们关注的是能使自己"最快"和"最多"获利的科学,而罔顾整体的和长远的利益;二是人们的认识深受机械主义科学和弱肉强食哲学影响,认为科学和哲学与情感不相容,情感只会乱人心智。但真理是全面的,违背真理必遭惩罚,正确认识和处理人与土地的关系,在工业文明时代已具有关乎人类存亡安危的空前重要性和紧迫性。因而,我们有必要进一步深入认识利奥波德提出土地共同体理论的原因和科学与情感的关系。

利奥波德出生于美国衣阿华州伯灵顿市,密西西比河流经这里,优美的生态环境和他父亲对户外活动的爱好,使他从小就形成了热爱自然的情感,建立了与自然的终生心灵依恋。他在读大学时的一个圣诞节回到家乡,发现密西西比河已筑了堤坝,他童年时打猎的那些湖泊沼泽已被抽干并为玉米秆所覆盖,他为此而深感失落,以致事隔40年后,即他去世前的几个月,还清晰地回想起这件事:

"没有人能懂得一个男孩对一片沼泽所能有的情感是多么强烈。我的家乡认为社区因为这种变化而繁荣了,我却认为它因此而贫瘠了。"[1]

他在耶鲁大学取得林业硕士学位后,到联邦林业局工作,最初被委派为亚利桑那白山的林务官。在这里,他开始有了对政府控制肉食动物的直接体验,这里的牧人射杀他们所能看到的熊、狼、山狮和郊狼,"在他们的眼中,唯一好的食肉动物是一只死了的食肉动物"[2]。人们组织专业捕兽者,后来政府又出钱雇佣猎人,使肉食动物在一个个局部地区被灭绝,直至在全国范围内被灭绝,甚至在保护区内也没有狼,只有处于危机中的残存的灰熊。公路不断向荒野、山区延伸和肉食动不断被消灭的过程被称为"进步",这时及此后利奥波德成为西南部国家森林管理局长时,他不可避免地屈服于这种"进步","充当了一个生态谋杀者的帮凶角色",但又"意识到某种有价值的东西正在失落",感到"一种强烈的对这种行动的伦理学上的不安",肉食动物的灭绝,使植食动物失去天敌而迅速增长,它们吃光了可吃的植物后,饥饿和疾病使种群数量下降就成了必然结果,他对此感到"绝望了",被"一种对狼的负罪感时时困扰着","我搬起石头砸了自己的脚"[3]。1924年,他被调派到设在威斯康星州麦迪逊市的国家林业生产实验室任副主任,到墨西哥奇瓦瓦的马德雷山进行了一连串的旅行考察,马德雷山几乎是他所热爱的亚利桑那和新墨西哥群山的副本,但由于惧怕印第安人而没有使它变成牧场和养殖场,与他到处所看到的"都是有病的土地"相比,这里是"一个仍然处在完美的原

---

[1] [美]奥尔多·利奥波德:《沙乡年鉴》,第217页。
[2] [美]奥尔多·利奥波德:《沙乡年鉴》,第218页。
[3] [美]奥尔多·利奥波德:《沙乡年鉴》,第218—219页。

始健康状态的生物体系","正是在这儿,我才明确地意识到,土地是一个有机体"①。这时的他已对该实验室工作目的——研究能产生更高经济效益的方法("工业图式")不以为然。1928年,他离开林业局,转向野生动物管理研究,在一家研究所的资助下,到美国中北部各州考察。1933年到威斯康星大学任教授直至去世。1935年,他与科学家罗伯特·马歇尔一道创建了荒野学会,同年还在苏县北部的威斯康星河边低价购买了一个废弃的农场,这里成了他一家人此后十几年的周末和假期生活的地方,他们每年都要栽种上千棵树来重建这里的生态平衡。生态重建经历了反复的干旱、洪水、火灾、兽毁的死亡和新生,他为自己有一块土地去研究和发展它的动物和植物区系而获得一种"深刻的满足感"②。正是对土地的深厚情感引导着他一步步领悟到生命的整体性。

某些文学作品之所以具有持久的生命力,正是因为它能拨动人类喜怒哀乐忧思恐的情感之弦。情感的缺失,使人身为有心智的生命,却不识生命的真面目。人类研究科学,科学揭示"是什么"？那么,人类是什么？如果物理学家说人类只是一架自动机器,化学家说人类只是生命大分子的某种组合,生物学家说人类只是细胞的特殊集团,经济学家说人类只是永无满足的逐利者,那么人类会拒绝这种"是什么"。因为这种"是什么"并没有给出真理,即使是所有这些"是什么"加起来,我们仍然不知道人是什么。

任何生命体都是一个整体,它由更小的部分构成,并处于一个更大的整体的复杂联系之中。整体大于部分之和,物质不排斥意识,科学不排斥情感,科学不能止于"部分之和"。认识不能止于物质,没有对"大于""部分之和"的理解,人类就不能真的理解生命整体和人自身。没有意识就没有认识,没有情感人就不能认识人,更不能认识生命整体。进化赋予了人类以意识和情感,也即是赋予了人类认识生命整体和自身的可能。利奥波德是林业管理专家,又是生态学者,还有着深厚的文学和哲学素养,而且终生只要一有机会就投身于大自然的怀抱,去探索深不可测的生命奥秘。他对大自然的情感之

---

① [美]奥尔多·利奥波德:《沙乡年鉴》,第221页。
② [美]奥尔多·利奥波德:《沙乡年鉴》,第222页。

深,观察之细,联系之广,思虑之远,领悟之透远非一般专家学者所能望尘:

"在一个静谧的夜晚,当营火已渐渐熄灭,七星也转过了山崖,你就静静地坐在那里,去听狼的嗥叫,并且认真思考你所看见的每种事物,努力去了解它们。这时,你就可能听见这种音乐——无边无际的起伏波动的和声,它的乐谱就刻在千百座山上,它的音符就是植物和动物的生和死,它的韵律就是分秒和世纪间的距离。每一条河流的生命都唱着自己的歌。"①

"一声深沉的嗥叫,从一个山崖回响到另一个山崖,荡漾在山谷中,渐渐地消失在漆黑的夜色里。这是一种不驯服的、对抗性的悲哀,和对世界上一切苦难的蔑视情感的迸发。每一种活着的东西(大概还有很多死了的东西),都会留意这声呼唤。对鹿来说,它是死亡的警告;对松林来说,它是半夜里在雪地上混战和流血的预言;对郊狼来说,是就要来临的拾遗的允诺;对牧人来说,是银行里赤字的坏兆头;对猎人来说,是狼牙抵制弹丸的挑战。然而,在这些明显的、直接的希望和恐惧之后,还隐藏着更加深刻的含义,这个含义只有这座山自己才知道。只有这座山长久地存在着,从而能够客观地去听取一只狼的嗥叫。"②

利奥波德使人们在土地共同体那里听到、看到、领悟到了什么?他使人们听到了植物、动物、山脉、河流、土壤共同体生命协奏的和谐之音,看到了万物竞争的顽强、生灭转换的循环,领悟到了相互依存的本质、生命整体的协同。他告诉人们,人类在其中加进了滥垦土地、砍伐森林、拦截河流、排干湿地、消灭猛兽、公路分割、毒药喷洒和来复枪、捕兽器后,能听到的只有噪音而不是音乐。利奥波德的随笔中不乏这类饱含苍凉、隐喻和震撼人心的话,他非常清楚,对于只看到土地经济价值的"思想肤浅的"人来说,这些话是难以理解、不被接受的:

"已经丧失了他在土地中的根基的人认为,他已经发现了什么是最重要的,他们也正是一些在侈谈那种由个人或集团所控制的政治和经济的权力将永久延续下去的人。只有那些认识到全部历史是由多次从一个单独起点开

---

① [美]奥尔多·利奥波德:《沙乡年鉴》,第139页。
② [美]奥尔多·利奥波德:《沙乡年鉴》,第121—122页。

始,不断地一次又一次地返回这个起点,以便开始另一次具有更持久性价值探索旅程所组成的人,才是真正的学者。只有那些懂得为什么人们未曾触动过的荒野赋予了人类事业以内涵和意义的人,才是真正的学者。"①

今天的全球人口已有超出一半居住在远离自然的城市,他们知道这就是他们的人生舞台,是他们施展身手和满足欲望的世界。城市高等教育培育出来的社会精英们也都集中在城市,他们知道城市是这个社会的政治、经济、文化中心,其他的一切都在围着这个中心旋转。另一些人虽居住在农村,但他们的大多数是生活在被农田、牧场包围的半自然半人工的环境中,他们使用着来自城市的电力、机械和化学肥料、药物等来经营土地,他们关心的是这些来自城市的工业产品价格和自己的农产品在城市的市场行情,因为这些东西的价格是动态的,其变化会直接影响他们的收益,土地作为属他们所有或长期经营的一个相对稳定的要素,他们关心的不是它的生命状态,而是影响产量的水土流失和微量元素丧失,是投入的化肥价格和气候的变化,他们与农田之外的土地、自然也是疏远的。只有极少数边缘化的"土著人"还生活在残存的自然系统中,他们的生存与自然的状况息息相关,他们才有"天人一体"的领悟,才对自然怀有深厚的敬畏、依恋、热爱之情。

人不会对他所陌生的东西产生情感。通过对生态学知识的接触,人们可以了解到自然的价值,但如果从未或很少深入体验大自然,仍很难产生对自然的情感。只有融入大自然,才能真正发现人对自然的依存关系,唤醒沉睡在现代人潜意识中的对自然的情感。英国著名自然博物学者、牧师吉尔伯特·怀特(1720—1793)出生在伦敦西南不到 50 英里的小山村塞尔波恩,除中间有一段时间在牛津求学和任职外,一生大部分时间都在这个远离城市喧嚣、有着丰富生物多样性的山村中度过。他在童年时起就已形成的对土地和动植物的强烈感情,使得他把一生中的大部分生命都投入于对塞尔波恩周边一小块自然生态系统的仔细观察和研究中,于 1789 年完成并出版影响深远、被美国作家詹姆斯·垃塞尔·洛尼尔比作是"亚当在天国的日记"②——《塞

---

① [美]奥尔多·利奥波德:《沙乡年鉴》,第 190 页。
② 转引自[美]唐纳德·沃斯特:《自然的经济体系—生态思想史》,侯文蕙译,商务印书馆,1999 年版第 33 页。

尔波恩的自然史》一书,在该书中他提出了自然的整体观:

"自然是一个伟大的经济师","(她——引者)把一种动物的消遣转化为另一种动物生存的依靠"。"最不起眼的昆虫和小爬行动物,在自然经济体系里的位置和影响要比人们能够意识到的多得多,它们的作用极其巨大的……蚯蚓,尽管从表面看是自然链条中一个卑微的环节,若失去了,也会造成可悲的缺憾。"[1]

美国著名自然博物学者亨利·梭罗(1817—1862)于1845到1847年间,在马萨诸塞州康科德镇的瓦尔登湖畔自建的小木屋中独自一人渔猎、躬耕、观察、沉思、写作了两年零两个月,这里与最近的邻居都有一英里之遥,他全凭自己的双手谋生,并为世人奉献了一部展示自然勃勃生机、和谐统一的画卷——《瓦尔登湖》,在他生命最后的10年还写下了有着宝贵价值的200万字的日记。梭罗比怀特更进一步,他意识到自然是活的生命体:

"与自然的经济体系比较起来,我们的经济体系是多么片面并带有偶然性。在自然界里,没有东西是无用的。每片腐烂的叶子、树枝或须根,最终都会在某个适当的其他地方做更好的用处,而且最后都会聚集在大自然的混合体之中。"[2]"大地并不是一块顽石,而是一个生机勃勃的活体,与其内在的生命相比,所有动物和植物的生命只是一种寄生。"[3]

怀特和梭罗的整体性自然观,特别是梭罗的自然是生命体的意识的形成,与他们对自然的深厚情感密不可分。在《瓦尔登湖》一书中,梭罗对自然的热爱、金钱的蔑视、精神的推崇和对社会的贪婪、自私、虚荣、奢侈等丑恶现象的讨伐充满着激情、智慧和哲理,加上他自己身体力行的实践,因而极富感染力。这使得它在当代美国拥有最多的读者,被美国国会图书馆评为"塑造读者的25本书"之一,包括托尔斯泰和圣雄甘地等都受到它的"塑造"。

怀特和梭罗对自然的深厚情感和他们的整体性自然观,特别是梭罗的自然是生命体的意识的形成,既是他们长期融入、仔细观察和用心体验自然的

---

[1] 转引自[美]唐纳德·沃斯特:《自然的经济体系——生态思想史》,第26页。
[2] 转引自[美]唐纳德·沃斯特:《自然的经济体系——生态思想史》,第89—90页。
[3] [美]亨利·戴维·梭罗:《瓦尔登湖》,戴欢译,北京当代世界出版社,2003年版第196页。

结果,也与他们的整体性思维方式和对社会分工和工业文明所形成的各种社会偏见的哲学批判精神密不可分,没有这种整体性思维方式和哲学批判精神,就很难真正融入自然和理解自然。怀特和梭罗之后,有不少厌倦城市喧嚣的人想仿效他们,但没有几个人能真的在自然的怀抱中仅靠自己的双手快乐地生活下去,甚至也没有几个人能真的理解地球是活的生命体,就是因为转变情感和思维方式并不是像人们所想象的那样简单。

三

现代盖娅论

在利奥波德提出土地共同体理论19年后,拉伍洛克提出了一个更为惊人的地球生命体理论。1968年,在美国新泽西州普林斯顿举行的关于地球生命起源的科学大会上,英国大气科学家詹姆斯·拉伍洛克(James. Lovelock)首次提出地球是一个活的生命体的盖娅假说,使与会者经受了一场强烈而复杂的心理冲击。当时及后来的各种反响表明,这一假说迅速打开了科学界部分人的视野,引起了热烈的支持;但科学界反对的声音同样强烈,他们认为这是一个天方夜谭式的神话,是关于一位希腊女神的寓言,是非科学的、非常愚蠢的伪科学;多数人则保持沉默,静观发展。现在这一假说则已成了科学界所广为接受的理论。

(一)地球生命体

为论证和宣传盖娅理论,1974年,拉伍洛克开始写作《盖娅:地球生命的新视野》一书,该书于1979年首次由牛津大学出版社出版,并于1987年、1995年、2000年分别再版。此外,他还出版了《盖娅时代》(1989)、《盖娅:行星医学的实践科学》(1991)、《敬畏盖娅:一位独立科学家的生命》(2000)等关于盖娅的著作。

我们在日常生活中看到,所有的生命都以个体的形式存在,如一个人、一匹马、一只昆虫、一棵树等等,它们生长、繁殖,有自己的特殊构成,有自我维持的功能,生命体与岩石、泥土、空气、水等非生命物质有着完全不同的性质。因而,常识认为,地球上有很多生命形式,但地球本身是死的,它只是各种生命体赖以生存的资源和栖息地。但是,拉伍洛克认为:

"地球上生物的完整系列——从鲸鱼到病毒、从橡木到海藻——应被看作组成了一个单一的生命实体,它能够通过操纵地球上的大气来满足其全部需求,并且拥有远远超过其组成部分的本领与力量。"[①]

太空中的星球彼此间的距离遥远,距离产生不同,但是,地球与其在太阳系中最近的两个邻居金星和火星的不同不能简单地由其与太阳的距离、运行轨道等物理参数作出物理、化学决定论的解释。科学家们一致认为,地球在生命诞生之前,其大气构成与金星、火星相类似,而不是现在这个样子。

金星、原始地球、火星和现代地球的大气构成见表1。

表1 金星、无生命地球、火星和现在地球的大气构成

气体	星球			
	金星	原始地球	火星	现代地球
二氧化碳	98%	98%	95%	0.03%
氮	1.9%	1.9%	2.7%	78%
氧	微量	微量	0.13%	21%
氩	0.1%	0.1%	2%	1%
表层温度(摄氏度)	477	290±50	-53	13
总压强(巴)	90	60	0.64	1.0

资料来源:[英]詹姆斯·拉伍洛克:《盖娅:地球生命的新视野》,第43页。

生命诞生之前的地球,也不同于不能再从化学反应中获得能量的状态,即热力学平衡状态。因为地球绕太阳旋转可获得巨大的辐射能量,其中有的射线还能分裂大气外层空间的分子;同时,地球内部也因放射性元素衰变释放能量而变得非常灼热。生命诞生之前的地球还会有云彩和雨水,但由于大气中二氧化碳浓度极高,气温也就很高,极地就不会有冰盖;空气可能有微量的氧,因为水分子在大气外层空间被分解,质量轻的氢原子部分逃逸到太空中,氧原子则返回大气,但氧气难以在大气中积累,因为地壳下的还原物质不断涌出和部分氢的返回都会消耗氧。

---

① [英]詹姆斯·拉伍洛克:《盖娅:地球生命的新视野》,肖显静等译,上海人民出版社2007年版,第11页。

瑞典著名化学家奚伦(Sillen)首次计算出地球上的物质达到热力学平衡时的状态,这一结果已为后来许多科学家的计算所证实。如果地球达到热力学平衡态时,其情况则大致如表2。

表2　当今世界与地球处于热力学平衡中的海洋和空气组成成分对比

		主要成分百分比(%)	
	物质	当今世界	平衡世界
空气	二氧化碳	0.03	98
	氮	78	1
	氧	21	0
	氩	1	1
海洋	水	96	85
	盐	3.5	13

资料来源:[英]詹姆斯·拉伍洛克:《盖娅:地球生命的新视野》,第39页。

为什么地球会远离无生命地球的原始状态和热力学平衡状态?拉伍洛克的回答是:这是盖娅自我调节的结果。如果地球仅仅只是一个没有生命的固态物体,其表面温度会随着太阳能量输出的变化而变化。在地球生命诞生后的接近40亿年以来,太阳能量输出至少增加了25%,地球温度就会出现热到足以使海水沸腾和冷到使全球冻结的剧烈变化,一切生命都不可能生存。但是,在这期间,地球平均温度的变化过程都被控制在10摄氏度到20摄氏度水平线的狭窄范围之内,这种控制是通过盖娅复杂的反馈机制来实现的,包括增温气体含量的变化,生物体颜色改变而改变对阳光的吸收或反射率的变化、云彩生成的变化等等。

地球大气圈的成分是一种非常奇特的互不兼容的混合体,几乎所有的大气现象都有违背了化学平衡的规则,但对于生命来说,明显的无序却以相对稳定和有利的条件以某种方式维持着,这在盖娅关于生物圈积极维持和控制大气的构成,为地球生命提供最佳生存环境的理论中得到解释。

现在的大气中氧气浓度是21%,处在风险与收益的完美平衡点上,氧气在现在的浓度水平上每增加1%,闪电造成森林大火的概率就增加70%,现在全球每年闪电约 2 亿次,在氧气含量为 21% 时,大火不会在湿度超过 15% 的条件下燃烧;当氧气含量达到 25%,即使是雨林中嫩枝和青草也会燃烧起来①。而且火的出现完全是由于生物出现才出现的,没有生物,地球上就既没有助燃的氧气,也没有可燃的燃料,更没有能使用火的人类,生火需要空气中至少有 12% 的氧气,无生命的地球不可能有这么高的氧含量。但如果氧气含量过高,人类使用火就等于是引火自焚。没有火,人类的饮食、卫生就会与其他动物无异,人类的进化就完全是另外一回事,使用火的人类特别是人类文明也就不可能出现。

氮的稳定形式不是气体,而是溶解在海洋中的硝酸根离子,如果所有的氮气都以硝酸根离子存在于海洋中,就会使其摩尔浓度从 0.6 增加到 0.8,使海水中的离子浓度上升,这将使几乎所有已知形式的生命都不能适应,而且高浓度的硝酸盐除了对海洋盐分的影响外还有剧毒。正是由于各种生物进程,使氮气从海洋和陆地进入到空气中,使大气保持远多于化学平衡所需的大量氮气,这对维持海洋生命所需低盐分和大气的构成具有关键性的作用,氮气是一种构建压力的气体,并能缓慢地稀释氧气,氮气占有大气构成的 78%,从而使大气中的氧气不能危险性地升高,同时也限制了其他气体的升高。

氨气是土壤、海洋中大量产生并释放到空气中的含氮气体,它的自然来源是生物,功能是控制环境中酸性,产生速度每年至少是 10 亿吨。如果把氮和硫的氧化物所产生的酸全部考虑在内,生物圈所产生的氨气恰好足以使得降雨 pH 值维持在接近 8,这是生命所需要的最适宜值,如果没有氨气,任何地方降雨的 pH 值都将接近于 3,相当于醋的酸度,这就不适合于生物的生存②。

拉伍洛克把盖娅定义为:

"一个复杂的存在,包括地球的生物圈、大气圈、海洋和土壤,这些要素的全体组成一个反馈或控制系统,为这个星球上的生命寻求一个最为理想的物

---

① [英]詹姆斯·拉伍洛克:《盖娅:地球生命的新视野》,第 76—77 页。
② [英]詹姆斯·拉伍洛克:《盖娅:地球生命的新视野》,第 82 页。

理和化学环境。通过积极的控制,相关不变的条件得到维持,'体内平衡'一词可以很方便地描述这种现象。"①

生命是一个行星尺度的现象,如果我们从太空中看星球,地球这颗蓝色的星球极为独特,这种独特性是物理、化学规律所不能解释的,唯一的解释是:地球是活的。

地球是一个生命体的"盖娅"论与我们关于生命体的常识相距太远,令人难以理解和接受,但只要"换位"思考如下问题:在人看来,人是生命体,而细胞不是,细胞离开人体不能在环境中存活;而在人体的细胞看来,人是细胞的集合,离开了细胞,人什么也不是。在细菌看来,只有它们才是生命体,所有有宏观体积的动植物都是细菌的资源环境或栖息地。在细菌和所有动植物看来,地球只是它们的资源环境或栖息地,而在"盖娅"看来,地球所有细菌和动植物都是她生命整体的构成,离开了她的生命整体,它们都不能存活。这样,我们的理解力或许可以得到改善。

(二)盖娅进化

在地球尚未出现生命的 40 亿年前,地球与火星、金星拥有相似的表面组成成分,有丰富的二氧化碳和水、微量的还原气体氢、甲烷和氨气,但是,当生命必需的元素氢逃逸到太空中后,任何星球都将变得死气沉沉。

在接近太阳系起源的时间和空间,曾发生过一次超新星事件,地球上现储藏的铀含有 0.72% 的放射性 U235 同位素,这一数字可以推算出在约 40 亿年前,地壳中的铀可能含有近 15% 的 U235。因而,在 40 亿前生命诞生前后的地球环境是非常严酷的,地球生命可能诞生于核辐射远高于现代的环境中,同时,大气因无臭氧层保护使得致命的紫外线可以长驱直入。但对一些核爆炸实验基地和核电站严重泄漏事故地的生态调查显示,这些放射性物质对这些地区的正常生态恢复影响很小。研究还显示,某些蓝绿色海藻,对短波紫外线辐射有很高的抵抗力。地球原始生命能在那种恶劣的环境中诞生

---

① [英]詹姆斯. 拉伍洛克:《盖娅:地球生命的新视野》,第 13 页。

并繁衍开来,这种生命形式现已退居到大陆架上和地球表面下的土壤中,这些土壤和海床中的微生物,"才是保持事物持续运动的真正主角"①,是盖娅的基本部分。

生命最初从大量有机化学物质中演化而来,它一旦出现,就会迅速扩展到地球上所有适宜的地方,这些生命以有机化学物质为食。但有限的食物使迅速繁衍的生命面临着挨饿和利用太阳能把环境中的原材料合成自己构成模块的选择压力,在这种选择反复出现的压力中演化出了自养生物,从而加速了不断扩展的生物圈的多样化、独立性和强健性。而以死亡和腐烂的有机物为食,及直接以生物为食是一种更为便利的选择,于是自养生物与异养生物,捕食者与被捕食者的多样性食物链的形态也在演化中形成,有机物与其物质环境之间紧密结合,使生物圈随着自身的演化迅速多样化,这是"一种更加稳定和更加强大的生态系统"②。

地球原始生命诞生后的很长一段时间中,地球大气的主要成分是二氧化碳,正是它的温室效应使地球在20亿年前太阳辐射远比现在少时不被冻结。但是,生命的这种无休止活动驱动着大气中二氧化碳和甲烷在生物圈中不断循环,这些气体提供生命必需的碳和氢元素,结果使大气中的这些气体含量逐渐下降,碳和氮在海洋底部固着沉积,成为有机岩屑,或可能成为这些早期生命体的碳酸钙和碳酸镁,氨气分解所释放出来的氢主要和氧结合成水,少数会形成氢气逃逸到太空中,氮会以惰性的分子状态留在大气中。二氧化碳的耗减和氮的积累虽然缓慢,但一二十亿年的时间足以使大气构成发生显著变化。科学研究认为,地球半球接受到的太阳热量只要下降2%,就足以形成一个冰期,最近的一次冰期是地球绕太阳轨道运行的微小变动的结果,早期太阳辐射比现在少25%~30%,二氧化碳的逐渐下降会不断降低地球的温度,而随着冰雪覆盖面的扩大又会增加反射到太空中的阳光,这会使地球温度失控性地下降,从而不可避免地被冻结成一个冰雪世界。另一方面,如果生物通过产生甲烷等更强的增温气体来补偿,气温又会以恶性循环的方式失

---

① [英]詹姆斯·拉伍洛克:《盖娅:地球生命的新视野》,第44页。
② [英]詹姆斯·拉伍洛克:《盖娅:地球生命的新视野》,第26页。

控性地变暖,直到大大高于生物所能忍受的程度,地球又会变成一个热而死寂的世界。

必须有一个能感觉温度和空气中二氧化碳含量变化,并使气温维持在适合生命的最优状态的调控机制,生命的生存和演化才能得以持续,这种机制来自于盖娅本身,生物适应性进化使盖娅各个组成部分构成一个复杂的联合体,她有很多方法能够能动地解决气候变化问题。例如,随着二氧化碳耗减,或大陆漂移到提高反照率的位置,盖娅可能仅仅通过颜色变暗就能使自身和地球保持温暖。波士顿大学的奥拉米克(Awramik)和古鲁比克(Golubic)观察到,在盐沼这样反射率高的地方,原先由微生物构成的覆盖随着季节变化变成浅色或黑色。如果过冷,就变成黑色,以减少反射率来增温;反之,如果过热,则变成浅色,以增加反射率来降温。而海洋生态系统还会产生一层覆盖水表面的具有绝热性能的单分子层,从而阻止水蒸气在大气中过量积聚而导致失控增热状况的出现。盖娅对温度的调节是综合运用多种不同的、与环境相协同的方法来实现的。

许多生物不仅能适应温度变化而改变颜色,而且能够为了伪装、警告、吸引异性而改变颜色。生物调节温度的方法也绝非仅限于改变颜色,如:蜜蜂能通过扇动翅膀有效地控制蜂巢的温度;一些动物通过长毛或脱毛、增加或减少脂肪来调节体温;人体通过出汗和颤抖来调节体温,当环境温度过高,出汗会使人体散发出相当大的热量,环境温度过低,颤抖增加了肌肉活动和燃烧更多身体燃料而产生更多的热量。当环境温度变化超越了内部调节能力时,动物又会寻找适宜的环境,如向阳或避阳,有些动物会改变环境,如钻洞筑巢等等。人类造房、穿衣、洗浴、取火等,其效用是多方面的,调节温度就是其效用之一。由此我们可以想到,为应对当前人类排放增温气体而造成的全球变暖,通过把人工建筑物如房屋、道路变成白色或许有效,但要符合盖娅调节气温的机制,还需使这种颜色改变像生物那样具有自动的感应性变化。

生命的延续还需要解决一系列的微妙平衡问题,如:所有生命必需元素的获得、排泄废物的利用、有毒物质的处理、环境酸度的控制、海洋盐度的控制等等。随着生命的大量繁衍,大量携带某些稀有元素的死亡生物尸骨被雨水带入海洋、沉积海底,这一大规模持续的过程最终会使至关重要的微量物质退出生物圈,直至"沧海桑田"变迁、火山喷发再次掀起这些沉积层而进入循环。盖娅需要利用但不仅仅依赖于这一漫长的循环过程,她更以自己不断进化的方式快捷地处理着这些难题,如:进化出类似于现在的植物、植食动物、肉食动物、腐食动物的食物网链,使珍贵的重要元素在食物网链中传递,微生物分解还原这些元素,并将有毒元素转化成挥发性的甲基衍生物,生物释放的氨气,中和硫和氮的化合物自然氧化形成的浓硫酸和浓硝酸,直至形成生命体从最小到最大、过程从最短到最长的协同一致、复杂高效的物质循环、动态平衡的综合性控制系统。在这一过程中,有毒物质被转化,排泄废物被利用,生物圈温湿度、环境酸碱度和海洋含盐度被控制在最有利于生命生存的范围之内。

由此可以推想到:我们的农业、工业、城市模式的弊病不在于不排放物质,因为这是不可能的,而在于其过程的线性化,才使排放变成了"污染",才造成严重的土壤流失使植物之"毛"失去所附之"皮",水体污染将生命必需的稀有物质快速地流失沉积于海洋而使陆地贫瘠,排放的固体垃圾洪流既污染了环境又枯竭了资源,大气污染既危害生物的生存又导致气候恶化,这种逆盖娅进化的模式类似于生命体的癌瘤,它的扩张是以盖娅生命体的衰竭为代价的。人类、万物众生乃至盖娅的继续进化之出路,要求人类经济社会必须进化出多样化的"物种"协同共生系统,即人类物质生产系统的各企业、产业的物质投入与产出(包括排放)之间和人类的物质生产与消费之间必须像盖娅那样,形成无废物的充分循环、整体共生自足的有机体。

(三)盖娅自调节

盖娅进化体现于盖娅自调节的过程中。任何生命体都有自调节、自平衡的机能,这里我们通过几个全球性的调节、平衡过程来认识盖娅生命体的自调节机制。

为什么原始缺氧的大气会出现氧积累并稳定在21%的水平上呢?绿色植物和海藻的光合作用所产生的几乎全部氧气都在大气中循环,并会在较短的时空内为生物的呼吸作用所耗尽,因而这一过程不可能造成氧气的净增加。以往曾认为氧气的主要来源是高层大气中的水蒸气光解作用产生的,水分子在那里被分解,很轻的氢原子逃逸到地球引力场之外,留下氧原子在气体的分子中结合或在臭氧中以3个氧原子的方式结合,这一过程带来了氧气的净增加。这一过程在过去非常重要,但这种氧气来源对于现在的大气已是微不足道。现在大气中氧气的主要来源是由鲁比(Rubey)于1951年提出的:沉积岩中储藏了少量的碳,这些碳元素由绿色植物和海藻固着在自身组织的有机物中;每年约有0.1%固着的碳与被水从陆地表面冲刷携带进入海洋和河流的植物残骸一起沉积,每个碳原子就这样离开了光合作用和呼吸作用的循环系统,并在空气中留下一个多出的氧分子。如果没有这一过程,氧气就会与因风化、地球运动和火山爆发释放的气体所形成的还原性物质发生反应,而从空气中不断消失①。

  迈克尔·麦克艾罗伊(Michael McElroy)等人计算过,碳沉积过程会使氧气的浓度在2.4万年内增加1%,那么氧气的浓度为什么能稳定在21%的水平呢?这是因为碳沉积过程还带有一个甲烷产生的过程,甲烷是一种生物产物,它大部分产生于海床、沼泽、湿地和河口等发生碳沉积泥土中的厌氧细菌发酵,这些地方每年产生约5亿吨甲烷,甲烷从这些地方产生出来,为厌氧细菌清除这些地方的氧气和挥发性有毒物质,如砷和铅的甲基衍生物,甲烷进入大气层后,大部分在底层大气中被氧化而每年消耗了约10亿吨氧气,其中有些在被氧化成二氧化碳和水蒸气之前便到达了同温层,成为高层大气中水蒸气的主要来源,水被分解为氢气和氧气,前者逃逸,后者下沉,这又带来氧气的少量增加。霍兰德(Holland)、布洛艾克(Broeker)等发展了的鲁比氧气理论,认为:大气中氧气的密度得以恒定,是由于碳沉积导致氧气净增加和从地壳下排出还原物质重新氧化造成氧气净耗损的平衡。拉伍洛克认为,当含碳物质到达厌氧区域时,就必然会产生甲烷或沉积,现在每年产生5亿吨甲烷所消耗的碳是沉积碳的20倍,任何改变这一比例的机制都会有效地调节着氧气的浓度,当空气中的氧气太多时,某种起到警告作用的信号就会在产生甲烷的过程中增强,并且使状态稳定的条件因为这种起到调节作用的气体

---

  ① [英]詹姆斯·拉伍洛克:《盖娅:地球生命的新视野》,第75页。

涌进大气层而迅速得到恢复①。

一氧化二氮也参与了对氧气的调节。一氧化二氮在空气中的密度接近300万分之一,产生的速度是每年300万吨,约为氮返回大气速度的1/10。一氧化二氮从土壤和海床中被微生物产生出来,进入大气后被太阳紫外线迅速分解,使进入大气中的氧气量,达到平衡持续暴露于地表的还原性物质的氧化消耗所需氧气量的两倍,一氧化二氮就成为甲烷的一种平衡力量,二者的产生是相补的,是另外一种迅速调节氧气密度的方法②。

一氧化二氮还有另外的重要调节活动,它对臭氧有催化分解作用。同温层中的臭氧层的增加量会多达15%,臭氧层的太厚太薄会导致照射到地球表面的紫外线太少或太多,这对生物都非常不利。盖娅控制系统可能包括一种感应系统,它能够感应是否有太多或太少的紫外线辐射正在穿透臭氧层,从而相应地调节一氧化二氮的产生③。

从原始地球到现代地球的大气,最显著的变化是二氧化碳所占的比重被氮气和氧气所替代,盖娅对这种此消彼长直至达到现代大气构成的调节,除前面所述外,对二氧化碳的调节还表现在:二氧化碳在大气中的含量为0.03%,这是盖娅的自调节机制使二氧化碳含量一直保持在与生物适宜温度相适应的水平。储存于海洋中的二氧化碳几乎是空气中的50倍,如果空气中的二氧化碳含量由于任何原因而下降,海洋中的二氧化碳储备就会释放一些,以恢复空气中二氧化碳的正常水平;大多数生命形式包含碳酸酐酶,它可以加速二氧化碳和水之间的反应,各种形式的生命不断分解土壤和岩石,从而加速了二氧化碳、水和碳酸岩之间的化学反应;所有生物都从大气中移走二氧化碳,把它转化为有机质,携带碳酸盐的贝壳持续下沉到海底,最终在那里形成白垩或石灰石构成的海床,从而阻止二氧化碳在海水上部的停滞,等等。如果没有生命的干涉,二氧化碳就会在空气中积聚,最终会达到危险的含量。盖娅总是积极控制环境,它的策略总是使现存的条件转向有利于它自

---

① [英]詹姆斯·拉伍洛克:《盖娅:地球生命的新视野》,第78—80页。
② [英]詹姆斯·拉伍洛克:《盖娅:地球生命的新视野》,第80页。
③ [英]詹姆斯·拉伍洛克:《盖娅:地球生命的新视野》,第81—82页。

身①。如果空气中的二氧化碳逼近或超过1%,地球的温度会迅速上升到接近水的沸点,温度的上升会加速化学反应,从而会加快达到化学平衡状态的过程,一切生命都将难以存活。

新的研究表明,海洋表面覆盖着一层百分之一英寸厚的黏性碳水化合物,它是由海洋表层以下的浮游植物的单细胞生物体产生的,这些浮游植物相互粘连形成群落,碳水化合物从浮游植物上脱离并凝聚在一起,其中很大一部分上升到海洋表面,形成一层薄膜,它像海洋的皮肤,进行着海洋与大气的气体交换的呼吸活动,大量的二氧化碳温室气体是通过它吸入的,表层的细菌还吞噬甲烷和一氧化碳,并发现这层皮肤还可以阻挡杀虫剂和阻燃剂等污染物质②。

以往对于海洋含盐的解释是:雨水和河流不断把陆地上的少量盐分冲刷到海洋中,海洋的表层水通过蒸发,随风进入陆地上空形成降水落到陆地上,而盐在海中积聚,随着时间的推移,海洋的含盐量越来越多。但生命在约40亿年前就诞生于海洋,海洋至少跟生命一样古老,地质学上的证据表明,海洋的盐分含量在生命出现后,没有发生多大变化。现在海洋盐分浓度约为3.4%,雨水和河流每年冲刷到海洋中的盐约为5.4万亿吨,海水总量约为12亿立方千米,达到现在海水平均含量3.4%的盐分所需的时间只需约8000万年,再加上地球灼热内部的塑性软化岩石不断涌动,挤出海洋底部向四周扩张对海洋盐分的增加,海水含盐量达到3.4%的水平只需6000万年就够了。那么,在几十亿年中,海水盐分为什么没有像盐分积聚理论所预期的那样增加呢?唯一可能的解释是:海洋存在着盐分的排放渠道,使盐分从海洋中排除的速度与盐分积聚的速度相同。盐分排除的机制可能有多种,但生物的调节起了重要作用。生命细胞内部体液或它的外部环境的盐分绝不能在几秒钟内超过6%这个值,是生命细胞的一个必需条件,除了盐水池和咸水湖中的嗜盐性细菌具有非常特殊的细胞膜之外,所有生物都受到6%的盐分极限的控制。

---

① [英]詹姆斯·拉伍洛克:《盖娅:地球生命的新视野》,第86—87页。
② "海洋表面:另类微生物天堂",新华社《参考消息》2009年7月30日。

生物如何把盐分控制在这一极限之内还是一个有待进一步研究的问题,拉伍洛夫推测:一是地球上的生命物质约有一半存在于海洋中,海洋生物占主导的是藻类和原生动物,其中由碳酸钙构成外壳的球石菌、由硅石构成骨质外壁的藻类植物,它们死亡时,柔软的躯体有部分溶解,未溶解的则随骨质或外壳沉积到海洋底部,这种持续不断的沉积过程,在海床上累积成由白垩、石灰石、硅石组成的巨大沉积层,和柔软有机体被埋藏转化的矿物燃料等,这种下沉过程会把盐分一起带到海床被掩埋,由于海洋生物对盐分敏感,盐分一高出正常水平,就会迅速大量死亡,从而会加快盐分的下沉埋藏过程;二是过剩的盐分以蒸发盐的形式在浅海湾、陆地内的潟湖和孤立的海湾等地方积聚起来,因为这里的蒸发快,且来自海洋的水又是单向的,拉伍洛夫推测,潟湖的形成是海洋生命出现的结果,珊瑚礁可以达到几英里高、几千英里长的惊人规模;三是海底火山甚至大陆漂移都可能是生物活动的最终结果,持续不断地落到海底的沉积物,使薄薄的塑性岩石下凹,较重的沉积物沉入洼地,阻碍了来自地球内部的热传导,随着沉积物不断下沉,下面地层温度不断升高而形成的正反馈,最终热度达到足以熔化海底岩石,火山熔岩涌流出来,火山岛以这种方式形成,有时潟湖或许也以这种方式形成。海滨浅水域大量的碳酸钙被搁置下来,有时它们以白垩或碳酸岩形式出现,有时又被拖入热的岩石下面,充当熔化岩石的助燃剂,在火山建造中起促进作用。洋底岩石普遍年轻,是因为洋中脊熔岩上涌推动着洋底携带着沉积物在大陆架边缘的海沟处潜没的过程从未停止,盖娅"她是通过利用自然的倾向并使海洋转向对她自身有利来实现的"[①]。

盖娅调节着生命必需物质的全球性循环。科学家发现,被河流冲刷到海洋中的硫比从陆地上所有已知渠道可以获得的硫资源更多,两者之间存在着每年几亿吨的差额,后来发现包括海草在内的许多海藻,能够产生大量的二甲基硫化物,弥补硫的缺口,使硫循环得以进行,如果没有硫的生物甲基化,陆地表面上的可溶硫就早已被冲刷到海洋中而得不到补充,陆地生物也就难以获得维持生命必需的物质。

---

① [英]詹姆斯·拉伍洛克:《盖娅:地球生命的新视野》,第105页。

近海水域中生长着昆布属植物的巨藻，它们从海洋中吸取碘，并在生长过程中大量地产生甲基碘化物，通过气流将碘带回陆地，如果没有碘，甲状腺就不能产生用于调节新陈代谢速度的荷尔蒙。海洋上空气中的甲基碘化物大多能与海洋中的氯离子发生反应，产生甲基氯化物，这可能是自然调节臭氧层密度的生物机制。

迄今尚未在海洋中发现磷的挥发性化合物来源，这可能是生物对磷的需求量很小，岩石的风化足以满足这一需求，但如果不是这样，候鸟和鱼类的迁徙可能服务为磷循环的盖娅目的，大马哈鱼和鳗鱼沿河道奋力进入远离海洋的内陆，就发挥磷循环的功用。海洋是盖娅调节系统的重要组成部分，陆地只占地球表面的不足 1/3，人类对部分陆地生态系统的破坏仍未摧毁盖娅系统，但不能认为我们可以不受惩罚地去破坏生态系统。

(四) 盖娅的意义

创立一个颠覆常识的科学理论，需要一个较长甚至很长的理解和接受过程。自然科学早已没有给上帝在宇宙中留下位置，但神学至今仍在许多人甚至是某些科学家的头脑中坚守着活动的空间。爱因斯坦的相对论虽然一再被证实，但至今仍然没有多少人真正地理解了它，甚至连爱因斯坦本人在面对从相对论推论到宇宙膨胀论时，也一度彷徨惊疑。同样，我们已经无法否定盖娅是一个生命体，但是，要真正理解和接受她并非易事，因为这与我们关于生命的常识和主流的文化观念有很大距离，这种距离甚至也影响到盖娅论的创立者——拉伍洛克本人。

拉伍洛克在提出盖娅论后的几十年中从未停止对这一理论的继续研究，在 2000 年再版《盖娅：地球生命的新视野》一书时，作者写了一篇"序"，回顾了他在 26 年前写作此书时对盖娅理解的局限性，和盖娅理论从被反对到被接受的过程，说他在提出盖娅理论之初，也"是在不理解其本质的情况下试图了解她"[①]的，他曾认为地球是为了它的居住者——生命有机体，并且是由它

---

① [英]詹姆斯·拉伍洛克：《盖娅：地球生命的新视野》，第 3 页。

的居住者而保持舒适的环境的,并没有弄清楚,起调节作用的不仅是生物圈,而是一切物体,包括生命、大气、海洋和岩石,包括生命在内的整个地球表面都是一个自我调节的存在。他还错误地提出,如果冰川发生,可以通过向大气中故意释放氟氯碳化物,用技术补救方法给地球加温等①。

要理解盖娅,需要有宏观整体而不是微观还原的认识方法,拉伍洛克强调了他与其他科学家的不同之处在于:

"我是从太空上自上而下地俯视地球,而不是通常还原主义者所用的自下而上的观察方式。自外部对地球进行整体性观察,使我意外地既与后现代世界保持和谐一致,又与热衷于还原论之前的主流科学相一致。"②

从太空看地球,地球是如此地与众不同,不仅在太阳系中独一无二,而且在她周边几十光年的天宇中迄今也未发现一个生命体的伙伴。热力学第二定律告诉我们:所有的物理过程都是一个普遍的熵增加的过程。熵是一个无序的量度,要解释清楚颇为不易,我们可以通过一些等价的表述来理解:任何能量的转化过程都必然有部分能量被降解;任何过程中等量热能都不可能转化为等量的有效功;任何过程中热都不可能由冷物体传向热物体;转化为有效功的能量不能回收利用;在自发过程中,浓度趋于扩散,结构趋于消失,有序趋于无序,等等。在宇宙的普遍的熵增加过程中,生命的自我组织、复制、维持、复杂化进化现象的出现是一个"奇迹",在这个奇迹中,熵增加的过程表现为太阳的熵增加大于地球的熵的减少,因而,并不违背热力学第二定律。但孤立地看,生命现象抗拒着热力学第二定律,它在宇宙熵增的洪流中拦起了一道"防洪堤",生命是脆弱的,但又必须是强大的,任何单个的生命最终都难以逃脱熵增的命运,但生命的整体又必须能抗拒这种命运,生命只有演化成为一个行星尺度的现象,才是强大的,否则生命就只能是昙花一现。地球周边和太阳系周边的某些行星是否曾诞生过生命? 或者在其地底下是否还有生命存在? 这是可能的,但人类的福祉决不在于能找到这样的星球,从而能在地球资源耗竭、环境崩溃时逃到那里去开辟新领地,离开了盖娅整体或

---

① [英]詹姆斯·拉伍洛克:《盖娅:地球生命的新视野》,第3页。
② [英]詹姆斯·拉伍洛克:《盖娅:地球生命的新视野》,第7页。

严重破坏了盖娅整体,人类就是脆弱的,就不可能独挡熵增的洪流再生存下去。

由于盖娅是古希腊神话中的大地女神,这招致某些科学家把盖娅理论误当成像宗教信仰一样的东西加以反对或失去兴趣,从而阻滞了盖娅理论的自然发展。直到1994年,牛津召开"自我调节的地球"科学会议,才提出要建立一个采用自上而下的方式——即以生理学的方式——讨论地球科学主题论坛。1996年和1999年的牛津会议展开和发展了地球的整体观,虽然盖娅的名称常常为地球系统科学或地球生理学所替代,但盖娅理论及其整体性方法实际上已为大多数科学家所接受和采用。现在,盖娅理论不仅吸引了许多学科的科学家投入研究,而且日益广泛地受到社会各界人士关注,并影响着人们的思维和行为,"盖娅的重要意义超越了科学"①。

盖娅理论提出了一个与传统观念和传统科学完全不同的地球观,在传统观念中,地球是人类和各种生物赖以生存的场所或家园;在物理学中,地球是太阳系中一个有特定位置、轨道、物质构成的行星;在经济学中,地球的一切都是可供人类利用的资源;在生物学中,地球是生物进化的环境;在生态学中,地球是万物普遍联系的系统。但在盖娅理论中,地球是一个巨大的超级生命体,"包括生命在内的整个地球表面都是一个自我调节的存在"②。乍一看来,这好像是在以现代科学复活了一个古老的希腊神话故事,但它没有给人们带来丝毫的神话梦呓,而只是带来对地球生命体的最高敬畏。人类自诩为上帝之代理、万物之主宰的地位被颠覆了,人类是盖娅进化出来的一个部分,但却非盖娅生命体的必要构成。在人类诞生之前,盖娅已生存了数十亿年,如果人类的行为威胁到盖娅的生存,将可能作为盖娅进化中的一个威胁生命整体的变异"细胞"而被剔除,而盖娅仍将生存下去。

正如美国著名微生物学和分子生物学家马古利斯所言,盖娅说是一个科学理论,"它经受了观测实验的检验和修正。然而,盖娅说仍然具有新鲜、新颖、神话般地吸引人的地方。一种关于一颗在一定意义上有感受和反应的地

---

① [英]詹姆斯·拉伍洛克:《盖娅:地球生命的新视野》,第15页。
② [英]詹姆斯·拉伍洛克:《盖娅:地球生命的新视野》,第3页。

球的科学理论是受人欢迎的"①。如果拉伍洛克把这一理论直接冠之以"地球有机体"之类的名称,虽然可以避免"一个关于希腊女神的寓言故事""非常愚蠢的人"之类的尖刻无聊的批评,但同时也会使地球丧失她神话般的魅力,就很难引起科学界之外的人的强烈兴趣和关注,就很难对哲学、科学、社会观念意识中占统治地位的机械论、还原论地球观、生命观产生颠覆性影响,就很难"既与后现代世界保持和谐一致,又与热衷于还原论之前的主流科学相一致"②。

地球作为活的有机体,作为养育者母亲的形象,是西方古代文化的一个重要构成部分,柏拉图在《蒂迈欧篇》中赋予整个世界以生命。古希腊哲学家色诺芬在其《经济学》一书中说:

"地球是一位女神,她把正义教给那些善于学习的人。因为,她被服侍得越好,她给的回报也越好。"

《荷马史诗》中说:

"盖娅,万物之母。我歌颂你,最古老的神灵。

基础之坚实,哺育地球上的所有生灵,

任你漫步在光芒四射之大地,遨游在大海,

还是飞翔在空中——所有的所有,都为她的恩赐所哺育。

女神,从你那里我们才有善良的孩子,

富饶的收获。

只有你,才有权使凡人获得生命,或是将生命

带走。"③

哥白尼(1473—1543)在《论天球的旋转》中,描述了男性化天体与女性地球的结合:"地球因太阳而受孕,并孕育着一年一次的后代。"16世纪的欧洲人用有机体作为联系自我、社会和宇宙的基本隐喻。这种隐喻对人类行为

---

① [美]林恩·马古利斯 多里昂·萨根:《倾斜的真理:论盖娅、共生和进化》,李建会等译,江西教育出版社1999年版第201—202页。

② [英]詹姆斯·拉伍洛克:《盖娅:地球生命的新视野》,第7页。

③ 转引自[美]林恩·马古利斯 多里昂·萨根:《倾斜的真理:论盖娅、共生和进化》,第200—201页。

具有一种文化的、道德的约束作用①。

中国古代文化中虽然没有大地女神的形象化描述,却有女性的最高哲学抽象,这就是老子哲学中的"道"。老子的《道德经》是世界最早的哲学著作,对中国的哲学、宗教、文化影响深远。老子在《道德经》中开篇即点出:

"道可道,非常道;名可名,非常名。无名,天地之始;有名,万物之母。"(一章)

《说文解字》:"始,女之初也。"《尔雅》释胎为始。始之本意为妇女受孕结胎,婴儿从无到有形成的最初时刻。老子认为,可以表述的道,不是永恒的道,可以称谓的名,不是永恒的名。天地生成之初是什么,不可言说,不可名相;非要言说,那就是万物之母,那就是道。又说:

"有物混成,先天地生。寂兮寥兮,独立而不改,周行而不殆,可以为天下母。吾不知其名,字之曰道,强为名曰大……人法地,地法天,天法道,道法自然。"(二十五章)

"天下有始,以为天下母。既得其母,以知其子;既知其子,复守其母,没身不殆。"(五十二章)

"道生一,一生二,二生三,三生万物。"(四十二章)

老子一再称道为万物之母,天下之母,生育万物。又说:

"谷神不死,是谓玄牝,玄牝之门,是谓天地之根。绵绵若存,用之不勤。"(六章)

"谷神":生殖之神。"玄牝之门":女性生殖器。这里更是把道等同于万物的生育之神,是天地形成的根源,她绵绵不绝地生成万物,有着无穷无尽的生殖力。

大地女神的意识在东西方文化中虽有不同的表现形式,但都有着深远的相同的渊源,这就是远古的母系氏族文化。正是这种历史文化的持久影响及其在人类心灵中所形成的情感基础,使得盖娅理论好像不合冰冷的硬科学规范,但却有着远比硬科学更大的社会影响。盖娅理论如今已不仅影响到生物

---

① 参见[美]卡洛琳·麦茜特:《自然之死——妇女、生态和科学革命》,吴国盛等译,吉林人民出版社,1999年版第1—17页。

学、生态学、地球生理学、地球系统科学、整体性方法论和环境伦理学等许多科学甚至包括天文学和动物学的发展,也影响到环境保护实践,并且还为我们提供了一个全新的科学自然观。马古利斯对这一理论极为推崇,是其忠实热烈的追随者,并在自己的领域为这一理论的补充、完善和发展作出了贡献。托马斯(Lewis Thomas)认为,拉伍洛克的观点"可能有朝一日会被认为是人类思想上重大变化之一";宇宙学家戴森(Freeman Dyson)认为,"对盖娅的尊敬是智慧的开端";比利时细胞学家、1974年诺贝尔生理学和医学奖获得者克里斯蒂安·德迪夫赞赏盖娅理论,并对某些生态学家对盖娅理论的指责进行辩解①。盖娅说还引起了人文学界的强烈关注,人们高度重视它的哲学世界观和整体性方法论意义。虽然不能说人们已完全接受了这一崭新的地球观,但是,它毫无疑问已深刻地改变了接触过这一理论的科学家和人文学者传统科学的地球观,并为其中的许多人所接受。

盖娅论的最大意义可能与哥白尼的日心说、达尔文的进化论、爱因斯坦的相对论等纯自然科学理论有所不同,虽然它与这些科学理论在揭示宇宙和生物的真相,从而对引导人们摆脱神学的蒙昧走向科学的自觉有着相同的作用,但盖娅论尽管是严谨的科学,却自然地饱含情感,这与盖娅的名字显然有说不清道不明的关系,确实没有比这更好的名字来称呼地球生命体了,一说到这个名字,人们的心理就会自然地对地球升起一种敬畏情感。

英国著名历史学家阿诺德·汤因比在其叙事体世界史《人类与大地母亲》一书中,有6章专谈人类与自然、生物圈的关系,指出地球上的一切生命都是大地母亲的"生命之果",人类是地球之子,没有可能移民外星。如果滥用日益增长的技术力量去满足贪欲,就会置大地母亲于死地;如果能克服导致自我毁灭的放肆的贪欲,则有可能使她恢复青春,何去何从,这是今天人类所面临的斯芬克斯之谜②。今天的科学虽然使人们知道了许多物理学、化学、生物学、生态学知识,但环境保护的成效赶不上环境破坏的速度,生态伦理仍

---

① [比]克里斯蒂安·德迪夫:《生机勃勃的尘埃——地球生命的起源和进化》,王玉山等译,上海科技教育出版社,1999年版第285—287页。

② 参见[英]阿诺德·汤因比:《人类与大地母亲——一部叙事体世界史》,徐波等译,上海人民出版社,2001年版第一、二、三、八十、八十一、八十二章。

是孤鸿哀鸣。这是为什么？这与几千年人类文明所走的征服自然和人类相互征服的道路及由此而形成的人类主流文化有莫大关系，几千年的"征伐"历史已使人类的情感萎缩，仅靠冰冷的硬科学已不能使它勃发生机。盖娅论有可能唤醒冷酷的人类与万物众生同舟共济的情感，唤醒迷失的人类孩子向大地母亲的回归，从而不仅为可持续发展带来新的动力，而且带来普遍的自觉。但是，这种情况为何没有出现呢？一个重要原因是她仍然是束之高阁人未识。正如利奥波德的大地整体论远未为一般人所知一样，了解盖娅论的人也只是少数科学家和学者。

四

共生进化论

盖娅理论得到美国著名微生物学和分子生物学家马古利斯等的大力支持和发展。马古利斯认为,盖娅是地球生理学:我们星球表面的生命之网的能量和物质交换的总和,地球生物圈是一个单一的、自我调节的实体,地球是活的[1]。盖娅理论提出的共生、融合、选择进化论,揭示了生物进化的更为真实的图景,进化把地球上所有的生物通过时间联系在一起,盖娅理论通过三维空间把所有的生物联系在一起[2],从宏观到微观展示了生命的统一性和整体性。

(一)生物学困惑

马古利斯认为,生物学的巨大困惑是深受机械论和还原论的桎梏,生物学家们广泛相信宇宙是机械的,相信并传授生命是一个机械系统,可以用物理学和化学来描述,就像化学最终能够还原为物理学一样,生物学也能够还原为化学。从20世纪30年代开始,面对孟德尔遗传学的挑战,新达尔文主义学派提出:进化根源于个体中随机的遗传性变异(突变)的积累,试图把20世纪早期遗传学和达尔文进化论统一起来。新达尔文主义者提供了大量的关于生物进化方式的形式化、数学化的解释,产生了被称为群体遗传学、行为

---

[1] [美]林恩·马古利斯 多里昂·萨根:《倾斜的真理:论盖娅、共生和进化》,第3页。

[2] [美]林恩·马古利斯 多里昂·萨根:《倾斜的真理:论盖娅、共生和进化》,第6页。

生态学、社会生物学、群体生物学等分支领域，发现一些诸如"性策略""进化分支主义""内适应""进化稳定策略""损益能量学"等不可思议、不可测量、在真实世界中没有任何指称的概念。新达尔文主义对生命、进化、适应等概念的定义都源于其机械主义生物学世界观，生命被定义为是进行繁殖、突变并繁殖其突变的个体的集合；进化是基因频率在时间上的变化（突变的渐进积累），这些变化是通过自然群体中的自然选择引起的；突变是随机发生的，这些随机突变是左右生物存在的生命的物理决定因素，是所有进化新特性的源泉。面对批评者对眼、脑、翅膀是通过随机突变进化的反对声音，新达尔文主义者用生物体"适应"它们的环境、生物体的结构与它们的生存要求之间的密切关系来作出安慰性的解释。马古利斯认为，20世纪后期的生物学家所使用的"适应"术语，与19世纪早期英国地理学家威廉·巴克兰使用这个术语来描述地球在太阳系中的聪明位置及上帝持续创造的产品的完美适应性几乎完全一样[①]。

马古利斯列举了英语世界新达尔文主义使用的典型语词，如：适应、利他主义、利他主义行为、欺骗、自私的行为、适合度、内适合度、遗传的变异、基因型、表现型、群体选择、亲属选择、选择的层次、选择的单位、自然选择、性选择、性繁殖，等等；分子进化论者使用新达尔文主义的术语，如：高级生物、原始生物、高等生物、低等生物、分子同源、趋同、趋异、保守序列、有根的系谱、快速进化/缓慢进化的分子，等等，认为这些术语没有一个是可以直接测量的，所有与之相关的量的确定都是间接的，必然要涉及各种假设和未明确说明的假设，离开了新达尔文主义的语境，是毫无意义的（遗憾的是，本书在某些论述中还不得不借用这些术语，以与学界的习惯、理解相一致）。新达尔文主义者之所以主导着生物学科学活动，一个重要原因是其机械论的世界观与我们主导文明的主要神话是完全一致的，这种贪得无厌，几乎完全只与技术、权力和财富相关的物质主义文明的神话认为，地球属于人类[②]。

---

① ［美］林恩·马古利斯 多里昂·萨根：《倾斜的真理：论盖娅、共生和进化》，第338—347页。
② ［美］林恩·马古利斯 多里昂·萨根：《倾斜的真理：论盖娅、共生和进化》，第350—353页。

性是进化生物学研究的一个关键领域,然而,关于性行为的许多理论是错误的。一些生物学家以经济的眼光来看待性,他们用性行为的代价,如寻找性伴侣,产生带半数染色体的特殊性细胞,为这些行为所消耗的时间,相对于它可能带来的好处而言是得不偿失,因而,性似乎是多余的,是生物进化中没有必要的自寻烦恼。性之所以被保留下来,是因为来自父母双亲的合子的类型可以大大增加,这种变异使那些具有性别分化的生物比不具有性别分化的生物能更快地适应环境,从而能更好地生存下来。但科学家发现,无性生殖和有性生殖方式一样普遍,甚至比有性生殖更普遍。马古利斯认为,性需要一个新的视角来定义:性是遗传物质的融合,通过这种融合,从多个亲体产生新个体。根据这一定义,已知最小的性行为是核酸进入细胞,细菌的性行为是交换基因,如以病毒的形式互换信息。在这一意义上,一个感冒病毒侵入人体即是一种性行为,因为它将遗传物质注入宿主细胞内。原生生物、植物、真菌和动物的性行为以细胞融合的形式出现,来自不同亲本的两个细胞核在同一胞质环境中融合。性可能起源于基因修复系统,生命诞生后一二十亿年中,在有害紫外线的强烈照射压力下,细菌受损伤的 DNA 如得不到修复很快就会灭绝,尤其是光合作用细菌,辐射既是必需的又是致命的,修复就成了生命活动必不可少的一部分:

"在标准的 DNA 修复过程中,生物体通过复制一条新链以产生一个健康的双链 DNA 分子。这种分离和连接与性行为密切相关。在这里性行为代表着一种容许细胞接受外源性 DNA 的机制,于是那些在充满辐射世界中被采用的生存方法逐步进化成性机制。"[1]"当大气中形成臭氧保护层时,接合—修复机制已经被整合到了细菌的生命中。""基因重组,首先是作为 DNA 修复技术发展起来,然后才与性行为机制建立密不可分的联系。对生殖因子、附着体、质粒、感染和配合现象的研究发现,它们都包含有基因重组。这些都是细菌的性行为的不同形式。"[2]

---

[1] [美]林恩·马古利斯 多里昂·萨根:《倾斜的真理:论盖娅、共生和进化》,第365页。

[2] [美]林恩·马古利斯 多里昂·萨根:《倾斜的真理:论盖娅、共生和进化》,第366页。

细菌的性行为,使生物获得新的基因组成变得很容易,更复杂的动植物细胞也就在进化中形成。

真核生物的减数分裂的性活动,是在细菌或原核生物的性行为之后进化出来的一种不同的过程。减数分裂性行为包括两个交互的过程,先是染色体数目减半形成精子、卵或孢子,然后精卵结合恢复原染色体的数目。减数分裂的性行为起源与减数分裂和共生相联系,减数分裂是在细胞有丝分裂基础上发展形成的,与有丝分裂的区别是:细胞分裂时染色体 DNA 不复制,着丝粒复制延迟,形成单倍体细胞,以后通过受精融合在后代细胞中恢复双倍体。细胞融合(受精)可能起源于同类相食,一个已完成有丝分裂的微生物吞食另一个,但并未消化它,导致染色体加倍(二倍体),通过减数分裂又使它回复到原来状态,减数分裂与受精融合在反馈循环中相互连接起来。减数分裂与细胞复杂性及组织分化紧密相连,进化选择的是复杂的动物组织与器官,而不是性行为。

共生是一个普遍的生物学现象,德国真菌学家德·巴瑞(H. A. De Bary)1879 年首先对共生定义:"不一样的生命生活在一起"[1]。然而,共生被现代人的狭隘利益观念所曲解,许多生物学家用分析人类社会的概念来描述有机体间的相互作用,由"人的社会"向"动物群体"全盘外推,共生被认为是指互利关系或动物利益,有成员间的损—益分析含义,如:这种关系使相互间的受益超过不利;一种有利于至少其中一个物种的联合;互利的生物营养联合体;相互受益的关系等等。共生成了互利共生的同义词,共生的伙伴之间有身体的接触,是积极的有利的社会关系,与消极的社会关系是相对的。进一步推论,既然共生是互助互利的,非互助互利就不是共生,与之相对应的是竞争,许多西方科学家把互利共生当成政治口号,他们的共生研究也与细胞、分子和进化生物学分开,共生被视为积极的进化中的合作力,是与消极的生存竞争相对的,共生意义变得更为混乱。马古利斯认为:

---

[1] [美]林恩·马古利斯 多里昂·萨根:《倾斜的真理:论盖娅、共生和进化》,第 376—377 页。

"共生是在生物新颖性产生上的一个革命,远远超过了偶然突变的意义。"①

偶然突变是进化的新颖性的一个来源,但性行为与共生,接纳外来基因组是生物进化极为重要的机制,线粒体、质体和其他细胞器最初都是作为细菌出现的,形态发生的创新和物种形成源自胞内共生,内共生作为细胞器起源和细胞进化的一个重要机制将纳入生物学主流。

(二)共生与进化

细菌是地球最早的居民,它们没有细胞核、染色体,被称为原核生物;原生生物、动物、植物、真菌等的细胞都是有核细胞,属真核生物。真核生物是如何从原核生物进化来的呢?这需要揭开无核细胞是如何进化成有核细胞之谜。新达尔文主义者认为,新生物和新器官是通过DNA随机突变的累积进化产生的,这种解释可以轻松地用于说明一切进化现象,但却不能对我们具体认识进化有丝毫帮助。

细菌通过分裂来繁殖(某些菌株进行原始的有性交配,但仍认为不能进行有性繁殖),大多数细菌是异养生物,有的能进行光合作用,是自养生物,如蓝细菌。细菌DNA的排列方式不很规则,从而使不同细菌间的基因交换更灵活、频繁成为可能。细菌具有真核生物(由有核膜的细胞组成)所没有的能力,一是它们能够将基因转移给予自身基因不同的细菌,基因不同的细菌进行基因交换迅速且可逆,其密集的群体和基因交换能力,使全球细菌都能利用同一个基因库,因而有着属于整个细菌王国的适应机制,并形成一个适于大型生命存活的环境;二是它们可以同其他生物联合起来,形成可能是永久的联盟,如:任何人嘴里的细菌总数都超过地球上曾经生存过的人的总数,人体体表和体内的细菌总数有100万亿个,在人体的不同部位,细菌群落呈现出明显差异,这些细菌在很多生理功能中发挥关键作用,每个人依赖自身的

---

① [美]林恩·马古利斯 多里昂·萨根:《倾斜的真理:论盖娅、共生和进化》,第376—377页。

细菌种群来帮助消化食物，抑制过度增殖的有害细菌以保证健康。

地球最早诞生的生命可能是现在被称为古生菌的原始细菌（它们的现代形式已进化得远比那时复杂），它们能在含饱和盐分的湖泊、含硫黄的温泉、无氧的沉积物中生存，产甲烷的细菌就是古生菌。生命史的最初约20亿年中，细菌是地球上的唯一居民，那时的大气中几乎没有氧，光合细菌由于能量的来源无限丰富而大量繁衍，使大气的氧浓度开始上升，氧对当时的大多数微生物是有毒的，但氧浓度上升的过程非常缓慢，从而使呼吸作用的演化得以实现。在微生物相互间的捕食中，一种没有细胞壁的、类似于生活在酸性温泉中抗逆性强的热原体菌，通过细胞膜吞入了呼吸细菌（或后者侵入前者）而形成共生，使共生体获得去除入渗细胞膜的氧和获取能量的新方法。光合细菌的大量繁衍提供了丰富的碳水化合物，随着微生物共生体代谢能力的增强，它们以碳水化合物丰富的光合细菌为食，这些猎物抵抗了被消化的命运而进化，最终变成叶绿体，共生体又获得了自养的能力。生命的进化和生命持续的代谢活动对地球表面的形状、性质和大气组成的改变，相互反馈、协同进化。

细菌融合共生最早的结果是单细胞原生生物。原生生物是指既不是动物、植物也非真菌的真核生物，其细胞已有十分复杂的内部结构。原生生物的同类相食，它们的基因被组织到染色体中，产生特化，产生动物的消化、呼吸、运动、感觉系统、牙齿、骨骼，直至产生雌雄性别、精子穿卵的性细胞融合方式，几乎所有的动物、植物、真菌都是原生生物共生体，几乎所有的浮游植物都是原生动物。

细菌进化所经历的整合过程现在仍可以观察到。俄罗斯南部高加索山区和格鲁吉亚流行饮用一种叫"卡夫乳"的营养发泡饮料，卡夫个体是由约30种不同的微生物共生进化而来的，这些特殊的酵母和细菌必须在一起繁殖，但不涉及受精，特定微生物仍维持个体的整体性，它们共生形成复杂的个体，卡夫还没有进化出有性状态，它在有性繁殖形成必死的有机体之前死亡。在卡夫乳中，真菌和细菌通过自己产生的糖蛋白和碳水化合物，不可分割地联系在一起，形成一种凝乳状物，它作为一个整体繁殖，一个分裂为2个，2个分裂为4个……一周后变为液体，成为那种乳类饮料。如果组成它的微生物的相对含量发生了变化,个体的凝乳就死亡,成为带酸味的糊状物。

"组成卡夫的微生物完全整合为一种新的生命形式,就像以前共生的细菌被原生生物和动物细胞整合为自身的成分一样……科学家现在知道,或至少从 DNA 序列和其他研究中充分认识到,当某些大一些的发酵微生物(类热原体的古细菌)与一些小一些的呼吸氧的细菌协作时,就共生进化出有核细胞的耗氧部分……我们和其他所有有核的细胞组成的有机体,从变形虫到鲸鱼,并不单是一个个体,而是一个聚合体。个体源于聚合体,或共同体,其成员通过它们自身产生的物质融合起来,并结合在一起。"①

真核细胞并非起源于某个细菌的无核细胞随机突变的积累,而是起源于一系列古老的细菌共生联合体,共生对原生生物、真菌、动物、植物所有由真核细胞构成的生命形式的出现都是至关重要的。"真核细胞是由几种相互之间紧密作用的生物共同产生,每个前辈生物都贡献出一整套基因组,它们分别表达了某种独特的生化能力。"②

马古利斯以普遍发生的微生物共生进化为依据,提出"连续内共生理论"(简称 SET),该理论认为,现今的一些细胞组分曾是营自由生活的细菌,所有具核细胞都是由四种不同细菌融合构成的复合体,宿主细胞可能与热原体菌(一种耐热、耐酸的无细胞壁的古细菌)有亲缘关系,线粒体与原细菌(一种在各种水环境中常见的进行有氧呼吸的有壁细菌)有亲缘关系,叶绿体与光合细菌有亲缘关系,中心粒-毛基体与盘旋科细菌有亲缘关系。她还进一步认为,真核细胞的活动性,如:推动物质在细胞内环绕流动、变形、摆动鞭状附肢等的能力,也都是从细菌共生获得的。真核细胞的普遍特性来源于细菌共生,细胞应看做是一个复杂的微生物群落,而不只是大型结构的一个基本单位。而且,共生细菌与其他生物的融合,导致生命系谱基本分枝的出现,这应是进化的关键原则。真核细胞是一个微生物群落,细胞生物学的很多内容就可以有新的解释,如:分化,即多细胞生物的细胞特化,富含线粒体的心肌细

---

① [美]林恩·马古利斯 多里昂·萨根:《倾斜的真理:论盖娅、共生和进化》,第119页。
② [美]林恩·马古利斯 多里昂·萨根:《倾斜的真理:论盖娅、共生和进化》,第58页。

胞、有波动足的精子、填满叶绿体的树叶的分化过程,可以看做是有核细胞的不同微生物组分的非均衡生长的结果。她认为:

"任意一种比细菌大的生物都是通过细菌菌体合并而共生起源产生的超级生物。"①"这种有机体与新的生物群体融合的共生起源,是地球上所发生的进化的一个主要源泉。"②

从原生生物的融合共生进化到人,细菌不仅内化为我们的身体,是生成我们身体的建筑材料,它们还外在地活动在我们的身体上,与我们的健康形成一种共生联盟,我们身体干重的10%是生活在我们身体上的细菌重量,没有它们,我们将失去消化吸收、获得营养物质和生态平衡的能力而不能存活;细菌还是我们的生存环境,没有它们,我们就没有氧气呼吸,没有含氮元素的食物,没有可长庄稼的土壤。我们既由细菌组成也被它们包围。每克可耕土壤中约有1亿个细菌,每亩肥土中有100~250磅的细菌,全球细菌活体的总重量达5万亿吨,相当于全球植物的有机物质的总重量,全球微生物的总重量则超过植物和动物的总重量。微生物构成地球上约90%的生物,它们在食物和温湿适宜的条件下能快速繁殖,数量翻番快的只要11分钟,一般是20~30分钟,慢的也只要2~24小时。细菌是地球上至小又至大、至古又至新、至近又至远、至弱又至强的生命形式,地球上各种生命活动的化学变化无不与细菌有关。

(三)共生与盖娅

马古利斯以微生物学为基础,发展和充实了盖娅理论。1980年,Maturana 和 Varela 首先提出自创生概念,后经其他作者充分论述,自创生意指活的系统所具有的自我塑造和自我维持的性质。所有的生命体都具有自我维持的性质,最小的自创生实体是细菌,最大的是盖娅,盖娅是"大的能自我维持、

---

① [美]林恩·马古利斯 多里昂·萨根:《倾斜的真理:论盖娅、共生和进化》,第74页。

② [美]林恩·马古利斯 多里昂·萨根:《倾斜的真理:论盖娅、共生和进化》,第106页。

自我塑造的系统"①。生命并不像新达尔文主义所说的那样,是消极被动地去适应环境,而是还主动地形成和改造它们的环境,生命不断地与自己所处的环境相互作用,最终也成为它自己的环境,有机体与环境融为一体。

马古利斯已使盖娅理论成为生物学"大统一理论"。从细菌到原生生物,到动物、植物、真菌,到盖娅,生命通过共生进化和拓展,而在时空上和性质上统为一体。盖娅理论是对地球整体性质的认识,地球就是一个生命共生进化的整体。用于解释金星、火星、木星等行星性质的物理化学规律,不能解释地球的性质,要认识地球的性质还需要有生命科学,代谢的生物圈是生理自控的。恰到好处的可呼吸的氧、湿润的空气、适于生命的弱碱性海水,是无数的且不断变化的细菌、植物、藻类的生长和代谢形成的;向内陆输送滋养生命的雨水,是广袤森林驱动的;中和不利于生命的地球酸性化,是无数有机体释放氨等碱性物质实现的,等等,整个地球就像一个巨大的具有应激性的有机体在运转。盖娅是一个自创生系统,由生命相互联系的巨型代谢活动而自我塑造、自我维持、充满生机。

盖娅理论还是认识生命现象的全新视角。马古利斯认为,在这一新视角中,达尔文主义难以解释的现象能得到解释,并能认清新达尔文主义是一种"具有潜在危险性的错误理论……新达尔文主义语言和概念结构本身就是科学谬误的根源"②,它无法解释或错误地解释了生物学的许多问题。如:动物的新结构如何在进化中产生?一群有机体或一组大分子怎样从一种进化为另一种?它不能回答诸如此类的问题,而盖娅理论的共生进化解释则有坚实的微生物学基础。为什么太平洋鲑鱼要游向上游,并在它们产卵的地点死亡?新达尔文主义用"繁殖策略"来解释,而盖娅理论则从磷循环作出解释,即上游的成年鲑鱼尸体为硅藻提供了磷,在一个季节中,这些硅藻成为幼鲑鱼的食物。为什么将少量的某些细菌加入新鲜的培养液中,它们并不能生长,而较大量的细菌却生长得很好?很多有机体的死亡构成了几乎所有的培

---

① [美]林恩·马古利斯 多里昂·萨根:《倾斜的真理:论盖娅、共生和进化》,第132页。
② [美]林恩·马古利斯 多里昂·萨根:《倾斜的真理:论盖娅、共生和进化》,第134页。

养液,它们为剩余的极少细菌生长提供了条件,新达尔文主义称这种现象是纯粹的"利他主义"而否定;为什么鸟类中有些种会有父母食子女或兄姐食弟妹的现象?新达尔文主义又把这类现象归之为"利己主义(自私行为)"或"竞争压力",在盖娅理论中,细胞死亡、组织自溶、同类相残现象,对于分子组分的更新来说是平常的。所有的生物"因为以环境中得到的物质和能量为代价,不断地更新它们的生化组成,所以它们都具有与它们的化学整体性和持续性相关联的行为特性"①。新达尔文主义及其分支社会生物学等,大量地把人类中心主义的术语如:利他主义、利己主义、成本-收益分析等运用到生物学中甚至 DNA 的分析中,"是非常幼稚的……有害的和无效的"②;新达尔文主义认为,进化是随着时间发生的变化,物种形成是变异遗传、自然选择的结果,但在真核生物诞生前的约 20 亿年中,地球上只有古细菌、蓝细菌、放射杆菌等种群,"根本就没有'物种起源'这回事",在盖娅理论中,从原核生物到真核生物的进化是共生起源,进化过程本身是随着第一批真核生物的出现而进行的,此后才有成千上万的动物、植物、真菌开始出现。

盖娅理论又是一种新的世界观和方法论。人的世界观是随着人对世界认识的根本性变化而演变的,因而,对世界有着根本不同认识的人会有不同的世界观。两千多年来,不同的哲学和宗教派别对世界进行着不同的描述,但影响最为深远的是人类中心主义世界观,到了近代,又增添了笛卡儿二元论、牛顿机械论等内容。马古利斯认为,盖娅理论超越了传统世界观的机械思维和狭隘眼界,它把生物与生物共生起源和生物与环境协同进化统一起来,给出了一个科学大综合的活的地球世界观:

"生物不是通过竞争,而是通过网络协作占领地球的。生命类型的多样化和日趋复杂并不是通过杀死其他生命,而是要通过相互适应对方来实现

---

① [美]林恩·马古利斯 多里昂·萨根:《倾斜的真理:论盖娅、共生和进化》,第138 页。
② [美]林恩·马古利斯 多里昂·萨根:《倾斜的真理:论盖娅、共生和进化》,第138—139 页。

的。"①"生命在全球规模与地球的物理物质发生作用,并控制它们。"②

尽管近几十亿年来有许多来自太阳系的外部干扰,但整个地球像一个巨大的应激性有机体运转,为保证自己的生存而对来自地球甚至宇宙的危机作出能动的回应。微生物是盖娅生命体的基础和核心,微生物进化出植物和动物,植物增进了盖娅对太阳能量的利用和对大气的调节,也增进了盖娅调节内陆温湿度的能力,改善了微生物繁衍的条件;被微生物包裹和侵入的飞禽走兽,为微生物在全球分布繁衍提供了快捷的通道。植物、动物、微生物所构成的覆盖全球的食物网链,既加大了物质循环规模和加快了循环速度,也加大了能量利用规模和利用效率,盖娅也因进化而获得更为强健的生命力。

人类因自己有思维能力的头脑和智慧而深感特殊:众皆昏昏,唯我独醒;众皆卑微,唯我高贵。但盖娅理论消除了生物与非生物、物质与精神、身体与心灵的二元对立,微生物是整个盖娅进化的原因,微生物进化出了人类,包括人类大脑,大脑源于微生物的共生进化,"可能是突变了的细菌共生的一个特例"③,身心是统一在一起的生命功能整体的一部分,生命包括微生物都有感觉、选择和思维,无论这种思维是模糊的还是清晰的,都是物质和能量的流动。人类只是盖娅生命体中的一部分,而且在盖娅进化史上出现得很晚,人类的生存完全依赖于盖娅进化所形成的适于人类生存的条件,如果人类破坏了这种条件,盖娅仍将存在,而以自我为中心的人类则面临被放弃的命运。

盖娅理论虽因它以"盖娅"这一古希腊神话中的大地女神的名字来命名而被某些科学家所非议、迴避,但也正是这一名称才激起了科学界和人文界的强烈兴趣,并开启了研究地球和生命现象的新领域,而且即使是迴避"盖娅"名称的科学家,在研究地球和生命现象时也都接受了盖娅的整体主义方法。1972年,联合国第一次环境会议提供的一份报告《只有一个地球》的第

---

① [美]林恩·马古利斯 多里昂·萨根:《倾斜的真理:论盖娅、共生和进化》,第107页。
② [美]林恩·马古利斯 多里昂·萨根:《倾斜的真理:论盖娅、共生和进化》,第189页。
③ [美]林恩·马古利斯 多里昂·萨根:《倾斜的真理:论盖娅、共生和进化》,第200页。

一篇就以"地球是一个整体"为篇名;1987年,联合国"世界环境与发展委员会"向联合国大会提交的《我们共同的未来》报告开篇就指出:

"20世纪中叶,我们从太空第一次看到了地球。历史学家最终可能会发现,这一事件对思想的影响可能比16世纪哥白尼革命还要巨大……我们的科学技术至少向我们提供了更深刻和更好地认识自然系统的潜力。从宇宙中,我们可以将地球作为一个有机体加以认识和研究,它的健康取决于它的各组成部分的健康。"[①]

1993年,美国科学院在关于固态地球科学未来研究方向的报告中,就倡导"一种新的研究地球过程的方法,这种方法把地球看做是一个整合的动力学系统,而不是分离部分的集合"[②]。要求通过物理和生物过程的整合来研究地球,并把它看做是研究地球的一种以过程为定向的整体方法。

(四) 生命与非生命

共生进化的观念还可以进一步拓宽。共生进化不仅表现在前面所述的生物与生物之间、生物与盖娅之间,而且还表现于生命与非生命之间,生命与病毒的共生进化关系就是如此。由于人类过去对病毒知之很少,一说到许多已知和未知病因的疾病,就很容易想到病毒,于是就有了"病毒"这个令人畏惧的名字。这种观念现在已需要改变。

在已知的60多万种病毒中,有约4500种对哺乳动物有影响,其中有约0.4%对人类有致病性,像流行性感冒、脊髓灰质炎、狂犬病、天花、麻疹甚至艾滋病都与病毒有关,但大部分病毒都处于沉睡状态,有些病毒还在进化中扮演重要角色。

病毒只有细菌的1/100～1/10大,不能进行代谢转化,包括活细胞外的DNA复制,当它们处于不侵染细胞的状态时,相互之间没有关系,有些病毒像

---

① 世界环境与发展委员会:《我们共同的未来》,王之佳等译,吉林人民出版社1997年版,第1—2页。

② 转引自[美]林恩·马古利斯 多里昂·萨根:《倾斜的真理:论盖娅、共生和进化》,第283页。

稳定的化学分子保持不变,但当它们感染一个生物时,通过改变此生物体的代谢作用,合成病毒所需的大部分物质,当宿主细胞因感染而死亡或破裂后,大量的病毒颗粒被释放出来,并进行大范围的侵染。病毒处于生命的边缘状态,也许是从不同活细胞中逸出的部分。据西班牙《世界报》2009年11月5日报道,由西班牙科学研究最高委员会研究人员组成的科研团队,在南极洲利文斯顿岛的利姆诺波勒湖中发现了上万种病毒,此前已知的水域生态系统中占主导地位的是吞噬细菌的病毒(即噬菌体),而该湖发现的病毒却会对藻类等真核生物造成影响①。

病毒在离开活体细胞时,处于无生命的大分子状态。病毒像所有生物体一样有核酸但只有一种(DNA或RNA),被称为朊病毒的则是一类不含核酸成分的传染性蛋白质分子,能引起宿主体内现成的同类蛋白质分子发生与其相似的构象变化,使宿主致病,是羊瘙痒症、疯牛病、人类传染性海绵状脑病的病因。朊病毒看似是普通的蛋白质分子,但它会变成病原的实体,在食入受它污染的组织后,肠道能够吸收它,当它到达新宿主的神经组织,就开始产生更多的异常蛋白质。令人惊异的是,感染了朊病毒的组织,在紫外线、沸水、氯和甲醛等消毒剂中都能存活②。

病毒究竟是死的还是活的?令人困惑。病毒有核酸,能够通过宿主细胞来复制自己进行遗传,病毒变异快,常能引起疾病大流行;朊病毒没有核酸,却仍有相似的遗传性,有不同的品系。生命体对环境变化有反应和适应,病毒似乎没有。上述现象表明它们既是死的又是活的,处于生命与非生命物质的中间状态,但它们又不是从非生命到生命演化序列的中间环节,不是前生命形式,因为病毒只有通过宿主才能繁殖,依此推论,它应出现在细胞诞生之后。今天的科学家们把病毒视为:

"携有遗传信息的细胞残迹或细胞碎片,它只剩下了在其他细胞协助下可以繁衍的最基本部分。病毒是离开了它们居留地的吉卜赛基因,带着自己的东西从一个细胞流浪到另一个细胞,在每一个营地补充食物,添置装备。

---

① 参见"南极淡水湖发现万种病毒",《参考消息》,2009年11月7日。
② 参见[英]约翰·波斯特盖特:《微生物与人类》,周启玲等译,中国青年出版社,2007年版第22—25页。

也许某些病毒在生命发展中很早的阶段就开始'流浪'了,特别是 RNA 病毒,它的产生可以追溯到原细胞清除 RNA 复制酶和逆转录酶的那一时期。从而病毒可能将这些酶全盘保存下来。另一种可能是这些酶在晚一些时候'重造'出来。例如,DNA 复制酶或转录基因发生了某些突变。"[①]

生命体与病毒孰先孰后的问题或许还有待于进一步认识,病毒的稳定性和在严酷环境中不被破坏的特性,或许正是对前生命或生命诞生之初地球环境的适应。那时生命还未成为全球现象,盖娅尚在孕育之中,因而地球还不能实现生命适宜性的自调控,地球环境既严酷又不稳定,生命在形成过程中经历了忽生忽灭的持续波动,在这种波动中,生命在解体时丧失了易降解的部分,同时却也保留了一些稳定的部分,这些部分就是今天所谓的病毒。在那时严酷又不稳定的环境中,使生命能在"九死一生"中不断地复活、复兴,或许全赖病毒的顽强性,生命在站住脚后的进化过程中,这些病毒通过两个途径发挥作用,一是有些病毒在环境适宜时又"重造"失去的部分而复活成生命,二是另有些病毒在新的生命出现时,又参与了与生命共生进化的进程。但是,当生命成为全球现象从而盖娅诞生后,病毒"重造"生命的使命开始让位于细菌,在生命进化的洪流中它们被边缘化了,只充当着"配角",变成了类似于"异养""寄生"性质的客人,这使得它们在有些地方成为杀死宿主的凶犯,但在大多数地方仍然发挥着"余热",在参与生命共生进化进程中作出贡献,有时甚至是重要贡献。

1992 年,英国科学家在英格兰北部的布拉德福德市的一座冷却塔中发现一种后来被命名为 Mimivirus 的巨型病毒,当时以为它是细菌而没有在意。后来法国科学家发现它的外壳是一个由 20 个三角形表面组成的多面体,它不是细菌却比许多细菌都大,其基因组内的基因数量达 911 个,而绝大多数病毒的基因数还不到两位数(例如:艾滋病毒只有 9 个基因,丁型肺炎病毒只有一个基因),这种病毒除有动植物体内都有的"共有核心基因"外,还有约一半是科学界未曾见过的新基因,其基因结构方面与一些能独立生存的有机物一样复杂。这种病毒可能是具有独立生存能力的生命形式的后代,其祖先

---

① [比]克里斯蒂安·德迪夫:《生机勃勃的尘埃》,第 98 页。

可能在细胞出现以前就存在,只是后来才变成了寄生生物①。最近法国科学家在智利沿海又发现目前所知最大的病毒,这种被命名为 Megavirus 的病毒,比一般病毒大 10 到 20 倍,比 Mimivirus 病毒还大,用常规显微镜就能看到,DNA 基因超过 1000 个,与 Mimivirus 一样有丝状结构②。巨型病毒可能到处都有,并可能还有更大得多的病毒。

科学家发现一些细小的病毒能够杀死癌细胞,因而可能成为人类抗癌的重要伙伴;也发现一些癌症与病毒感染有关,如:乙肝病毒和丙肝病毒引发肝癌;人类乳头状瘤病毒引发宫颈癌;梅克尔细胞多瘤病毒引发皮肤癌;巨细胞病毒可能引发儿童脑瘤;爱泼斯坦－巴尔病毒引发血癌和淋巴癌;XMRV 可能与前列腺癌有关,等等。科学家认为可能有多达四成的癌症是由病毒引起的③。但是,病毒致癌的过程令人费解,因为病毒入侵细胞使它制造出更多的病毒,这个过程会杀死细胞,这意味着它不可能变成癌细胞,病毒引发癌肿表明,病毒不只是利用细胞来复制自己,它还会形成与宿主细胞不同的染色体组型,形成有全新特征的新的表现型细胞,癌细胞不依赖于宿主其他细胞而生存,癌肿能够自己决定生长方式和生长位置,以致有些生物学家认为,癌症的形成实际上就是宿主体内一个新寄生物种的进化过程④。癌细胞能不停地复制自己,除非杀死它们或机体死亡后才会死亡,这种不死性与单细胞生命相似。癌细胞是丧失了与多细胞协同的功能但保留了单细胞复制功能的细胞,是多细胞生物体内闹独立的只知复制自己不知整体协同的"利己主义者",是对多细胞生物协同进化的逆反。

病毒与细胞生命形式之间的界限不可逾越的认识正面临着改变,有一种观点认为,最初的活体单细胞生物是由细胞膜、细胞质和基本的遗传物质组成,没有细胞核,可能是在受到多次变异的病毒感染后,形成了有细胞核的结构。也就是说,生物之所以是现在这个样子,很可能是病毒造成的。科学家认为,逆转录病毒是人类基因的组成部分,它大部分时间处于沉睡状态,只在

---

① "神秘病毒挑战进化论",新华社《参考消息》2006 年 5 月 7 日。
② "智利发现最大病毒",新华社《参考消息》2011 年 10 月 13 日。
③ "四成癌症由病毒引发",新华社《参考消息》2011 年 10 月 19 日。
④ "癌症是新进化寄生物种",新华社《参考消息》2011 年 7 月 29 日。

少数情况下才醒过来,逆转录病毒能帮助胎盘细胞结合,形成一张足够薄,能够吸收营养和氧气,又足够坚固,能避免可能影响到母体的病原通过的胎盘,从而帮助保护胎儿。孩子出生后,逆转录病毒又回到沉睡状态①。

据日本科学家研究,在约4亿年前,逆转录子从外界进入脊椎动物的染色体,约2亿年前,逆转录子促使哺乳类动物的共同祖先获得了高度发达的大脑功能。以往的基因研究成果都与基因突变积累导致的小进化有关,这一研究成果发现了外界基因进入是引起跨越性进化的原因。逆转录子在进化过程中进入染色体后,会一直遗传给后代,研究人员以此为线索,对多种动物进行调查,结果发现爬行类、鸟类、哺乳类动物存在共同的逆转录子,但该逆转录子只对哺乳类动物有促使大脑进化的作用②。人类在脑进化中独占鳌头,更应当感谢病毒。

---

① "爱上病毒的五大理由",新华社《参考消息》2007年11月25日。
② "科学家发现动物跨越性进化原因",新华社《参考消息》2008年3月7日。

五
环境与生命

利奥波德的土地共同体理论、拉伍洛克的盖娅理论和马古利斯的共生进化理论,为我们从宏观到微观对地球生命的认识提供了一个整体性框架。但生命现象极其复杂,我们的疑问仍很多,人们之间的不同认识和争议也很多。我们遥望星空,地球生命和人类的存在与宇宙、星系有关吗?无机的地球环境在演化过程中是如何形成生命的?地球生命在进化过程中又如何出现了有思维能力的智慧生物?要弄清这些奇迹,还需要我们进一步拓展认识。

(一)天平倾斜

天文学家对宇宙、星系、恒星、行星的研究,令人惊异地将我们与宇宙的起源和演化联系起来了,地球及其所在的星系和宇宙都处在一个演化的过程中,地球生命不仅是地球环境演化的产物,而且与地球、太阳系、银河系、宇宙的演化有关,甚至与宇宙的起源有关。

宇宙的起源仍令人困惑。1917 年,爱因斯坦发现用他的广义相对论数学模型描述的宇宙整体时空,宇宙要么膨胀,要么收缩,而不会静止不变。1929 年,美国天文学家埃德温·哈勃及其同事发现星系都在彼此相互分离,宇宙在膨胀,并提出了著名的哈勃定律:$v = H_0 \times d$(v 为退行速度,d 为星系距离,H_0 为哈勃常数),这意味着时间越往回溯它们彼此就靠得越近,直至彼此重叠融合。1927 年,比利时教士兼学者乔治·特梅特首先提出宇宙起源于原始原子(宇宙蛋)"大爆炸"假设,1940 年,美国物理学家乔治·伽莫夫将这一假说推进了一步,并预言存在"背景辐射"。1964 年,由于"宇宙背景辐射"的发现,"大爆炸"理论获得了有力的支持,开始在宇宙学界活跃起来,经过几十年的发展,这一理论现已成了宇宙学界的主流。

这一理论认为"大爆炸"后的万分之一秒时,温度为 10^{12} K,密度为每立方厘米 10^{14} 克,此时质子、中子、电子等单个粒子很难独立存在,它辐射的光粒子携带着极大的能量,按爱因斯坦质能公式 $E=mc^2$,以能量换取质量,将自己转化为粒子对,以这种方式生成的一对粒子几乎总是由一个粒子和一个与它对应的反粒子所组成,它们相遇时相互湮灭而生成高能光子,以辐射的形式交还构成它们的能量,这种辐射与物质相互转化的沸腾场面只持续了极短的时间,到百分之一秒时,温度降到 10^{11} K,开始稍稍平静。到十分之一秒时,温度降到 $3×10^{10}$ K,由于物理定律的微小不平衡,即基本相互作用运转中的细微不对称,使天平朝质子倾斜,粒子与它的反粒子湮灭的辐射中每 10 亿个光子会多出一个粒子,中子数与质子数之比从 50∶50 降到 38∶62。到 1.1 秒时,温度降到开氏 100 亿度,中子与质子之比降到 24∶76。到 13.8 秒时,温度降到开氏 30 亿度,中子与质子之比是 17∶83,开始偶尔形成由一个质子和一个中子组成的氘核。到 3 分零 2 秒时,温度降到开氏 10 亿度,中子与质子之比降到 14∶86,中子与质子开始形成稳定的核,开始时是氘,然后是氦。到 3 分 46 秒时,中子与质子比降到 13∶87,幸存的中子被禁锢在氦-4(He-4)核内,由于每个氦核含两个质子和两个中子,转变成氦的核子总质量正好是中子质量的 2 倍,即 26%,其余的则是独身的质子——氢核。到半小时后,温度降到开氏 3 亿度,全部正电子与几乎全部电子湮灭,只有与质子数相等的十亿分之一的电子保存下来,产生了严格意义上的背景辐射,但宇宙仍然太热,不能形成稳定的原子,每当抓住一或两个电子以形成一个原子的核,电子都会被背景辐射的高能光子打跑,充满宇宙的光子与电子的这种相互作用持续了 30 万年,使宇宙不透明,直到温度降至 6000K,光子不再具有形成原子的足够能量,在随后的 50 万年中,每个质子俘获一个电子,每个氦核俘获两个电子,所有电子被禁锢在原子中,背景辐射不再与物质有明显相互作用,宇宙变得透明。到一百万年前后,恒星和星系开始形成①。

---

① 参见[英]约翰·格里宾:《大宇宙百科全书》,黄磷译,海南出版社 2001 年版,第 37—42 页。

天文学家认为我们所在的宇宙起源于约137.5亿年前的一个密度无穷大而体积为零的"奇点"大爆炸,这个奇点被认为是没有时间、空间、物质和能量,无内无外的点。但如果认为"奇点"是一个绝对的"无",那也未免太过神秘。受我们的认识所限,可以把它看成是一个已知物理学定律失效的地点,也可以设想是"黑洞"内部物质在引力作用下坍缩的点,"大爆炸"是物质受到量子过程的影响有可能反弹而转为膨胀(爆炸),爆炸后不是星系像炸弹爆炸后的碎片那样在空间中穿行,而是宇宙膨胀形成空间和时间,星系的分离是空间的膨胀,就像气球上的点在气球被吹大而彼此分离那样。这个假说说明了化学元素的起源,并能解释宇宙中氦的丰度和背景辐射。

但是,这个理论也不是没有疑点,如:这个理论认为看得见的宇宙只占宇宙的4%(组成星系的物质只占宇宙质量的4%),看不见的占96%,其中23%是暗物质,73%是暗能量,没有它们就难以解释宇宙中的引力和排斥力。美国和印度已有科学家指出,有证据表明"大爆炸"时已经有存在了数十亿年的完全形成的遥远星系,同时,引力波无法探测到也对大爆炸理论提出质疑[1]。此外,英国一些科学家对占96%的神秘的暗物质、暗能量的存在提出质疑,它们可能并不存在,标准模型的基础性计算可能存在致命的缺陷,这意味着宇宙膨胀的速度比原先设想的要慢,并最终停下来[2]。

我们知道任何具体的事物都有时空的限制,但很难想象整个宇宙也是如此,因为我们立即会想到宇宙之前、之后、之外是什么的一系列疑问,而科学不能用"无中生有"来消除终极疑问。要消除这些疑问,就只能设想我们所在的宇宙只是众多的宇宙中的一个,宇宙很可能有无数个,前面提到的美国和印度已有科学家指出"大爆炸"时已经有存在了数十亿年的完全形成的遥远星系,即是一个证据。我们这个宇宙只是一个宇宙收缩后的反弹,在这之前还有一个"前宇宙",它与我们膨胀的宇宙不同,它始终向"奇点"收缩,当它收缩到最紧凑状态时,就开始反弹,形成我们的宇宙。

我们这个宇宙已经够大了,它拥有数以十亿计的星系、万亿计的恒星。

---

[1] "美印科学家质疑大爆炸理论",载新华社《参考消息》2010年4月7日。
[2] "宇宙可能不存在暗物质",载新华社《参考消息》2010年6月17日。

我们所在的银河系拥有1千亿至2千亿颗恒星,它的演化时间约为100亿年;太阳是其中的一个恒星,它的演化时间约为50亿年;地球是太阳系中的一颗行星,它的演化时间约为46亿年。从大爆炸到恒星、星系形成,再到适合生命的行星形成,经过了漫长的好几代的星系出生入死的演化过程。最初的恒星只含有氢和氦轻元素,较重的元素包括构成我们这种生命形式的碳、氧、氮等,是在恒星内部经由核聚变才形成的,当最初恒星中的大质量恒星在其生命终结发生爆炸时,这些较重的元素又为新的年轻星系形成提供材料。太阳是在多代前辈恒星生生死死演化了约80多亿年后才诞生的,约90亿年后才在太阳系中演化出了地球,约100亿年后地球才演化出了生命。

从宇宙起源于"大爆炸"到地球演化出生命,这之间有何联系吗?追寻这种联系要求我们从宇宙学、天体物理学层层进入直到地球物理学和生物学。法国著名地质学、古生物学家和神父德日进认为精神和物质在宇宙形成时即以初级形式共存,这两种形式能量的结合互补趋向于越来越复杂,生命从这种复杂化中浮现出来,生命的复杂化在人和意识出现时达到一个顶峰,地球生物圈复杂化的下一步是智力圈出现,与宇宙他处的智力圈一道汇集于欧米加点。

德日进认为,宇宙是由同样的质料编织、密切地结合在一起的整体,从电子、原子、分子到星系,物质在其大小不同的层层组合中,永不重复自己。所有的物质都是由一群初发的微粒排列积累而成,物质至少从分子这一层开始,便"服膺生物大律"①,朝向一种不断复杂化的积累过程前进。由于意识是高等生物才具有的现象,使得科学长期将它排斥在对宇宙所建构的模型之外,但意识是物质的"内在性""内涵",有与宇宙共久长的广袤性,在时空的每一处,与物体的外露同广阔。在太初,意识与物质一样是同质的,随着时间的推移而日渐复杂,意识之集中程度与物质组合之简单程度呈反比,意识的集中、完善程度与物质的复杂性,是同一现象的两面或相互关系的部分②。

德日进的上述思想曾一度遭到科学家们的严厉谴责,被当成是玄学幻

---

① [法]德日进:《人的现象》,李弘祺译,北京新星出版社2006年版,第6—11页。
② [法]德日进:《人的现象》,第19—20页。

想、胡说八道,而不屑一顾。但时过不久却又在一些物理学家和天文学家中引起了共鸣,1974年,美国物理学家卡特(Brandon Carter)提出了"人存原理",1986年英国天文学家约翰·巴罗(John D. Barrow)和美国物理学和数学家弗兰克·蒂普勒(Frank J. Tipler)出版700页、600个数学方程、1500条注释和文献,涉及历史、哲学、宗教、生物学、物理学、天体物理学、宇宙论、量子力学、生物化学等广泛内容的《人存宇宙原理》一书,他们毫不犹豫地赞扬了德日进理论的基本框架,在思考宇宙的未来时,他们认为生命和心智正在侵入整个宇宙,正在趋向欧米加点。现在赞成人存原理的物理学家为数不少,物理学通过他们的探索已步入了非常怪异的领域,在爱因斯坦的相对论、普郎克的量子论、海森伯的不确定性以及黑洞、宇宙弦、夸克、胶子等等之后,他们使宇宙的奇特性远远超过了人们的想象。以至美国理论物理学家、诺贝尔奖获得者温伯格(Steven Weinberg)说,宇宙看起来越可理解,就越令人不得要领。生物学界持生命高度不可几的偶然性甚至唯一性的观点的科学家则大有人在,法国著名生物学家莫诺(Jacques Monod)认为,宇宙并不孕育生命,生物圈也不孕育人,人在宇宙无情的宏大中是孤独的,仅是偶然出现在其中。科学界关于生命高度不可几的偶然性与生命到处存在的必然性的尖锐对立,令人困惑。克里斯蒂安·德迪夫则认为生命是宇宙的组成部分,甚至是已知宇宙中最复杂、最重要的部分①。

"人存原理"这个说法可能给我们对宇宙、生命、精神现象带来神秘感和理解上的混乱,就像拉伍洛夫的"盖娅"曾带来神秘感和理解上的混乱一样。因为自然没有演化、进化的目标和计划,更没有人知道未来将如何演化、进化,但演化、进化的事实是:它确是朝着复杂化的方向演进。宇宙学的研究表明,我们所在的宇宙只有在它的初始条件和物理参数达到特定的精确的数值时,才有产生出生命和进化出我们的可能。如果"大爆炸"后随之而来的降温过程中,由辐射到物质—反物质对的转化一直是对等、平衡的,那么,每个粒子都会碰到它的反粒子而湮灭,其结果是宇宙除了辐射外不会留下任何东西,宇宙就没有质子、中子来制造我们今天所看到的所有东西。如果宇宙膨

---

① [比]克里斯蒂安·德迪夫:《生机勃勃的尘埃》,第376—383页。

胀得稍慢一点,到温度降到氦核得以形成时,就没有中子留下来供制造氦核。如果膨胀稍快一点,就会留下大量的中子,使得所有从大爆炸产生的核物质取氦的形式,而不会有自由质子制造氢,这两种情况都会使宇宙变成完全不同的状态。宇宙含有一些氦而不完全由氦构成,取决于引力和氦核形成的核力之间的某种平衡,引力决定宇宙膨胀的速度,核力决定质子与中子结合生成氦核的速度,如果这种平衡稍有不同,我们就不会存在[①]。

宇宙从"大爆炸"到今天,为了进化出生物和智慧生物而如此这般地演化了一百多亿年,这是不可想象的,如果这样理解人存原理,就难免要滑向神秘主义。可以想象的是,我们所在的宇宙,只是宇宙中的一个区域或者是无数宇宙中的一个,宇宙的其他区域或其他宇宙的物理定律与我们所在的区域或宇宙可能不同,我们所在宇宙的不同可能有它们的影响,不同于我们的宇宙也不可能有与我们类似的生命形式存在,我们的存在是宇宙无数区域或无数宇宙中的一个出现特定的微妙的倾斜平衡的结果。

(二)地球构造

宇宙诞生后经几十亿年星系、恒星形式的演化,到一百亿年前诞生了银河系,银河系经约50亿年的演化诞生了太阳系,太阳系经几亿年的演化诞生了地球,地球经几亿年的演化诞生了生命,生命经近40亿年的进化诞生了人类。地球生命的诞生和长久稳定地进化出人类,得益于它拥有一系列恰到好处的外部环境:提供能量的太阳有长达百亿年的稳定期,日地距离不远不近,地球公转轨道的偏心率和黄赤交角不大不小,木星、土星为地球挡住了大部分天体碎片,为地球生命的安全提供了一道保护屏障,月球的引力作用使地轴的摆动幅度很小,有利于气候的稳定,引发的潮汐也有利于生命的孕育,也有研究认为即使没有月球,地球也能诞生生命,但没有月球对地轴稍稍倾斜的稳定作用,地球将会没有季节之分,地球生物圈将完全不是现在这个样子,人类能否进化出来和文明能否发展都完全是个未知数。所有这些因素的集

---

① 参见[英]约翰·格里宾:《大宇宙百科全书》,第11页。

合,使得地球有足够长的时间和冷暖适宜的气温形成和持久地进化生命。如果太阳质量大了1.3倍或小了很多,就会出现太阳的稳定期很短或能量不足;如果日地距离再近5%或再远15%,地球就会太热或太冷;如果地球的自转轴与公转轨道在一个平面上,地球就有一个半球是永昼,另一个半球是永夜,一半太热而另一半太冷,也不利于生命的形成;如果地球公转轨道的偏心率和黄赤交角太大,公转周期太长,地轴摆动极不稳定,地球气温的变化也会太大,等等,所有这些因素中的任何一个,都会使得地球的状况完全不同。

太阳系中与太阳距离从近到远的行星依次是水星、金星、地球、火星、木星、土星、天王星、海王星、冥王星。金星和火星距地球最近,金星与太阳平均距离是地球与太阳平均距离的0.723,自转非常慢,比公转周期还长,公转轨道是一个接近正圆的椭圆,偏心率仅0.007,表面温度465~485摄氏度,表面不可能有液态水,但内部的岩浆中含有水,赤道半径是地球的95%,质量是地球的81.5%,平均密度是地球的95%,大小、质量、密度都与地球接近,可能还有火山活动,但低层大气二氧化碳的含量高达99%,大气密度是地球的100倍,气压是地球的90倍,大气中有20千米~30千米浓硫酸浓云,没有生命演化的条件。

火星与太阳的平均距离比地球与太阳的平均距远55700万千米,自转周期比地球长41分,自转轴倾角比地球的黄赤交角大32分,与地球非常接近,有明显的四季变化,但赤道半径是地球的53%,体积是地球的15%,质量是地球的10.8%,表面重力加速度是地球的38%,平均密度为3.94克/厘米^3,大气稀薄,二氧化碳占95%,氮占3%,氩占1%~2%,表面大气压力为750帕,赤道区的昼夜温度为20~-80摄氏度,极地温度为-70~-140摄氏度,表面不存在液态水,有两颗很小的卫星,没有磁场,没有板块构造。科学家对火星曾有或现在可能仍有生命或今后有生命生存的条件抱有兴趣,因为火星上发现有几千条河流,被认为约30亿年前有液态水流动,两极覆盖着白色极冠,由固态二氧化碳和冰组成,地下可能有水,1984年在南极洲发现的一颗被认为是来自火星的陨石ALH84001,其中含有以长链状排列的磁铁结晶体,与地球上的细菌外观惊人相似,被认为这只能由曾经活着的生物体组成。

太阳自诞生以来,辐射增加了25%~30%,从与太阳的距离看,在几十亿年前，金星的表面气温应比现在低，但仍然会高得生命无法形成。几十亿年前，火星表面气温则比现在更低，更不利于形成生命，不过可设想那时火星内部的温度高，火山活动活跃，能够为火星增加气温并形成液态水，从而有生命形成的条件，但火星质量太小，火山喷发的时间不会很长就会使地下熔岩冷却，磁场也会消失；火星的引力小，氢易逃逸，即使形成地表水也容易散失；空气稀薄，即使二氧化碳含量高，温室效应也很有限。

因而，金星可能从未出现过形成生命的条件，今后更没有形成生命的条件。火星可能曾经出现过形成生命的条件，但即便如此，也为时不长，它或许能孕育出适应极端环境的微生物，但进化出动植物的可能性很小，因为比照地球生物进化的时间长度，这需要几十亿年时间。几十亿年后，当太阳膨胀得与地球很近，地球的水和大气被蒸发殆尽而成为焦土时，而火星则变得温暖，那时火星能否成为第二个地球呢？也没有可能，因为仅靠升温或许有利于微生物生存，却并不能适合人类生存，科技没有可能把火星的质量、引力增加几倍，使其已冷寂的内部重新活跃，形成磁场，增加大气的浓度和留住水，仅凭科技不可能使火星变成人类的另一个家园。

地球除前面所说的条件使它有利于形成生命外，地球的内部和外部构造也为生命的形成和进化提供了重要条件。46亿年前，由围绕太阳运转的小行星密集碰撞而形成了岩浆态的地球雏形，冷却使地表形成一层固化的岩壳，但地球质量的引力吸缩和放射性同位素衰变使地球内部转向熔融状态，这时的地球还形成不了大气圈，因为那时的地球引力较小，最初的大气主要是氢和氦，在太阳风的吹拂下很快散逸。没有大气的保护，加上这时地球运行轨道附近的小天体很多，对地球的撞击多而猛烈，导致火山熔岩遍地，而且在地球基本形成时，可能有一颗火星大小的行星撞击了地球，撞出的碎片聚集在地球周围，形成了月球。猛烈的撞击和火山喷发将地球内部的气体和岩浆水带到地面，并使小天体被熔化和气化，二者共同形成第二次原始大气和地表水，同时使熔融的物质因元素密度不同，在重力作用下分化，重者下沉，轻者上浮，铁等金属物质下沉到地球中心，形成地球的圈层结构。到38亿~40亿年前，地球轨道边的小天体基本上被清理完毕，撞击趋于平静，地球表面已出现海洋和原始大气，此时地球引力已增大，除氢氦可能有部分逃逸外，其余都会留下,随着地表温度下降,开始出现持续降水,地壳板块也开始移动,这时可能在海洋中开始了生命演化的化学进程。

除上述地球形成过程为地球演化生命和生命持续进化提供了条件外,地球的内部结构也是生命演化和持续进化的重要条件。地球在演化中形成了一个圈层结构,其内部有一个主要由铁镍构成的金属地核,温度高达6880摄氏度,分内外两层,外层为液态,内层因极高压而成为固态,内核可转动,地核质量占地球全部质量的1/3。地核之上是地幔,主要由橄榄石和辉石岩层构成,分上、中(过渡层)、下三层,上地幔有一个软流层,可能是岩浆的发源地。地幔之上为地壳,它包裹着地球,主要由玄武岩和辉长石(洋壳)和火成岩、变质岩、沉积岩(陆壳)组成,质量占地球总质量的0.2%。地壳之外包围着水圈和大气圈。地球磁场的形成可能是源于地核的特殊构造,因为固态内核可在液态外核中转动,导致电流产生而形成磁场,没有这种内部结构所形成的磁场保护,地球就会处于密集的宇宙射线轰击之中,一切生命都无法生存。磁场对生命进化的作用可能还不止于此,科学家已发现,磁场可以刺激大脑,促进新神经细胞的生长。因而,在没有磁场的火星上,人类即使能掘洞藏身地下以躲避宇宙射线,也可能难以避免脑细胞的迅速衰老。

地壳的板块构造也为生命进化提供了重要条件。地球上的河流每年要把大量被侵蚀的材料带入海洋,把这一过程的年数乘以年均沉积量,海底应已平均覆盖了约2万米厚的沉积物,海底就应远远高出海面,如果是这样,地表的一切高地都会蚀平,一切低地都会淤满,地表高低差异很小,会完全被海水所覆盖,从而也就没有陆地生物生存进化的空间。正是板块构造在大西洋中部形成一条宽约20公里、长约19000公里的裂缝,新的海底洋壳在裂缝的两侧形成,它不断地被更新的洋壳向外推开,洋壳移动在与大陆的交界处向地球内部"潜没",从而把陆地冲刷到海洋中的沉积物都源源不断地送进了地球的内部,使得海底根本就没有古代泥沙的堆积。同时,洋壳"潜没"至外核,温度差导致外核液态金属产生对流,也会产生电流形成磁场。

地球板块水平移动的分分合合,还促进了生物进化过程中的基因分化与融合。大陆板块分开所形成的地理隔离,使原先在同一环境中进化的同一物种走上了分道扬镳的道路,从而促进了物种多样性的进化;陆块的合拢、气流、洋流、鸟类等的传送,都有可能又使分头进化的物种发生可能的基因交流,从而使物种获得更丰富的基因多样性而加快进化或开辟出新的进化路径。陆块合拢中碰撞所形成的高山,也为生物多样性的进化作出了贡献,同样,地壳的垂直升降活动所形成的高山也是如此。当然,这期间也付出了许多物种灭绝甚至是大灭绝的代价,但"洗牌"的结果却是退一步,进两步。

地球的构造和物理化学过程还对地球气温调节和生命演化起着重要作用。地球形成初期猛烈的火山喷发,使原始大气中的二氧化碳含量像金星那样高,这既为生命的演化提供了必需的碳和氧元素,而且温室效应弥补了那时的太阳辐射弱的不足。随着太阳辐射逐渐增强,火山喷发也趋于平静,而地壳板块与大气和海洋又共同构成了对二氧化碳含量的调节机制:二氧化碳含量高导致大气温度升高,海洋蒸发就增多,陆地降水也增多,降水将二氧化碳带到地面,雨水侵蚀岩石土壤,使二氧化碳同新暴露的陆地元素相结合并汇入海洋,沉积在海底岩石中,大气中的二氧化碳随之减少,温室效应减弱。覆盖地表面积约70%的海洋对稳定气温也起着重要作用,它不仅使地表昼夜温差大幅度缩小,而且通过洋流的传输将低纬度海洋温暖的水汽带到高纬度地区,为那里的冬天升温。

地质学家发现冰川沉积物在所有大陆都存在,似乎历史上赤道附近地区的海平面高度都有过冰川活动,地球历史上曾多次出现过大冰川期,科学家认为冰川曾进入低纬度地区,美国加州理工学院的乔·凯斯文甚至认为地球曾变成过"雪球",如果是这样,能逆转这一过程的就是火山喷发,当火山喷发释放的二氧化碳在大气底层积累到占体积的10%时,温室效应就足以使气温变暖,来自地球内部的热量也使海洋不会被完全封冻,从而使生命进化的历程不会被中断,地球内部炽热的岩浆活动不仅早期为形成地球的大气、水和生命演化起关键作用,而且后来也为生命的持续进化起着重要作用。

(三) 生命起源

由于科学家难以模拟地球原始环境去重现生命的形成过程,也未能在实验室内合成生命,生命的起源至今仍是个谜。但科学坚定地排除神创论,不认为生命是上帝的创造物;也排除目的论,不认为生物学过程是一个有目的性的活动;还排除生机论,不认为生命是由非物质的因素(活力)所支配。科学坚持生命是一个自然过程,受自然规律所支配,因而也只能用自然规律去解释。

地球上的所有生物都是地球非生物环境的产物,生物体的物质构成包括它的元素和比重,都与地表的物质构成有着惊人的一致性,地球上不存在与地表物质构成不相关的生命形式。1971年,英国地球化学家埃利克·哈密尔顿组织一个专家组对世界各地居民生存环境和人体的各机能组织、血液进行了较全面分析,通过测定地壳岩石与人体血液中的60多种化学元素的含量,发现人体中60种元素的丰度曲线与地壳岩石中元素的丰度,除了生物原生质的主要组成成分碳、氢、氧、氮和地壳岩石中的主要组成成分硅、铝外,二者元素丰度的相关性有着惊人的一致;人体的排泄器官、肾、肝中的元素基本上呈现与血液相同的丰度,精巢和卵巢中的元素丰度分散程度较小,脑和肌肉中的元素丰度分散程度更小。血液与海水的组成成分的差异小于血液与平均地壳岩石的差异,母腹胎盘中的"羊水"与海水相似。人体活物质结构的99%是由原子序数表中最初的20种元素中的氢、碳、氮、氧、纳、镁、硅、磷、硫、氯、钾、钙等丰量元素组成,在原子序数48以前的微量元素中,约有一半以上参与了生命活动,海洋中等离子沉积物和海水的比值,与它们在细胞内外的浓度相似,海水中氯和钠的浓度,类似于细胞的外液中的浓度。人类的生命物质与地球表面的化学成分具有同一性,表明地球生命是地壳物质系统中的一个组成部分,在物质构成上属同一层次①。我们现在看到牛和羊在一起吃草,但由于它们进化于不同的地区,因而对矿物质的要求非常不同,牛需要大量的铜,因为它们是在铜很丰富的欧洲和非洲地区进化的,而羊是在铜缺乏的小亚细亚进化的。

生物界几乎所有的有机物,主要是由碳(C)、氢(H)、氮(N)、氧(O)、磷(P)、硫(S)6种元素组合成的万千分子所构成,它们是生命起源中的主角,探索生命的起源,必须弄清楚这6种物质在原始地球以什么形式存在,在当时

---

① 参见李永铭编著:《呵护家园》,长江文艺出版社2001年版,第8~11页。

的环境驱动下又怎样被纳入一个不断复杂化的进程而最终导致生命诞生①。此外,还需考虑的是钾(K)和镁(Mg),钾是生命产生的必要阳离子,镁是稳定核糖核酸(RNA)和脱氧核糖核酸(DNA)的必要元素。生命的多样性和很强的适应性还会使得一些不同的情况会出现,例如:英国科学家在加利福尼亚州的莫诺湖采集的沉淀物中,分离出一种名为GFAJ–1的株菌,发现这种细菌能在高砷环境中生长,它能把砷吸收到其生物分子中,替代磷成为DNA的组成部分,还可能进入三磷酸腺苷(ATP)等运送能量的系统中,这就告诉我们,对生命构成的"六元素论"不应作绝对化的理解②。

在约40亿年前,地壳冷却到足以在其表面存在液态水,大气的主要成分是二氧化碳,没有氧,在闪电和紫外线驱动的电化学和光化学作用下,产生出像嘌呤类简单的有机物,海洋逐渐变成这种有机物的"稀汤",在近于干涸的水坑边,它们被吸附在黏土、岩石的表面而得以浓缩,这些地方对有机物有特殊的亲和力,原始有机物之间的化学反应得以进行,分子被以各种方式拆合,更复杂的分子链在此过程中得以合成,直到有机物合成与其相同的物质,当分子或分子复合物具备自我复制的性能,它就能充分利用可利用的有机物去形成自己的同类,从而阻止其他产物的出现③,生命在一个很短的时间中(可能只要几十万年)就诞生了。这曾是一些科学家的倾向性推测。

生命何时何地诞生和如何诞生的较确切情况仍不清楚。科学家曾认为地球最早的生命可能出现在35亿年甚至37亿年前,但澳大利亚科廷大学地质学家亚历山大·涅姆钦领的研究小组,在澳大利亚西部的杰克–希尔斯发现的一块金刚石中有含量很高的碳12元素,这种元素的出现,通常与生命体密不可分,如果这一推测得到证实,则地球上最早出现生命迹象的时间可能提前到42.52亿年前,它意味着生命早在38亿年前陨石撞击地球之前就出现了,这也将使生命起源于地球之外的猜想不能成立④。对于生命的起源,科学家曾认为生物分子如蛋白质、核酸等较脆弱,在低温下可保持较长时间,生

---

① [比]克里斯蒂安·德迪夫:《生机勃勃的尘埃》,第17页。
② "新发现改写生命构成基础",新华社《参考消息》2010年12月4日。
③ [英]约翰·波斯特盖特:《微生物与人类》,第296~299页。
④ "地球最早生命有新说",新华社《参考消息》2008年4月13日。

命应起源于低温。最近有报道称,美国航天局的一组科学家在南极冰原下183米低于零度的黑暗海洋中发现一只3英寸长橙色类似虾的动物在摄像机镜头前游过,在如此严酷的环境中不仅有微生物,而且还有复杂生命存在,说明低温起源不是没有可能。有些科学家还由此想到木星被冰层覆盖的木卫2是否也有生命[1],按与地球相似度指数,排在它前面的还有土卫6和火星。与此相反的情况是,火山口生物化石和温度超100摄氏度的海底热水口、温泉生物的发现,表明生物可能起源于高温。1977年,美国科考队在加拉帕戈斯群岛海底发现了丰富的生物和由含有大量金属硫化物的热液形成的"烟囱",被"烟囱"过滤过的海水携带有大量矿物质和气体,一些在超过100摄氏度的环境中存活的微生物能从这些海水中提取氢元素,并用二氧化碳合成有机物,生命可能起源于这样的高温环境中[2]。科学家还把藻青菌带到距离地球360公里的国际空间站外部,经受极其剧烈的温度变化、宇宙射线和紫外线的照射、无氧等极端环境的考验,在存活了553天后再被带回地球实验室[3]。

生命是个奇迹,有些微生物能在核辐射、地球上的极端温度、极度缺水和食物的环境中及海床、地表岩石、土壤下几千米的黑暗深处生存,有的以甲烷、硫化氢、氢气为食,有的被冷冻几十万年后再解冻又能复活。科学家认为地下生命可能占了地球生命的一半。上述情况提示,生命起源有可能不止一个,但起源于较温暖的海洋浅滩环境中可能性应更大,因为各种化学反应更活跃,各种形式的分子结合更容易,而分解也不会太快,生命形成的几率更高。

自美国科学家斯坦利·L·米勒于1953年所作的模拟地球早期大气制造生命的著名实验以来,科学家们又作了很多类似的实验,都没有制造出任何可称为生命的东西。最近有报道称美国生物学家克雷格·文特尔在实验室里合成了生命,细看内容,这仍是利用现有生命的材料来合成生命,而不是重现生命的起源。即使今后或许能在实验中制造出生命,那也难以证明这就是地球原始状态生命起源的模拟,而不是使实验能制造生命而加以调整的结

---

[1] "南极冰原下发现复杂生命",新华社《参考消息》2010年3月17日。
[2] "生物进化的十个伟大瞬间",新华社《参考消息》2010年1月6日。
[3] "'顽强'藻青菌太空存活一年半",新华社《参考消息》2010年8月9日。

果，它所能揭示的可能是生命的起源之一而不是唯一。

有些科学家认为地球生命来自地球之外。地球的确从地外空间中获得很多物质，像小星体和陨石对地球的撞击、恒星的辐射、超新星爆发、恒星间弥散着稀薄的星际尘埃、彗星接近地球时微粒和陨石的降落，都使地球获得一些来自地外空间的物质，这其中有相当数量的潜在生命分子。最近科学家发现一种被称做"SN2005E"的新型超新星，可能是宇宙中和地球上钙元素的主要来源。光谱分析表明大多彗星就带有多种有机物和冰块，科学家也从1969年落在澳大利亚默其森的被称为默其森陨石中发现了一定数量的氨基酸，这表明有机分子可以在星际空间、彗星、陨石中和原始地球条件下形成，但生命的材料与生命的合成仍有很大的距离。说生命来自地外还没有直接的证据，更没有回答生命是如何产生的问题，而是回避了这一问题。

值得注意的是，2010年4月6日日本国立天文台等国际研究小组宣布，他们利用南非的近红外线望远镜，发现距地球1500光年的猎户座大星云中心区域的导致氨基酸偏向"左型"的特殊光线"圆偏光"，它存在于约有400个太阳系大的宇宙空间。氨基酸有"左型""右型"两种，通常的化学反应产生左右两型几乎等量的氨基酸，但地球生物体却都是由"左型"氨基酸构成的，地球上早期的氨基酸可能源自经过"左型""圆偏光"的照射[1]，这种氨基酸是来自地外陨石还是太阳系曾经过这种光的照射？如确为前者，仍只能说明地外环境提供了生命的材料和影响了生命的某些性质，如在火星、土卫6等最可能有生命存在的星球上发现生命，并将之与地球生命进行异同比较，我们或许能进一步弄清生命起源的星球外环境因素和星球自身因素的相互作用。就目前而言，我们可以这样看待这一存疑的问题，地球外环境和地球本身都存在提供生命材料的可能，但将生命材料合成为地球生命的过程是在地球上实现的。

德迪夫在《生机勃勃的尘埃》一书中提出生命起源和进化的7个时代：化学时代、信息时代、原细胞时代、单细胞时代、多细胞生物时代、心智时代、未知时代，它们对应7个层次的复杂性。

生命作为一个化学过程，可以从化学角度去认识。由于科学家发现信息

---

[1] "日发现生命源于宇宙新证据"，新华社《参考消息》，2010年4月9日。

只能从核酸流向蛋白质,而不能反过来,因而认为生命起源的早期阶段是核糖核酸(RNA)分子的形成,它在蛋白质的形成过程中提供了催化机制和信息,从而使蛋白质得以形成。RNA是由数千个核苷酸的单元组成的长链状聚合物,每个核苷酸包含磷酸、核糖(一种五碳糖)、碱基(有腺嘌呤、鸟嘌呤、胞嘧啶、尿嘧啶4种)3部分。目前还没有发现任何机制能满意地解释前生命RNA是如何合成的,这种高度不可几的事件在前生命世界是如何自发形成的呢?回答是:它可能是一个偶然事件的产物,但作为多步骤的连续化学事件的过程,又排除了不可几事件的充分参与,形成生命的途径存在于那些在通常条件下一定要发生的反应中。同时,生命形成的早期过程非常快,在积累了构件、能量来源和催化剂的原始汤中,RNA很快就生成了,只有快反应才能克服自发破坏的消磨①。

  现存的所有生物都起源于一个单一的生命形式,这是由于在生命形成时地球的物理和化学条件下,导致RNA类分子产生的原始代谢必定沿着一条既定的可重现的化学道路进行,生命受到本身化学成分的严格限制,这是由决定性因素决定的②。还有基于另外的化学成分,在另外的物理、化学条件下诞生,适合于另外环境的另类生命形式吗?所有的化学家都认为生命大分子不可能在碳骨架以外的结构上构建起来,连碳最近的亲属硅都不行,同时,水具有适于作为生命基质的独特性,没有别的液体具有类似的合适的物理特性,水还为含碳分子的构建提供了不可缺少的氢和氧成分,因而还难以设想有其他形式的生命存在。偶然性在RNA世界的进化史中扮演着某种角色,但选择因素的不足使得最后的结果不大可能有什么不同③。

  所有的生物都按遗传的模板构建,这种遗传模板由基因组成,基因具有传递遗传信息和表达生物特性的功能,遗传模板在脱氧核糖核酸(DNA)分子中,它由4种不同的核苷酸构成,核苷酸序列就是遗传的信息。当遗传信息被表达时,DNA被转录成RNA,RNA的化学成分和结构与DNA相似,但功能更多,它既转录、催化表达DNA信息,还为蛋白质编码,这一过程是在由大量RNA和蛋

---

① 参见[比]克里斯蒂安·德迪夫:《生机勃勃的尘埃》,第24—64页。
② 参见[比]克里斯蒂安·德迪夫:《生机勃勃的尘埃》,第147—148页。
③ 参见[比]克里斯蒂安·德迪夫:《生机勃勃的尘埃》,第148—149页。

白质构成的核糖体中进行的。蛋白质由 20 种氨基酸构成。在某些病毒遗传信息的复制储存中，没有 DNA 参与，蛋白质是由 RNA 编码、复制酶催化合成的。某种 RNA 的变种可以与氨基酸相互作用，将氨基酸连接于 RNA 的核糖端，经进化最终产生了转移 RNA，从而迈开了蛋白质合成的第一步。构成蛋白质的 20 种氨基酸除甘氨酸外，本可有左右两型方式存在，但却都以"左型"出现，这一生命起源的最奇怪现象，现已可由前面提到的"圆偏光"得到一种解释。当载有氨基酸的转移 RNA 足够丰富，它们的相互作用，氨基酸之间的反应形成二肽、三肽，直至多肽链从而蛋白质的形成。随着遗传多样性的增加，众多的 RNA 复制、剪接、翻译使原细胞世界变得复杂、混乱，进化使得从 RNA 中分离出专司遗传复制的 DNA，DNA 与 RNA 的不同之处，一是 DNA 的核糖脱去了一个氧原子，二是尿嘧啶上面加了一个甲基。以 RNA 为模板装配 DNA 称为反转录，反之则称为转录，反转录可能先于转录发生，在将 RNA 的信息存入 DNA 的过程中它起了至关重要的作用。DNA 复制形成了新的遗传体系，它比 RNA 复制的精确性高几万倍，RNA 则承担翻译为蛋白质的功能。

生物信息的传递基于化学的互补性，生命是由化学分子自我组装而成的，这种自我组装是由很多部件通过其间的化学互补性组成一个紧密结合的复杂结构，这种互补与机械的刚性互补不同，其互补的部分都发生了某种程度的变形以更好地相互适应而形成紧密的结合，其强度足以防止热振动将两个分子分开。碱基配对是生物学中化学互补性众多类似现象中的一种，生命的所有方面都需要分子间相互"辨认"，产生或结合、或排斥的关系。酶可以从高度复杂的混合物中"钓出"它们的底物使之发生催化反应，酶选择底物，底物也选择酶。细胞通过某些可以结合移植物表面特异性部位的表面分子，来辨认出移植的外源物而加以排斥。白细胞能识别入侵的微生物而将其吞噬。激素、药物、毒物及其他发挥生物效应的化学物质，都会与靶细胞上的受体分子起某种反应。生命在复制过程中会出现复制出错的偶然性和环境干扰性引起的突变，有利于生存和生殖的突变及中性突变会保留下来，不利的会被自然选择所剔除，这个过程开始发生于分子水平，然后发生于原细胞水平。生命的进化被大量基于互补性的化学决定机制和自然选择机制两种力量导向了 DNA－RNA－蛋白质三位一体的体系，并主宰了整个生物圈。

六

进化之谜

　　生命诞生于天地的界面之间,受宇宙之灵气,集大地之精华,是宇宙演化100多亿年后所形成的天地条件的产物。生命一经出现,便开始了适应环境而进化,生命显示了适应地球各种环境的强大生命力和增殖力,同时又在与环境交换物质的代谢过程中显示出了改变环境的持续而巨大的力量,有如无足轻重的滴水汇集成浩瀚大海而成为地球的主要景观一样,由渺小脆弱的生命个体汇集成的宏大顽强的生命整体,成了地球环境改变的巨大力量,它使地球环境适应生命而进化,形成生命与环境两种进化相互适应、相互推进的壮丽画卷。

(一) 生命进化

　　生命能够从一个严酷无情的无机环境中诞生出来,就决非等闲之辈。原始生命是现存的所有生物的共同祖先,它们是细菌或原核生物,是我们看不见、听不到、摸不着、"不足挂齿"的微生物,但它们实际上是地球环境的强大操控者,如果进化没有出现真核生物,那么现在的所有生物就都是细菌。细菌能以最快的速度生长繁殖,其经过一个完整的生长和分裂周期平均不超过20～30分钟,速度快的只要11分钟数量就翻一番。如果以非限制性的指数形式增长,一个单一的细菌细胞不到2天的时间就可以覆盖整个地球表面[①],1个大肠杆菌细胞在3天内就可以繁殖得超过地球的重量[②]。当1个真核细胞分裂成2个时,1个细菌细胞在这一时间中已分裂成1万亿个细胞,1个细

[①] [比] 克里斯蒂安·德迪夫:《生机勃勃的尘埃》,第158页。
[②] 约翰·波斯特盖特:《微生物与人类》,第4页。

菌的基因组包含约 300 万个碱基对,由于错误碱基的插入所导致的最小复制错误频率为 10 亿分之一,因而这其间由于复制错误会产生的几百亿个突变体,这些突变体会独立地分散开来,并经受着自然选择的淘汰,当生存条件发生变化时,总有一些突变体能利用新的条件生存并迅速繁殖,细菌通过惊人的繁殖速度和变异能力而形成的多样性覆盖了生物圈的一切生态位。

地球上凡是有生物存在的地方都有细菌,甚至在 32000 米的高空、11000 米深的海沟、北海海底下 3000 米深的含油岩层的热碲化物水样中、南非金矿下 3500 米深温度达 65 摄氏度的地方都有细菌存在;古细菌中的嗜热细菌能在海洋热水口 110 摄氏度的环境中生长旺盛,嗜盐细菌能在死海和大盐湖极咸的环境中生存,不依赖叶绿素获取光能的光养古细菌,产甲烷菌则占据了有机物在无氧条件下分解的每一个位点。与地球生命诞生前相比,今天地球表面自身的纯化学过程已稳定在一个相对静止的状态,其化学变化与生物作用所造成的化学变化相比已微不足道。地球的表面环境已经由生命"改造"了无数次,在很大程度上它就是生命的产物。由此我们可以看到地球生命之基础的普遍性、顽强性和生命调控环境的巨大作用。

原核生物的多样性不仅是通过细胞分裂的突变而出现,而且还开辟了交合重组的新道路,这就是性。许多细菌细胞表面有成分特定的被称为"菌毛"的长细丝,它的进化导致了性别的出现。具有性菌毛的细胞(称为雄性)用这种细丝与缺乏菌毛的雌性细胞交合,给雌性细胞输入一个 DNA 片断(称为质粒),注入的 DNA 与受体的 DNA 重新组合,形成由双亲提供基因组成的杂种染色体,交合重组的出现使生命的进化更具创新性。

更为新奇的是,从原核细胞到真核细胞的进化源自原始吞噬细胞而不是两性的交合重组。德迪夫支持"内共生体"说,认为真核细胞的一些组成部分,包括线粒体、叶绿体,可能还有过氧化物酶体等 3 种由膜包被的粒状细胞器事实上皆来自细菌。某些种类的细菌被一些真核生物的祖先所吞噬,并被永远地接受成为细胞的内共生体。真核生物的历史可分为 35 亿~15 亿年前的前内共生体和 15 亿年前至今的后共生体两个时代,第一时代包括了从祖先原核细胞转变成为能捕获细菌和接纳内共生体的细胞的全过程[①]。

---

① [比]克里斯蒂安·德迪夫:《生机勃勃的尘埃》,第 174—175 页。

考古学总是不断地有所发现,因而会不断地修正以依据化石证据所得出的一些结论,这在科学和认识发展史上是很正常的。科学家原认为,直至6亿年前寒武纪生物大爆炸之前,地球上的生命形式都是单细胞微生物。然而,科学家们对西非加蓬山区出土的250多个生物体化石标本的研究,发现这是生活在21亿年前的肉眼看得见的群居生物,多细胞生命的诞生时间因此而大大推前①。

性的起源虽然很早,但单细胞生物的繁殖方式主要是通过简单的细胞分裂增殖,有性繁殖是在其危急时刻才采用的繁殖方式。多细胞真核生命形式的出现也不是直接源于纵向的有性繁殖,而是源于横向的细胞群集协同进化。细胞因群集方式比单个方式更有利于避免天敌、环境伤害和有利于繁殖成功而得以保持,多细胞生物通过相互关联、功能分工、整体协同、模式控制、生殖变异、环境选择而进化出了动物、植物、真菌这种新的多样化的多细胞生命组织形式。

从生殖的效率看,无性生殖最高,有性生殖最低,但为什么会进化出有性生殖?已有的解释很难使人满意。有人认为,有性生殖使基因发生重组,为变异提供了机会,从而有利于生物多样性的出现,但不同的看法认为这是一把双刃剑,有性生殖有利于变异,同时又拆散了许多本已有利的组合,如果有性生殖有极大的进化优势,何以无性生殖能广泛地存在于自然界中?人们倾向于后一种解释:在一个较少风险的环境中,无性生殖更有利;在一个多变的环境中,有性生殖因提供了变异机会,因而更重要。而且在复杂多变的热带雨林中,无性种相对较少,在简单的高纬度、高海拔地区,无性生殖种较多也支持这一解释。后一种解释虽然有所改进,但仍不能令人满意地回答无性生殖何以能广泛地存在于自然界中的问题。

事实上,这里不仅存在生殖的优劣问题,还存在资源环境的优劣问题。无性生殖的微生物更能适应严酷的环境。在有性生殖进化出来之前,生物的生殖主要受光、温度、湿度、降水、气压、风、雷电等气候因子和土壤因子的影响,无性生殖以速度取胜,它们自我复制的变异概率虽然很低,但由于繁殖的

---

① "20亿年前地球就有多细胞生命",新华社《参考消息》,2010年7月3日

速度极快,变异出现的速度也很快,因而对环境变化有极强的适应性,这使得它们有能力很快就占据了生物圈中的所有生态位,使地球表面成了一个大菌球。到了这时,生命的压力就不再是繁殖不足,而是生存资源不足,利用环境中的资源来组织自身是生命的本质特性,这种资源不仅包括环境中的气候和其他无机物质资源,还包括现成的生命有机物质资源,利用生物资源和开辟利用无机资源新途径的生命形式就被自然所选择。

有性生殖以所有生命个体的差异性和必死性区别于无性生殖,而不否定、替代无性生殖,有性生殖的个体差异性为生物多样性的进化从而为资源利用的多样性开辟了新天地,必死性又为生物不断进化扫清了道路。死是生命的否定,但没有死就没有取有性生殖方式的生命的进化,有性生殖虽然不断地拆散本已有利的组合并不断地抛弃所选择的组合,按人的功利主义眼光看,这似乎是一种极奢侈的浪费,人们常为不世出的天才、伟人、美人都会无可奈何花落去而伤感,但进化没有目的和计划,它只在其不可逆的进程中不断选择自然适应性的生命形式。

动物经约6亿年的进化出现了人类,人类与其他动物的最大区别是拥有一个发达的脑。人脑拥有约1000亿个神经元细胞,每个神经元平均有约10000个接头,并涉及至少50种不同种类的突触。单个神经元可同时向千万个神经细胞发送并同时接受它们的信息。全世界的计算机加起来,也不可能形成功能如此丰富的信息处理器。脑是一种"皮层"结构,皮层是约0.2厘米厚的神经组织,包含6层不同的细胞,里面包被着更古老的脑部分,如修正体重的影响,从最低等的哺乳动物到黑猩猩,脑皮层的尺寸增加了60倍,从黑猩猩到人,又增加了3倍[①]。人脑在5个月的胎儿时即生成了所有神经元,此后神经元不再产生,而是每天死亡几十万个,但神经元的联系却会增加。脑神经元网络的主要连线是由遗传决定的,不同的人会有细节的差异。神经元联系的更大差异与胚胎发育过程有关,与出生后发育成长、工作生活经历则有着更大的关系。刚出生的婴儿拥有一生中最多数量的神经元,但其间的联系较少,更多的联系是在此后的成长和生活过程中建立起来的,在这个基础

---

① [比]克里斯蒂安·德迪夫:《生机勃勃的尘埃》,第309—311页。

上产生了除宇宙之谜外的另一个最大的谜——人的心智。

新的研究还表明,智力不仅取决于大脑的容积或大脑所含神经元的总数,还取决于组成神经元突触的分子多样性。以往人们认为,神经元突触的蛋白质成分在多数动物中是相似的,较多的突触使高等动物具有精密的思想行为。一项由英国韦尔科姆基金会、爱丁堡大学、基尔大学合作,由塞思·格兰特负责的对哺乳动物的神经元突触中约600种蛋白质的研究意外发现,其中只有50%的蛋白质存在于非脊椎动物的突触中,而没有大脑的单细胞动物只拥有其中的25%。格兰特认为,神经元的数量不足以解释智力的高低,组成神经原突触的分子多样性可能是个关键,单细胞动物中蛋白质是能够参与简单动作的"原神经元突触",随着非脊椎动物和脊椎动物的进化,新的蛋白质产生并加入到原有的蛋白质之中,从而使这些动物不断发展,逐步拥有更加复杂的动作①。

人的心智是人脑进化的产物,又是后天历史塑造的产物,它产生于人脑的神经活动,产生出感觉、感情、意识、思维,并创造出一个文化世界,同时又反过来受它的感觉、创造物和感知、认知的环境所影响和塑造。它是物质与精神、生理与心理的界面,是二者相互联系、相互作用、相互转化的媒介。宇宙在演化过程中出现了生命,这是对宇宙无机演化过程的一个否定;生命在进化过程中出现了人的心智,这是对生物细胞进化过程的一个否定;心智在进化过程中创造了一个精神外化的文化世界,这是对生物自然进化过程的否定。这种否定是自然演化朝向复杂化进程中出现的几个突变性、飞跃性的转化,其转化的机制我们还不清楚。

人类的出现,使得一个不同于物质现象的精神现象在进化中诞生出来,物质世界及其活动至此转向了自己的反面——精神世界及其活动,它对物质世界进行反映,并依据这种反映来支配反映者生物对物质世界包括"客体"和"主体"自身的反作用。人类文化是人类心智的集体创造物,反过来又被人类心智同化吸收,并对人脑神经元的联系产生极大影响。人类心智和文化的出现,使地球生命进化出现不再只是一个生物学问题,而是还有一个有能力改

---

① "分子多样性可能是智力的关键",新华社《参考消息》2008年7月14日。

变生物进化进程的文化进化问题。

相似的东西很多,一样的东西却罕见。科学家相信地球不是独一无二的,因为地外行星已有发现,但却又是相当独特的,因为所发现的地外行星罕有具有适合生物生存的条件。德迪夫认为,生命起源于一个有机化学过程,有机化学只是碳化学,有机碳无处不在,它们弥漫于宇宙,构成20%的星际尘埃,星际尘埃构成0.1%的银河物质,无论在哪里,只要其物理状况与40亿年前的地球状况相似,生命必定会以一种与地球上的分子相差无几的形式产生。进化在每一个生物圈中都起作用,遵循同一的普遍原理,偶然突变与环境间不断相互作用,决定着自然选择的进程,任何两个生物圈不会有相同的历史。无论何时何地,只要条件允许,生命有产生智慧的本性,意识思维由生命产生,是物质的基本表现,属于宇宙学的基本图景。宇宙是有意义的,有其内在的必然性,就算生命和心智是罕有的,也是物质令人敬畏的表现,思维是宇宙的一种能力,它借此反思本身,发现自身的结构,理解固有的存在如真、美、善、爱,这就是宇宙的意义。也许我们难以获得绝对真理,也没有绝对的美和善,但我们追求真理,有共同的对真、美和善的向往。我们应当谦虚,从猿到人的进化只花了几百万年,太阳还会稳定几十亿年,生物圈心智的进化远未完结,也许在未来会进化出比我们更有力的心智[①]。

(二) 环境演化

是生命使地球的物理化学性质发生巨大变化,变成了一颗自创生、自组织、自调节、自防护的生命之星。地球的生命性体现为它的生物和非生物协同作用的整体性,没有地球独特的非生物环境,生命就不会诞生和持久地进化,没有生物的作用,地球的整体环境就不会远离热力学的平衡态,非生命系统就不可能呈现出适合生命繁衍的物态和性质。

生命完全改变了地球上的氧化-还原平衡。在生命诞生前的太古代,海洋中的铁被紧紧地结合着,部分以三价铁形式存在于磁铁矿、黄铁矿矿石中。

---

① [比]克里斯蒂安·德迪夫:《生机勃勃的尘埃》,第383—395页。

绝大多数硫化氢被氧化,或被结合在矿物中。光养生物的活动使大气中出现了氧,氧化性大气导致许多岩石组分的变化,并使平流层上空形成了一个臭氧层,遮挡住来自太阳的大量紫外线,保护着地球上的生命,同时还保护着地球上的水不被分解散失。生物也分解水,但生成的氢能被保存下来,使氢得以与氧结合而再形成水。如果没有生物,仅是强烈紫外线分解水,生成的氢会逸散到太空,氧则被矿物沉积作用所牢牢束缚,地球就会逐渐失去水而变得完全干涸。生物在维持土壤湿度、产生大气环流方面也起着重要作用。

生命还极大地改变了二氧化碳和碳酸盐类在地球上的分布。在生命诞生之前,地球大气中二氧化碳含量高达95%以上,当时的太阳很年轻,地球获得的热量比现在要少25%~30%,但大气中高含量的二氧化碳所产生的温室效应,专家估计使地球表面的温度达到20℃~25℃,这个温度比现在还要高得多。生命诞生后,随着生物不断消耗二氧化碳,热量也逐渐从地球散失,但与此同时,从太阳那里所获得了逐渐增加的热量补偿。如果没有生命,地表的气温将形成二者的叠加而比现在要高得多。生物将碳编织进生物圈的有机结构中,地质构造运动又将碳随同生物体一道埋入地下,仅石炭纪储存到地下的碳就远远超过了现在地表生物体中的碳,已知的煤和石油中的碳就是地表生物体中碳含量的50倍。绝大多数碳则以碳酸钙形式存在于海洋生物的外壳及其他结构中,沉积作用将它们埋入海床,海陆变迁又使它们回到地面,形成了今天在世界各地都有的镶嵌着化石的磷灰石、大理石和其他石灰质的岩石。

生物不仅曾经使无自由氧的大气出现氧的积累过程,而且把这种积累控制在约21%的水平上,既不过高而使生物圈变成火海,也不过低而使需氧生物窒息;不仅使曾经占大气95%以上的二氧化碳出现耗减,而且把这种耗减的幅度控制在约0.03%的水平上,既不过高而将地球变成闷热的蒸笼,也不过低而使地球冻结成冰球;不仅使地球的平均气温稳定在约15℃的水平上,既大大偏离了理论上的-18℃数值,也远远偏离了45亿年来太阳能辐射至少增加了25%对地球的物理效应,而且使地球的酸碱度呈中性、海水呈弱碱性,从而适合于生命的繁衍。

地壳表层原是一层致密坚硬的岩石,自然风化使岩石崩解破裂,使岩石中的元素得以释放，从而为靠光合作用和少量营养元素就能成活的植物登陆提供了条件。深入岩石缝隙中的植物根系加快了岩石的崩解过程，并吸收对生长有用的营养物质，将其储存在生物体内，而其他不被吸收的物质则被雨水冲刷、溶解而流失，植物残体被微生物分解后又将营养物质释放到土壤表层。经周而复始的筛选，营养元素逐渐富集，其他物质则不断流失，从而使土壤越来越富含营养元素和有机质、腐殖质，越来越有利于植物和微生物的繁衍。

海洋蒸发被风力带到陆地形成降水，为生命登陆提供了条件，但这种降水只能到达陆地距海岸 500～1000 千米的狭小地带，植物通过生长过程中的水汽蒸腾形成自降水模式而将降水引向内陆纵深，同时通过高低不同的植物对降水层层拦截，以保护土壤不被雨水冲刷，并将降水最大限度地引入土壤和储存于地下，最大限度地减少地表洪水径流的灾害和流失，平衡洪旱季节的水供给，以满足生物生长周期的水需求。

生命不只是以不同的个体、种群、物种形式存在，还必须以普遍联系、相互转化、动态平衡的网络存在。生命合成的另一面是分解，这一过程首先在生物体内进行，即使是自养生物也必须能分解生物聚合体，必须有消化酶；这一过程还必须在生物之间进行，生物如只会合成不会分解，环境很快就会成为不能降解的聚合体堆积的世界，就不会有生生不息的生物圈，而只会有一个惰性的"塑料圈"。

生物在对环境中物质能量和空间充分利用的进化过程中，逐渐演化出了多样性丰富的物种，它们彼此间链接成一个极为复杂的自循环自平衡系统。其中绿色植物是这个巨大生命系统的支撑基础，它们利用太阳能和化学元素生产生物体；微生物则充当着生物体的分解还原者，构成生物系统循环的重要一环；动物作为这个系统中的纯粹消费者，也决非是多余的包袱，它们对加快生物系统的物质循环和调节生态平衡起着重要的作用。没有动物对植物的消化，而直接由微生物分解植物的粗纤维，整个生物系统循环的速率就会慢得多，这就会降低整个生物系统适应环境变化而进化的能力；同时，多样性的肉食动物调节着多样性植食动物的平衡，反过来，多样性的植物又调控着多样性的植食动物进而肉食动物的数量和结构。这种多样性植物、植食动物、肉食动物、微生物的反馈调节,既有效地实现了生物系统的动态平衡和物质循环,又有效地避免了任何一个优势物种排挤其他物种而独占空间和资源,从而避免了生物系统的简化和衰落。

生命的合成－分解－合成的链接和循环,是生命之网中最早就有的联系,最初的生命合成快于生命的分解,当细菌类生物繁盛到覆盖地球的表面时,就成了失去自养能力的突变体的取食对象,这些突变体就变成了异养生物。生命的合成－分解－合成的链接和循环贯通于生物体内和不同物种之间,使生物圈呈现出类生命体的自创生、自调节、自平衡性质。生命的进化不是物种分离、孤立演进的纵向过程,而是相互作用、合成分解、协同演进的过程。在这一过程中,生命从生物分子进化到单细胞时代、多细胞时代,进化出了植物和动物,直至进化出了有复杂心智和行为能力的人类。

但细菌世界为什么没有统统都跟着进化过来?这是因为它们在生命的合成－分解－合成的链接和循环中的作用不可或缺和替代,细菌曾是生命大厦的全部,其自养、异养的分工协同即能完成生命的合成－分解－合成的链接和循环,但植物、动物的自养、异养分工却不能完成这种循环,它们必须与细菌协同起来才能做到,细菌仍然起着支撑生命大厦的基础性作用。在生命的合成－分解－合成的链接和循环过程中,我们把植物(自养生物)称为生产者,动物(异养生物)称为消费者,细菌称为分解还原者,其实细菌不只是分解动植物的残体和排放物,在"生产""消费"的每一个环节都起着不可或缺的合成和分解作用。生物之间的相互关系远不只是捕食与被捕食的关系,还有着相互制约、相互补益的复杂的共生关系,即使是自养与异养、捕食与被捕食的关系,也绝不只是你死我活的关系,在生态系统的尺度上,它展示的是通过相互制约达到生态平衡和物种共生进化的关系。从一小块林地、草地、池塘到森林、草原、湿地、海洋直到整个生物圈,众多小生态系统中生物间的相互作用和平衡复合于较大生态系统的复杂结构中,如此层层叠叠复合成更大更复杂的结构,直至闭合于一个单一的异常复杂的生命之网——生物圈。

生物圈在历史上曾经历过多次海陆变迁、气候变化、火山爆发、小行星撞击等劫难,它导致许多盛极一时的物种被灭绝,但生物圈并未被摧毁,环境压力刺激了基因突变,在每次劫难之后,生物进化在新的环境中又获得了更大进步,人类的诞生也正是一系列基因突变的产物。

生物是地球非生物环境的产物,同时又通过自己的生命活动改变着地球的非生物环境,使之适合于生物的生存和进化。从而使生物和非生物之间,形成前者"适应"后者而进化、后者"适合"前者而改变的协同进化机制。要想深刻理解生物与环境的密切关系,盖娅理论就挥之不去,因为舍此还没有更好的解释。德迪夫显然对盖娅理论持赞赏态度:"生物圈不只是覆盖在地球表面的一层有生命的被膜。它与地球之间有着无数密切联系,它是一个巨大的、以太阳能为动力的表面处理器,来自地壳、海洋和大气,同时又对它们有反作用,持续不断地重塑着环境,同时也被环境所重塑。生命与地球的相互作用如此密切,以至于有人将它们结合起来,视为一种行星超生物,即由相互联系的生物和非生物部分组成了一个符合控制论关系的网络。这种观点以盖娅的名义广为流传。"①德迪夫不仅介绍了盖娅理论,还为某些对拉伍洛克的误解进行澄清②。

(三) 进化之网

与怀疑论相比,科学为我们提供确定性的知识;与绝对论相比,科学提供了不确定性。科学的不确定性使得我们有必要重新审视我们曾绝对化地肯定达尔文进化论而简单化地否定拉马克进化论的偏颇。

在达尔文出版《物种起源》的半个世纪前,法国博物学家拉马克就提出了自己的进化论。拉氏进化论的基础观点是,个体生活经历可以传递给后代,达尔文的进化论提出后,拉氏进化论被达氏进化论所取代并被视为谬误而抛弃,现在看来,事情并没有那么简单。在达氏进化论中,环境与生命是截然分开的,变异来自生命体本身,环境对生命和遗传的影响只是起适者生存的选择作用,这已使我们遇到一系列的问题,而且我们对个体生活经历可以遗传给后代也已有新的认识。

---

① [比]克里斯蒂安·德迪夫:《生机勃勃的尘埃》,第284—285页。
② [比]克里斯蒂安·德迪夫:《生机勃勃的尘埃》,第285—287页。

第一,达氏进化论无法回答生命的起源问题。按达氏进化论只能得出生命来自于生命,而不能追溯得更远,不能得出起源于环境的结论,而事实则恰恰是生命起源于环境。虽然达氏探讨过生命起源问题,并认为生命起源于淡水塘,但这种追溯与其进化论体系无关,就像牛顿追溯星球运动的第一推力与其力学体系无关一样。既然生命起源于环境,生命与环境的区分就是相对的而不是绝对的,生命进化的整个过程都与环境息息相关,这种相关不只是"外因"选择,而且还进入"内因"。不仅生命起源于环境,在生命进化过程中,环境因素也能直接进入"内因",病毒就是一个最明显的事实。本书前面讲"生命起源"时,提到在高砷环境中以砷替代磷的微生物等等也是明显例证。不能包含生命起源和不能完整说明生命进化的进化论是有严重缺陷的。

第二,达氏进化论无法回答生命分子如何进化成单细胞生物、单细胞生物如何进化成多细胞生物。生命分子不可能仅通过异变成单细胞生物,单细胞生物也不可能仅通过变异而变成多细胞生物,多细胞生物不是起源于单细胞"内因"的变异,而是起源于单细胞与单细胞的融合、重组,起源于"连续的共生",是外部进入、协同进化、融合的内共生体。

第三,达氏进化论无法完全回答基因突变问题。达氏进化论解释基因突变是源于遗传复制偶然出错,与"外因"无关,事实是与"外因"有关。如果环境"外因"变化加快,而生物(基因的)"内因"只是按照遗传复制出错的稳定频率变化,生物的适应性进化就不可能真正站住脚,按达氏进化论的缓慢的渐进性,生命不可能进化得如此丰富。已有许多研究表明,环境变化加快会引起生物进化加速,有些动植物在已变化的环境中只需经过几代,就发生了基因变异;有的鱼在群体中缺少雄性时,就会有一条雌鱼发生雄性化转换;有些污染物质(如莠去津)会使某些鱼、蛙雌性化。研究还表明,人类基因组会随着饮食改变而改变,常吃淀粉类食物的人,其体内制造的淀粉酶明显多于日常饮食中摄入淀粉少的人。人类近几千年来进化速度也在加快,今天的人类已不同于1000年或2000年前的人了,不同大陆上的人在基因上的差别越来越大,人类基因组中有7%的基因在加速进化[①]。病毒影响基因组已被公

---

① "人类基因正处于剧变期",新华社《参考消息》2008年1月22日。

认,意大利科学家发现,对人感染病毒发挥作用的 139 种基因存在 400 多种突变,人类 8% 的基因组是由所谓的内源性逆转录酶病毒构成的。基因研究和考古发现,生命进化在某些阶段会突然加快,新物种迅速增多。据日本科学家的一项研究成果,数亿年前,一种短序列遗传信息逆转录子进入脊椎动物的染色体,对哺乳类动物的脑部进化起了重大作用,使哺乳类动物的共同祖先获得了发达的大脑功能①。

第四,达氏进化论无法回答非基因遗传问题。不同的环境会对生物造成不同的影响,这种影响会在基因排序不发生改变的情况下遗传给后代。美国科学家最近又发现一种控制糖的基因虽只在一个老鼠世系短暂逗留,未被遗传下去,却影响随后几代都没有患上肥胖症,未被遗传的基因仍能影响后代②。我们的肝脏细胞和皮肤细胞所含的 DNA 完全一样,但这两种器官的形状和功能完全不同,表观遗传学认为这是由于基因在细胞内被开启或关闭所决定的,这种开启或关闭的控制机制我们仍不清楚,但不同环境如城市、沙漠、山村、单身人群、社交活跃人群等对表观基因的表现影响很大。不受母亲重视的新生小鼠在成年后更加胆小,这些小鼠身上某些与压力反应有关的基因的甲基化程度比正常水平高得多,反之,受到母鼠更多照顾的幼鼠长大后则更大胆更爱冒险,母爱的不同改变了控制大脑对压力反应的基因的表达,这种基因表达是持久的,甚至可以遗传给后代。还有研究发现,给刚出生的幼鼠交换父母,只要幼鼠的生母是在有玩具的环境中长大,其幼崽也会学习得更好,这表明母亲经验能遗传给孩子,母亲孕期吸烟还会增加子女反社会行为的比例。科学家对精神分裂症患者的研究发现,DNA 甲基化异常不仅限于他们的大脑前皮层,也存在于他们的精子中。肥胖症、某些癌症、家族病的遗传都可能与此有关,母亲在孕期的饮食,人在脑部发育的早期阶段的有害经历,都可能影响表观基因标记,有研究表明,约有 70% 的自杀者由于儿童期受过虐待或无人照管,其大脑中海马与因其他原因死亡的同性相比体积要小,自杀者海马基因关闭的比率要高得多,DNA 加入甲基时,基因就会关闭,

---

① "科学家发现动物跨越性进化原因",新华社《参考消息》2008 年 3 月 7 日。
② "未被遗传基因仍能影响后代",新华社《参考消息》2011 年 4 月 4 日。

甲基化的改变是童年时遭受虐待的结果。随着生物学家绘制出来的各种生物体的基因组图谱越多，发现基因密码的指令与生物体实际的形状和功能之间出现差异的情况也越多，科学家认为生物可能有一种外遗传机制，而不全是基因遗传，外遗传密码是DNA外层的生物化学指令，它让生物形成新的生物特征并遗传下去的速度，比基因进化速度更快。

第五，达氏进化无法回答横向基因转移、合并问题。科学家发现，空肠弯曲杆菌和大肠弯曲杆菌这两种在远古时代就分离进化的细菌，如今已合并成一种细菌。这两种细菌的基因差异有15%，而人与黑猩猩的基因差异只有不到2%，基因差异如此大的两种细菌能够合并成一种细菌，用英国牛津大学进化微生物学家塞缪尔·谢泼德的话来说，"这是需要跨越的一个巨大的遗传基因鸿沟。也许这就是像龙虾与苍蝇交配。"①加拿大科学家还发现海洋中一种叫尖尾藻的生物有很多视紫质，已经呈现出这种蛋白质的标志性粉色，视紫质是受光体，能通过光产生能量，尖尾藻通过选择食用海洋中的细菌光合作用中的一种基因而产生视紫质蛋白质，从而能从光里获取能量，并利用这种能量消化猎物，其中一些猎物正是这种基因的最初来源，这种"吃什么是什么"正是基因的横向转移②。

第六，达氏进化论无法回答我们为何不只是一个多细胞生物，而是一个细胞与微生物的共生体，而且细菌数远比细胞数要多。成年人体内的细菌数量多达100万亿个，1000多个种类，人体内绝大多数不同种类的基因来自微生物，而我们自身的只占极少数，细菌是地球生命体系的主体，也统治着我们的身体，没有细菌我们就无法生存，细菌在本质上是我们的一部分。

第七，达氏进化无法回答文化是如何进化的。文化进化即使与生物进化不同，但不可能完全无关，因为文化是生物心智的产物，文化进化是服务于生物生存和进化的，而文化进化则是人类主动地通过对自身和环境的认识来丰富和发展的，并不是先有文化变异再被动地被环境选择的，文化进化有明显的获得性遗传规律。

---

① "两种细菌远古分离如今'合体'"，新华社《参考消息》2008年4月13日。
② "尖尾藻能获取猎物基因"，新华社《参考消息》2011年2月13日。

今天的人类遍布全球陆地和海岛，包括热带丛林、极地冰原、高山荒漠的极端环境中都有人类居住和活动。人类全球扩散经历了几百万年，在一万多年前基本完成。人类的进化史，是从一个局域生态系统向全球陆地各种差异明显、具有不同丰富性的生态系统迁移、扩散、融合的过程，其他灵长类则始终未能走出某个局域的生态系统，人类是唯一受到陆地各种生态系统极其丰富的多样性孕育的物种，这一独特的进化史从生物学和文化学两个方面进化出了与其他灵长类具有明显不同的生理和心理特质，使人具有远远超过自己努力所能直接满足的多样性的欲望，也正是这种欲望驱动着人类经济文化的发展，但也使人类自身在今天面临着人类文化适应性进化的难题。

七

人猿分手

基因研究认为人猿分手发生于600万~800万年前,考古发现的"直立人"化石不超过400万年。人类直立行走、灵巧的双手、少毛的裸体、独特的性象、超大的脑容量是如何进化出来的?考古发现的中新世(2400~500万年前)猿和后来的"直立人"、今天的大猿与人类在进化史上究竟有何关系?这些问题现在都还存在着诸多令人困惑之处。基因研究和考古发现可以为我们追溯历史提供许多重要线索,但被历史永远湮灭的线索远比我们能发现的线索多,我们不可能靠"一线单传"的线索去弄清人猿分手的历史,我们需要拓宽视野。

(一)漫漫长途

美国耶鲁大学的席布立(Charles Sibley)与沃奇士(Jon Ahguist)1973年采用分子时钟技术来研究鸟类的分类问题,1980年开始发表研究结果,他们用这种技术累计研究了1700种鸟,在鸟类分类学上具有里程碑的意义和贡献。1984年,他们以DNA时钟研究人类起源的第一篇文章发表,此后又发表了一系列论文,通过对人类及人类的所有近亲——红毛猩猩、大猩猩、黑猩猩、波诺波猿及两种长臂猿、7种旧世界猴的DNA进行研究,发现猴的DNA与人、猿的DNA有93%相同,有7%的差异;长臂猿与人、猿的DNA有5%的差异;红毛猩猩的DNA与其他大猿、人有3.6%的差异;黑猩猩与波诺波猿(倭黑猩猩)只有0.7%的差异;人类与这两种黑猩猩的差异是1.6%;大猩猩与人、黑猩猩的差异是2.3%。这一研究在遗传基因水平上揭示了黑猩猩与人类的亲缘关系更近,与大猩猩较远。

如果物种间的遗传距离(DNA差异)以固定速率累积,就可以将两个物种从最后一个共祖分化出来到现在所经历的时间计算出来。根据化石记录,猿在2500万年到3000万年前与猴分化,二者的DNA差异为7.3%;红毛猩猩于1200万年到1600万年前与其他大猿分化,二者的DNA差异为3.6%。这两组数据揭示了一种关系:演化时间增加一倍,DNA差异就增加一倍。席布立与沃奇士以此为换算尺度,得出人类与黑猩猩的分化时间为600万年到800万年。由此我们也可以算出大猩猩与黑猩猩的分化时间为900万年前,黑猩猩与波诺波猿分化的时间为300万年前[①]。

与现存的和人类基因距离最近的波诺波猿和黑猩猩相比较,生活在前比属刚果中部的波诺波猿(倭黑猩猩)不像黑猩猩而更像人,它们不仅体型一般较小、体格消瘦、两脚较长,而且有包括面对面的多种性交姿势(红毛猩猩也会),整个生殖周期都能性交,两性都会主动挑逗对方,雌性之间、异性之间都能"结盟"。这些都与其他的猿类明显不同而与人类更为接近。波诺波猿是"杂交群",这似乎与人类的"单偶制"不同,但人类的单偶制并不是人类的生物本性排斥"多偶制",而是人类直立行走带来生殖模式变化、食物短缺和文化进化共同作用的产物,200多万年前人类的脑容量不断增大使人类婴儿大脑未发育成熟就出生了,同时石器工具制造需要一定的智力和体力,从而使人类婴幼儿需要哺养培育多年才能获得生存的能力,在食物来之不易和天敌环伺的环境中,这其间父母需要耗费全部精力才能满足子女的食物、安全和生存技能获得的需求,人类没有能力搞多偶制,单偶制才势在必行。在这之前,没有证据表明的人类祖先是单偶制,在这之后当社会发生分化,那些能支配众多人的劳动的人,则盛行多偶制或"婚外情",波诺波猿、黑猩猩和南方直立古猿都不是单偶制,现在大多社会通行单偶制,这是文化的产物,而且离婚结婚比率高、婚外情大行其道,同时,通行多偶制的社会仍然不是个别现象。

就制造工具和捕猎而言,黑猩猩与人类又更为接近。美国艾奥瓦州立大

---

① [美]杰拉德·戴蒙德:《第三种猩猩》,王道还译,海南出版社、三环出版社2004年版,第9—14页。

学的吉尔·普吕茨和帕科·贝尔托拉尼在塞内加尔东南部对生活在草原上的黑猩猩进行19天的观察,天天发现青年雌黑猩猩选择一根树枝,去掉树叶和嫩枝,修理成合适的大小,把一头咬出尖状,刺杀躲在树洞里睡觉的丛猴,然后拖出来吃掉,但未发现雄黑猩猩这样做①。黑猩猩能用石块作工具砸开坚果、用整理过的树枝钓白蚁吃的现象早已发现,但制矛打猎则更为复杂。

现存的所有大猿都不直立行走,但猿在1000万年前曾是种类繁盛的大家族,后来气温长期趋冷,热带雨林面积缩小,猿类生存环境恶化,在800万年前走向大量灭绝,现存的仅4种大猿(黑猩猩、波诺波猿、长臂猿、红毛猩猩)只是其衰落的孑遗后代。我们只与现存的猿作比较,就认为猿不能直立行走,直立行走是人猿分手的标志未免武断,我们还需要了解人猿分手之前即800万年之前是否有直立行走的猿? 这虽然很难,但不是没有希望。

20世纪60年代在乌干达发现一块生活在2100万年前被称做莫洛脱猿的脊骨化石,开始并未引起人们的关注和仔细研究,但在1997年,斯托尼鲁克纽约州立大学的生物学家劳拉·麦克拉奇发现该化石在进化史上有重大的变化,2007年,洛杉矶市锡达斯——赛奈医疗中心的阿伦·菲勒博士在《直立猿:这个物种的新起源》一书中说,该脊骨上一种称作横突的骨骼从椎骨的前侧后移,使椎柱从向前弯变为向后弯,从而使这种"前人类"动物得以直立行走并携带物体,这意味着早在2100万年前莫洛脱猿就已直立行走。此后,智人继续保持直立,而猿则回到四肢着地②。另有一项基因研究报告显示,在约1000万年前,人类和黑猩猩、大猩猩的共同祖先经历的一次基因突变可能促成了人猿在进化过程中的分化③。

以往认为人类祖先经历过一个爬行阶段,是从四肢爬行进化到直立行走的,原因是气候变得干旱,栖息地的大森林变成了大草原,人类祖先从树上转到地面才进化出直立行走的身体结构。这种解释太过勉强,因为从树上转到地上的不只是人类祖先,还有所有的猴类和猿类,为何只有人类能进化出直立行走? 更为合理的解释是人类祖先是从爬树直接进化出了直立行走的身

---

① "雌黑猩猩会制造工具",新华社《参考消息》2007年2月25日。
② "人类直立行走缘于省力",新华社《参考消息》2007年7月18日。
③ "人猿分化源于千万年前基因突变",新华社《参考消息》2009年2月13日。

体结构,而不是在森林消失后,先学会双膝和腿爬行再进化到直立行走,科学家们研究了黑猩猩、倭黑猩猩、大猩猩的腕骨特征差异和它们爬行行为的差异,并比较了人类化石中发现的一些手部和腕部特征,认为这些特征并非像原先认为的那样能证明人类有爬行行为,人类可能是在树上进化出了直立行走的身体结构①。

考古学家已发现"具有现代人脚的全部形状和功能特征"的古猿脚骨化石,是320万年前生活在埃塞俄比亚哈达尔的阿法南猿②。如果莫洛脱猿直立行走被确认,或在800万年前人猿分手前确有"直立猿"长期生存,则直立不是人猿分手后才出现的人类标志。至于此后直至2万多年前尼人灭绝的几百万年间,直立猿、直立人都曾存在过多种已经获得科学界的确认,而且其中有不被认为是现代人的直接祖先,仅此我们就已经可以看到,直立不是人类独有的。而且还可以隐约地看到,人类兼具上述直立猿、波诺波猿、黑猩猩3种猿的直立行走、性行为、制造工具捕猎的相近特性,人类可能具有这3种猿的遗传潜质。由此可以设想,人类进化融合了猿类分化进化过程中的多种成果。

人猿分手经历了一个漫长的演化过程,从2100万年前两足行走的莫洛脱猿直至现代人的出现,这期间经历了很多层次的"物种""灭绝—新生"的演化,这种"灭绝"不是断子绝孙,而是进化出了新的"物种",其中的每一层次或许多层次的"物种"都分化出若干个不同栖境的演化分支,其中又有许多栖境有重叠部分,在这一过程中有基因的交流,人类是这种基因交流的最大获益者,或者说,在猿类漫长分化演化历程中的基因交流最大成果,是进化出了人类。

从直立猿到直立人的进化经历了漫长的过程,直立会导致身体基本结构包括骨盆缩小的改变,但直到约400万年前的南方双足猿时,脑袋仍然很小,不会给雌性生殖造成严重困难。直立带来手的解放,但在漫长的历史时期,手都是用来抓握木棍石块抵御、捕猎和提握东西,现已在埃塞俄比亚沙漠中

---

① "人类可能在树上学会直立行走",新华社《参考消息》,2009年8月28日。
② "人类祖先320万年前已直立行走",新华社《参考消息》,2011年2月13日。

发现南方古猿用石器切割大型哺乳动物的肉,并打断骨头取食骨髓的骨骼化石,但仍不能确认所使用的工具是天然石块还是打制后更锋利的石头①。直到250万年前才开始制造石器工具,在此后的100万年间技术上也没有什么进步,到150万年前才有"石斧"等新类出现,直到10万年前才出现文化上的新气象。

两足行走和基因交流对推动从猿到人的进化起着决定性作用。两足行走与四足行走相比,在奔跑时四足更快,在步行时两足更省力,因而四足因速度快而在捕猎和逃跑时更有优势,但两足行走解放了双手,使双手能抓握木棍、投掷石块捕猎和防卫,投掷石块的速度快于四足奔跑,有木棍防卫也无须落荒而逃,这两者都避免了肉身搏斗难免会受到的身体伤害;同时,用双手搬运猎物比用口咬更有优势,手的解放使猿向人进化获得了制造工具、创造文明的巨大潜能。

树栖的优势是视野更宽、更安全,两足行走抬起了头颅、开阔了视野,从而增强了因气候变化导致森林变成草原,或从森林扩散、迁移到草原的适应性。草原生活由于失去了树栖的安全性,从而强化了直立行走和大脑进化的压力,同时,以草原湖泊中的鱼类为食也为大脑的进化提供了物质条件。加拿大舍布鲁克大学生物学家斯蒂芬·坎南认为,人类的祖先曾主要以鱼类和甲壳动物为食,它提供了大脑发育所需要的不饱和脂肪酸,这是大脑发展的"必有诱因",人类学迄今忽视了大脑发展所需的营养生理条件,鱼类的不饱和脂肪酸在当时是促进大脑迅速发展的理想养分②。

手的解放、脑的进化以及种群内交流语言的出现,进一步提高了人类祖先适应环境的能力。成年大猿的脑容量约为400CC,约400万年前的人类祖先脑容量在约400~550CC,与猿差别不大;到约200万前时,已增加到约600~800CC;到约160万年前增至约800~1200CC;到约十万年前时,又增加到约1400~1600CC。在这几百万年时间,人类祖先在非洲、亚洲、欧洲多次扩散,在各自的环境中开始独立的进化历程,演化出了众多的人类种群,其间又

---

① "古猿340万年前开始使用石器",新华社《参考消息》2010年8月3日。
② "以鱼为食促古人类大脑迅速发展",载《参考消息》2006年2月25日。

有交会重合。如果这些古人类种群各自演化的时间不是太长,当他们在栖境出现重叠或长期近距离接触并存时,会有基因交流,这种交流对人类的进化有重大意义。当然,如果分离进化的时间太长,有明显的外部形态差异和习性差异,相互难以沟通,彼此视为异类,发生基因交流的可能性就小。而且可能由于在同一地域竞争生存资源而相互残杀,也可能在相互接触时感染了某个人种没有免疫力的新传染病,结果在几万年前只剩下克罗马侬人、尼安德特人、弗洛勒斯人、Denisovan 人等,其他人类家族的兄弟可能都灭绝了。

弗洛勒斯人又称"霍比特人",是近年在印度尼西亚弗洛勒斯岛上新发现的已于 18000 年前灭绝的人种,他们常年居住在洞穴里,身材矮小,但脚掌比现代人的脚掌长,大脚趾很小,其他脚址很长,且是弯曲的,这种结构能承载很重的重量。据最近在肯尼亚的考古证据显示,现代人的脚是在 150 万年前进化来的,霍比特人的脚显得很原始,这表明他们是在比这更早的时候就从人类祖先中分离出去了①。

新的研究还表明,人类祖先在非洲还曾与一个迄今未知的人种有基因交流,当代非洲人有约 2% 的基因或许都来自这个种系,通婚的时间约为 70 万年前到 3.5 万年前,这个灭绝的人种的故乡可能是中非。此外,在东亚新发现的远古 Denisovan 人,其基因在现代太平洋西南部美拉尼西亚各岛原居民的基因组中占 4% 至 6%②。现代人类中可能还有些人携带有其他已经灭绝的民族遗留下来的基因。

克罗马侬人和尼安德特人各自分离独立进化的时间可能很长,当他们的栖境在几万年前曾有很长的时间部分重叠,他们的体型、文化差异明显。尼安德特人能捕获成群的大型草食动物,会用石灰石砌墙、铺地,有丧葬文化,会照顾老弱病残,会做外科手术,会开采矿石,用纤铁矿、赤铁矿、黄铁矿、木炭等配制颜料制造饰物和化妆,与克罗马侬人一样有语言能力和象征思维能力,并吸收了克罗马侬人的一些文化。以前认为他们没有基因交流,这个论断现已被否定,1999 年 6 月《美国国家科学院学报》的一篇报告认为,在葡萄

---

① "研究称印尼'霍比特人'为新人种",新华社 2009 年 5 月 8 日。
② "人类祖先曾与神秘人种通婚",新华社《参考消息》2011 年 9 月 7 日。

牙发现的一具生存于24500年前的儿童化石似乎是他们的混血儿①，2010年5月6的美国《科学》杂志又公布了一份基因研究报告，德国马克斯·普郎克研究所的斯万特·帕博和波士顿哈佛大学医学院的戴维·赖克等研究人员利用全基因组测序技术，检测了从克罗地亚、俄罗斯、德国、西班牙等地出土的尼安德特人遗骨，发现除非洲人外，我们体内都携带着约1%到4%的尼安德特人的基因，同时发现被认为是人类相食的证据——破碎的腿骨②。

上述发现对于我们重新思考人类进化史具有重大的意义。从直立猿到人类祖先的漫长过程中，期间经历了多次"扩散—融合—扩散"的分分合合过程，就人类祖先而言，可能在200万年前就从非洲扩散开来，中国的元谋人（170万年前），印度尼西亚弗洛勒斯岛的霍比特人可能是最早扩散的人类祖先之一。在不断的扩散过程中，有些分支灭绝了，有些分支因相遇而有基因交流。扩散分离的时间愈长，彼此间的差异就会愈明显，相遇时他们可能不会彼此视为同类，或者会相互歧视，特别是在气候恶化、食物匮乏时相遇，栖境重叠会造成冲突和杀戮是完全可能的，克罗马侬人与尼安德特人就是一个例证。由于克罗马侬人与尼安德特人体形上有差异，在人数上远多于尼人（可能超出尼人的10倍），而且在文化上似乎也领先一点，他们在并存了几万年后尼人于2万年前灭绝了，他们之间有基因交流但没有大规模的通婚，其原因可以想象得到：体形差异使彼此间没什么兴趣，文化差异使彼此沟通困难，尽管尼人也同样有语言能力，也会化妆打扮。考古学家已发现尼人的骨头被切割的证据③。可以想象在食物匮乏时，会发生人数少的尼人被人数多的克人袭击、吃掉的事，这种事一再发生，彼此间就会结下世仇，直至势不两立，人少势弱的尼人最终被赶尽杀绝而消亡。

有一种观点认为，除现代人类的祖先外，尼人及其他许多人种都是在距今13万~1万多年前的冰期冻死了，这种观点缺乏证据，人类祖先扩散200万年来，经历了多次冰期和间冰期，他们都能安然渡过，在1万多年前的并不算是最冷的冰期中，他们的认知能力和技术水平都比过去有明显的进步，为

---

① ［美］参见杰拉德·戴蒙德：《第三种猩猩》，第46页。
② "亚欧人是尼安德特人的后代？"新华社《参考消息》2010年5月日。
③ "人吃人致尼安德特人灭绝？"新华社《参考消息》2009年5月19日。

何反而渡不过去呢？可以想象的是，在这期间许多地方都在重演着尼人被克人吃掉和灭绝的故事。克人由于人口增长快而不仅有人多势众的优势，而且人口多还刺激了文化技术的进步和领地不断扩张的需求，这驱使着他们走上了一条不断地开辟新领地的道路，他们成了人类历史上第一批征服其他人类族群的入侵者。由于入侵者在技术上拥有某种优势，如人类祖先可能在6万至8万年前就发明了弓箭，加上他们的目的很明确，就是要获取新的领地，当他们在扩张过程中遭遇到某地处于孤立封闭状态的原住民时，形态差异小的有基因触合，形态差异大的驱赶或杀死甚至吃掉他们也不足为奇。近代欧洲殖民主义者征服美洲、澳洲、太平洋岛屿和非洲的故事，可以为这一想象提供帮助，本书的下一章将对此进行论述。

还有一个需要讨论的问题是，尼安德特人与非洲智人的祖先被认为是约50万年前生活在德国海德堡的海德堡人，那么，在德国勒斯折斯山谷附近克罗马侬发现的生活于4万年前的克罗马侬人的祖先是谁呢？如果也是海德堡人，那么他们就分离进化了约30万年，此后相互接触时仍能发生基因交流和文化交流，30万年的分离进化未引起生殖隔离障碍是需要有考古资料证明的，而且按人类"非洲起源说"，就还需证明：人类祖先在50万年前进入欧洲进化成海德堡人，海德堡人至少一分为三，有一支返回非洲，进化成非洲智人，另两支在欧洲分离，一支进化成尼安德特人，另一支进化成克罗马侬人。

如果海德堡人并没有一支重返非洲并进化成非洲智人，而克罗马侬人也非源于海德堡人，则他们就源于一个更早的共同的祖先，这个祖先就至少要早于50万年，也就是说他们分离进化了超过30多万年后仍能通婚，而没有生殖隔离障碍就更需要证明了。按照异地物种形成说，分支进化出新种所需的时间不会太长，15世纪时，有人把一窝欧洲家兔释放在原没有兔子的北大西洋中的帕托桑托岛上，到19世纪时，这些兔子的个头和习性与欧洲兔子已大不一样，交配后不能繁殖，400年的分离进化，就变成了有生殖隔离的两个物种。人类生殖年龄按20年计，1万年可繁殖500代，10万年就是5000代，远远超过兔子400年繁殖的代数，人类分离进化几十万年后仍没有生殖隔离障碍，即使人类很特殊也是极可疑的。近代欧洲殖民主义者向全球张时，所遇到的土著居民，分离时间长的也只有5万年，人类分离5万年的时间没有形成生殖隔离是无疑的,但更长的时间则无证据。

可以设想的是,在几百万年的人类进化史甚至更长的前人类进化史上,人类祖先不同群体的长期分化与基因交流不是只有近几万年来才发生的事,而是只要他们相遇时就有可能发生,而且发生的时间距离不会太长,几率不会太低。因为那时的人口数量虽然很少,但毕竟会有缓慢的增长和因人口增长而不断发生原始群体的分化,而且他们分化散布的区域大小,与他们对气候的适应能力和食物的获取、安全的保护能力是正相关的,因而这种分化散布的区域是随着人类上述能力的提高而逐步扩大的,即开始时人数少,但空间分散的距离也小;后来空间距离远,但人数也多;加上流动性的生存方式,使得他们能在几百年、几千年、几万年的时间中相遇而发生基因交流应是一个常态。

有些人根据不同地区的考古发现,而主张人类"多起源说",人类"多起源说"的最大障碍是生殖隔离障碍,难以想象人类祖先在扩散过程中分离了几十万、一百多万年后,在相遇时还能发生基因交流,除非生殖隔离障碍不适用于人类。但生殖隔离障碍适用于人类,克罗马侬人是现代人类的直接祖先,也不等于是现代人类是几万、几十万、几百万年甚至两千万年前某个祖先"一线单传"进化的产物,而是分支进化和基因交流分分合合的时间距离可能最多约 10 万年的综合成果。人类起源既不是"多起源",也不是"一线单传",而是不断的"扩散—融合",这也如同地球生命起源于一个共祖,但很快扩散到全球,期间不断地有"融合—扩散—融合—扩散"的进化一样。

(二)天择性择

考古学只能为我们提供人类祖先悠悠进化往事的一些片断资料,基因研究如果没有考古资料的实证,我们仍无法具体说清历史的真实过程,但是,这两者的结合提供了一个新视角,那就是:人类独特的"性象"对丰富人类基因库、增加人类适应性、推动人类进化起着奠定生物学基础的作用,现在再对此作进一步探讨。

1859 年达尔文出版《物种起源》,用自然选择(天择)理论阐释物种起源。

1871年又出版《人类原始与性择理论》,用性偏好(性择)理论去解释人种起源。这两者很不一样,但都是正确的,在人种的形成过程中,天择肯定起作用,但性择的作用更强大、直接、快速、明显,扮演主要角色;天择作用是缓慢的,被性择作用模糊、隐化。

用天择理论只能部分而不能完全解释人类不同族群的体貌差异,甚至不足以解释肤色差异,就更不要说其他差异了。许多动物有一些没有明显生存价值的形态特征,但却有利于吸引异性,赢得配偶,或威吓同性竞争者,从而有更多机会繁衍后代,性择可以导致任何"没道理的"体貌特征,只要它不太妨碍生存。非洲长尾黑莺在繁殖季节,雄性尾巴可以长到50公分,雌性只有7.5公分,有些雄鸟可以找到几个配偶,有的却可能一个也找不到,瑞典生物学家安德森做过一个实验,他将9只雄鸟的尾巴剪短只剩14公分,将剪下的羽毛黏接在另外9只雄鸟尾巴上,使其长达75公分,结果发现超级长尾雄鸟吸引到的雌鸟,平均是短尾雄鸟的4倍[①]。

繁殖是所有生命最基本的本能,性与繁殖在大多数哺乳动物中近似于是一一对应的,即性的功能就是繁殖,它们只有在雌性排卵期才有性活动。但人类的进化使女性排卵期无明显征兆,她们几乎随时都可以有性活动,而且是隐秘的,但大多数不能受孕,没有生殖意义。人类为什么会进化出与其他动物完全不同的受孕率很低的隐性排卵、隐性交配的性象?科学家提出了很多理论来进行解释,似乎都各有其一定的道理,但并未取得共识。毫无疑问,人类性象是进化的产物,由于人类的性活动是隐秘的,有很多禁忌,难以客观地研究,因而我们对人类性象的认识还存在很多盲区和争议。这里从多个角度切入来综合性象对人类进化所起的关键作用。

两足行走使生存机会向智力优势倾斜。人类祖先自两足行走以后,奔跑优势的丧失必须另有优势来替代才能生存下去,这种优势就是手和智力的进化。直立行走,解放了双手,抬起了头颅。双手的解放使利用自然工具和制造简单工具成为必然,这必然又会刺激自主意识的进化和脑的进化;而头颅的抬起使视野开阔,脑所接受的信息刺激和需作出的判断反应更多,从而又

---

① [美]杰拉德·戴蒙德:《第三种猩猩》,第109~118页。

加快了脑的进化;直立行走可大大节省能耗,而人脑又是一个高能耗的组织,因而直立行走本身即为脑的进化提供了充足的能量驱动。手的进化与脑的进化相互促进,生存的机会开始向手和智力优势而不是足和体力优势、群体协作而不是单打独斗倾斜,聪明和灵活的个体在捕猎、防卫、制造工具和协调群体时的作用就会被突出,例如,用木棍打击、石块投掷更准确,制造工具的效用更好,寻找猎物的效率更高,群体活动时更善于协调,危急时更善于应变,防卫时更少受伤的聪明个体在群体中就更容易受到推崇,因而比笨拙者也更容易赢得聪明健康的异性的青睐,就会有更多的繁殖机会和留下更多的聪明健康的后代。"物竞天择"的选择机制就从"斗力"偏向于"斗智",世代连续的选择推动着大脑的进化。

两足行走的生育模式有利于智力进化。两足行走带来骨盆变窄和大脑进化带来头颅变大,使婴儿提前出生的生育模式也被进化出来。婴儿出生时的脑量受骨盆开口所限,猿的脑量为400CC,其新生儿在脑量为成年猿的1/2时出生,人类祖先脑量增大,其新生儿必须比这更早就出生(现代人的脑量为1350CC,新生儿在其脑量为成年的1/3时就出生,而且女性产仔时的风险很高),先天不足需要后天弥补,提前出生使婴幼儿发育成长的时间延长。女性从怀孕、产仔到小孩断奶和奔跑至少需要花费4年时间,这期间,女性需要依赖于配偶才能获得食物和安全,一个配偶两个孩子可能就足以令男性竭尽所能,不像许多动物在完成授孕后,雄性可以一走了之,这就是人类实行"单偶制"的经济学原因。但是,聪明的男性配偶能够获得更多的食物从而能养活更多的孩子,笨拙的配偶则所获甚少而难以养家糊口甚至难以自食其力。原始共同体虽然实行公平分配,但生存的无情法则必然会要求稀缺的生存资源优先满足它的生产者,避免被纯粹的消费者过多地消耗,否则这个共同体就会被自然法则所淘汰。解决这个问题的办法可以有多种,例如:有明显先天缺陷的婴儿可能会被弃养,供养配偶能力低的可能难以获得配偶,或只能与不被能力强者选中的繁殖力低的异性配对,或难以"固偶"、极易"离异",因而留下的后代很少等等。这也有利于大脑和智力的进化。

两足行走可能是导致体毛脱落退化的根本原因。人类是灵长类中性欲最强烈、性活动最多和受时间限制最少的物种,又是育儿时间最长、需要有相对稳定的单偶制才能完成繁育和群体协作才能实现生存的物种。人类性能力的超强有利于维持单偶制的相对稳定,但直立行走使人类的性器官和第二性征直接暴露于面前,这在人类群体生活中所产生的性刺激,比其他四足行走动物的性器官和第二性征隐蔽于后部和下部所产生的性刺激要大得多。如果因此而导致乱交、滥交和为争夺性对象使用武器大打出手,人类赖以生存和进化相对稳定的单偶制和群体协作都会解体。解决这一矛盾的必然选择就是人类进化出从用树叶兽皮遮盖性器、乳房到穿衣服和否则视为羞耻、违规的文化。

对人类肤色基因的研究发现,在约100万年前,人类就脱去了体毛,而对人类衣服上虱子与头上虱子的基因差异的研究则发现,人类在17万年前才开始穿衣服[①]。这表明穿衣服需要较高水平的文化进化,在这之前漫长的历史时期只是用树叶兽皮简单地遮盖性器,或者在用树叶兽皮遮盖性器之前还有很长一段暴力和滥交的历史。科学家发现,男性荷尔蒙睾丸激素水平高,其无名指通常要比食指更长;睾丸激素水平低,则这两根手指趋于等长。对古人类化石的研究表明,古人类男性荷尔蒙睾丸激素水平远比现代人高,这表明古人类远比现代人更有攻击性,更滥情。如果人类脱毛与穿衣的历史确实如此,则以往认为先穿衣服后脱体毛的猜测不能成立。这种猜测认为,穿衣使体毛成为累赘,因为双足行走使人类的奔跑速度变慢,人类要追捕猎物和逃避大型肉食动物的追捕就得拼命奔跑,这个过程使人类要承受比其祖先四足行走时更大的体温升高的压力,由此形成了强大的减少体温过高的自然选择压力,脱毛和发达的汗腺也就在这一过程中被进化所选择。

脱毛可以认为是"幼态持续",人类和黑猩猩等灵长类的幼仔出生时,除长有头发外都全身赤裸,但它们很快都会长出体毛,人类的婴幼期本就远比其他灵长类要长,大脑的完全发育要持续到约23岁,比性成熟期还要晚得多,而人类的幼态持续机制则使体毛的生长终生被抑制。但为何终生被抑制?仍是一个有待回答的问题,原因可能要回到性择上来找。前面已提到人类祖先远比现代人滥情,裸体无疑比毛体更性感更刺激,由于基因的变异或

---

① "人类17万年前穿上衣服",新华社《参考消息》2011年1月11日。

差异,有些人类祖先裸体的"幼态持续"时间较长,他(她)们会更易受到异性的青睐和追求,因而会育有更多的后代,如此一代又一代的性选择,最终导致整个人类的裸体"幼态持续"到终生。实际情况也可能是,只要体毛基因在人体发育完成时仍被抑制,此后也就会长睡不醒。因而,人类终生裸体,既有"幼态持续"的自然基础,又是人类自我选择的结果。人类选择对物种进化的巨大影响,可以从驯化的动植物与其野生祖先的明显差异中看到,今天被命名的几百个品种的家养狗,与它们的共同祖先狼在外形和性情上的区别已如此之大,这还仅仅是经历了一万多年的部分人的选择结果。一个更长时间的、人人都在做的性选择对人类自身的影响自然也会更大。

但是,裸体所带来的滥情和争斗毕竟不利于人类的协作,而没有协作,人类就不能生存下去,因而,用树叶树皮遮盖性器的文化会进化出来。而发现穿衣服既可以减少性刺激,还有御寒和避免被昆虫叮咬、植物划伤的功效则是晚一步的事。但即使是人类穿上了衣服,自觉地减少了性刺激,性需求的人类动物性本能并不会改变,性刺激也会以新的形式表现出来。因而,人类不仅没有走到两性性征被衣服从头到脚完全遮盖起来而无法区别的一步,反而是在不同年龄的两性发型、衣服、装饰的区别上大做文章,特别是到了现代,具有性展示功效的衣服、装饰和身体裸露的方式及程度更是花样层出不穷地变换着,这对避免性刺激疲劳或审美疲劳,大概比裸体还要有效。

科学家对动物的实验也证明了"人靠衣装,佛靠金装"的作用超乎想象。美国科学家把30只雄性家燕胸部涂成黑色,一周后,他们体内的睾丸激素水平提高了36%,交配更加频繁,没有涂黑的家燕睾丸激素水平在这期间下降了一半,而每年这个时候,家燕的睾丸激素水平通常是降低的。这表明,化了妆的或外表变得新鲜的,更会引起异性关注,自己也会感觉更好。研究还表明,人类也会有类似变化。难以区分的是,睾丸激素水平增多的原因究竟是自我感觉好,异性青睐,交配次数增多,还是其他雄性认为它们拥有优势。

性的"隐秘性"和性行为多样性功能促进了基因的广泛交流。大多数雌性哺乳动物排卵时有明显征兆,此时才会发情和有性行为,性行为的功能就是生殖,因而它们一生中的大部分时间过的是无性生活,性对它们是一种奢侈品。如果某种雌性哺乳动物的排卵是"隐性"的,毫无征兆,其性活动就必须频繁发生才有可能受孕,加上生育的成活率低,要留有后代还必须多生育,如果其性功能只是生殖,其效率就太低,这就有可能使这种动物因生殖的代价太高而不堪重负,从而会走向灭绝,但进化赋予了这种动物性活动的多种功能,使其除生殖外还能获得生理和心理需求的多种满足。英国著名动物学家、人类行为学家德斯蒙德·莫里斯把人类性行为称为"超级性行为",它比其他动物性行为复杂得多,在人类的所有行为中,它可能最具危险性,但功能也最多,至少可以分出:生育、结偶、固偶、泄欲、探寻、自娱、消烦、镇静、商业、显示等10种功能,并逐一进行了考察①。人类远古祖先的性行为是否也有这么多功能可以不去讨论,但性行为能带来快乐的感受应是无疑的。同时,性的隐秘性,既增加了性行为的个体和社会安全性,又刺激了普遍的好奇心和探寻欲,从而使经济学上的"单偶制"不具有生物学的牢固基础,人类祖先的"单偶制"不仅只是阶段性的,不是"从一而终",而且性倾向就是求新求异,这种求新求异的性倾向带来的基因交流从而丰富人类的基因库对人类进化起着关键性作用。

求新求异的性倾向进化为"近离远合"的择偶方式,为丰富基因库、推进人类进化起着奠定生物学基础的作用。人类祖先的原始群体规模很小,近亲婚配不利于生存和进化,这既会增加遗传疾病出现的几率,又会限制基因的丰富性,从而限制人类的适应性和增加灭绝的风险。人类祖先在性和繁殖问题上可能像波诺波猿一样"开放",像黑猩猩一样不搞近亲繁殖,黑猩猩群体的雄性会留在出生的群体中,而雌性会离开"娘家"到另一个群体中去"婚配"和生儿育女。形态和文化有明显差异的克罗马侬人与尼安德特人"通婚",表明人类祖先"近离远合"的择偶方式可以走得很远。现代人择偶虽各有不同选择,但有一个共同点是基本上都排斥近亲结合。这种习俗有渊源久远的习性或天性,时间甚至可以上溯至几百万年前,人类的近亲波诺波猿和黑猩猩就是一个"旁证"。当然,在原始小群体与世孤立的情况下,近亲婚配肯定存在。在极端环境中什么都有可能发生,在不能正常获得异性伴侣的情

---

① [英]德斯蒙德·莫里斯:《人类动物园》,刘文荣译,文汇出版社2002年版,第73~108页。

况下,同性恋会发生,乱伦甚至兽奸都会发生,只要想想在我们今天人类大融合的社会中都有此类事情发生,在孤立的小群体中发生此类事情应不足为怪。已有基因研究报告声称找到了同性恋遗传基因,其他性反常的基因也可能会有,由于人类进化史上不少小群体曾孤立生存很长时间是常有的事,其中有些灭绝了,有些后来则与其他群体发生了交融,他们的生活史被基因记载而传递到了今天。

怪异的性行为还与人的早期生活史有关。科学家认为动物有一种快速的学习过程就是铭记,铭记最初出现在母亲和幼儿之间,到幼儿长大寻找配偶、哺育幼儿时会再现这一过程。实验表明,幼禽一出生便和母禽完成铭记过程,如果这时看到是一个其他移动着的物体如异类动物、饲养员、用线牵着的彩色气球等等,也会把它认作母体紧紧跟随,从而形成"错记",在它们长大成熟后,就有可能在养父母的同类而不是自己的同类中找性对象。雪雁有蓝、白两种颜色,在自然界中,它们只找与自己颜色相同的异性为配偶,加拿大科学家用温箱将雪雁孵化后,把幼雏放入"寄养家庭"的巢中,幼雏长大后,选择与父母相同毛色的异性为配偶;如将幼雏放在两种颜色各占一半的大家庭中,它们长大后选择配偶时就没有颜色偏好;如将其父母染成粉红色,它们长大后就会偏爱粉红色的异性[1]。

铭记行为与"一般性习得"不断追求回报的持续行为不同,它像摄影时胶片曝光那样是一种快速的被动记录,被称为"曝光式习得",它只发生在一生中的短短几天内,如果此时未铭记到任何较大的移动物体,此后便不再铭记什么。哺乳动物的铭记过程相对要长一些,家犬的铭记过程约为20~60天,如幼犬在这期间完全和人隔离,用遥控器喂养,它们就会变成野犬,如果在既有人也有家犬的环境中长大,就会对人和其他家犬表现出双重性倾向。在人类照护下的从未见过同类的动物园的动物,在见到同类后会视其为"异类"而害怕或进行攻击,不会产生任何性兴趣。没有任何铭记和错记的动物是非社会性的动物,其心理和行为都会失常、怪诞[2]。

---

[1] [美]杰拉德·戴蒙德:《第三种猩猩》,第120页。
[2] 参见[英]德蒙斯德·莫里斯:《人类动物园》,文汇出版社,2002年版,第144—150页。

人的一生还有第二次铭记过程,即两性结偶时的铭记,"一见钟情"式的铭记发生得很快,尽管由于种种原因而不能结偶,以后又天各一方,但却会在双方心中留下终生难忘的深深印记,他们日后在寻找新的恋人时,几乎会下意识地以初恋情人为模本去按图索骥,如果未遂所愿,以后的婚姻表面看来很美满,也可能会莫名其妙地出现危机甚至解体,出现恋爱朝三暮四、结婚离婚再婚,其中有的会出现最后又回到与最初的恋人结合的"关系紊乱"。择偶以父母中的异性为参照、"恋物癖""同性恋"、色情施虐受虐、溺爱宠物等现象,都可能与铭记的畸变——"错记"有很大关系①。

　　对动物而言,铭记与性择是学习的结果;对人类而言,性择与铭记、美感、情感、利益、求新求异的好奇心的选择有极大关系。因而,远古时期的人类不同群体虽然分离进化了很长时间,一旦相互接触或栖境有重叠,他们的基因交流仍可以在多种情况下发生,如:他们相互"收养"彼此时有发生的被遗弃或丢失的婴幼儿,这些婴幼儿通过铭记、错记过程,在长大后选择与养父母体貌特征相同的异性与配偶;双方成人异性在直接接触中产生爱慕或性好奇而发生性关系生育后代;他们相互征服对方,劫掠对方异性为性对象;正常通婚等等。

　　科学家至少在 1500 种动物中观察到同性恋现象,很可能在所有有性行为的动物中,都不能完全排除同性恋现象。性对于动物而言,显然也不只是一个生育功能所能完全解释得了的,它可能还有其他功能,是一种适应性的表现。

(三)手脑强者

　　人类是在地球生物进化史上目前唯一的超强优势的物种,这种超强优势体现在生物进化和文化进化两个方面。生物进化奠定了人类超强优势的自然基础,这个基础有三个支点:一是直立行走,二是脑容量的扩大,三是声道

---

① 参见[英]德蒙斯德·莫里斯:《人类动物园》,文汇出版社,2002年版,第151—166页。

的进化。人类喉的下降可能出现在20万年前,至5万年前,发音器官已进化到现在的构型,能发出复杂的声音,从而为复杂的语言出现提供了条件。

脑科学的研究表明,婴儿有人的一生中最多数目的神经元,但神经元之间只有较少的联系,仅能维持其基本的身体功能和一些基本活动。遗传模板所定位的只是神经网络的主要连线,细节上的联系则因人而异,这些联系在胚胎发育过程中就会发生改变,出生后的变化则更多。一个人在岁月的流逝中神经元会不断地减少,但如果每天用脑甚勤,则会增加一些新的神经元联系。婴儿虽拥有最多的神经元,但神经元的联系却远少于成人。所谓脑子越用越聪明,就是用脑可以增加神经元联系,单调环境中的婴儿和无所用心的老人脑子迟钝,而信息丰富环境中的婴儿和从事创造性工作的老人脑子活跃的道理就在于此。

人脑神经元的联系在很大程度上可能是由达尔文的自然选择机制所决定的,这是一个变异、筛选、扩增的三部曲:先是巨大的环境压力使大量变异由随机突变产生,然后是变异体按其在给定环境下的适合度被筛选,最后是被选中的变异体以极大的速率扩增。脑神经元联系的类似机制是:在多种形式的脑神经元联系中,变异被诱导发生,出现大量松散的联系,然后按"有用性"来筛选,使常用的有用联系逐渐加强成为永久性突触联系并断开无用的联系。因而,脑神经元联系在很大程度上是由环境所决定的,我们所能做的,都存在于我们的基因中,而我们所做的决定于我们的环境①。

在人类进化史上,除手的解放和脑容量的增大起了关键性的作用外,语言的进化则在这个基础上将人类变成最强势物种起了决定性作用。凡属群体性生活的动物,其内部必有信息交流,有的是通过声音来交流。1967年,科学家开始研究绿猴的呼叫声,生物学家史都赛克(Thomas Struhsaker)在肯尼亚安柏赛立(Amboseli)国家公园观察到,绿猴遇上豹子或其他大型猫科动物,雄绿猴会发出一连串响亮的吠叫声,雌绿猴则发出高亢的喳喳声,其他绿猴听到这种声音会立即爬上树。看到武鹰或冠鹰在头顶盘旋,会发出两个音节的短暂咳声,听见的绿猴会抬头仰望天空,或跑向矮树丛。发现蟒蛇或其

---

① [比]克里斯蒂安·德迪夫:《生机勃勃的尘埃》,第314~315页。

他危险的蛇类,会发出另一种特别的叫声,听到的绿猴会以后腿立起身子,四下张望。1977年后,科学家夫妇钱妮(Dorothy Cheney)与赛法斯(Robert Seyarth)以用仪器录音、摄像等实验证明了史都赛克的观察。此外,他们还发现有其他多种不同的呼叫及不同的反映。研究还显示,绿猴的呼叫声并不是恐惧的自然流露,而是有相当准确的外界指涉,两岁前的绿猴呼叫声和判断与成年猴不同,要经过两年的"学习"才能与成年猴一致①。

用人工语言训练捕获的大猩猩、黑猩猩和诺波诺猿的试验表明,这些动物学会了上百个甚至几百个符号的意义,一头诺波诺猿似乎懂得许多英语口语,它们具有的智慧足以掌握大量的词汇②。由于猿类受到发声道解剖构造的限制,不能像人类一样发出那么多子音、母音,因而猿的词汇不可能像人类那样多。科学家发现,其他所有动物的喉部离嘴更近,而我们位置稍往下的喉部,使我们能发出比其他任何动物更多种多样的声音,并认为这一解剖学上的特征为现代人祖先在20万年前获得。由此推想人类语言的历史也会比过去所认为的要大大提前,考古学家最近惊人地发现,希腊的克里特岛的石器至少有13万年的历史③,人类到达克里特岛肯定是乘船过去的,这就把航海历史大大提前了,如果没有较复杂的语言沟通,很难设想人类会有如此集体性的航海壮举。DNA测试表明,澳大利亚的土著和新几内亚人是在约5.5万年前非洲的迁移者进化而来的④。现代人的祖先至少在5—10万年前已出现了文化进化史上的一个飞跃,工具、武器、造船和航海技术都有了很大的进步,当时澳大利亚与新几内亚虽有陆地相连(约8000年前被海水淹没),但与欧亚大陆有100多公里的海峡分隔,没有造船技术的进步是不可能跨过海峡的。

人类复杂语言的产生,使部落内部进而部落之间可以进行复杂的信息交流,这就使得复杂经验的交流、传播、相互启发、创新成为可能,使部落内部的组织协调能力大为提高,同时也使脑神经元的联系大大丰富起来,这又使得

---

① [美]杰拉德·戴蒙德:《第三种猩猩》,第148—153页。
② [美]杰拉德·戴蒙德:《第三种猩猩》,第156页。
③ "考古学家发现最早航海证据",新华社《参考消息》2010年2月17日。
④ "基因测试显示澳土著来自非洲",新华社《参考消息》2007年5月10日。

文化进化和大脑进化二者相互激荡和相互促进,从而迎来了5—10万年前的人类进化史上的一个"大跃进"时代,才在体质、行为、语言方面进化成现代人。在此前的几百万年中,人类从猿进化成人,完成了历史性的跨越,但人类的文化如蜗牛般的爬行;在此后至今的约万年中,人类体质的变化不大,但人类文化的进化幅度,却比过去几百万年大得不可比拟;此前的文化进化,受制于遗传变化的缓慢,此后文化的进化不再依赖于遗传的变化,因为遗传已为文化的创新留下了广阔的潜在空间。

技术的进步使人类开始突破地理、气候等环境阻力而征战全球。3万年前人类进入欧洲寒带地区,2万年前进入西伯利亚,1万多年前经白令海峡陆桥进入美洲,三千六百年到两千年前进入太平洋中的一些岛屿(波利尼西亚人)。一万多年前大冰期尚未结束,要在较高纬度地区的冰天雪地中生存下去,至少要有几个条件,一是主要靠捕猎而不是采集才能在人类可食用植物稀缺的地区维生;二是用兽皮制衣而不是用树皮树叶遮羞才能挡住严寒;三是在北极活动的人类则还必须解决长夜的照明问题,因而还必须用动物油脂来替代木柴燃料。这些因素都使得人类必须捕猎大型猛兽才能满足需求,因为小动物的肉少、脂肪少、兽皮小,捕猎的风险虽然也小,但其奔跑的速度和灵活性仍远超人类,捕猎难度大,效率低,仅靠捕猎小动物难以满足人类群体的生存需求。在人类技术尚很原始的阶段,主要是靠采集捕鱼维生,因而生存的空间狭小。只有当人类发明了标枪、长矛投掷器、弓箭等武器,能杀死任何猛兽后,才有能力四处扩张。人类在这一扩张过程中,不仅灭绝了许多大型哺乳类动物,而且也可能灭绝了若干人类的其他分支。

有人认为,最近一次冰期结束前许多大型哺乳类动物的灭绝与气候变化有关。虽然完全排除气候的影响未必是科学的态度,但人类的杀戮是主要原因则是难以回避的。因为仅是气候变化不足以解释许多问题,如:这些动物物种经历了几个冰期、间冰期气候变化的"考验",而不是最近一次冰期才突然出现并随之灭绝的,为何在过去几十万年中都平安无事,而在一万多年前的冰期结束前却都活过不去?它们的灭绝时间为何正好与人类的技术大跃进和向四处扩张的时期相吻合?为何这一时期的人类的栖居地堆放着它们的大量骨骼,并留有砍、砸、切的痕迹?为何人类进入澳洲后,那里的大型哺乳类动物几乎全部被灭绝？等等。当然，也不能把它们的灭绝看成是人类亲手一只只杀死的，只要人类的杀戮使它们的种群密度、数量降至很低，或者人类的活动切断了它们适应季节、气候变化而迁徙的通道，使它们的觅食、繁衍、适应气候变化的选择受阻，就足以使它们灭绝，因而，即使有气候变化因素的影响，人类因素仍是首要的。

八

创造文明

生物学意义上的现代人,大约出现在 10 多万年前,但只是在 1 万年前才开始出现农业社会。W.J. 佩里在《太阳之子》一书中,把未从事农业、牧业,以采集、渔猎为生存方式的人称为"食物采集者",把从事农业或其他方法来增加食物资源的人称为"食物生产者"①;不少历史学家把前者称为"野蛮社会",后者称为文明社会。就生存方式而言,二者有明显的区别,前者融合于天然自然,后者则是开发自然,从天然自然中分离出"人工自然"。这种分离有历史的必然性,这就是:人口增长带来生存压力增大,从而必须在提高土地生产力上找到出路。这对开发人的智力和自为能力意义重大,但它是一把双刃剑,不能过度解读这种区别,不能简单地把前者等同于愚昧、野蛮,后者等同于明智、文明,更不能进行道德画线,把前者等同于恶,后者等同于善。

(一)采集群体

在农业诞生之前漫长历史时期中,人类的生存状况如何?他们展示出什么样的人性?这对我们认识人性无疑具有基础性的意义。但一万年前的人类史既没有文字记载,也难找到可充分说明人性善恶的物证。上个世纪 20 年代和这之前,人类学家及旅游者对仍取"食物采集者"生存方式的部落的观察材料,是我们研究这一问题的可靠证据。近一万年来,人类的大多数群体先后逐步变成了"食物生产者",但仍有一部分保留了原来的生存方式未变,

---

① [英]G. 埃利奥特·史密斯:《人类史》,李申等译,中国社会科学出版社 2009 年版,第 125 页。

如：刚果盆地的俾格米人，南非的布须曼人，斯里兰卡的维达人，印度南部丛林中的前达罗毗荼部落，马来亚的塞曼人（身材矮小的黑人）、萨凯人、塞诺伊人、贾昆人（澳大利亚土著居民），安达曼群岛的居民，苏门答腊的库布人，婆罗洲的普南人及其联合部落，阿鲁群岛（新几内亚西部）的食物采集者部落，菲律宾和新几内亚的矮小黑人，澳大利亚土著居民、塔斯马尼亚人（已被灭绝），加拿大麦肯齐盆地的爱斯基摩人、提纳人，不列颠哥伦比亚的萨利希人，内华达、犹他和亚利桑那北部的奥吉布瓦人、派尤特人，内华达的帕维奥托索人，加利福尼亚的土著居民，火地岛的居民，北欧的拉普人、萨莫耶德人，西伯利亚北部的奥斯加克人等[1]。

从不同的观察者对分布在世界各地的不同种族、不同环境的食物采集者思想和行为的记录中，我们能普遍看到自然人的温和、善良、宽宏本性，没有罪恶。猜疑、怨恨、暴力是由外部的侵犯所引起的。

俾格米人。刚果盆地俾格米人原是自由地在盆地东部地区漫游，后来温耶里人定居到他们的开阔领地上，而被迫栖身于丛林中，他们天资聪颖，实行一夫一妻制，没有通奸，没有偷窃，尊长爱幼，富有同情心，内部从不相互残杀，身材虽矮小但却是勇敢的猎取大型动物的猎人，对定居于他们领地上的温耶里人心怀怨恨，对侵犯其森林领地的敌人会用毒箭射杀。

布须曼人。南非布须曼人原先的领地往北延伸很多，后来被讲班图语的民族逼向南移，被限制在卡拉哈里沙漠边缘。当荷兰殖民者占领这片土地后，赶走和屠杀布须曼人赖以为生的猎物，失去了生存资料的布须曼人开始猎取殖民者的牛羊，从而招致后者的灭绝性屠杀，第一次大屠杀发生在1688年，男子像野兽般被射杀，妇女儿童则被充作奴隶带走。对于一个没有私有财产观念的民族来说，猎取野生动物和猎取家畜没有什么区别，殖民者占领他们的领地，使他们失去了生存资料，却反过来说他们偷窃，这种强盗的逻辑不能证明他们不道德。几百年的饱受殖民者和外族屠杀、欺辱的环境，必然会极大地改变布须曼人的习性，但有关对布须曼人的观察记载仍有着忠诚、勇敢、快乐、活泼、可爱的评价。

---

[1] ［英］G.埃利奥特·史密斯：《人类史》，第125—126页。

维达人。斯里兰卡(原锡兰)维达人分成亲属群体居住在森林的岩石隐蔽处,每个群体都有自己的猎场,有着极其诚实、纯洁、谦恭有礼的美德,每个维达人都乐于帮助自己群体中的任何其他人,与其他人一起分享自己获得的猎物或蜂蜜,严格实行一夫一妻制,性道德极其高尚,男女平等,尊老爱幼,寡妇由群体供养,善于察觉他人的意愿,感激任何帮助和关心,并认为自己比邻居优越,不愿意把他们的原始森林生活换成其他任何生活方式。

塞曼人。马来半岛的塞曼人是矮小的黑人,他们有小规模的农业,实行一夫一妻制、小群体公社所有制。主要吃植物性食物,偶尔为吃肉而猎取动物,群体共同进餐,如有富余的食物,会送一些同氏族的其他群体。男女平等,洁身自爱、遵守婚前的贞洁,通奸被视为大罪会被处死,有孩子的家庭很少分离,多配偶允许但极罕见,没有凶杀、盗窃和酗酒。

萨凯人。马来半岛的萨凯人是澳大利亚土著人,他们纯朴、温厚、善良、友好、诚实、慷慨大方、乐于助人、刚正不阿。实行一夫一妻制,遵守婚后忠诚,少数人接受多配偶制。没有战争,没有内部战斗,没有盗窃,没有农业,只种一点木薯,只有非常饥饿时才去打猎。没有因与马来人交往而道德败坏,观察者认为他们的道德远比威胁要同化他们的民族高尚。

安达曼人。安达曼群岛的居民过定居生活,每家一屋,有独身者住宿的地方。其社会组织比塞曼人、萨凯人复杂,猎物归群体公有,每个成员对全部财产享有平等的权利,但一个男子可以为自己保留一棵树,第一个将箭射入猪身的男子可以获得这头猪。男子的武器是他个人的财产,妇女也有属于自己的东西,丈夫未经她允许不能处置这些物品。有两性间婚前交往,婚后坚贞,生一个孩子后极少有分离的,没有多配偶和乱伦现象。安达曼人彼此间有深厚感情,老少弱孤寡者是特殊关照对象,他们的生活待遇要胜过群体中其他成员。儿童很小就受到宽宏大量、热情友善、自我克制的教育,所有的客人都受到很好的款待,摆出他们最好的食物,关心他们的各种需要,离别时表示良好的祝愿,将自己最好的东西作为礼物,不将上等工艺制作的武器留给自己用,回赠礼物是等价的,性格中没有自私。安达曼人社会没有有组织的管理机构,非常尊敬长者,重视某些个人素质如善猎、善战、宽厚、随和。没有真正的权威,妻子往往是一家之主,妇女可以同男子一样有权威。生气时并不诽谤和使用不适当的词句，两个人发生争吵，有时会出现毁坏东西的现象，受委屈一方甚至会向对方身旁射出一支箭，或扔出一把燃烧的柴火，这种情况通常是被在场的人或村里有影响的人所制止。极少会发生杀人的现象，杀人者通常会躲进丛林或逃跑，如果他躲过复仇，几个月后复仇者的怒气可能就会平息。安达曼人这种暴力倾向形成的原因，是他们过去曾多次遭到马来海盗的劫掠。

库布人。苏门答腊的库布人极其温顺、腼腆胆怯，实行一夫一妻制，长者调停争执。观察者认为他们极端谦恭、老受欺侮，是森林中一群没有恶意的长得太大的孩子，是可能进入其领地的邻近村民嘲笑的对象。

普南人。婆罗洲的普南人在文化上可能是最原始的民族之一，他们有着强壮的体格和聪明的天赋，不种植养殖，完全依靠丛林中的野生植物和动物为生。住处是用树枝和棕榈叶支成一个倾斜的屋顶、能挡雨水但四面敞开的低矮棚子。唯一的手工艺是编制篮子、席子，制作吹管和用作加工野生西谷米的工具，其他物品如衣服、武器等是与其他民族交换来的。没有坟墓，同伴死后就把尸体留在他死前的庇身处，能非常熟练和动人地唱哀歌和朗诵悼词。群体通常由二三十个成年男子和妇女及大致相同数量的儿童组成，一位年长的男子被认做首领。其权力是随着年龄和经历及对部落的历史和传统的全面了解而自然赋予的，权力的行使是适度的，不施行实质性的惩罚，公众舆论和传统是唯一也是足够的行为约束力。群体的行动通过公开讨论来决定，首领在讨论中所起的影响依其知识和判断力的声望而定，没有高低社会阶层之分。每个男子通常有一个妻子，但有一个妇女又嫁给一个没有自己的孩子的年长男子的一妻多夫现象，婚姻是终身的。他们在同陌生人友好地谈话时，面容平静但处于警觉的戒备状态，给人一种随时准备遇到危险就逃跑或为保卫自己而战的感觉。他们从不任意杀害或袭击其他部落的人，从不走上战争的道路。但如果遭到袭击而又不能选择逃跑时，会勇敢地保卫自己和家庭。如果有人杀害了他们的亲属，他们将寻找机会报仇，所有的普南人都互相帮助获取罪犯身份的确实情报，任何人在有机会时都会为其同胞受到的伤害报仇，但却不会向罪犯的村子、家族其他成员报仇。如果一时不能抓到罪犯，会将报仇推迟好几年，除了向凶手本人报仇外，决不允许杀害任何一个无辜的人。

菲律宾群岛的矮小黑人。菲律宾群岛仍有一些矮小黑人部落,他们实行一夫一妻制,严格维持婚姻,长者受尊敬,不能照料自己时由子女供养。传教士莫里斯·范·奥佛伯格曾对吕宋岛北部矮小黑人提供过详细报道,认为他们受邻近地区居民很大影响,但仍保留相当多的原来气质。他们一般居住在房屋内,通常一屋住一家,房屋分散,连在一起的房屋从未超过4间。他们从不同时有两个妻子,结了婚的人很少离异,说谎、盗窃几乎是违背他们的本性。性格十分平和、温文有礼、充满欢乐,极端好客、忠于朋友,似乎根本没有成见,对任何令人失望的事都毫不介意。黑人群体间十分友好,不存在交战问题,甚至对外来黑人群体到他们的森林领地打猎也不介意,但同伊斯奈格人和基督教徒完全不来往。

提纳人。北美阿萨帕斯卡的提纳印第安人生活在爱斯基摩人南面,没有首领,没有通常意义的宗教,从不诉诸武力,发生冲突时会放下武器,用手扭斗,年轻人都表现出对品德的赞扬和维护、自我约束和节制,无论何处都对长者表示尊敬和爱戴,男女之间如品行失检,将蒙受很大耻辱。

萨利希人。北美萨利希印第安人生活在提纳人的南面和西面,其沿海地区的人已受到白人污染,但内地的一些分支小群体仍以打猎为生,其单纯、庄重、谦虚、诚实达到天真可爱的程度,民风淳朴到夜不闭户,道不拾遗,赫德逊海湾公司在40年的皮货贸易中,从未发现细小的偷盗现象,货栈无人看管并不关门时,萨希利人进进出出,不时弄点所需的东西,总是同时会留下等价的东西作交换。

派尤特人。美国内华达州、犹他州、亚里桑那州的派尤特人的优良品质曾受到高度赞扬,他们性格坚强,坚定地抵制了随着文明而产生的各种恶习。

加州印第安人。美国加利福尼亚州的印第安人性情温和,崇尚大公无私、宽宏大量、尊敬老人的美德,优秀猎手深受尊敬,干活效率高的妇女被认为是最理想的妇女,他们之间的不和多由个人恩怨引起,与财产无关,进行战争是为了报仇,而不是为了掠夺或称霸。

火地岛人。火地岛人富有感情但不外露,宽宏大量、祸福共享,虽赤身裸体,但行为端庄,允许说谎,但禁止杀人。

西伯利亚人。俄罗斯猎人对鄂伦春人的堪称模范的诚实品行深感惊奇;萨莫耶德人脾气温和,爱好和平;楚克奇人群体非常和谐;鄂毕河地区的奥斯加克人保持着孩童似的好心情,诚实可靠;拉普人生性快乐,诚实善良,好客爱聊天,喜忧哀乐率性表露,经常举行欢乐的聚会,群体内没有不和的现象,能在开化的人不能生存的条件下生活,勤劳刻苦,耻于乞讨,慷慨大方将自己的东西和大家共享。

爱斯基摩人。爱斯基摩人的领地从美洲北部直至格陵兰,某些地区如靠近白令海峡的爱斯基摩人,由于受到欧洲人的挑衅而发生行为方式的显著变化,染上恶习。一般都相处和谐,他们的语言中没有"战争"这个词,不懂得什么是战争和搏斗,相互间没有恶语相向,没有咒骂,举止文静有礼。通常实行一夫一妻制,也有多配偶制,男女平等,不允许丈夫虐待妻子,有一套和平化解矛盾和惩罚犯罪的传统习俗,财产公有,没有社会等级阶级。观察者对格陵兰爱斯基摩人的善意幽默感、爱好和平、温和豁达的性格特点倍加赞叹,认为他们有最佳的气质,有不可思议的和平相处精神,心灵如孩子般的轻松愉快,他们最心疼的莫过于看到孩子挨饿,即使自己饿死也要将食物留给自己的孩子。研究者认为可以把拉布拉多爱斯基摩人的村庄看做是一种共产主义的定居地,每个人都可以做他喜欢做的事,只要他不侵犯公共福利,如果有人逾越了习俗的准绳,成了令人厌恶的人,就会受到告诫,就会有人议论。如果他不改正,就不允许他参与村子的事,不准他进入圆顶屋,没人同他说话,没人同他打交道。如果他有暴力行动甚至杀人,村里的男人会聚集起来伺机杀掉他。这种行为是公开的,不会导致通常意义上的血仇报复。个别爱斯基摩群体有遗弃、杀死已成累赘的老人和畸形婴儿的现象。

澳大利亚土著居民。澳大利亚土著居民性格温和、善良、慷慨,不事种养,除了储存几天准备庆典的食物外,什么都不储存。部落或其他群体的权力在成年男子组成的委员会。一夫一妻制不很明确,许多授予权力的年长者拥有多个女人,较年轻者须等待很长时间才能娶到一个妻子。澳大利亚中部的阿达兰人平常几乎完全是裸体,通常是由一个或两个以上家庭组成的小群体四处漫游,彼此友好相处,两个部落在他们的领地边界接触时也友好相待,没有长期敌对的事情,孩子受到很好的关照,没有遗弃体弱者或老人的现象①。

上述关于食物采集者的情况,是对来自上个世纪20年代及在此之前的一些观察资料的简要概述,对这些资料有必要注意以下几点:

一是这些观察者包括学者、传教士、旅游者等,他们提供的观察资料都是在西方文明浸染中的外来人的记述,而不是食物采集者的自我叙述,虽然观察者力求记述客观,但不可避免地会因文化的巨大差异而带来理解上的困难甚至偏见。

二是这些观察者所观察到的时空范围都很有限,即其生活深度、历史长度、关联广度都很有限。

三是这些资料有些距今快一百年了,有些则更早,其中有许多群体今天的状况已与那时不一样。因为今天的文明化影响已几乎无处不在,因而不能以今天的情况去否定近百年前的记述。

四是即使是在近百年前,上述食物采集者群体中已有许多受到欧洲人的冲击而发生了文化污染和变异,已与原来的纯真的原始文化有所不同,例如,澳大利亚土著居民虽仍是食物采集者,但具有非常复杂的文化成分,比爱斯基摩人所受的外来冲击更大,与印第安人相似,以致在某种意义上不能把他们看成原始人;许多土著民族在不同地区表现出不同的性格和行为特点,这也与他们所处的社会环境受外来影响不同有关。

从15世纪开始,欧洲人就开始了向海外扩张,15世纪控制了大西洋加利那群岛、亚述尔群岛,进入非洲西部海岸,占据果阿、马六甲海峡、霍尔布兹海峡,进入加勒比海地区,到达美洲大陆,此后,美洲、印度次大陆、东南亚、澳大利亚、新西兰、非洲都成了他们的殖民地,俄罗斯人则向莫斯科的南面和东面扩张,喀山地区、伏尔加河流域、黑海一带、西伯利亚、堪察加半岛、阿拉斯加先后被征服,这些征服者所到之处,无恶不作,把当地土著人当成异类赶尽杀绝,有许多土著民族被灭绝。因而,在经历过这种历史性的浩劫和恶德污染之后,全球从热带到寒带,从丛林到荒漠,从内陆到海岛,都顽强生存下来的

---

① [英]G.埃利奥特·史密斯:《人类史》,第125—158页。

一些食物采集者群体仍保持的上述习性风俗，使我们看到了他们的一些稳定特征：

他们性格温和善良、诚实快乐、热情慷慨、无忧无虑。每个群体都是一个家族，由三代人的家庭或两三个兄弟的家庭组成，食物共享，尊老爱幼，老幼弱寡者受到关照；没有储存，没有私产，没有盗窃，没有阶级和等级；实行一夫一妻制，男女平等，忠于婚姻，没有通奸和乱伦现象；重视儿童教育和培善，以传统习俗自律和处理、协调群体内部关系，群体内亲密和谐。各个群体在各自的领地中流动，相邻的群体相互尊重各自的领地范围，彼此和平相处，没有军事组织、军事训练和武装人员，极少有暴力冲突。个别群体出现永久性村落、个别人有多配偶、少数群体有暴力倾向等现象，一般都有受外来文明人的文化影响因素存在。因而，我们有理由认为，未受外来文明人文化影响的人类食物采集者群体是和谐的。

(二) 食物生产

在一万多年前，世界某些地区的食物采集群体开始了种植和驯养的农业活动，逐渐变成了食物生产者。这种生存方式经过几千年的扩散传播，才在欧亚大陆和中美洲逐渐变成了主要的生存方式。从事农业需要付出辛勤的劳动，需要清理土地、播种、除草、看护、收割、保管、饲养动物，所能提供的食物多样性和营养没有野生的丰富，在洪旱灾害面前更脆弱，与之相对照的是，食物采集群体的生存状况远比我们想象的更好：

"这些族群过的生活非常惬意，闲暇的时间很多，睡眠的时间不少，为了果腹也不必比邻近的农民更辛苦地劳动……布须曼人每星期觅食所费的时间，平均不过十二三个小时……有人问一位布须曼人，为什么他不学邻近族群去耕种？他的答案是：干嘛？四处不是有那么多孟公果吗？……今日的狩猎—采集族群，食物包括各种野生动、植物，含有更多蛋白质，营养也比较平衡。布须曼人平均每日摄取2140卡路里热量，蛋白质93公克，以他们娇小的身材与剧烈的活动量而言，远高于美国食物药品管理局推荐的量。狩猎—采集族群，身体健康，疾病少，食物内容丰富，也不会像农人一样，每隔一段时间就要遭到饥荒——因为农人依赖少数农作物维生。布须曼人能利用 85 种可食用的野生植物,他们难以想象饿死是怎么回事……别忘了,他们是被农业族群逼进世界上最糟糕的角落里的。过去的猎人,仍然居住在肥沃的土地上,决不可能过得比现代的猎人还差。"①

那么,人类为什么会从食物采集转向食物生产即转向农业呢?最根本的原因是人口增长超出了天然生态系统的食物供给力,从而迫使人们从提高土地食物生产力上找出路。

在最近的一次冰期结束前夕,人口已在欧亚大陆的宜居之地有着广泛的分布。冰期结束后,温暖的气候使动植物和人类都获得了更好的繁殖条件,动植物食物的增长又为人口的增长提供了支撑。人口的不断增长,对栖息地天然生态系统的压力也不断增大。超过栖息地食物承载力的人口,在一段时期内还可能有通过部落分化、向外转移的空间。但这种空间越往后就越小,加上冰期结束后气候曾出现过变冷的波动,这种波动导致动植物食物供给减少,对已经增长出来的人口生存构成巨大的威胁。出路越来越集中到提高栖息地的食物生产力上,过去采猎活动无意间形成的"附属物"开始变得重要而走上前台,并逐步演变成了主角。

正如蜜蜂在采花粉时成了授粉者,鸟类和皮毛动物在取食果子时成了携带种子的播种者一样,人类也在漫长的食物采集历史时期无意间成了播种者。有所不同的是,人类能够意识到自己行为的后果,人类在栖息地将吃剩的野生植物种子随手丢弃,然后看到它们在来年能发芽、生长、开花、结果。如此播种的周而复始和人类的代复一代,自然不可能观察不到,只不过是在周边自然生态系统食物丰富的时期,采集者不会很看重这些东西,因为自然生态系统中有的是生长得更丰满更可口的食物可以随意选择。但在食物短缺时,这种食物也能成为聊胜于无的补充。只有当人口增长到天然食物出现经常性匮乏而又没有向外转移的空间时,这种副产品才变得重要起来。于是,清除森林、草原中的非食用性植物以腾出空间,集中栽种食用性植物,以大大提高栖息地的食物产出,从而养活更多的人口,并减少与周边相邻部落

---

① [美]杰拉德·戴蒙德:《第三种猩猩》,第 190—191 页。

争夺栖息地和食物的冲突才成了必然的选择。因而，与其说种植是人类的一项伟大发明，还不如说是无心插柳柳成荫的结果。

野生动物的驯化也不是某地人的突然"发明"，然后其他地方进行引进的结果。基因研究显示，马的驯化是分批进行的，牛的驯化也分为两支，一支来自非洲和欧洲，一支来自印度。狗的祖先是狼，据线粒体 DNA 研究，狗与狼的分异点在 10 万年前，这与现代人类开始出现的时间相吻合，但化石考证所提供的时间只有一万年，这可能是因为化石是罕见的。狗的 DNA 可分为有区别的两大组，表明狗的最初驯化过程发生在两个不同的地方①。绵羊、山羊可能驯化于西南亚②。

驯养导致畜牧业的诞生也是无心之果，它可能起源于人类在捕猎过程中，除了会猎杀成年动物外，还会在其身边或巢穴中抓获一些幼兽，由于成年猎物能够满足小群体分享的需求，幼兽太小不能满足这种需求，或者还有一个重要原因，那就是怜悯之心使人类不忍心杀害幼兽，于是幼兽便经常被收养下来，许多动物都有收养异类幼兽的行为，人类作为社会性动物更有怜悯之心，有这种行为毫不奇怪，何况人类还有经济上的谋划能力，幼兽养大后，难以约束的可以吃掉；温顺的可以让其再繁殖，待丧失繁殖能力后再吃掉；有些动物则还驯化成了人类的重要帮手，如牛、马、狗等。考古发现早在农业诞生前的冰期，欧洲的狩猎群体就开始了"放牧"鹿群和驯鹿群，萨米人养驯鹿，马塞人养牛，中亚的许多民族养马，到两万年前，在地中海东部及爱琴海沿岸，人类就以半家畜的方式放养瞪羚③。能够被驯养的动物必须同时具备几个条件，如性情温顺、能在人工环境中繁殖、有使用价值和在经济上合算。因而，在物种丰富的野生动物世界中，只有少数能够被驯养成功。

从采猎转向种养也不需要有生产工具上的重大突破，考古发现在 1.7 万年前的西亚就有磨板、磨石、臼、镰刀等工具，这些工具适用于采集生活方式，

---

① 参见［英］史蒂文·琼斯：《达尔文的幽灵》，李若溪译，中国社会科学出版社 2004 年版，第 4~16 页。

② ［英］克莱夫·庞廷：《绿色世界史：环境与伟大文明的衰落》，王毅等译，上海人民出版社 2002 年版，第 44 页。

③ ［英］克莱夫·庞廷：《绿色世界史：环境与伟大文明的衰落》，第 44 页。

也适用于农业生活方式。制陶在农业诞生之前就有了,如日本在农业诞生之前几千年的绳纹文化就有制陶。定居在食物丰富且稳定的栖息地也出现得比农业早得多,如北美西海岸的印第安人定居地,有上千人口的村落,他们世代靠捕鱼为生。人类在 5 万年前甚至 13 万年前就能造舟渡海,适应种植的需要而制造掘土的工具、储粮的仓室显然不需要有技术上的突破。

种养、艺术不是人类的突然发明,甚至也不是人类的专利。美洲有几十种蚂蚁会"务农",如切叶蚁会"种植",它们将树叶切下咬碎,清除不需要的真菌和细菌,再将碎叶片搬到蚁穴中,进一步切碎成均匀的叶糊,拌上自己的唾液和粪便,然后种上自己喜欢吃的真菌种。真菌在生长过程中,切叶蚁还会清除异类真菌孢子,最后就是收获自种的粮食。它们在离巢另建新居时,会带上培育的菌种到新居种植。有些蚂蚁会"养殖",它们"收养"一些会从肛门分泌糖分很高蜜露的蚜虫,蚂蚁只需抚弄蚜虫的触角,蚜虫就会分泌蜜露供蚂蚁享用,冬天时蚂蚁将蚜虫卵搬到巢里过冬,到了春天就带着孵化的蚜虫外出"放牧"①。艺术也不是因农业生产力高使人类有了闲暇而创造出来的。尼安德特人 5 万年前就会用颜料打扮自己,墓葬也很讲究。而且许多研究都表明,在通常情况下,食物采集者比食物生产者有更多的闲暇时间,营养状况也更好,人类在前农业时期已创作了不少洞穴壁画、岩画。

人在成长发育阶段的营养状况良好,会使成年时的身材增高,古病理学家研究希腊、土耳其出土的人骨,发现冰期结束前生活在那里的采猎群体,平均身高男性为 177.8 公分、女性为 167.6 公分;到 6000 年前农业兴起时,男性只有 160 公分、女性 155 公分,直到现在希腊和土耳其人都没有恢复到其祖先的身高。古病理学家还对比研究了美国依利诺河谷与俄亥俄河谷印第安人采用农业生存方式前后的人骨,发现在这之前,他们非常健康,之后各种疾病纷至沓来,成人的牙齿蛀洞从以前平均不到 1 个增加到近 7 个,牙齿脱落和牙周病猖獗,母亲孕期和哺乳期严重营不良导致儿童乳牙珐琅质缺陷,贫血病例增加了 4 倍,结核病成了风土病,一半人患螺旋菌感染或梅毒,2/3 有骨风湿或其他退化性疾病,活过 50 岁的人由 5% 减至 1%,20% 的人在 1～4

---

① 参见 [美]杰拉德·戴蒙德:《第三种猩猩》,第 188—189 页。

岁间夭折①。

据英国剑桥大学莱弗休姆人类进化研究中心副主任玛尔塔·拉尔的最新研究,与一万多年前采猎祖先相比,现代人的身材、脑容量都缩小了10%,她认为这种变化可能与缺乏微量元素有关,虽然食物的热量足够多,但身体发育所需的维生素和矿物质摄取不足,如中国古代农民主要种植的粮食作物中缺乏长个子所需的烟酸。美国埃默里大学的人类学家阿蔓达·穆默特在21个从采猎社会向农业社会转型的古人类种群中,发现有19个出现身材缩小的现象,而且伴随而来的是种群患病率的升高,他认为是农业的影响、人口密度的增加和传染病的增多,导致世界各地的人类种群身材缩小②。人类营养平衡来自于食物多样性,集中种植少数作物虽然使人类吃饱了,但却因营养失衡而付出了健康下降、疾病上升的代价。

因而,从采猎转向种养并不是因为后者有明显的优势、好处,被人们争相仿效而在短期内就完成了这种转变。在人口密度大的平原地区,由于生存压力大选择余地小而转变较快,如西亚的美索不达米亚平原、北非的尼罗河中下游平原、中国的黄河流域中下游平原就是如此。在邻近这些平原的山区,因平原人口转移而密度逐渐增大会仿效农业模式来解决生存问题,但山地森林中的野生动植物仍是他们获取生存资料的重要来源。至于边缘山区,则长期更多地保留着采猎生存方式,甚至直到工业生产方式以更高的生产力问世后,许多采猎部落长期与外部进行商品交换,不是不知道农业、工业的生产力更高,外面的世界也很精彩,但他们只愿换取一些效率更高的生产工具如锯、斧、猎枪等及某些生活用品,而不愿改变自己传统的生存方式。在农业生存方式诞生以来的一万多年间的大部分时间中,农业在空间上的进展像蜗牛一样爬行,采猎民族后来虽然在农业民族领地不断扩张、欧洲殖民主义血腥征伐、全球人口增长无情挤压、不平等交换残酷掠夺等等的巨大冲击下走向衰落,但仍有一些顽强地在夹缝中生存下来。

种养业在差不多的时间内兴起于世界的几个人口密度高的地区,也说明

---

① [美]杰拉德·戴蒙德:《第三种猩猩》,第 193—194 页。
② "现代人比原始人矮了10%",新华社《参考消息》2011 年 6 月 14 日。

它不需要什么新技术的重大发明，而只是人口压力下的必然选择。西亚地区在约 1.3 万年前开始种植黑麦，长江流域在约 1.2 万年前开始种植水稻，南美洲丛林中的开阔地在约 1.1 万年前开始种植南瓜。在当时的条件下，它们之间不可能有相互学习的机会，如果有，为何不直接引进别人已驯化的种子？也没有什么技术信息的传递，如果有，它们之间的广大中间地带为何被跳过？为何传远不传近？冰期结束后白令海峡已被海水隔断，亚洲的农业信息也不可能传到美洲。它们最初种植的作物，都是本地的野生植物，是他们在采猎时代不知已无心"种植"了多少代、熟之又熟的植物，后来有意去专门种植的是选择其中较易种植、产量较高、口味较好的种类，其他的则仍从自然生态系统中获取。因而，早期分散的农业发源地都驯化了一些本地的野生植物种类，像玉米、马铃薯的最早种植地在南美洲，辣椒、胡椒、西红柿、鳄梨、番木瓜、番石榴最早的种植地可能是墨西哥，木薯、红薯、竹芋可能最早种植于安第斯东部的低地，葡萄、橄榄、小麦、大麦、豌豆、小扁豆、鹰嘴豆的最早种植地可能都在西南亚。黍类、稻子、大豆是在中国驯化的，芋头、山芋、面包果树、椰子、香蕉、西米可能是在东南亚和新几内亚最早种植的。澳洲和南部非洲未发现有发源于当地的人工培植植物，这并不等于是当地缺乏有价值的可人工培植的植物，原因可能是，当地的植物物种非常丰富，土著人口密度低，从自然界直接获取食物比培植植物更少费力气；或者是他们虽有种植，但没有持续地培植使之进化到其他农业民族培植植物的水平，其原因仍然是生存压力小，移动性的生存方式或者还加上土著文化因素的影响。农业中的相互学习和引进都是后来的事。

　　人类驯化动植物除了满足物质上的需求如食用、捕猎、防卫、役使等外，还衍生出了精神上的需求如观赏、陪伴、炫耀、癖好等。猫可以捕鼠，能成为粮食和衣物"保管员"；狗可以捕猎、看家，是生产生活中的"好助手"，因而在农业社会中，无论是农人还是猎人，家中养猫养狗都是常事，目的已不是为了吃肉，而是把它们当成了家庭成员。以不同的形式和规模种植养殖某些动植物，还有着某种象征意义。早在 4000 多年前，美索不达米亚的舒尔吉国王就在他尼坡的神城附近建造了世界上第一个动物园，里面圈养着狮子。圈养狮虎象征着主人的权威和富有，古代的许多国王都这样做，16 世纪印度莫卧儿大帝阿卡巴曾饲养了 2 万只鸽子、囚禁了 1 千只猎豹。私人这样做的也不在少数,亚里士多德和西奥多·罗斯福都拥有自己私人的动物园。更为普遍的则是权贵和富商家庭都建私人花园,种养一些名贵的树木、花草和鸟类,这不仅是为了获得一个方便观赏、游乐、休闲的场所,也是一种对身份地位、情趣品味显示和炫耀的心理满足。在人满为患的现代城市中,人们都被分隔封闭在斗室之中,已没有空间去建私人的动植物园了。但仍会有许多人孤养宠物和在小阳台上种点植物,植物能给远离大自然的环境带来一丝生命的气息,小宠物则能给孤独空虚的主人带来些许情感上的慰藉。当然,人们还可以在这些家养动植物的"名贵"程度上作些比较的文章,以给闲暇时间赋予某种有意义的内容,不过"名贵"与否的标准是人为的。已被命名的家养犬至少有 300 个品种以上,但它们并没有不同的"纯洁血统",它们共同的唯一祖先是狼,其野生祖先具有尾巴上翘、爱舔自己的伤疤、经常感染淋病、听到某些音乐符号就想撒尿的特征,被著名分类学家林耐命名为"家犬"。由于人类的驯化选择,其子孙发生了形形色色的基因变异,毛色、外形、性情千差万别,但都被人类主人驯化得退化了野外生存的能力,意大利有 100 万只被人类遗弃的野狗,其幼崽能活过第一年的只有 1/20;加拿大东部的拉布拉多狗大脑体积比狼的大脑小 1/5,仅相当于 3 个月幼狼的大脑;欧洲南部山区的比利牛斯山狗、安纳托利亚牧羊犬貌似凶猛,其实是体形大的婴儿,追猎能力很弱,即使在饥饿状态下也不愿吃动物的尸体,只吃经人肢解后的肉块。所有品系的狗有约 1/4 患有遗传紊乱,已知有 350 种遗传性犬类病症。狗的大部分种类都已被驯化成供人把玩的"宠物",但它们的原始狼性本质并不会消失。人们将狗区分为不同的品种、亚种,但狗与任何狗甚至狼都会发生基因交流问题,DNA 分析表明,狗的 DNA 注入了俄罗斯狼的基因,所谓纯种狗,不过只是养狗者一厢情愿的标准而已。仅仅是性因素,狗类作为统一体注定要瓦解[①]。新的研究还显示,北美深色或黑色皮毛的现代灰狼,在一万多年前注入了古代狗的基因[②],这是人类首次通过白令海峡陆桥进入北美时携带了狗所发生

[①] 参见[英]史蒂文·琼斯:《达尔文的幽灵》,第 5—23 页。
[②] "现代狼拥有古代狗的特征",新华社 2009 年 2 月 7 日。

的故事。

在农业文明时代,由于地理环境和交通的阻隔,人类不同族群种养适应本地环境的动植物品种和可采猎的野生动植物资源仍很丰富。工业生产方式出现后,随着世界人口及其需求的高速增长、陆海空交通的全球覆盖和世界市场的迅猛发展,一个曾经是空间和资源近乎无限的地球,在两三百年间变得局促而贫乏,过度的索取和栖息地的丧失、破坏已使野生动植物资源趋于枯竭;急速膨胀的需求和对利润最大化的贪求,驱动着种养向生产周期短、产量高的选择倾斜,又使种养的品种趋向空前简化,使种养的动植物基因因此而严重丢失。加上无所不在的工业和生活污染,已人为引发了一场全球性物种大灭绝和气候恶化。

生物多样性和稳定的气候是生态安全的基础,这一基础的破坏虽然未必会导致盖娅生命体的消失,但无疑会摧毁她的许多进化成果,使整个生态系统必然要发生重构性的大洗牌,从而使人类的生存陷入变化莫测的风险之中。当代人已意识到这种全球性风险,但这种意识最初是从试图改变局地生态环境恶化开始的,这就是:人们试图通过动物园和自然保护区,来保护在其他环境中已不可能生存的动植物。以往的动物园饲养动物纯粹是为了观赏,与保护动物的意识毫不相干,而荒野则被认为是落后的象征,是文明进程必将征服的对象,这种认识后来发生了变化,人们有了一定的保护意识。通过动物园和自然保护区来对野生动物特别是对野外已很少有残存的物种来进行保护,在某种程度上是有成效的,否则,我们今天就看不到许多珍禽异兽。

拯救生物多样性的最早尝试始于1828年,伦敦新动物学社团发起第4次倡议,要为英格兰引进动物新种,目的是为驯养、农场、森林、游乐场、肥料场提供更多的储备,该社团后来成了维多利亚时代的珍禽异兽收藏馆,伦敦动物园也为尽力保护自然遗产免受人类侵扰作出了贡献。但是,动物圈养难以为野生动物提供最后的庇护,其一是动物园仅能饲养很少一部分野生动物,其配种繁殖的基因库极为有限,且几乎不存在自然界中的优胜劣汰选择,这就必然使动物发生被驯化的改变;其二是将它们放归大自然后,其野外的生存能力很差,生存率很低,大多数会死掉或被吃掉。1870年前后,巴黎动物园将其圈养的动物放归野外,绝大多数动物都被吃掉了,其他释放例子也都证明了这一点。同时,释放到野外的圈养动物的基因进入野生种,还有可能使野生种退化。1934年人类发现有白虎的存在,现在全球有数百只白虎被圈养,它们全都出自20世纪50年代由雷瓦的玛哈拉杰猎获的一只雄虎——莫罕,仅辛辛那提的动物园就繁殖了其中的100多只。白虎、白狮、白猫都是人工驯养中近亲繁殖产生白化病的结果,它们的生命中隐藏着有缺陷的基因,在自然选择中,一旦缺陷性状表现出来就会被自然淘汰[1]。

  19世纪前,哥伦比亚河流中每年都有约1600万条鲑鱼和鳟鱼回游,20世纪30年代后开始大幅度下降,于是人们采用释放人工饲养的鲑鱼以避免它的灭绝。人工饲养的鲑鱼成长快、发育早,具有侵袭性,释放后在配种繁殖时会淘汰野生种,同时,它们又由于原始遗传多样性的丢失,缺乏敏感的适应性,从而加剧了鲑鱼的生存危机[2]。用人工养殖的动物向野外释放的办法去拯救濒危物种,可能于事无补。

  全球只有约占土地总面积4%的自然生态系统被列为保护区,它们绝大多数是人工环境包围中的孤岛,内受不断增加的旅游者的干扰和污染,外受不断扩张的农田牧场矿区"兵临城下"的威胁,还有偷猎偷采者和大气环境污染的侵害,不过,比较而言,仍然是相对安全的野生动植物的最后庇护所。孤岛化的保护区狭小空间难以形成健全的自然生态平衡机制,这突出地表现在:没有大型肉食动物,植食动物会失控性增长,从而造成可吃的植物资源枯竭,进而带来植食动物被大量饿死病死,或侵入到农田牧场村落,损毁庄稼和惊扰村民;有了大型肉食动物,植食动物的繁衍数量不足以支撑大型肉食动物可持续存活的种群数量,还会造成植食动物资源枯竭,进而带来肉食动物被饿死病死,或侵入到人类居住地捕食牲畜甚至伤及人类。这种状况使许多自然保护区陷入矛盾的困境:肉食动物"多了"就猎杀肉食动物,植食动物"多了"就猎杀植食动物,仍然是人类在替代自然充当着生态平衡的调节者。这种调节使肉食和植食动物都面临着不可持续的风险,而且人类还按照自己的利益标准对生物进行"有益"或"有害"的划分,保护前者,杀灭后者,自然

---

[1] 参见[英]史蒂文·琼斯:《达尔文的幽灵》,第17—20页。
[2] 参见[英]史蒂文·琼斯:《达尔文的幽灵》,第5—23页。

的平衡和进化机制被严重削弱和扭曲。所谓"自然保护"不过是人类按照自己的尺度进行自以为是的"保护",它并不是真正的自然调节状态。这里的根本问题是人类过多地侵占了野生生物的栖息地,在狭小的空间中,寥寥无几的野生生物种群无法实现生态系统的自循环、自平稳、自调节。

(三) 历史浩劫

是人口的压力推动着人类从食物采集者变成食物生产者,开启了人类文明的新时代并推动着文明的不断发展。人们看到农业文明之后科技人文和经济社会的巨大变化,讴歌带来这种变化的人类改变世界的巨大创造力。但农业文明以来所发生的自然和社会变化并不只是显示了人类的创造力,而是还显示了人类的破坏力。食物生产者社会已演变成了与食物采集者群体完全不同的形态,人的世界观、思维方式和行为方式也发生了根本性变化。

农业既提高了土地的人口承载力,也反过来刺激了人口增长。随着人口不断增长,定居点不断扩大,自然生态系统也越来越多地转变成了人类的居住地和农田牧场。这一过程使野生动物栖息地从此被推进了一个或永久性消失或持续性退化的黑暗通道。人类在采猎时期曾造成了某些大型哺乳动物的灭绝,但大规模的物种灭绝则是发生在农业文明诞生之后。前者已很难用食物链或生物金字塔中吃与被吃的关系来推卸罪责,因为受自然平衡机制的制约,使得某个物种吃绝某些物种在食物链或金字塔关系中极不可能出现,否则,食物链或金字塔就早已分崩离析;后者就更不可能用食物链或金字塔关系来自我安慰,它只能是一种人类自我摧毁食物链和金字塔基础的慢性自杀性行为。

人类集体慢性自杀性行为还体现在社会食物链或金字塔的出现。农业文明前的社会是平等的社会,那时的食物采集者部落内部是一个没有"私产"的共同体。共同体之间可能会有偶发性的冲突,但由于各自都没有"财产"需要守护,加上低密度的人口、流动性的生存方式和空旷的森林草原,为他们提供了充分的回旋空间,生存的本能会使得他们在偶发性的冲突中可以一触即离而没有必要生死相搏。从采猎社会进入农业社会之初,虽然部落内部实行的仍是"公有制",但较高密度的人口已使不同的食物生产者部落比邻而居,他们各自都有自己有限且固定的领地,各自都依赖于其中的森林、水源、农田、牧场、粮食、牲畜及房屋、工具等自然资源和生产生活资料生存,这些都是各个部落的"私产",是他们需要守护和再生产的生存之基,他们也因此而形成了与之相适应的生产与防务、农牧业与手工业、内部分工协作与对外交流交换等的组织管理体系。当人口增长超出了领地的承载力或自然灾害导致生存资料短缺时,相邻部落之间争夺生存资源的冲突就会发生,冲突中的胜利者就会占有失败者的领地,失败者则或被杀死或被驱散或沦为奴隶。于是,一部分人剥夺、剥削和压迫另一部分人的不平等的阶级社会便开始出现,财产、征服、剥削、压迫、等级、阶级、权利等观念开始形成,并逐渐在一个无阶级的平等社会内部发酵,导致分工、管理、权力的异化和社会分化,最终导致"内公外私"形式的共同体蜕变成私有制社会,在自然食物金字塔基础上建起了人类内部弱肉强食、等级森严的社会金字塔。

如果真的有外星人在观察上述变化,他们会惊异地发现:人类对私有财产和自然资源的争夺,使得以往捕猎异类动物的猎人蜕变成了同类相互捕猎的"猎人",捕猎的对象由异类变成了同类,有组织的大规模的"猎人"互捕,改变了捕猎的性质,提升了"捕猎"的惨烈程度和复杂性,带来了人类基本观念、思维方式和"捕猎"工具的巨大变化。过去的捕猎工具是生产性工具,现在则变成了人类相互残杀和威慑的武器;过去的捕猎活动是生物链中的一环,现在则变成了争夺生物金字塔顶端控制权同时又摧毁其基础的自杀性行为;人类不仅蜕变成了万物的天敌,而且更蜕变成了自己的最大敌人。掠过人类相互残杀的历史,他们不仅看到食物生产者部落、国家之间及其内部的战争不断,杀人盈城、血流成河、焦土千里、饿殍遍野的一幕幕场景,而且看到毁灭性的命运还纷纷祸从天降到全球各地无辜而善良的食物采集者头上,仅是15世纪开始的殖民史中的某些片断就足以使他们晕倒。

1492年,哥伦布踏上被称为圣萨尔瓦多的岛屿时,岛上的泰诺人向到来者慷慨地赠送礼物并非常尊敬地予以款待,但西班牙人把他们当成牲畜一样劫掠烧杀,许多泰诺人被绑架运至欧洲出售为奴,不到10年,这里所有的部落被摧毁,成千上万人被杀死①。圣多明各是哥伦布最早发现的岛屿之一,当西班牙人进行征服时,这里的人口约100万,在经历了40年时间西班牙殖民主义者的残酷剥削、奴隶制和欧洲疾病所造成的死亡之后,只有几百个当地人存活下来。西班牙人于1519年征服墨西哥阿芝台克,当时这里有人口约2500万人,30年后减至约600万人,到1600年时,已只剩下约100万人。在16世纪前半期,仅是尼加拉瓜一地,就有超过20万的印第安人被带走做奴隶。智利南部的阿劳干人在17世纪80年代前一直被作为奴隶使用,北部的阿帕契人、纳瓦霍人和肖松尼人直到19世纪还是奴隶。16世纪30年代秘鲁的印加帝国被征服,入侵者的肆意屠杀使当地人口下降了1/4,其他人成了恶劣环境中劳作的奴隶。在种植园劳作的人死了一半,在矿山(如波托西银矿)劳作的人,干一班要在矿井下整整呆上一周,不能出井,极少的食物和有毒的汞,导致极高的死亡率。阿芝台克和印加等国、部落几乎所有财宝都被洗劫一空,从1500年到1650年,约有45万磅黄金和3500万磅白银被运出美洲②。

1600年时,巴西东部沿海地区处于葡萄牙人的控制之下,当时这里约有5万名白人殖民者、10万名奴隶,但后来因奴隶大量死亡而导致种植园荒废,到17世纪30年代,荷兰人占领巴西东北部,发现沿着海岸线800英里是大片荒芜的土地,在一个世纪前,这里曾有几十万印第安人,现在只剩下9000人。奴隶的稀缺,使得耶稣会士们组织了若干次捕奴远征,到处去搜捕残留的印第安人,凡被捕获的都被打上火印,强迫到种植园和养牛场作奴隶,许多部族被灭绝。对巴西印第安人的奴役一直持续到20世纪60年代后期,1900年时还残存的一些部族又被灭绝了一半,人口下降到十不剩一③。

北美印第安人的遭遇与南美一样,1500年时,如今美国的这片土地上生活着约100万印第安人,他们有着丰富多彩的文化和生活方式,当殖民者依靠当地人在这里定居下来后,就恩将仇报对当地人开战,把印第安人从他们

---

① [美]彼得·S.温茨:《现代环境伦理》,宋玉波等译,上海人民出版社2007年版,第301页。
② [英]克莱夫·庞廷:《绿色世界史:环境与伟大文明的衰落》,第144—146页。
③ [英]克莱夫·庞廷:《绿色世界史:环境与伟大文明的衰落》,第146—147页。

的家园驱逐出去,赶到贫瘠的所谓"保留地",加上疾病流行和文化崩溃,带来了很高的死亡率,这一过程一直持续到 20 世纪 30 年代。19 世纪时,美国用军队强迫南方的 9 万切罗基人西迁,在路上就死了 3 万人。从 1829 年到 1866 年的 37 年中,温内贝格人就 6 次被迫西迁,人口死了一半。到 1844 年,整个美国东部只剩下了 3 万印第安人,绝大多数生活在苏必利尔湖一带的偏远地区。19 世纪 60 至 70 年代的一系列野蛮战争,使大平原上的印第安人从一切好的土地上被驱逐到贫瘠的土地上。1887 年到 1934 年,印第安人又失去了他们残存土地的 2/3,被赶到沙漠和半沙漠地带①。

  太平洋岛屿土著人的命运同样悲惨,从欧洲殖民者在 18 世纪后期进入到 1900 年,人口就下降了 80%,有许多岛屿上的土著人及其社会事实上被抹去了。夏威夷在 18 世纪末还有 30 万人,到 1875 年只有 5.5 万人。库克群岛的拉罗汤加人在 1827 年有 7000 人,到 1867 年时只有 1850 人。塔希提岛在 18 世纪 70 年代第一批欧洲人抵达时有 4 万人,他们带来了卖淫、性病和酗酒,1773 年詹姆斯·库克船长第二次登上该岛时,在自己的航海日记中承认:"我们使得他们的道德堕落,倾向于恶习,我们在他们中间传播了欲望和种种也许他们以前永远都不会知道的疾病。"19 世纪 40 年代法国人把这一群岛划为属地时,该岛人口已降到 9000 人,法国印象派画家保罗·高更来到这里时,为岛上丰富独特的土著文化完全消失、种族消失、大批人口死亡、剩下的当地人无任何事可做、卖淫充斥而震惊,土著人后来再降至 6000 人。塔斯马尼亚岛面积约为台湾的 1.88 倍,18 世纪结束时塔斯马尼亚岛阿布里吉人约有 5000 人,从 1804 年开始,殖民者用战争赶杀土著人,到 1830 年时只剩下约 2000 人,而殖民者还是要把他们全部驱赶出去,7 周的军事行动只捕获了很少的阿布里吉人。到 1834 年,阿布里吉人全部被驱逐到巴斯海峡的弗林德斯岛,到 1835 年时,他们只有 150 个人存活。1843 年降至 43 个,最后一个于 1876 年孤独地死去。阿留申群岛在 18 世纪 50 年代俄罗斯人进入后,在 30 年的时间内,人口减少了 95%,剩下的被赶到普里比洛夫群岛②。

---

① [英]克莱夫·庞廷:《绿色世界史:环境与伟大文明的衰落》,第 147~149 页。
② [英]克莱夫·庞廷:《绿色世界史:环境与伟大文明的衰落》,第 150—153 页。

澳大利亚在库克船长18世纪70年代到达时,曾被阿布里吉人的友好接待及其采集生活方式所打动,他认为:"对某些人来说,他们或许显得是地球上最可怜的人,但事实上他们远比我们欧洲人更为快乐。"同行的植物学家约瑟夫·班克斯也认为:"生活在这里的是一些快乐的人们,有很少的东西就满足了,几乎是不要任何东西。"土著人都是大地之子,没有土地所有权观念,然而,英国政府决定把这里变成一个惩罚性的殖民地。1788年,装载着囚犯的第一批船队抵达如今悉尼港的地方,所有的土地都被宣布归英国国王所有,当地人对土地的任何权利都被否定,冲突中,阿布里吉人被大批杀死,没有被杀死的就流入荒凉的地区,或沦为乞丐和妓女。到19世纪40年代,悉尼地区只残留下很少的阿布里吉人①。澳大利亚政府驱杀土著的工具是"土著警察",他们在深夜包围土著营地,拂晓攻击,开枪射杀。其他白人广泛使用下了毒的食物去毒杀土著。对捕获的土著,用铁链锁颈连成一串,让他们步行到监狱去,19世纪英国人对土著的主流意见是,消灭土著,给他们一个痛快,别让他们受不必要的苦。澳洲的原住民人数很多,1788年沦为殖民地时估计为30万,1921年人口普查时只剩6万。澳洲白人直到20世纪初仍用上述手段对付土著,颈链直到1958年还在使用。直到1982年还有人在澳洲主要新闻杂志《快报》上发文,为白人的暴行和土著的灭绝进行颠倒是非的无耻辩解②。土著人的死亡从未被统计过,1886年的淘金热期间,欧洲人涌过西部地区时,土著人被像乌鸦般射杀,最先的三四十年是最密集的杀戮期,两个通过语言识别的民族——Karangpurru 与 Billnara——事实上被灭绝了。这些无名无姓的土著人,在殖民者看来,其生与死注定要付之于殖民主义征伐狂潮的背景中去。当土著人被彻底击垮之后,殖民者认为土著女人是有用的,她们能提供饲养员、向导、做饭和性服务,一位叫威尔希尔的治安官说:"假如没有女人,男人们将不会在这样一个国家中逗留这么多年,而且,上帝预定了他们去使用,拓荒者走到哪里,上帝就为其准备到哪里。"③

非洲大陆在15世纪葡萄牙人沿西海岸航行之后,欧洲人在这里所做的

---

① [英]克莱夫·庞廷:《绿色世界史:环境与伟大文明的衰落》,第151—152页。
② [美]杰拉德·戴蒙德:《第三种猩猩》,第294—296页。
③ [美]彼得·S.温茨:《现代环境伦理》,第304—305页。

主要是奴隶贸易,大批的黑人像牲口一样贩卖到美洲,欧洲人此时忙于美洲、澳洲和太平洋岛屿殖民,加上非洲热带疾病带来的痛苦,在最初的 3 个世纪中限制了殖民者在非洲的深入,非洲是殖民者最后瓜分的一块大陆。19 世纪时的欧洲殖民者经过对全球长期的劫掠而暴富,这个在 14 世纪时被气候恶化和瘟疫折腾得元气大伤的贫困之洲,这时已是以世界上最先进的社会而自雄,可是其殖民者的凶残本性与他们的殖民者祖先毫无二致,他们纷纷抢占非洲大陆最好的土地,德国殖民者根本不把非洲人当成人,他们公开宣称"以任何欧洲的标准将他们视为人类几乎是不可能的"。他们对非洲黑人进行了大肆驱赶、掠杀。1884—1885 年的柏林会议,欧洲列强又把非洲剩下来的独立部分全部瓜分完毕,在接下来的 20 年时间内,非洲人被逐出了他们的所有土地,生活在惨不忍睹的状况之中。1904 年,从南非被驱赶到西南非洲的赫雷罗人和纳玛人在绝境中爆发反抗,遭到德国军队毁灭性屠杀,8 万赫雷罗人只剩下 1.6 万人,其中有许多被抓进地狱般的集中营,纳玛人也被杀了一半,剩下的赫雷罗人和纳玛人大部分在追赶中逃进干旱的奥马赫克沙漠,这就意味着死亡。非洲人所剩的所有土地被没收,所有的部族组织被解散,非洲人成了一个没有土地、不准放牧、需要携带身份证和旅行许可证才能出去打工的苦力阶级。1915 年的一份调查表明,为殖民者打工的 2/3 的非洲人劳动所得不足以糊口,这些食不果腹的饥民打工之外还得到垃圾堆中寻找食物来生存①。

上述有关殖民者对食物采集群体入侵的简略片断,可以使我们想得到自 15 世纪以来的几百年间,美洲、澳洲、太平洋岛屿、东南亚、西伯利亚、非洲究竟发生了些什么事情。在殖民者的记述中,是他们建立开疆拓土、开化野蛮人的英雄史诗和丰功伟绩,但在人类史上,则是人类种族大灭绝和食物采集文化大湮灭的浩劫。当时的土著人如果不是因为还具有做奴隶的"价值",他们很可能会被当成"异类"而在地球上完全被抹去。

这一过程当然会引起土著人的反抗,土著人在殖民者开始进入时予以真诚接待,但是,他们经过入侵者的疯狂屠杀、劫掠、驱赶,丧失一切生计之后,

---

① [英]克莱夫·庞廷:《绿色世界史:环境与伟大文明的衰落》,第 153—155 页。

如果没有对入侵者奋起反抗的行为则是不可思议的。因为这是人类天生具有的生存本能,没有这种生存本能就没有适应环境的能力,就不可能进化成人类,不可能在严酷的自然环境中生存下来。我们无须把食物采集群体设想为天使的群体,群体之间绝对没有矛盾和杀戮,人类毕竟不只是采集者,而且还是猎手,在某些生活空间相对狭小,资源不足,两个群体在饥饿时捕猎狭路相逢,出现误伤或对猎物的归属意见不一而引起冲突也不是没有可能,由此可能会带来相互间的仇杀,白令海峡的有些爱斯基摩人群体之间长期不和,相互间有杀戮,就有着复杂的血仇性质。有些观察资料谈到澳大利亚土著有残酷行为,就既有"世仇"性质,又有外来影响,"如将澳大利亚土著的习俗看做是原始的,那是极大的误解。他们的残酷行为和他们的'文明'产生于相同的根源。也许这样说更能表明一点:外来民族的习俗和信仰影响了澳大利亚土著居民的习俗,这产生了各种不是人类本性的残酷行为"①。既然殖民者是威胁他们生存的大敌,对这种威胁高度警惕,反应显得过敏、过激,行为显得残忍,都属适应性行为,他们本来是"羊",但环境可能会把他们变成"狼"。殖民者对灭绝土著人极尽美化,对土著人反抗极尽污蔑,实际上,土著人的反应是生存的自然反应,即使用文明人的文化标准来衡量,捍卫生存权也是正义的,邪恶的是殖民者。

阶级社会把人变成了非人,在统治阶级的文化中,充斥着对被统治阶级和"非我族类"的蔑视,他们被称为蠢猪、恶狗、狗杂种、贱民等等,总之是不配称为人。纳粹把犹太人当做吸血寄生虫的虱子,在阿尔及利亚的法国殖民者,把当地的穆斯林称为"鼠辈","文明的"巴拉圭人把印第安土著当做带狂犬病病媒的老鼠;南非波尔人叫南非土著为"狒狒";奈及利亚受过教育的北方人把伊波族看做不配当人的寄生虫②,等等。既然许多人被非人化,统治者对被统治者、富人对穷人的欺压、榨取、愚弄也就毫不留情,因为他们不配做人,只是像牛马一样的活工具,如果这些工具不听使唤,就会遭到无情的惩罚,如果胆敢造反,杀起来甚至比杀禽兽还要残忍,如开膛破肚、大卸八块、五

---

① [英]G.埃利奥特·史密斯:《人类史》,第152页。
② [美]杰拉德·戴蒙德:《第三种猩猩》,第313页。

马分尸、剥皮抽筋、凌迟炮烙等无所不用其极，丧心病狂也不足以形容。但哪里有压迫，哪里就有反抗，压迫愈重，反抗愈烈，这就形成了自农业文明以来的历史上一连串的正反馈循环，它导致连绵不断的杀伐征战，此起彼伏的改朝换代、难以计数的种族灭绝和数十亿人口死亡，并穷竭人智地发展战争的"诡道"和杀人武器，直至达到可以毁灭全球千百次的水平。在所有的动物物种中，唯有人类这个物种才把自相残杀的威胁演化到灭种的程度，20世纪上半叶爆发了人类史上前所未有的两次世界大战，战后的人类似乎吸取了教训，并于1948年的联合国大会通过了《反灭族屠杀公约》，但东南亚、南美、中东、非洲等地仍发生了一系列大屠杀事件。美国等国仍对朝鲜、越南、科索沃、阿富汗、伊拉克等发动了大规模的侵略战争。

人类要靠自然资源生存，养护资源，取之有度，用之有节，人与自然和谐共生，是所有食物采集者群体文化的共性。但是，当私利之门打开，贪欲之火燃烧起来后，某地拥有丰富的自然资源，就不再是当地人的福祉，而成了苦难的渊薮。北美因拥有丰富的野生动物资源和辽阔的沃土而使印第安人几乎被入侵者灭绝；南美印第安人曾因黄金白银而被入侵者灭国屠族；太平洋的一些岛屿曾因动物资源富集，而入侵者把土著人与野生动物一道赶尽杀绝；海地因森林资源丰富而被木材商劫掠一空，土壤也因之流失殆尽，当地人种地无土、放牧无草，只有靠行乞和捡垃圾为生。在矿物开采史上的很长一段时间中，煤矿矿井成了吞噬矿工健康的炼狱和生命的坟墓，矿区则变成了黑色世界，不仅环境污秽不堪，社会也是黑势力横行，其他矿物开采也大同小异。中东拥有丰富的被称为"黑金"的石油，也因此而变成了世界的火药桶，战争不断，教派恶斗，恐怖主义横行，在美国入侵伊拉克的战争中和战后，更是不断地向全球文明人展示了21世纪初最为血腥的屠杀场景，这块曾孕育了伟大古文明的土地，已被无数战火将辉煌化为墟废。几千年来，人类的资源、领地争夺和利益冲突从陆地推进到近海，再推进到大洋，现在又推进到对南极洲和北冰洋的"主权宣示"，再下一步，则可能是太空战和争夺月球和火星了。

九

人口困境

在农业文明诞生前的几百万年间,人口数量和结构主要是受自然环境的调节,如气候、食物、疾病、大型肉食动物和有毒虫蛇等都会对原始小群体的人口及其结构形成制约,因而人口数量很少,在大型哺乳动物物种中不具有数量上的优势。自农业文明特别是工业文明诞生后,人类成了一个日趋强势且对自然环境具有攻击性的物种,自然环境对人口的制约被逐渐削弱,人口总量增长逐步加快,1987年人口达到50亿后,每12年就增加10亿,现在全球的人口数量超出70亿,已造成全球主要资源濒临枯竭和生态环境严重衰退,如果不能控制人口增长,到本世纪末有可能达到150亿。但是,人们对人口问题仍然歧见纷呈,人类如果不能自觉地调节自身的生产,灾难性的生存危机调节就不可避免。

(一)人口争议

据科学家对人类基因的研究,在120万年前,全球人口只有约5万人,10万年前的某一时刻只有约1万人[①]。由于目前还没有独立的办法来评价基于遗传学的人口推测,这一数字只能是"仅供参考",但那时的人口很少是毋庸置疑的,直至一万多年前农业文明诞生前夕,全球人口才增长到约400万,这时的人口已分布到全球各大洲和海洋中的许多岛屿。农业文明发展促进了人口增长的加快,到1700年工业革命前夕,全球人口用一万多年时间增长到

---

① "120万年前全球人口5.5万",新华社《参考消息》2010年1月22日。

8亿,是农业文明前夕的200倍。工业文明推动了人口的爆炸性增长,到2050年时将超出90亿,将超出农业文明前夕的2250倍。

自马尔萨斯在工业革命之初,世界人口约为10亿的时候发表著名的《人口论》以来,人口问题就充满着争议。人们之所以对人口问题难以取得共识,是因为除了各种传统观念的影响外,所有的人都处在特定的时空和情境、情势之中,既受到当前自身利益和所处环境考量的影响,也受到认识的角度、层次、方法乃至世界观的约束。今天的人口学家、社会学家、经济学家、政治学家、自然科学家、生态学家等等只要面对现实、关注发展,就都会从不同的角度关注人口问题。

许多人认为,无论是东方还是西方的传统文化,都推崇多多生育,例如:中国古代的君王不乏鼓励早婚早育的政令,一些大思想家也有这种主张,孔子推崇孝道,并强调"不孝有三,无后为大",墨子主张通过早婚早育以增殖人口,民间多子多福的传统观念根深蒂固等等。西方的犹太—基督教宣扬多多生育,充满地球,去征服它,去支配海中的鱼、天上的鸟和地球上所有的生物,活着的每一个生物都将成为你们的食物等等。但是,这不是历史的全貌。中国在明末和清代,面对人口成倍增长带来的人满之患,如何养活他们的问题,已引起不少文人学者的思考,也使乾隆皇帝深感忧虑,清末南京文人汪士铎更是提出人多则穷、人多是动乱之由的观点和减少人口的极端性措施①。在西方,基督教的《圣经》虽主张多多生育、征服地球,但唱反调的也不乏基督教神父,迦太基基督教神学家德尔图良(160—220年?)在公元3世纪就指出:地球大量的人口是地球的负担……瘟疫、饥荒、战争和地震的蹂躏开始被看做是过度拥挤的国家的福气,因为它有助于消除人口的过度增长②。犹太教思想家迈蒙尼德(1135—1204年)则挑战了《圣经》所宣扬的人类在自然界的特殊地位和所有的事物都是为了人而存在的观点:"不能相信所有的存在都是为了人的缘故。相反,所有其他的存在也都有着他们自己的缘故,而不是

---

① 参见姜涛:"明代后,'多子多福'的观念被颠覆",《北京日报》,2010年11月22日。

② 参见[美]加勒特·哈丁:《生活在极限之内——生态学、经济学和人口禁忌》,戴星翼等译,上海译文出版社2001年版,第169页。

为了其他什么事物的缘故。"意大利阿西西的天主教方济各会的创始人（Francis of Assisi 1182—1226年）把所有的创造物都视为创造中的平等部分，而不是上帝为了人类的功利目的而放置在那里①。英国牧师马尔萨斯的节制人口观与《圣经》的人口观就更非一致。

  人口问题不是抽象的、绝对的，而是具体的、历史性的。没有最低限度的人口，就没有人类物种的可持续生存和进化，更不会有文化上的大成就，人不只是生物进化的产物，还是文化进化的产物，而文化是通过环境压力和人类间的相互交流发展起来的，长期与世隔绝的人类小群体，在语言和文化上难有进化，其原因就是人际交流贫乏。但人口密度过高，超出了环境的承载力，则饥荒、战争、疾病就会充当人口耗减的杀手。在采猎时代，由于原始小群体必须达到几十个人的规模，才能有最低限度的青壮年人手从事有效的采集和捕猎活动，即使那时环境中食物丰富，但大型肉食动物和有毒虫蛇袭击，加上婴幼儿成活率很低、人均寿命短，要应对疾病煎熬、蛇兽捕食、狩猎伤亡对人口的耗减需要付出全部的努力，因而那时的生育与生存具有同等的重要性，多多生育也只能带来极低的人口增长率，直到一万年前，全球人口总量还不及今天中国一个二线城市的人口规模，但在一些气候适宜的地区，人口密度已经增加到采猎经济难以维持的水平。于是种养业开始出现，自然生态系统中开始出现一个个人工技术系统，这种人工技术系统是剔除了自然生态系统中的生物多样性，将腾出的空间集中于种养少数人类吃穿用所偏爱且能驯化的动植物品种，它大大提高了人口承载力，从而为人口增长提供了新空间。同时，人工技术系统的维护、改进和拓展又推动着人类对自然的探索和干预，在这一过程中，经验的积累、工具的改进、社会的分工协作都朝着人类探索和干预自然的方向逐渐加快，人类开始显示越来越强的干预自然的能力，它带来寒暑、疾病和虫蛇猛兽等自然因素造成的人口耗减的逐渐降低，婴幼儿成活率和人均寿命的逐渐提高，人口增长开始逐渐加快并不断向无人的生态系统转移另建家园的过程。这一过程的持续使人类踏遍全球，分布到各大洲乃至海岛中的各种适于生存的生态系统中。

---

  ① 参见[英]克莱夫·庞廷：《环境与伟大文明的衰落》，第163页。

到了这时，人口继续增长向外转移的路子已基本走到尽头，当通过种养技术和农业设施改进所增加的食物产出，仍难以满足人口增长的需求时，就面临着两种选择：一是节制人口增长，以维护本地资源环境和部落生存的可持续性；二是通过相邻部落的融合，以在更大的空间中重组生产和生活。前者就是曾广泛分布于世界各地的被"文明社会"称为"土著部落"的选择，他们谨慎地守护着家园的生态可持续和部落的平等和谐；后者则是建立国家强力体系的各民族的选择，这种选择大多伴随着相互征服的暴力过程，暴力杀戮既会耗减人口，又会将失败者置于被剥削压迫的不平等地位，从而将他们的资源消耗降至一个很低的水平。但是，后者并不能最终解决人口增长与资源环境的矛盾问题，在这种矛盾的压力下，人类有进无退地陷进了征服自然和相互征服的循环之中，因为这种矛盾的压力既刺激了人类探索自然、发明新技术、提高生产能力更多地榨取地球以满足人口不断增长的需求，而新技术的发明和应用又不断地强化了国家的统治和战争机器，将社会的不平等和国家的不平等置于日趋强化的暴力控制之下。当食物的增长赶不上人口增长的需求或遭遇严重自然灾害，社会出现大量的饥民时，国家内部的动乱或相互间的战争便会一再重演。据有人所作的不完全统计，从公元前3200年到公元1964年的5164年中，世界上共发生了14513次战争，平均每年3次，死人36.4亿[①]。

这种循环不仅书写了几千年人类文明演化的特殊历史，而且还全面而深刻地改变了地球生态自然演化的图景。今天人类所拥有的科技手段既已足以认识我们赖以生存的条件，也已足以自我毁灭千百次。但我们仍未能走出征服自然和相互征服的毁灭性循环，我们仍背负着沉重的历史包袱，这种包袱不仅有传统的狭隘人口观念，更有传统的狭隘利益机制，它们严重地阻滞着国家和全球人口、资源、环境平衡观念和机制的确立。几十年前，有些人曾对二战后世界人口爆炸性增长表示担忧，自上世纪80年代后世界人口增长也转向趋缓，但如今世界人口总量仍达70亿的巨大基数，只要按1%的速率增长，到2081年时就将再翻一番，达到140亿。与此同时，我们的生存条件

---

① 转引自欧阳金芳："战争与生态经济"，《生态经济》2002年第6期。

也在急剧恶化,即使按照联合国对人口增长、资源消耗和气候变化最乐观的预测,到2030年,人类将需要2个地球吸收排放的二氧化碳和满足对自然资源的消耗。

在人口增长压力和资源环境不确定性空前迅猛加大的态势下,大多数国家的人口仍在增长,少数国家如德国、日本、韩国等出现人口负增长应是好事。但是,不要说人口负增长的国家,就是人口增长率较低的国家,也已有不少人对此表示担忧,他们担忧的主要有:经济将因劳动力短缺而失去增长的动力,社会将因老龄化而带来福利和医疗费支出增加,民族将因人口减少而带来政治甚至安全的不利影响,家庭将因子女少而增加养老负担;一些有意控制生育却又重男轻女的国家出现性别比失衡,家庭少子化导致小孩自私和个人中心主义滋长等等。因而,他们主张人口负增长、低增长的国家用奖励措施刺激人口增长,计划生育的国家放宽生育控制。

为什么有些人不担忧人口总量增长的问题呢?因为他们认为,技术不断进步使生产力不断提高,能不断提高地球的人口承载力。为什么他们担忧人口结构并主张通过人口总量增长来解决结构问题呢?除上述生产力和承载力提高的理由外,他们的主张还有一个潜在的前提,那就是:现状的经济、社会、政治结构将持续下去而不会有重大改变。然而,所有这一切都是需要深加辨析的。

认为人口多,市场就大,经济增长的动力就足,资源短缺会刺激科技创新,科技创新使资源利用率提高和找到替代资源,从而提高人口承载力,人口多是好事不是坏事的观点,是某些自由主义经济学家长期以来所坚持的观点,这种观点至今仍有市场,不少人仍相信这种观点。但是,这种观点不仅在理论上似是而非,而且在实践上误导了社会,因而需要加以澄清:

首先,人口多并不等于市场就大。没有购买力的穷人、失业者再多,市场也大不起来,不仅大不起来,而且会给自然和社会增加巨大的负荷,因为没有购买力的穷人对市场贡献的份额虽然很小,但他们也得吃饭和消耗资源,虽然人均消耗量很低,但人口数量越大,消耗总量也越大。2009年,世界银行给出的全球贫困人口数已升至20.2亿,联合国粮食计划署的报告给出的饥民数已升至12亿,穷人数量已增长到农业文明晚期全球总人口的两倍,因而其资源的消耗总量已是一个巨大数字。如果社会保障无力使他们从市场上获得生存需求的满足,他们就得向自然直接索取,或以犯罪途径从社会取得,这都要付出加重生态失衡和社会失衡的代价,带来这两种代价不断增长的人口增长,已成了自然和社会不堪承受的重负。

第二,要扩大市场,需要增加的是就业人口和穷人的收入,而不是增加人口总量。今天只要20多亿穷人的收入能大幅增加,市场也就大大扩大了,但是资本主义对此从来都是无能为力的。在历史上,资本主义扩大市场的过程,是一个伴随武力征服全球的过程。在今天,发达国家如果扩大市场不顺,就发动贸易战、货币战去惩罚别的国家,他们从来都没有去反省自己,去通过公平分配提高本国穷人的收入以扩大市场。

第三,如果说发展中国家存在巨量的失业和低收入人口,是因为市场和科技不发达,那么,市场和科技最发达的国家也存在高比重的穷人和失业人口,就再也不能掩饰这种观点的荒谬了。据2011年11月美国人口调查局发布的数据,2010年美国的贫困人口达到创纪录的4900万,占总人口的16%,生活在贫困线以下的儿童为1570万,占儿童总数的32.8%。这几年,美国的失业率已高达9%左右(欧洲有些国家的失业率甚至超出了20%)。最发达的国家都改变不了现有穷人太多、需求严重不足、经济增长乏力的状况,还奢谈什么增加人口、扩大市场?当然,他们不愿也不敢去检讨自己的问题,而是到国外去找替罪羊。

第四,生产力提高能提高地球人口承载力的过程,归根到底是一个资源的替代过程,在一个有限的系统中,替代是有限的,因而,人口增长和经济增长都是暂时的,而不是可持续的。在农业文明时期,人类用农田替代森林,使土地生长的都是人类的食物,这比天然森林单位面积所提供的人类食物要高得多;用放牧替代捕猎,同时灭绝与人类竞争食物的其他大型肉食动物,这也大大提高了草原单位面积的肉类供给。这种替代使全球人口在一万多年的农业文明过程中增长了200多倍。但这种替代在农业文明时期至少受到两种制约:第一种制约是森林不能完全被替代,因为人类的燃料、建筑材料、劳动工具、生活用具等都需要木材,森林必须有较多的保留,这就限制了耕地、草场的扩张从而制约了人口的增长;第二种制约是砍伐森林带来水土流失、干旱化和荒漠化的制约,这种制约曾导致许多地区人口承载力的大幅下降和文明古国的衰落。在工业文明时期,人类用金属和塑料替代木材,用化石燃料替代薪柴,用化肥替代有机肥,用化学农药替代生物多样性对农田的生态平衡,森林就被大规模的农田、草场、养殖场所替代;同时,近海养殖和海洋捕捞也大规模地发展起来。这种全球性替代走到今天,已使全球人口从农业文明之初的约 400 万增加到今天的 70 亿,但这种替代同样也受到两种制约:一是水土流失遍及全球陆地,荒漠化、干旱化到处蔓延,海洋渔场走向衰落,主要非再生资源濒临枯竭;二是环境和气候恶化,物种以史无前例的速度灭绝,支撑人口爆发性增长的生物金字塔基础濒临崩溃。现在,我们有技术去全面替代海洋、土壤、淡水、生物多样性以支撑人口的持续增长吗?回答是:没有。许多生态学家和自然科学家反对人口和经济不断增长的观点,因为这种观点的视野太过狭窄,以致有人尖锐地批评说:认为经济可以无限增长,除了疯子就是经济学家。

有人认为,世界上有些国家和地区人口增长快、密度高,但发展也快;有些国家和地区人口密度低,还有很大的人口增长空间,因而不能认为世界人口已经过多。这种认识是正确的吗?就局部而言,无疑有些人口密度高的国家和地区发展得较成功,但他们无一不是较多地利用甚至是依赖于世界资源发展起来的,离开了世界资源而仅靠本国资源,他们就养不活自己,更不要说发展得很好,但它的整体生态效果是:虽然世界上有许多国家有生态盈余,但全球生态赤字已超出了 50%;有些国家如俄罗斯、加拿大、澳大利亚等人口密度低,或许还有人口增长的空间,但这只是某些人的主观想象,作者在加拿大考察时,曾与一位学校的校长交流过看法,她认为加拿大人口已经超载。这种观点似乎偏激,但却可以使那些身处人口密度高、人均资源少的国家的人们冷静地反思自己的人口增长主张是否明智。而且,也正是因为人口没有密密麻麻地布满陆地,才使得一些陆地自然生态系统得以保留下来,如果亚马逊森林、加拿大森林、西伯利亚森林全部变成了人类的居住地,人类虽布满了地球,地球却无可挽救地破产了。

生态学家和科学家很清楚地球承载力的有限性,1992 年,世界上两个最知名的科学组织——美国国家科学学院和伦敦皇家学院史无前例地发表了一份联合声明,指出"科学和技术上的进展不再能使我们避免环境恶化和大多数人的持续贫困,这一结果是不可逆转的"[①]。现在感到失望的科学家和生态学家已是有增无减,许多自然科学家曾设想向外星移民,移民的理由很多,最根本的理由是对逆转地球人口爆炸、贪婪无度、资源枯竭、环境破坏的暗淡前景感到失望。随着对地球生命研究和外太空行星观测研究的深入,人类向近地行星探险和获取某些资源是可能的,但放弃地球到外星逃生只是一种幻想。地球和人类都是孤独的,控制人口增长和贪欲膨胀,恢复地球的生命力,是人类能够继续生存下去的唯一选择。因而,我们今天和今后所面临的人口问题,虽然有人口结构问题的挑战,但最大的挑战还是人口总量问题,因为前者挑战的是社会利益关系,而后者挑战的则是人类的生存底线。

(二) 乘数效应

在采集渔猎时代,由于人口增长极为缓慢,没有财产观念,没有储存和积累,人类的需求以即时的饱暖为度,因而每个人的物质需求都大体上是一个稳定的常量,这时的人类对自然资源的消耗可以用以下公式表示:

人类的自然资源消耗 = 个人消耗量(常量) × 人口数量(缓慢增长的变量)

由于这时的人口增长极为缓慢,因而人类对自然资源的消耗只能以同样缓慢的速度增长,并且这种增长还要受到所处自然生态系统的食物产出量限制,而这种食物产出量又会受气候、年成波动的影响,因而,这时的人口缓慢增长也是一个有增减的波动曲线。当环境恶化、食物短缺,或人口增长超出所处环境的承载力时,他们可能就要被迫走上长途迁徙、另觅栖息地的道路,这可能是两百万年来人口逐步扩散的重要原因。这种迁徙扩散既为人口增长开辟了新的空间,但在迁徙过程中因食物短缺、虫蛇猛兽袭击,以及在新栖息地的初始时期因新病菌的感染、气候变化等原因,会不可避免地要付出人

[①] 转引自[美]查尔斯·哈珀《环境与社会——环境问题中的人文视野》,肖晨阳等译,天津人民出版社1998年版,第323页。

口耗减的代价。总之,无论情况如何,这时的人口增长不仅受到自然生态系统食物产出波动的限制,而且受到各种自然因素造成的伤害和疾病的耗减,人口总量始终处于自然生态系统所构成的"木桶短板"之下。但是,当人口已分布到全球所能适应的生态系统后,人口增长需要再转移却又无空间转移时,从依赖于自然生态系统的生存方式转向种养业即转向提高单位空间的人口容量,就成了唯一选择,农业文明也就在人口密度较高地区的人口增长压力下诞生了。

在农业文明时代,手工工具的改进、畜力的利用和种养技术的发展,大大提高了劳动生产率和单位土地面积的人口承载力,从而为人口增长拓展了空间容量。同时,定居、储存、积累观念的形成,使人类不再满足于即时性的饱暖,而是追求从稳定性的温饱有余直到各种欲望满足的享受。但是,私有财产、阶级分化和独裁专制制度的实行,使得绝大多数人仍只能在贫困线和温饱线上挣扎,他们终生不识几字、家无余产,人均自然资源消耗仍然只是一个常量。只有少数居统治地位能剥削他人劳动的人能追求奢华性享受,他们的欲望永无满足,因而他们对自然资源的消耗是一个增长的变量,但他们的人数只占总人口的极少数。这时的人类对自然资源的消耗可以用以下两个公式表示:

绝大多数人的自然资源消耗 = 人均消耗量(常量) × 人口数量(增长的变量)

极少人的自然资源消耗 = 人均消耗量(增长的变量) × 人口数量(缓慢增长的变量)

农业文明时代人类对自然资源的消耗,绝大多数人仍与采集渔猎时代相似,主要是人口增长一个变量带来的消耗增长,只有少数剥削者才出现人均消耗增长和人口缓慢增长的两个变量的乘数效应。

农业文明时代的人类,一方面由于生产力和医药技术的发展,人口因虫蛇猛兽侵害和病菌感染而导致的死亡率有较大幅度降低,人均寿命有所延长,人口呈较快增长趋势。另一方面是支撑这种增长的耕地拓展所必然付出的森林消失代价也在增长,特别是统治阶级穷奢极欲、滥用资源,仅是他们生时的宫殿、死后的墓穴,对自然资源的消耗就百倍于穷人,从而大大加剧了对自然生态系统的破坏，许多古老的农业文明和文明古国在经历了约千年的发展后，就摧毁了他们所依存的生态系统而走向衰落。还有许多农业文明，因森林植被破坏、水土严重流失导致气候干旱化和土地荒漠化，而饱受频繁的饥荒、战争和瘟疫流行的磨难，其人口也因此而在增长中不时地被大量耗减。因而，农业文明时代的人口增长仍受到陆地地表自然生态系统承载力的无情制约，直至农业文明末期，全球人口仍未能超出10亿，而且这种制约也为许多人所意识到，并见诸许多人类群体的节制生育行为和一些知识分子的呼喊之中。但是，人口"增长—耗减—增长"的反复波动，也在不断地冲击着自然生态系统的人口约束瓶颈，在探寻新的人口增长空间和单位空间人口容量拓展压力的驱动下，人类最终打开了工业文明的大门，从而将人口增长从陆地地表部分生态系统承载力的极限推向整个地球承载力的极限。

工业文明开启了人口爆炸和征服地球的新纪元。之所以会引致人口爆炸，是因为过去一些制约人口增长的因素发生了戏剧性的变化：

首先，由于自给自足的经济模式被经济的市场化和全球化所彻底瓦解，人们不再顾忌当地的人口是否超出当地生态系统的承载力，而只需关注在市场交换中能否拿出有市场需求且有利可图的产品，同时，工业化城市化的扩张过程使工业和服务业的劳动需求也在扩张，人口适应这种需求而向工厂、矿山、城市、基础设施建设、远洋运输、国外转移已变得容易。因而，这时的节制生育观念已完全不合时宜，因为人口的快速增长到了这时不仅是工业化生产快速扩张的必要条件，而且也是市场消费需求快速扩张的必要条件。人口在生产需求增长和消费需求增长二者相互促进的推动下爆炸性地增长，200多年来，这种增长并没有带来普遍的饥荒灾难，而是带来经济的快速增长和市场的更加繁荣，这种戏剧性变化可能出乎马尔萨斯的意料之外，以致他的《人口论》生不逢时而备受诟病。

其次，过去认为是木材、燃料和水土涵养之源因而有所保护的森林，虽然因被新的材料和能源所替代而使其木材和燃料的价值空前贬值，但砍伐这些天然的馈赠品仍然有利可图，何况所有的人都只能用自己的产品或服务通过市场交换获得货币收入才能维持生存，森林的木材和燃料是林区人能用于与外界交换的唯一大宗商品，因而砍伐森林也就在全球规模上由近及远、由易及难地展开,所腾出的林地也就为耕地、牧场、工矿、城镇、村落、道路的扩张从而为人口的扩张提供了新空间。

再次,市场交换使得只要有资源就有生存之本、致富之道,而科技发展又使得人类有能力踏遍全球,进入任何过去所不敢涉足的自然系统,于是沙漠、高山、海洋、荒岛、极地等只要地下有矿、水中有鱼、空中有鸟、旅游有景、陆地和远洋运输有可停靠补给的地方都成了人类的聚居之地,从而又为人类的扩张增添了新空间。

复次,种养业的动植物品种不断改良,水利设施的大规模建设,化学肥料、药物的施用,大大提高了单位面积的农产品产量,从而又进一步提高了单位空间的人口容量。

在人口快速增长的同时,市场竞争机制推动着科学技术和生产力以更为惊人的速度加快发展,虽然分配不公使贫富差距呈不断扩大之势,使得总人中约有20%的人始终处于贫困状态,另有约20%的人是财富的快速增长,还有约60%的人收入水平也在不断增长,总的情况是,国民生产总值和总收入增长速度远快于人口增长速度,人均收入呈快速增长之势,因而,如果只考虑人类整体对自然资源的消耗,而不考虑不同收入阶层的差距,这时的人类对自然资源的消耗可以用以下公式表示:

人类的自然资源消耗 = 人均消耗量(快速增长的变量) × 人口数量(快速增长的变量)

这是人均消耗快速增长和人口数量快速增长的两个变量的乘数效应。这种乘数效应可以轻易地突破地球或任何宜居行星的承载力,因为变量无限制地增长趋向的是无穷大,与无穷大相比,任何有限系统包括整个已知宇宙都微不足道。当代最负盛名的博学者艾萨克·阿西莫夫(1920—1992),按一个人平均重量为45千克,1979年全球约40亿人,总重量是1800亿千克,以当时约2%的人口年增长率增长,只要1800年后,人口的总重量就等于地球的总质量,宇宙的总质量约为地球的5×10^{27}倍,只需5000年多一点的时间,人口的总重量就等于宇宙的总质量①。仅是人口一个变量的不断增长,就是任何有限系统的不堪承受之重,因而,人口不断增长的结果就只能是人均消耗的不断下降,没有任何奇迹能改变这种反向而行的趋势。

今天的人类与农业文明前基本吃素、没有财产、两足行走、穴居棚栖的人类已完全不同,今天人类的人均自然资源消耗已数十倍、数百倍于他们的祖先。亚当·斯密曾说人间虽有贫富的巨大差别,但有一只看不见的手在调节着人间的公平,因为富人的体积、寿命、胃容量和穷人没有什么区别,他们的吃穿用只有那么多,他们的巨大财富不得不与侍候他们的人分享。斯密与马尔萨斯虽然在后人的评价中有着誉毁截然不同的天差地别,但斯密没有看到:一方面,今天的穷人仍靠两足行走、素菜粗粮、蜗居陋室、忍寒熬暑,除了对万花筒般变化的现代社会的感官刺激和心理压力与远古祖先完全不同外,他们的资源消耗比远古祖先没有太大的增长;而富人则插上了科技的翅膀,可以遨游天地、纵横四海、寒暑不侵、享用天下极品,他们的资源消耗已千倍、万倍于穷人。另一方面,自由竞争的市场机制与世袭的等级制不同,前者给予所有人以致富的想象,后者则迫使你认命;前者鼓励你多多消费,后者则迫使你处处节俭;前者刺激你不择手段地竞争,后者则迫使你安贫守道。因而,今天的穷人也不同于过去,他们不仅有致富的追求,也有不同程度的社会保障或社会救助,而且只要有一份工作,还可以预支未来的购买力以满足今天的消费。今天的人口数量正在逼近农业文明前的 2000 倍,在富国富人奢侈性消费示范的诱惑和市场对贪婪、虚荣所驱动的一浪高过一浪的物质主义、消费主义狂潮中,今天的人类对自然资源的消耗,已数万倍于农业文明前的祖先,一个在上个世纪 60 年代还有生态盈余的地球,在短短的 40 年过去后,生态赤字就已超出了 50%,这种人均消耗快速增长和人口数量快速增长的两个变量的乘数效应,带来的将是地球生态和资源的迅速枯竭,而人类在面临巨大灾难时却没有科技翅膀飞到外星去。

---

① [美]艾萨克·阿西莫夫:《终极抉择——威胁人类的灾难》,王鸣阳译,上海教育出版社,2000 年版第 399—400 页。

(三)骑虎难下

人均消耗快速增长和人口数量快速增长的两个变量的乘数效应,已经使今天的人类临渊履薄而又骑虎难下。临渊履薄就是人类的消耗和排放已经超出地球的可持续承载力,导致地球生命力的衰竭。骑虎难下就是现行的社会机制和结构仍在驱动着人类不断加剧着"超载",而人类对危机的认识仍跳不出过时的思维方式和行为方式藩篱。

为了看清问题的实质,这里把人类的资源消耗区分为三个层次,第一个层次是生存性消耗。这是每个人正常生存所必需的条件,其基本内容是:使所有的人饭能吃饱、衣能穿暖、住能有房、受到基本的教育、能公平就业、有起码的卫生保障、有基本的社会福利、有平等参与社会和国家管理的公民权。第二个层次是发展性消耗。这是每个人正常发挥其潜能所必需的条件,其基本内容是:在满足生存需求的基础上,有能更好地满足身心健康需求的条件,有全面提高自己文化素养的机会,能从事与自己的兴趣和能力相一致的工作,能终身有尊严地生活。第三个层次是挥霍性消耗。与前两个层次的需求相脱节,热衷于购买与自己生存和发展需求无关而只是为了在别人面前炫耀的东西,一旦拥有了这些东西,就会发现它们并不像广告宣传的或自己想象的那样,能给自己带来健康、美丽、聪明和快乐。当虚荣心的满足很快消失后,又重归空虚无聊,于是不停地去购买新的东西,从而陷入喜新厌旧、即用即弃、疯狂购买的怪圈,反正商家有的是争奇斗胜、花样翻新的诱惑技能。在挥霍性消耗中,还需提及奢侈性消耗,这就是只买贵的,不买对的,食必山珍海味,衣必世界名牌,住必豪华别墅,玩必千金猎奇,行必私家陆海空交通工具,今生挥霍不尽,就修个豪华大墓供死后享受。

富人的挥霍性奢侈性消耗既是资源的巨大浪费,又是社会的恶劣示范。如果富人富了还要更富,而穷人生存性需求都不能满足,人类的资源消耗增长就不可能停止,因为满足生存性需求的消耗是高于一切的必需性消耗。饱汉不知饿汉饥,上层富人可能难以移情于下层穷人的饥饿滋味,饥饿甚至比死亡更可怕,它会使人冒着死亡的威胁去铤而走险。2010 年有篇消息报道称:一位美国人开车途中遇袭,腿部和腹部各中一弹,但他此时饥饿难忍,以致不顾死亡的威胁而开车回家,先吃饱肚子后再由他父亲送到医院去救命。吃饱肚子的生存性需求压倒一切,一个存在20亿穷人和10亿饥民的世界怎么会有安宁?穷人也是人而不是牲口,不是吃饱了肚子就万事大吉,他们同样需要有所作为,能有尊严地活着。但是,今天的许多人对社会上充斥失业和低收入人口的现象,似乎都已见怪不怪、视为常态了。一些人认为"事不关己",而冷漠地忽视它;一些人虽提到它,但认为失业和贫困问题只需国家拿点钱就可以解决。正是社会对失业和贫困现象的长期"集体无意识",使得支撑人类文明的自然和社会基础正在变得岌岌可危。就失业而言,并不是政府发点钱使失业者有口饭吃就行了,失业对人的心理有着持久的负面影响,它导致失业者对人生有挫折、失败感,对社会有疏离、隔绝感,使他们心理沮丧,认为社会抛弃了他们,他们也不会对社会负责。美国威斯康星大学的林在润(音)在一项长达20年每月一次的追踪调查中发现,失业率高的地方暴力活动和针对财产的犯罪活动更为猖獗,父母教育子女的方式更为粗暴,家庭关系更为脆弱,心理疾病发病率更高,而且失业者和其周边有工作的人都会出现焦虑情绪[①]。

正是这种"集体无意识",才使得有些人认为中国应学习印度和阿拉伯国家,让人口自然增长,以保持人口结构的年轻化和人口总量优势。中国1949—1970的人口年均增长率高达2.05%,1974年全国人口已突破9亿,如果按这一速度增长,现在的人口已经超出了18亿了,这将意味着中国的资源环境远比今天恶化,失业和贫困人口规模远比今天庞大,由于中国的可耕地比印度少,中国不仅不可能达到今天的发展水平,而且连能否维持社会稳定也是个问题。印度现在的12亿人有8亿是穷人,其贫困人口超过了26个撒哈拉以南非洲国家贫困人口的总和。中国即使从1980年开始实行了严格的计划生育政策,现在仍面临着生态环境恶化、就业难和社会保障水平低的难题。为缓解巨大的就业压力,中国把退休年龄线切在男60岁、女55岁,而县级党政机关的局级(科级)52岁、县级(处级)58岁就退到二线(只拿工资不

---

① "失业的影响比想象的更为可怕",新华社《参考消息》2009年12月12日。

上班),这种过早"退休"的现象全球罕见,它表明中国劳动力供给大于需求的矛盾尤为突出,它带来了巨大的退休福利支出和人才资源浪费。同时,由于劳动生产率水平低、在业人员收入低,提高他们的医疗、失业、养老社保金缴纳比例的空间也很小。要走出这种困境,放弃或放松人口控制只能是南辕北辙。中国现在的选择只能是:继续控制人口增长,适应老龄化的到来,避免深陷失业和贫困人口增多的发展困境;在老龄化到来后,后移退休年龄,以缓解退休福利支出过大、减少人才浪费和可能出现的劳动力不足等压力,同时还可以适时进行"鼓励一胎,放开二胎,限制三胎"的政策微调,这里的前提是政策能普遍落实,且全社会的生育意愿较低,能实现全社会的生育公平和人口平稳下降的双重目标。

还有些人认为印度因人口年轻和制度有优势,经济活力和发展前景比中国更看好。这就与事实背离得太远,印度 1947 年独立时人口为 3.6 亿,2010 年为 11.7 亿,64 年中增加的人口超过了西方 8 国集团人口的总和,预测到 2030 年将超过中国,2050 年将超出 16 亿,到人口进入相对稳定的阶段时,至少将达到 18.6 亿。如果说印度有什么优势,那也恰恰不是人口增长快,印度早在 1947 年就制定了废除种姓制度,1950 年又提出了控制人口增长的政策,但由于印度社会的政治、经济、文化、利益结构十分复杂,任何一个政党只要触及人口及其利益结构,就会丧失选票,因而印度不仅无法实施有效的人口控制政策,连极不平等的种姓制度也消除不了。在 1950 年时,印度的人均收入是中国的 2.5 倍,但到本世纪初,人均收入只有中国的约 1/3,人均寿命比中国少了 10 岁,65% 的人口未解决温饱问题,发展水平已远远落后于中国。印度的无地农民占农村人口一半以上,据世界银行 2008 年的公布的数据,2005 年发展中国家有 14 亿人口生活在日收入不足 1.25 美元的贫困线以下,印度就有 4.55 亿人,约占 1/3[①]。印度西部的沙漠以每年 1000 千米左右的速度向外扩张,可耕地虽比中国多,但粮食产量却只有中国的约一半,有接近一半的人口不能读写,1/3 的女童上不了学,印度近些年的经济增长速度较快,但大部分要用于养活新增的人口,至今仍无力消除到处充斥着的贫民窟

---

① "全球贫困人口知多少",新华社《参考消息》2008 年 8 月 28 日。

和赤贫现象,20年后,当印度和全球人口与资源环境的矛盾进一步加剧、印度人口超过中国而成为世界第一人口大国时,这个第一带来的究竟是成功还是失败？任何思考全面的人都不难有自己的清醒判断。

至于说计划生育是侵犯人权,那就要请人权卫士们先去关注一下世界挣扎在饥饿和疾病死亡线上的10多亿饥民的人权,在西方列强炮火中死亡和恐怖中煎熬的数千万平民的人权,在动乱地区难民营中数百万难民的人权,在非洲大饥荒中陷于绝望的数十万灾民的人权。人权首先是人类可持续、个人可得享天年的生存权,是活着的每一个人都能平等地得享天年地生存并不损害后代人平等地得享天年地生存的条件,而不是按繁殖潜能地生育。生物不断繁殖的潜能是无限的,但任何物种能够持续生存的数量都要受到盖娅自平衡机制的制衡。蝗虫、松毛虫数量的爆发性增长无一不要付出剧减的代价,同样,人类按繁殖潜能生育也逃不出土地荒漠化,物种灭绝,气候恶化,资源枯竭,当代人受饥荒、战争、疫病摧残,后代人生存空间收缩的厄运。是让活着人任由这一厄运去耗减和后人不断重复这一厄运,还是使生育不超出盖娅自平衡的限度以避免这一厄运呢？稍有整体性思维能力的人都不难对此作出肯定的回答：人类的生育只有适应盖娅的自平衡机制,才有实现人权和人类福祉的可能,按繁殖潜能生育所带来的恰恰只能人权的灾难。

不控制人口增长但消除两极分化的路子能否走得通？毫无疑问,消除两极分化有重要意义,在一个富人穷奢极欲、穷人食不果腹的社会中,如果要降低消耗,那就得从富人开始,因为一个富人一年花费数百万、数千万甚至数亿美元的99%都与正常生存和发展需求无关。大幅度降低富人的挥霍性奢侈性消耗,不仅丝毫也不会降低他们的生存质量,而且还有可能使他们迷失的灵魂回归正常。

人类通过货币把事物质的差别转化成量的差别,而进入了一个现实感丧失和情感、理智迷失的空间。人们购买不同的东西,吃不同的饭,只知它们有价格上的差距,但它们各自运输了几千里还是几万里？使用什么样的农药、化肥、添加剂？消耗了多少石油、煤炭？排放了多少污染物质？砍伐了多少森林？导致了多少生物的生存危机甚至灭绝？加剧了何等程度的土地和环境恶化？其生产、运输、销售、消费过程中对人际关系产生了何种不同的影响？对我们的身体、心灵又产生了何种影响？整个过程发生了何种剥削、压迫、欺诈？等等，所有这些东西都消失了。因而，在富人自由地享受高消费快乐、目空一切、为所欲为的时候，可能没有几个人能想到，这也正是穷人饥寒交迫、贫病绝望、痛苦呻吟的时候，是生灵恐惧、社会失衡、地球喘息在加剧的时候。自然和社会都是通过反馈机制而实现动态平衡的，人们在加剧自然和社会失衡危机的同时，自然和社会反馈危机的进程也在加剧，这是一个恶性循环。

社会出现巨富和赤贫的分化，不仅使社会陷于分裂和穷人陷于灾难，而且也不会给巨富阶层带来福音，巨富阶层不仅远离社会底层，而且也远离身心平衡。在一个两极分化、非富即穷的社会中，一个人为改善生存状态而奋斗，自己充当着实现自己致富目的的手段，这虽然比充当别人的手段更心甘情愿、无怨无悔，但要达到目的他始终要更多消耗着作为手段的自己；当目的达到后，巨大的货币财富既刺激着他的自负和欲望膨胀，同时又加重了他对自身和财产安全的忧虑，这将使他的身心发生分离，他的身体要享受各种欲望的满足，他的心灵却因对人和社会的疏离、戒备和孤独，而与真善美这些美好的东西相分离。有多项研究发现，社会上层的人比下层的人更可能有说谎、欺骗、偷窃、受贿、索要、耍花招及其他不道德行为；上层社会的人往往更在意自己，而不在乎他人的情绪，更加吝啬、自私；如让社会经济地位较低的人改变他们的价值观，他们也会像社会上层人一样从事不道德行为，他们的财富和社会地位一旦比周围其他人有所提升，这种行为模式自然会出现[①]。这一发现当然并不意味着有钱的人一定不道德，没钱的人一定讲道德，但无疑揭示出金钱对求富者和已富者心理和道德的负面作用。放纵欲望使富人加速地消耗着自己，而欲望满足目的的实现仍然有形无实，手段极易耗尽，幸福却始终遥远。

货币财富是虚拟财富，它既不同于实物财富，更不同于精神财富。满足人生存和发展需求的实物消耗是有限的，但人们对货币虚拟财富的贪求是无限的，这种贪求驱使着人们无止境地追求在货币数字后面加零再加零，导致

---

① "研究称富人更可能说谎"，新华社《参考消息》2012年2月29日。

人们超越实物需求不停地购买以更多地占有和拥有，这种行为对物理的自然界而言，虽然既不增加也不减少一个物质原子；但对生命的自然界而言，却是不可逆转的熵增；对社会而言，它既吊起了整个社会欲望的膨胀，却又使得整个地球即将耗竭而大多数人却还陷于欲望的饥渴之中，当今世界连富国都在竭力刺激多多生产和消费，以使富人更富，穷国在形格势禁之中就更无选择余地，否则，不仅穷人陷于绝望，国家也无以自立。因而，消除国家内部和国家之间的贫富两极分化，是实现社会和谐和与自然和谐的必由之路。

需要申明的是，这里讲富人挥霍性奢侈性消耗与仇富无关，因为问题出在社会体制机制上，富人只是这种社会体制机制的必然产物，正如马克思曾强调过的那样：

"我决不用玫瑰色描绘资本家和地主的面貌，不过这里涉及的人，只是经济范畴的人格化，是一定阶级关系和利益的承担者。我的观点是：社会经济形态的发展是一种自然历史过程。不管个人在主观上怎样超脱各种关系，他在社会意义上总是这些关系的产物。同其他任何观点比起来，我的观点是更不能要个人对这些关系负责的。"①

任何时候，富人中都有节俭者、慈善者、环保者、革命者，而且除了因财产继承生而巨富和违法致富者外，富人也都有其各自的奋斗史，在现实市场竞争制度的框架中，他们因自己的努力抓住市场机遇而致富不仅无可厚非，而且是社会的成功标志。今天已没有人认为绝对平均是合理、有益和可能的，没有人嫉妒对社会确有贡献的科学家、企业家、创新者获得较高的收入和奖励，只要收入分配的游戏规则是公平的，人们就能接受相对较大的收入差距。人们不能容忍的是不公平的游戏规则和在游戏中的作弊者。美国民众于2011年9月发起的"占领华尔街"运动，反映的并不是民众仇富，而是反对"金钱游戏"规则的不公平。

但是，仅靠消除两极分化仍不能从根本上解决问题，中国在计划经济时代没有两极分化现象，但人口增长快照样带来严重的资源环境问题，而且，无

---

① 马克思：《资本论》，中共中央马克思恩格斯列宁斯大林著作编译局译，人民出版社，1975年版第12页。

论采取何种办法,人均资源消耗的降低总是有限的,它至多不能降到满足生存需求的水平之下,何况这与不断提高的人的生存质量的发展目标相悖。在现今的70亿人口中,富裕的只有十几亿人,要大幅度地提高绝大多数人的生活水平,仅靠大幅度降低富人的消耗是不够的,因为这是一个有限量;仅靠降低人口增长的速度也是不够的,因为这只是延缓资源耗竭的时间,而不能改变它的趋势。目前世界人口年均增长速度虽然已从1960年到1975年的1.9%,下降到目前的略高于1%,但目前每年人口增长的绝对数仍高达8000万,当人口增长到百亿之后,即使年增长率降至0.1%,一年也将增加1千万以上。即使是保持现有的人均资源消耗水平,地球也将走向衰竭。人类要想改善生存状态和实现可持续发展,就必须降低人口数量,如果人口数量不断增长,人均资源消耗的降低将不仅不能降低资源消耗的总量,而且会危及生存需求的满足,导致社会灾难或普遍的贫穷。

目前已有一些国家出现人口负增长,但这能成为一个长期的趋势吗?其他国家的人口都能转向负增长吗?这不是一个理论问题,但却是一个现实难题。人们曾依据工业化国家出现人口增长率下降及其中的某些国家出现人口增长停止甚至负增长的经验,而认为人口增长最终会停下来。但现实的问题是,要逆转资源枯竭、环境恶化的趋势,人类已没有时间等待人口增长在一个世纪后最终停下来。原因有二:

一是工业化国家也只有少数国家出现人口增长停滞或负增长,多数仍在低速增长,而发展中国家的多数仍在以较高的速度增长,在今后人口日增而资源日趋枯竭、环境日趋恶化的世界中,资源竞争将更趋激烈,自然灾害将更趋频繁,这将为发展中国家的工业化现代化前景带来更多变数,阻滞许多发展中国家的发展进程,要他们都发展到工业化国家的水平再实现人口增长的停止和负增长,不过是一个美丽的梦想。

二是影响人口增长的因素复杂,经济动因也并不像过去所想象的那样单纯,不只是以往所认为的社会养老保障能替代家庭养老功能,育龄女性受教育程度高、就业率高不愿多生孩子,年轻人职场竞争激烈,有点余暇更愿用于享受生活而不是用于照看孩子等繁杂家务,培养孩子的成本高等等。随着一些低生育率国家老年人口比重的上升,一些经济学家和人口学家已不断释放出社会老龄化将带来经济和创新增长停滞,将使社会和家庭养老负担不堪重负,人口性别比失衡将冲击社会和家庭关系等舆论。与此同时,人口低速、停止或负增长将危及国家、民族的安全和文化的延续等等复杂的政治考量也已不绝于耳。总之,已有一些人主张并有一些国家和地方政府在采取激励措施,刺激人口增长。

人类的整体利益和安全要求人口增长停止并转向负增长,但人类不同群体的局部利益和许多家庭、个人的微观利益又刺激着人口增长。解决这种矛盾的正确选择本应是小道理服从大道理,局部利益服从整体利益,当前利益服从长远利益。但问题是:大道理和整体利益、长远利益都还只是理论上的东西,还没有在现实中建立起与局部利益和当前利益相协同的实现机制。人类不乏理性和理想,但人是生活在现实中的,是现实的、感性的人,如果没有把整体的长远的利益与局部的当前的利益统一起来的机制,他们就会按现行机制去谋求局部的、个人的当前利益的最大化,至于未来是否洪水滔天、饥民遍地,则不是他们所愿想和所能管的。

以资源消耗不断增长为支撑的经济增长是不可持续的,资源消耗必须稳定在地球资源的可持续再生、替代、循环量之内,在这个限度之内,人均资源消耗与人口数量成反关系。发展可以是无限的,但其条件是:人口数量必须下降到能使所有的人都能获得发展的资源,如果人口数量多得连生存资源都难以满足,发展也就无从谈起。科技创新和社会变革可以为提高资源利用率、消除资源浪费作出贡献,但如果没有人口数量的控制,发展仍然不可持续。

十

自然已非

人类已像地质力量那样大规模地改变着地球的无机环境,像自然选择那样选择着万物,人类已极大地改变了地球自然,纯自然已不复存在。但人类对自然的这种改变和选择是以自身的眼前利益为尺度的,从而打破了亿万年地球演化和生物进化所形成的协同平衡关系,使地球生物圈逆向演替,人类能够凭借科技的力量,以万物为刍狗去满足自身的无限贪欲吗?

(一) 悄然巨变

自然的相对稳定性是人类文明扎根的基础,如果生物的生存环境都有如暴风雨中的云涛怒海,一切都瞬息万变,没有一个相对稳定的泊点,人类就不会进化出来,即使进化出来了也不可能有任何文明的建树,因为一切都乍生忽灭,所谓的信念、设想、计划、安排、打算也就无从谈起。

人类在自然的相对稳定性中进化出来,并创造了文明。但是,由于人类对自然的过度索取和干预,地球天文参数虽然如故,太阳照旧东升西落,十五的月亮仍然圆,夏热冬寒的更替还在持续,但其生态学内容却已悄然发生了巨变,亿万年生物进化所构成的自然生态网链因物种大灭绝而断裂破缺,所有残存的物种都面临着适应剧变环境的新挑战。时间之箭并不会因时空的弯曲性而回头,因而这种巨变已不可逆转,人类的未来充满着未知的变数。

人类从使用火开始,就在影响着自然。火在古希腊神话中是普罗米修斯违背宙斯的旨意从太阳那里盗给人类的。普罗米修斯是大地女神盖娅和天神乌拉诺斯的儿子,他为此而遭受宙斯的惩罚,被用铁链锁在高加索山岩的峭壁上,每天被一只凶鹰啄食肝脏,承受着伤口不断痊愈又不断啄开的折磨。火的确是从太阳那里盗取来的,地球上的植物利用太阳能进行光合作用,将根部吸收的水和空气中的二氧化碳进行特殊的化学反应,转化成碳水化合物构成自身的生物质,同时排出氧气。这一过程为地球上的燃烧提供了燃料(植物)、助燃剂(氧气)两个要素,有了这两个要素,要发生燃烧还需要一个要素,那就是热量。没有生命的行星就没这三个要素,或者只有这三个条件相混合而产生爆炸反应的条件,因而,燃烧是地球生态演化过程的产物。最初在地球上引起燃烧的热量,可以是火山喷发物、陨石撞击、岩石从高处坠落、堆积的生物遗骸和暴露的矿物燃料自燃、闪电等,由于前几种原因引起的燃烧不多见,自燃较多见,更常见的是闪电,人类使用的火种可能来自这两者,也可能只来自闪电,干燥的雷暴引起燃烧在自然界很常见。美国1940年7月17日一天就发生335起这样的燃烧,平均每年约有2000起[1]。

能自主地点燃和熄灭火,是人类独有的能力,其他没有任何一个物种能做到这一点,使用火对人类的进化有着重要的甚至是决定性的意义,它不仅使人类避免了猛兽在黑夜的袭击,帮助人类战胜严寒进入高纬度地区,而且使人类成为唯一跨入熟食阶段的物种。这既大大减少了疾病的发生,更大大缩短了人类吃食的时间,提高了肠胃的吸收效率。没有熟食,人类就可能要终日忙于吃食,获取能量的效率愈低,从事其他活动的时间和发展其他能力的机会就愈少,这样,人类就很难设想会进化出来。熟食还使人的头部结构发生了改变,使颅骨"不须支撑那些本该用于咀嚼生食的大块肌肉,由此头骨可能增大,脑子也随之增大"[2]。

从火开始被人类控制的远古时起直至农业文明时代,火与人类就如影随形,美国研究火的历史的著名学者斯蒂芬·J·派因认为人类定居开始于使用火:

"最早的躲避所——挡风墙、洞穴以及隐藏在乳齿象遗骨周围的小屋——全都有火的痕迹,事实上,它们就是为了维持燃烧这一目的而建立起

---

[1] [美]斯蒂芬·J·派因:《火之简史》,梅雪芹等译校,生活·读书·新知三联书店,2006年版第6页。

[2] [美]斯蒂芬·J·派因:《火之简史》第34页。

来的。驯服的火若是不加以周密看护,就不能冬去春来、日以继夜地燃烧。人们发现,一幢缺了火的房屋绝不会舒适……受到看护的火熊熊燃烧,照看它的人类也繁荣兴旺。火使人们的住所温暖、干燥和明亮……定居就是开始于这样的发明:为火安排了住所。'壁炉'一词的拉丁词根则提醒我们,壁炉是生活的中心。"①

驯服的火在伴随着人类进化和文明演化的漫长进程中,也成了人类心理中的一种不可或缺的巨大的温馨、亲和力。当远行的游客迷失在荒野之中而深感沮丧甚至绝望时,一旦看到深山或莽林深处升起一股炊烟,就会在心中升起希望和意志力量,炊烟就会成为他奋力前进的目标。当在农田劳作的农人看到家中升起炊烟时,就会在心中升起温馨的情感,因为和家人或者还有客人在一起聚餐和休息叙谈的时间快到了。当冬季屋外飘着雪花,家人或者还有邻里围着火塘而坐,煮茶聊天时,又给了人类一种其乐融融的亲情享受。总之,在这一时期,火是人类联系的纽带,是人类群体生活运转的中心。各民族的祭祀、驱邪活动都离不开火,火对人类的心理、情感和文化都有着巨大的影响,在各民族的文学作品中都有大量的这方面的描述。反之,如果没有火,出现了炊烟断绝、灶冷炉熄的情况,那一定是出现了人间悲剧,一定会使人产生从心底冷到全身的感觉。

火更是人类文明发展的标志。没有火,原始人就很难生存,火是原始人塑造环境的最重要的武器和工具,他们焚烧森林以搜寻食物和捕猎,用烟熏赶走蜜蜂以采蜜,用烟火去烘烤食物和驱赶昆虫的叮咬,他们所到之处,都有火的跟随。许多对近现代仍以采猎为生的各地原始土著人的观察记述都表明,焚烧丛林、草地是他们生存方式的一项重要内容和共同现象。在农业文明的很长一段时期,焚烧丛林、茅草以清理出空间进行耕种的"刀耕火种"模式曾普遍存在,直到人口密度较高,农地需频繁翻耕种植而不再能长出丛林茅草时,农人仍会收集草木和农作物秸秆进行焚烧以为农地施肥。工业也在焚烧中诞生,人类通过焚烧而制作出的最早工业品是陶器,然后有铜器、铁器和众多的金属产品。到了工业文明时代,人口总量以空前的速度和规模增

---

① [美]斯蒂芬·J·派因:《火之简史》第152—153页。

长,森林也以空前的规模被消耗,木材燃料变得日益稀缺,这时,被动植物遗体储存于地下的化石能——亿万年前的太阳能——又被人类开采出来,它的燃烧,不仅引起了人口规模和人类物质消耗的巨大增长,而且引起了地球整体环境的巨变。

一场熊熊大火可以给森林、草场、村舍、城镇、生命带来毁灭性灾难,任何生命都不能在火中生存,火带给生命的是死亡和灰烬,火是生命的毁灭力,正因为如此,除人类之外的所有动物都害怕火。但是,生命又创造燃烧的条件,火因地球生命出现而在地球上发生,没有生命就没有地球之火。这种矛盾究竟是生命为自己准备毁灭的条件,还是生命需要燃烧?看来二者都是,生命与燃烧是一对"不是冤家不聚头"的矛盾统一体,人类玩火,既获益大焉,又有自焚之虞。

生命确是一个"燃烧"的过程,植物利用太阳能来"燃烧"二氧化碳和水,以合成自身的生命物质;动物利用植物的生命物质和氧的助燃作用实现"燃烧"以合成自身的生命形式。这种"燃烧"可以称之为生命的"内燃",生命的过程是一个"内燃"过程。生命既然将燃烧带到地球,也就不可避免地要面临并适应一个"外燃"的环境。当植物进驻陆地,在陆地上储备了燃料和大气中富集了氧时,干燥的燃料因被闪电击中等原因而引起的燃烧就会发生,这时的生命就不得不去适应"外燃",火就成了一种选择性力量,不适应的就会被淘汰,这种适应性包括对火的防范和利用:

"美国黄松木有一层很厚的树皮,能够抵挡火焰穿透它的树干,在长至成熟期时,接近地面的树枝会落叶,同时在高处萌出针叶,这样它不仅高于其竞争者以得到阳光,而且还可以远离地表的火焰;身处地面火情频频发作的地区,这是一种理想的生长状态。相反,短叶松则群聚生长……由于树冠密集,在适当的条件下,每一片都易遭到树冠火的袭击……灰烬中容纳的大量种子确保了后来的森林重新长出原有的树木……某些树龄较长的树种,如近海的花旗松和澳洲的桉树,在大火烧过之后的 400～700 年之内还能成活。某些草地,像非洲热带稀树草地和美洲的高草草原,在几乎一年一次的燃烧状态下生机繁茂。大部分植物都能忍受一种不同程度的燃烧,即便火超出了它们的适应范围,它们也会竭尽所能与这些火周旋。或许更奇特的是,它们会进化出一些特征,来助长那种能为它们所用的火。"①"兰花、雀麦草、欧洲蕨以及无数在火烧过的土地上易于生长的杂草——它们都趁机占据已被大火清除了竞争者的土地。它们是机会主义者,急于抢在其他植物之前播种发芽,从而迅速占领林中的空地。但是对它们来说,土地易攻却难守。不出几年,这里便重新杂草丛生,这些植物只得等待下一次的燃烧来清除这些杂草……生物能够与火共生,而且相当多的生物在火中似乎生机勃勃。"②

生物也调控着火。森林的湿度、密度、层次、易燃性都决定着火的燃烧与熄灭、火是一掠而过还是熊熊燃烧、是明火还是闷燃;植食动物的种类与密度也会调控着火情,吃干草的动物密度高会大大减少易燃物,从而会减少燃烧和阻止火蔓延;吃嫩叶的动物会逼得植物长高树冠,使对火敏感的组织远离火焰。

燃烧可能还是盖娅反馈调节的机制之一。植物吸碳放氧使原始大气中高浓度的二氧化碳下降和氧的积累同时发生,这一过程的持续需要有反馈调节才能使二氧化碳与氧的含量稳定在一个生物适宜的水平上。大气中较高浓度的二氧化碳有利于植物的旺盛生长,在陆地植物进化过程中的大气二氧化碳浓度较高时期,也是气温较高、降水较多的时期,这时会出现巨木参天、植物极度繁盛的景象;极度繁盛的植物大量地吞噬二氧化碳和排放氧气,使大气显著地出现二氧化碳含量下降、氧含量上升的变化,二氧化碳含量显著下降会导致降温和减少降水的效应,这会对植物的过度生长形成反馈抑制调节,从而使二氧化碳的吸收和氧的排放过程有所缓和;繁盛的植物和较高含量的氧有利于动物的生长,从而又使动物进化出巨大的体型和数量,而动物吸收氧气排放二氧化碳的呼吸过程,又是对植物呼吸过程的逆向调节,这又会增加缓和二氧化碳含量下降和氧含量上升过程的砝码;在二氧化碳和氧含量都较高的时期,生物进化会出现一个巨木巨兽的时代,但是,这都不足以中止氧含量的上升过程,氧的上升会带来燃烧概率的上升。我们可以从地质时期的乌煤(化石木炭)看到许多燃烧的证据,当氧含量高出25%时,热带雨林

---

① [美]斯蒂芬·J·派因:《火之简史》第21—22页。
② [美]斯蒂芬·J·派因:《火之简史》第22—24页。

的嫩叶也会发生燃烧,氧含量愈高,燃烧愈普遍,火充当着将二氧化碳和氧最终平衡于生物适宜水平上的调节机制,在中生代与第三纪之间可能发生过大规模的燃烧:

"在中生代,针叶林和蕨类植物都燃烧了。燃烧后留下的木炭残留物还保存了叶子和木质细胞的结构。这些化石证实,干燥和嫩绿的树木都曾燃烧过。在北海的海洋沉积物中,木炭经常是'最常见的化石植物保存形式'。但是与此相比,中生代的遗存物要少得多。这一时期终止于一场剧变,可能就是一场大火。白垩纪和第三纪之间的分界——一个大规模的生物灭绝时期,地质记录中有一个鲜明的断裂,显然也是一个大规模的燃烧时期。在白垩纪/第三纪分界的含铱陨石层顶部有一层木炭,这只能归因于持续的燃烧。"①

燃烧既然必然会伴随着生物的进化,而且是盖娅自调节的一种机制,人类用火在最低限度上也就不是将外来物加诸生物和盖娅,例如,在远古时期,很少人口的烧饭取暖排放的烟雾很容易在大气中稀释、分解、净化,不会对大气产生增碳耗氧和污染的效应,甚至人类的焚林捕猎活动在一定限度内(如焚烧干燥森林中的枯草败叶和干枯的草场)也可认为是自然之火的替代。但问题是,自然之火是受自然条件控制的,人类用火是受自身利益驱动的,人类在为了自身利益、利用技术而随心所欲地用火已走得太远,使生物的生存和进化遭受飞来横祸,使盖娅调节遭受逆向冲击,从而有可能带来生物学和生态学上的剧变。

因盖娅的自调节,高浓度二氧化碳和无氧的大气二者的比重被调节并稳定在0.03%、21%的水平上,这时的自然之火只会在干燥的森林、草场偶尔发生。但是,工业时代已布满陆地的人类不仅可以砍倒任何潮湿的森林,将其干燥后燃烧,而且把亿万年中盖娅调节埋入地下的化石燃料——煤、石油、天然气等挖出来燃烧,当这些燃料仍不足以满足人类的需求时,又把盖娅置放于生物圈边缘——地壳中的放射性元素开采出来燃烧,这就是核能。人类已开发了裂变能,在最近的约40年间全球已建成的400多座核电站中,就已有

---

① [美]斯蒂芬·J·派因:《火之简史》第15—16页。

苏联、美国、日本发生灾难性事故3起,每次事故发生时都会使人谈核色变,但又总是有人强烈主张放弃核能并不明智,因为风险为零的事是不存在的,只要风险可控就不要大惊小怪。孤立地看似乎确是如此,人类利用能量的各种形式,没有一种是绝对安全的,今天死于普通火灾的人远多于死于核能利用事故的人,死于汽车事故的人远多于死于沙场征战的人,所以人类利用裂变能并向利用聚变能挺进,似乎也不必杞人忧天。问题是人类总体上逆盖娅调节的风险可能是巨大的甚至是毁灭性的:

"和平利用核能如发生事故,可以造成杀人不见血的危害……铀的废渣即使经过千万年,仍有很危险的放射性……放射性物质能损害遗传因素,它对遗传基因的影响可以达到几个世纪。这使我们对于生命的脆弱性,获得了新的认识。同时也认识到地球的环境,只有在某些特定条件下才能使生命得以发生、持续和进化……当人类终于了解到地球出现的偶然性、地球经历过的各种灾难和地球发展史上幸免的种种惊心动魄的事故时,就在这时,人类掌握了类似太阳能的毁灭性的能量。千百万年以来,这种能量对生命起源曾经是最大的威胁。它既是创造者,又是破坏者;既是全部能量的源泉,又是最终毁灭的潜在根源,这就是核能。如果要太阳能,也就是核能对地球不发生危害,只能通过一系列精细而复杂的防护机能才能达到目的。在天体演化史上,地球经过几十亿年才建立起来这种防护机能。我们如果不懂太阳中心的核聚变和地球上生命的发生与持续之间的关系,即既有创造作用又有毁灭作用的关系,就不可能了解地球状况的全部意义,也不可能知道人类生存所必需的环境要求。"①

上述工业燃烧的绝大多数不仅是现代自然条件下所不可能发生的,而且是对盖娅调节的逆调节,因为它把地球演化和生物进化过程中封存于地下的东西,重新释放到地表环境包括大气中,这就在地表环境中形成一种趋向还原的力量,它虽然没有造成迅速的毁灭性后果,因为它们是"受控"的,但是,这些受人类控制的燃烧仍无可否认地导致了地表环境严重污染、物种急速减

---

① [美]芭芭拉·沃德等:《只有一个地球——对一个小小行星的关怀和维护》,第44—45页。

少和生态系统逆向演替。

　　工业时代的燃烧已向大气排放了大量成分复杂的污染物质,对环境有威胁而受到注意的就有100多种,注意得多的只是其中影响最大的几种,如悬浮颗粒物、硫氧化合物、一氧化碳、二氧化碳、氮氧化合物等,这既改变了气候,又毒化了大气。在工业革命200多年来,大气中的二氧化碳浓度已从1750年的约280/ppm,增加到目前的约390/ppm。据世界气象组织发布的报告,1990—2010年间,温室气体造成的辐射增加了29%,其中80%是二氧化碳造成的,二氧化碳是气候变化的主因,其影响占64%[①]。2010年全球二氧化碳的排放量已超出90亿吨,有人计算90亿吨碳如用美国常用的运煤列车来运载,其长度是2479500公里,可以绕地球63圈[②]。当进入大气的碳增加时,海水的酸度会增加,自工业革命以来,海洋的酸度已上升了30%,是3亿年以来最快的酸化期,甚至超过了5600万年前恐龙灭绝时期的碳排放和酸化速度。

　　一个未知的可能是更大的威胁是,经工业燃烧合成的不同成分的化学产品已数以百万计,经常使用的也有几万种,经过系统毒性测试和环境影响评估的只占总数的10%,杀虫剂因更受关注,也只占35%,这些物品在使用过程中会对土壤、水体、大气、食物链等整个地表环境和生物自身包括它们的遗传基因造成污染,要认识所有这些污染物质及其相互作用对环境、生物、人类的现在、近期和长远影响,已经没有可能。我们知道环境的巨变使得所有生物都必须适应变化的环境而进化,不能适应的纷纷走向灭绝,适应下来的则在颜色、声音、体积、形状、繁殖、觅食习性、生命周期等等方面发生了某种适应性进化。但是,我们对因此已灭绝和即将灭绝的物种是什么?是多少?后果是什么?什么物种的基因发生了什么样的变化?后果是什么?这种物种大灭绝和某些物种加速进化对人类的影响是什么?环境还将发生什么样的变化?人类自己能否适应这种变化?等等,无数这样的问题都知之甚少甚至全然不知。人类凭借科技不断地增长自己的知识,却同时又使自己陷入更多

[①] "全球温室气体浓度创纪录",新华社《参考消息》2011年11月23日。
[②] "人类每年排放多少碳",新华社《参考消息》2011年12月9日。

的未知之中,并使自己和所有生物及整个生物圈都面临着变化莫测的前途。

(二)人类选择

当弱小的人类开始两足行走在强敌环伺的大地上时,他们必须手持器械(如木棍、石块)才能攻有所获,守有安全;性器有遮掩,才能相处不乱,群体有序;营地有火,才能战胜黑暗寒冷困倦时的恐惧。木棍、石块、遮掩物、火等等都是"外在之物",人类进化和文明发展从一开始就走上了一条身心依赖、偏好"外在之物"的道路。这是一条科技选择之路。制造石器骨器工具,缝制衣服,发明弓箭,使用火甚至造船航海等,是在原始文明时期就已拥有的科技;驯化动植物、建房筑城、开渠引水、冶炼铜铁、纺纱织布、制造金属工具和武器、发明文字、医药、火药、印刷术、指南针,研究天文、地理、生态、人文等,是农业文明时期的科技成就。这些科技成就使人类从一个弱势物种变成了一个能够大规模改变环境、走遍全球、快速繁衍的超强物种,它使许多森林草原变成了荒漠,许多物种走向了灭绝。当人口密度使环境变得不再空旷,资源变得不再丰饶时,人类不同群体和群体内部对土地等资源占有的竞争逐渐加剧,人类社会开始变得纷争不止,动乱不宁。

任何打破生态平衡的超强力量都是破坏性力量,都是众生的不幸。人类以超强力量打破了地球的生态平衡,造成物种大灭绝,这是万物的不幸;某个国家、集团、组织以超强力量打破了人类群体间的平衡,这是整个人类的不幸。超强必然导致贪婪和自大,公平、正义、自由、平等不可能存在于一个失衡的生态系统中。人类超强,使得他们"以万物为刍狗",而将生态公平正义,众生自由平等视同儿戏。国家超强,使得他们对弱国的主权人权不屑一顾,他们可以为了自身的某种利益或对某些人的复仇,而随意对弱国发动战争,将无数人的生命财产和自然生态毁于血海之中。暴君超强,使得他们视臣民的生命如草芥,将他们的生死置于个人喜怒无常、恐怖错乱的摆布之中。巨富超强,使得他们能无止境地"损不足而补有余",将穷人的生存状况降至自己的宠物水平之下。总之,万物都成了在各种"超强"者们的利益神坛上供祭祀的刍狗。但是,"反者道之动",失衡是不可持续的,它只会向其相反的方面转化,其代价是原有生态和社会结构的崩溃或震荡。

历史上的思想家们对万物关联、人类本性、社会演变、祸福因果有着很多反思和探讨,有的呼吁重建社会秩序和行为规范,有的质疑"奇技淫巧",有的则主张"绝圣弃智","返璞归真"。老子对天地万物人事的辩证法则有着通达至极的把握和表述,在他看来,所谓仁义、智慧、社会规范、科学技术之类的东西都是一把双刃剑,放弃这把双刃剑,返璞归真,一切会变得更好:

"大道废,有仁义。智慧出,有大伪。六亲不和,有孝慈。国家昏乱,有忠臣。""绝圣弃智,民利百倍。绝仁弃义,民复孝慈。绝巧弃利,盗贼无有。此三者,以为文不足,故令有所属。见素抱朴,少思寡欲。"(《老子·十八、十九章》)

人们既叹服老子的洞察力,可是又禁不住利诱的撩拨,人类难以回头地选择了老子所警示的功利道路。近现代科技的迅猛发展和大工业生产的巨大生产力,不仅养活了超出农业时代10倍的人口,而且创造的物质财富更有千万倍的增长;不仅使超出农业时代总人口的富人的物欲获得了超乎想象的满足,而且也使穷人在潮水般涌出的财富洪流中心存致富的梦想。科技的这种神奇力量,使几乎所有的人不仅把它当成真理那样信服,而且当成救世主那样膜拜。今天的人类已将不断增长的物质欲望和不断膨胀的文化雄心的实现,都寄托在科技利剑的奋力打造之中。

在这里,人类已无法回避一个选择上的根本性的难题。人类研发和运用科技的目的就是要改变自然,使自然为自身的利益服务,这种改变的性质是什么?后果是什么?人类如何选择?这是一个极具迷惑性却又必须弄清楚的问题。这个问题之所以极具迷惑性,是因为人类在这里遇到了思维逻辑上的难题:没有人类的干预,自然也处在永恒的变化之中,人类是自然的产物,由人类活动所引起的自然的变化,是否也属于自然变化的范畴?如果是,那即是说人类活动所引起的变化纯属自然的必然,人类不过是受自然必然性的驱动,充当着自然必然变化中的一个因子而已,人类无须对自己的行为反省自责,无须改弦易辙去另作选择,因为人类受必然性的支配而不可能有何自主性。如果不是,那是否即是说人类改变自然的性质是利用自然去反对自然?因而是自然的异化?那么,其结果究竟是人类征服自然还是人类自我毁灭?

　　生命是自然演化中的一个奇迹,人类又是生命进化中的一个奇迹。第一个奇迹是物质的受动性向自我组织的主动性飞跃,第二个奇迹是自我组织向自我意识的飞跃。这种飞跃超越了载体,但又无法离开载体,因而,这种飞跃既属于自然演化、生命进化范畴,又超越于这些范畴,属自然演化、生命进化的"异化"现象(暂借用"异化"一词)。不能把人类的一切活动都归之为自然的必然,自然并没有必然地决定了张三贪婪无度、李四节俭自律、王五嗜血成性、赵六博爱仁慈,古往今来的无数人类个体活动都是独一无二的,如果这都是由自然的必然所决定的,这个自然就只能是神秘的全能的上帝,就毫无人类的自主性可言。自然演化的受动性与生命的主动性、生命自组织与人的自我意识,虽然后者源于前者、受制于前者,但又不屈从于前者,而是趋向于改变前者、超越前者。这种改变、超越既是生命和意识进化的形式,但又可能是自我毁灭的道路。

　　生命只是浩瀚宇宙永恒变动演化过程在某个时空中形成的特殊条件的产物,有自我意识的生物又只是生命有着适宜空间和数十亿年时间进化的产物。没有自然的演化,就没有生命的诞生,演化没有持续的相对稳定性,生命的进化就不可能结出智慧的硕果。太阳系和地球的历史及宇宙学研究表明,宇宙的这一空间已有数十亿年并可能还有数十亿年的相对稳定的演化时间,只要不发生行星撞击、近地超新星爆发等毁灭性灾难,生命进化可能至少还能在地球上持续10亿年以上。但是,就各个具体的生物物种而言,其生灭历史的长短因其适应能力不同而相差很大,平均寿命400万年,短的可能如过眼烟云,长的数亿年,如鲨鱼就已生存了4亿年。人类的历史还只有几百万年,由于人类进化出了自我意识,并因此而创造出了文化,能够不断地提升认识和利用事物运动变化规律的能力,在避害趋利、自我保存、利用资源、满足需求上拥有远非其他动物所能比拟的优势,人类婴幼儿成活率不断提高、人均寿命不断延长、人口总量不断增长就是这种无与伦比能力的证明。在今后的进化历程中,如果人类能维护并不断改善自身生存和进化的环境,同时在遗传上能不断消除可能导致灭绝的隐患,就可望能成为最长寿的物种之一。

　　但是,人类在这两个方面都面临着深刻的危机。

一方面,人类生存和进化的环境正在恶化。生物多样性是地球生态系统稳定的基础,也是人类生存和进化的基础,现在这一基础正在人类所施加的越来越大的压力中走向分崩离析。

人类是在最近的几百万年中进化出来的一个年轻物种,在地质年代经历了新生代的上新世(距今520万年)、更新世(距今164万年)、全新世(距今1万年),在这期间,物种数增长很快,更新世和全新世物种数最大值达到2400科,是中生代白垩纪末期的约2倍(约1260科)、古生代的约4倍(约600科),人类是在几十亿年生命进化到物种大分化、新种大涌现的鼎盛时期诞生出来的。在诞生后的几百万年中,人类完全依赖着物种的丰富性来生存和进化,因为正是生物多样性使地球的生物生产力达到最高,它为人类提供了取之不尽的食物来源。1999年,赫克多(A. Hector)等34人报告了他们在欧洲8国(从北部的瑞典到南部的希腊,东部的葡萄牙到西部的爱尔兰)的生态学试验得到的普遍的结论是,生物多样性的丧失导致生产力的显著下降。他们在所有地方的试验中,高多样性的样地都同时具有比单一种植更高的生产力,即使是生长得最好的单一种植样地,也不如高多样性的样地生产力高。这一试验表明:物种间对环境资源需求的差异,使一些物种组合能更充分地吸收利用环境资源,从而比单一种植时有更高的生产力(生态学上称为"生态补偿机制")[1]。高多样性又为人类的食物提供了极为丰富的营养构成,这对人类的进化具有极为重要的意义。据著名的热带生态学家 Noman Meyer 估计,人类可以食用的野生植物约有8万种。印度尼西亚的村民使用约4000种本土的动植物物种作为食物、医药和其他有价值的产品,这些物种几乎都没有得到开发、驯化[2]。虽然人类现在种养的动植物只涉及很少的物种,但在农业文明前,人类是完全依赖丰富的野生动植物生存的,即便是现在,野生动植物仍是许多民族食物的一个重要来源。人类现有的药品配方仍有一半是来自野生生物,列入中药的就有约5100种动植物物种。

同样重要的是,生物多样性的极大丰富还为人类的生存和进化提供了稳

---

[1] 参见曾宗永:《人类生存的基础:生物多样性》,第74—75页。

[2] [美]Willam P. Cunningham Barbara Woodworth Saigo:《环境科学:全球关注》(上册),第460页。

定的生存进化环境和健康安全保障,并且为人类的精神智慧提供了无限博大深邃的不竭源泉。生物太阳能利用、生物地球化学过程、水循环、土壤形成、垃圾处理、空气和水体净化、营养物质循环等都依赖于生物多样性。高多样性的生态系统更能抵抗环境压力,并能更快地从压力中恢复,这为人类生存和进化提供了一个相对稳定的环境;同时,在生态平衡的高多样性生态系统中,潜在有害和致病生物都受它们的捕食天敌或生物多样性形成的竞争关系的物种所控制,尽管其中各种昆虫物种数量庞大,但从不会爆发大规模的病虫害,而在多样性丧失的失衡的生态系统中,病虫害的爆发则是一种常态,生物多样性是无形中的人类健康和食物安全的最基本最重要的保障。此外,生物多样性还是文化多样性、哲学、美学之源,是人类认识世界和自我的永恒之师,"师法自然"揭示的正是人与自然关系的真谛。

但是,人类随着人口的增长和利用自然能力的增强,逐渐走上了一条加速简化生物多样性的道路。今天的地球陆地表面,已有约1/4被人类完全改变,往日生物多样性丰富的森林和草原变成了城市、村落、道路和单一种植的农田、高强度放牧的牧场;还有约1/4的草原、半干旱草地、森林受到人类不同强度的放牧、伐木等活动的影响;没有直接被人类改变的陆地表面,也已被城市、村落、农田、道路、水利设施等分割破碎,人类排放的各种有毒污染物质则随着水汽循环、食物链传递而遍及地球的大气、水体、土壤和生物体中,从而恶化了地球表面的气候、所有生物的生存环境和自身的健康,使生物多样性以空前速度被耗减,幸存下来的也无一不被污染。今天的人们列举环境问题时可以排出一串名单,但其中最大最关键最具威胁性的问题是物种大灭绝和环境污染!物种大灭绝既是地球生态环境恶化的结果,反过来又会成为加剧物种大灭绝和环境恶化的原因。地球自然史上的物种大灭绝历时百万年,而人类造成的大灭绝虽发端于几万年前,但形成巨浪只是在近几百年间,而且只要人口还在增长,人类的思维方式和行为方式没有根本性的转变,大灭绝的浪潮还会更加迅猛。在地质史上这是一种突发性的变故,它严重削弱了盖娅自循环、自调节、自平衡的机制,使所有现存的生物物种都被置身于进化速度的竞赛之中,都面临着一个险象环生、变化莫测的前景。

另一方面,人类在环境剧变中不仅无法置身事外,而且还有可能深陷恶性循环的旋涡之中因过度的乐观和雄心而不能自拔。近现代科技发展的突飞猛进,使一些科学家和学者对未来信心满满,不仅以经济学家朱利安·西蒙等人为代表的学者提出了人口越多越好、生产力可无限发展、资源可无限替代、经济可无限增长的无限乐观理论,更有以著名物理学家、弦场论的提出者米欧奇·卡库等人为代表的科学家提出了文明将从现在的"0 类文明"迈向 21 世纪的"第一类文明"(行星文明)、800 年内的"第二类文明"(恒星文明)、几万年后的"第三类文明"(星系文明)的无限雄心理论①。尽管人们希望这些尽人皆大欢喜的无限美好的理论最终能成立,但在无限时间过程最终证明它可能成立之前,人类却必须在其充满变数的前行道路上能有效地渡过所遭遇到的各种危机。就当前而言,仅是资源枯竭、环境污染、气候恶化、物种大灭绝 4 因素相互加强的危机,人类如何去渡过呢?由于人们过度迷信市场和科技万能的神话,相信它们将创造引领人类突围的奇迹,而对现实中正在逐步加深的危机采取的是一种犹抱琵琶半遮面的策略。

只要人口爆炸、贪欲膨胀、公平正义失落、社会分离对抗的状态没有根本性的改变,上述 4 因素相互加强的危机就没有科技解决的办法。不过人们仍然寄希望于科技能在危机中开辟一条使人类独善其身的道路,这就是生物工程。在这里,人们可以放开思路去尽情设想,人类能否在万物灭绝、洪水滔天、赤地千里、病菌肆虐、烈日如火、冰封万里的各种极端环境中生存?人类自身能否百毒不侵、金刚不坏、长生不老、独享其乐?如果能,人类似乎就无须去化解上述危机就能安然渡过危机。

人类通过生物工程去研发抗涝、抗旱、抗病、抗虫、抗热、抗寒的转基因作物,能否在物种大灭绝、气候剧烈变化的环境中为人类提供丰富充足的食物呢?可以肯定地说:不能!

首先,是因为所有这些"抗"都是有限的,抗涝不等于旱作物能像水生生物那样在水中完成整个生长周期;抗旱不等于整个生长周期能滴水不进;抗病抗虫不等于百病不侵、万虫莫犯,能经受任何病菌害虫及其变异种的攻击;

---

① 参见[美]米奇欧·卡库:《远景》,徐建等译,海南出版社 2000 年版,第 22—24 页、第 425—432 页。

抗热抗寒同样都有个限度，未听说有在摄氏50度以上的高温下和零下几十度的冰川上生长繁衍茂盛的植物。同样，人类可以弄清动植物的生长要素，并可以在人工环境中利用科技手段集合这些要素使动植物生长，但这也不等于人类可以抛开自然环境、告别种植和养殖业，在工厂流水生产线上直接生产粮食和肉类，来满足人类的食物需求。

其次，是因为基因资源仍然来自于自然生物多样性的基因库，丧失了生物多样性就等于耗空了这个基因库，人类即使拥有解读和剪接基因的能力，也难为无米之炊。丧失了生物多样性，就等于是丧失了几十亿年生命进化的成果，摧毁了现代环境的擎天支柱，地球环境就会从大气到土壤到水体整体性发生逆向演替。在这种环境中，不仅人类现有的动植物食物不复存在，就连喝的水，呼吸的空气也没有了。

在这种情况下，科技能否通过大幅度提升人的"内力"，即将人类改造成类似于神那样的生命形式呢？基因技术正是重组生命形式的技术，它能给人类带来这种希望吗？即使撇开伦理上的困难仅考虑技术上的可能，这也是个神话。利用基因修补、替换技术来治愈许多疾病、延缓衰老过程是完全可能的，但基因技术不可能使人类获得能经受极恶劣环境的不死之身。地球上确有不死的生命，但它们仅限于某些单细胞生物，这些生物能够通过细胞一分为二地分裂而不断地延续自身的存在，除非直接杀死它们，它们就不会死亡。微生物由于繁衍速度极快，其适应环境的基因变异能极快地被选择，因而具有极强的适应能力，某些微生物能在极端的环境中生存，有的甚至能在宇宙射线密集轰击的太空环境中存活较长的时间。许多植物种子在干燥环境中存放很多年后仍能发芽生长，动物的精子也可以冷冻若干年后再复活并使卵子受孕。可惜这些都是单细胞生物的能力，多细胞生物无法做到，进化使多细胞生物在获得新的能力的同时却又丧失了这种不死的能力。

人类可以大规模地灭绝多细胞生物，也可以直接杀死单细胞生物，但却不大可能灭绝单细胞生物，单细胞生物是地球生命的基础，在盖娅调节中起决定性作用，这就是人类虽然在肢解、吞噬盖娅的一些组成部分，但盖娅仍能顽强地生存的原因。盖娅进化出了人类，并以其基础部分的不死和其他部分的可再生，为人类活动提供了一个富有弹性的舞台，这就是今天盖娅虽然伤痕累累但人类仍能生存的原因,而且是人类对未来能生存得更好而抱有信心和乐观的理由。但是,这种信心和乐观要求改变人类的不当行为方式,而不是支撑贪婪和自大的更加膨胀。人类自以为处于进化的顶端,可以无所不能,为所欲为,但无情的事实是,生物进化过程始终是一种适应性替代另一种适应性,而不是适应性增加,直至进化出万能的适应性。进化是不可逆的,人类利用基因技术有可能在治疗遗传疾病、改善健康水平、延长生命周期等方面取得前人难以想象的进步,但不可能使自身获得某些单细胞生物不死的能力或全能的适用性。人类可以利用基因技术在生物学意义上克隆自己,但却不能克隆自己的社会阅历、思想和情感,这是独一无二且不可逆的。人类大概不能承受一个或一群与自身貌合神离甚至众叛亲离的克隆体的困扰,即使能承受,这样的克隆体因失去了有性生殖的基因交流优势,迟早就会因丧失适应性进化的能力而自行夭亡。这样的克隆体当然也更不能像某些微生物那样在太空中经受宇宙射线的轰击,不能在外星上自由行走。人类还有可能利用科技来大幅地提高智力水平,但带来的却未必是福祉而可能是麻烦。正如高个子看起来有优势,但进化为什么没有选择个子越来越高而是比一万年前更矮了?因为个子越高对心脏的压力越大,患癌症的几率也越高。聪明人看起来有优势,进化为什么没有选择脑袋越来越大而是比一万年前更小了?因为太聪明对健康不利,记忆力很强的人多是记忆强迫症、孤独症患者,过目不忘令人痛苦不堪。人的肉体与精神有一个平衡机制,打破这种平衡,只会适得其反。

(三)临渊履薄

人类对生物多样性和生态系统的认识仍极为有限,不能因为人类剔除了其中的某个或某些物种,而未发现对整个系统有何明显的影响,就认为物种存在大量冗余、生态系统可以大大简化。在亿万年生物利用环境资源、相互作用、协同进化过程所形成的生态系统中,所有的物种都对这个系统的物能流动、循环、动态平衡起着某种作用。因为凡自然存在的物种,都是因为它们能在环境中提取物质和能量,并在生态系统中担当着物能流动、循环、平衡的一个环节,否则就会被自然剔除。自然界没有孤立的、多余的物种,人类所认为的冗余物种,可能不仅是生态系统稳定性、抗逆性的必要构成,而且是生态演替的适应性后备。人类也是众生中平等的一员,是生态系统中物能流动、循环、平衡的一个环节,如果人类只享用万物而不反哺万物,生态系统的物能流动、循环、平衡在人类这个环节上被紧缩甚至中止,生态系统就会走向衰落甚至崩溃,人类最终也会被自然所剔除。人类以自己的眼前利益为尺度,对万物进行有用的、无用的、有害的、竞争性的区分,并依据这种区分进行取舍、利用、替代、灭绝已造成了严重的无法估量后果。

通过某个物种的保存与灭绝给人带来的意想不到的影响,可以有助于对这种严重影响的理解。1970年,一种使叶子枯萎的真菌席卷从美国五大湖至墨西哥湾的玉米,使美国南部地区的玉米损失惨重,后来是在一种来自墨西哥的多种原生质的野生基因帮助下,才使损失得以中止,如果这种野生玉米完全灭绝了,科学家也就束手无策。东南亚热带雨林中的蛇根木中能提取降压药利血平和促进心脏有规律运动的阿吗灵成分,我国分布很广的丹参的根能提取用于活血化淤的丹参酮,野菊花能提取降低血压的黄酮类化合物,青蒿能提取治疗恶性疟疾的青蒿素等等。如果在发现这些植物的药用价值之前就把它们灭绝了,人类的许多疾病患者就少了很多保护神。人类在认识一个物种的价值之前就灭绝了它的事例已不可胜数,这对人类的健康和安全所造成的负面影响无法估量。真正的安全是生物多样性所形成的生态平衡安全,当生物多样性被简化,生态平衡被打破,幸存的生物面临着新的环境选择和再适应时,一切才会变得危机四伏、凶险莫测,安全问题才层出不穷,防不胜防。

生物多样性的恢复需要几百万年的时间,其简化的影响会持续地影响着人类后代,会造成无数意想不到的灾难性后果。当人类祖先进入美洲、澳洲、新西兰后,毫无顾忌地灭绝这里的许多大型哺乳类动物时,他们谁会想到,这使他们的后代在尔后的文明发展中,因此而丧失了驯养某些大型哺乳动物充当耕作和运输中的牵引动力的机会,这种机会的丧失对美洲、澳洲文明的进程影响巨大?谁会想到它导致发达的玛雅文明小国林立、相互间战争不断,却又谁也征服不了谁,谁也无法统一?谁会想到因为没有运载的牲畜,就没有长途征战、快速通讯和远距离控制的能力,无休止的战争刺激着人口的增长,加剧了资源消耗、环境破坏的程度,也加剧了气候干旱的严重性,最终使整个玛雅文明在天灾人祸的夹击下崩溃?谁会想到没有大型牲畜作动力,也使这些澳洲、新西兰的土著部落难以跨入农业文明进程,以至在后来的欧洲殖民主义者入侵时,陷入任人宰割的境地?如果美洲的土著居民也有以大型哺乳动物作坐骑的军队,陷入灭顶之灾的就只能是一小撮入侵者,而不是数千万土著人。

科技的发展曾极大地提高了人类的认识能力和行为的自主性,给人类带来了生产力的不断提高、产品的不断丰富、寿命的不断延长、生活的更加便捷,但科技的人类狭隘功利主义利用,不仅已带来了严重的生态环境负面影响,而且已形成了人类对科技的严重依赖性。人类对科技的依赖性,不仅表现在今天的人类除前述残存的极少数食物采集者外,已不可能离开科技而生存,城市人如果断电断水断交运,就将坐以待毙,农村人如果断肥断油断种子,也将束手无策。一句话,没有现代科技,现代社会就会顷刻瓦解,人类已经回头无路了;而且还体现在,科技所造成和现代社会所面临的负面问题,都必须依赖于科技的发展去解决,如资源能源替代、提高资源生产力之类的问题要依赖于科技的发展,就更不要说人类追求长生、实现贪欲的无限雄心还远没有满足,因而更加需要科技的发展了。人类奋力推动着征服自然的科技战车前进,却又必须将自己捆绑在这架战车上才能安全,因为这架战车已扰乱了自然生态系统,使环境发生着迅速改变,使其他生物或者灭绝或者迅速地发生适应性进化,而人类自己适应的是由科技装备起来的人工系统,这个系统与自然系统的分离已愈来愈远,人类披挂的科技铠甲似乎是愈来愈坚,但适应自然系统进化的能力却愈来愈弱,人类之所以没有回头路可走也正是由于此,人类的安全已面临着巨大而深邃的不确定性。

科技是有用的,却未必是真理。科技没有可能创造在物种大灭绝的浪潮中使人独善其身的奇迹,因而人类必须回到现实中来,正视自己生存和发展所面临的根本性问题。人类称霸地球,并不是人类已进化出了万能的适应性。人类的特殊之处,是进化出了自我意识、创造出了能够积累知识和利用事物规律的文化,能够利用自然的力量去反对自然,这种进化上的"异化",既付出了人类自然适应能力"退化"的巨大代价,今天的人类如卸去科技文化的铠甲战车,赤身空拳在野外进行生存竞争,其适应性要远远逊色于其他任何哺乳类动物,即使与其远古祖先相比,也是一代不如一代;又付出了自然资源消耗和环境破坏的巨大代价,其后果是双重且矛盾的:一是环境变化加剧使人类要不断加速强化科技武装以求安全,而资源匮乏加剧则使其可能性受到不断趋紧的限制;二是科技武装的护卫使人类失去了许多适应性进化的机会,但却不能使人类最终逃脱自然选择的命运,环境剧变和资源匮乏不断加剧将可能使人类面临着自然选择终将击破科技铠甲的巨大风险。

一个明显的迹象是,人类利用科技的力量在与致病微生物和有害昆虫的持续战斗中,虽然取得了节节胜利,但却无法结束"道高一尺,魔高一丈"的循环,原因是在环境剧变中微生物和昆虫具有最快的变异能力和适应性,而其他生物则瞠乎其后,人类更是望尘莫及。人类与之进行战斗的科学武器有三:药物、隔离、疫苗。药物杀灭病菌害虫的效果有限,因为药物既无法覆盖全部目标,又会引起目标物种抗药性变异种的出现,而且污染了环境,使变异适应速度慢的目标物种的天敌遭受灭顶之灾,结果是,病虫害以更大的规模卷土重来。人类对用抗生素战胜传染性疾病曾信心满满,但好景不长,现在一些抗药性病菌和无法医治的病例正在不断被发现。在这种反复的较量中,遭受重创的是生物多样性,是人类对药物的更加依赖,从而陷入一种恶性循环:不使用药物,就没有人类及其食物的安全,使用药物效果有限且还带来更大的或新的不安全。这就把人类推入研制新药物与细菌昆虫进化的速度竞赛之中,在这种竞赛中,人类能否坚持下去,那要看有无可利用的资源,即使有资源能坚持下去,却也始终要慢一步,因而必然要不断地付出新的代价,而且这种竞赛过程也必然要不断地给整个环境和食物链添加新的污染物质。今天的人类在使用各种科技手段以使自己免受污染之害,只不过是聊以自慰而已,人类施加于环境的所有压力,无一不被反作用力回馈到自己身上,人类是在用自己作毒药试验,其结果可能是慢性的集体大自杀。

隔离对避免某种杀伤力很强的病毒病菌感染的爆发是有益的,当家养禽畜发生这种感染时进行集体扑杀,人则实行隔离治疗,可以遏止疫情的蔓延,从而减少死亡。但有得必有失,得就是减少了当时的个体死亡,失就是失去了被保护物种的适应性进化机会。一般而言,即使是杀伤力很强的病毒病菌感染也不大可能杀死所有被感染的个体，它们中总有些会存活下来，有些还能将所产生的抗体遗传给后代，使后代获得免疫能力，从此不再受到这种病毒病菌的危害。人类和所有动植物都曾经历过这样的进化历程，这也是物种经受自然选择获得适应性所必然会有的历程。现已有研究表明，病毒和细菌对人类的进化起着非常重大的作用。用疫苗接种的办法来获得某种免疫能力，不仅是滞后的而且是极有限的，它无法全面替代自然的进化机制，久而久之，人类及其家养禽畜可能会被生物进化的洪流完全边缘化，一旦科技护卫出现疏漏，或科技创新因资源匮乏而滞后，而无以为继，人类及其家养禽畜就会陷入最脆弱、最无助的困境之中。

虽然就潜在的可能性而言，科学技术的发展似乎是没有止境的，但这只能见之于人类文明永续发展的过程之中，而不是人类在任何时候都能随心所欲地呼唤出来。因而，认为今天人类所遇到的资源环境问题，今后都将能找到科学技术解决的办法，或许是对的，但如认为这些问题可以因此而等到有了科技解决的办法时再去解决，那就像庄子所说的引西江之水以救车辙之鲋那样自欺欺人。

科技铠甲可以使人类及其种养的生物避害于一时，而不能避害于永远，并会随着时间推移，留下越来越多的适应性进化难题。人类过度依靠科技、破坏生态、污染环境、灭绝物种有可能会走到上天无路下地无梯的困境。

科技服务于利益竞争和商业化，已将人类和整个生物界的未来置于危险的不确定性之中。竞争机制曾有效地刺激了效率提高、科技创新和社会发展，但是，只顾一己的、局部的、当前的利益而牺牲他人的、整体的、长远的、后代的利益竞争，则带来了人类的无尽苦难和地球生境的浩劫。当这种竞争已使杀人武器进入到窃取宇宙爆炸之火和分子组装、基因改写的领域时，人类就同时具备了在宏观上毁灭整个生物圈、在微观上毁灭生命或改变生物形态和本性的能力，在一个资源匮乏、分离猜忌、利益对立甚至旧怨新仇充斥的世界上，出于利益的激烈竞争或安全的严重忧虑，使得许多国家甚至组织都不择手段地力图去窃取这种能力。如果这种能力只掌握在少数几个国家手中，就会使其他国家深感威胁；如果这种能力扩散，人类被毁灭的风险就会更大。因为风险是概率，一条路上车辆越少，撞车的概率也越小；车辆越多，撞车的概率也越大。人类在历史上虽然战争不断,但因杀人武器的威力有限,因而破坏性和死人数也有限,不会带来人类毁灭性的威胁。那时的人类敢说:看看过去就知道现在,看看过去和现在就知道未来。可是我们现在所面临的不只是显性的毁灭性核弹威胁,而且还有隐性的新技术威胁,例如,至少是从阶级社会和原始宗教出现以来,追求长生不死和洞察一切就是所有人尤其是社会上层人和文化人的不变梦想,现在人类通过纳米技术、基因技术和信息技术使实现这一千年梦想成为可能。由于纳米技术、基因技术和信息技术的发展有着这种人类无从舍弃的利益诱惑,将使得它像一支摄人心魄的魔笛,驱使人类在追求长生不老和洞悉一切的路上越走越远,直至生产出人们所能想到的或所需要的任何生命形式和信息网络。横向的物种界限、纵向的血缘关系、独处的私人空间甚至心理隐秘都将消失,现在的生物学、心理学、生理学、伦理学、社会学等等都将过时。人类将面对一个什么都可能发生的,高度不确定性乃至连人是什么都不确定,人的一切包括其基因编码、一切行为甚至所思所想都毫无隐秘可言并可以任意改变的未来。到了这时,人类将变成的可能不是无所不知、无所不能的神或世界主宰,而恰恰是绝大多数人变成了极少数人任意操控、摆布的奴仆、牲畜,这时的战争可能不再只是有"杀人盈野"的硬战争,而是还有"摄魄控脑"的软战争。孙子的"不战而屈人之兵",本是用兵者的最高艺术,自古至今罕见有人具有这种能耐,"控脑术"出现后可能就易如反掌,但这时已是人人自危,没有胜者了。

　　人类能否作出好的选择而避免"不可收拾"的后果,例如避免虽然长生但却不知我是谁,看似洞察一切但却丧失了自由,本想无所不能但却变成了行尸走肉,就只能"在控制它们之前必须先社会自控,并使社会自控变成个人自控"①。人类只有能形成整体协同机制才有未来,科技如果被一个鼠目寸光、相互疑忌、窥私为乐、喜人之过、唯利是图、竞相征服的社会无限推进、滥用,人类对未来就既不可能阻挡什么,也不可能选择什么。

---

① [德]克劳斯·科赫:《自然性的终结》,王立君等译,社会科学文献出版社2005年版,第4页。

十一
社会苦难

人类自进入阶级社会以来,苦难就与文明如影随形。现代科技与生产力的迅猛发展和财富的巨大增长,都没有对此有基本的改变,近年全球的饥民人数在 10 亿上下徘徊,战争、恐怖主义袭击、暴力冲突、谋杀等造成的死亡天天不绝于新闻,据国际预防自杀协会主席布莱恩·米沙拉提供的数字,全球每年死于自杀的人超过 100 万,贫富人群都有,男性多于女性,据世界卫生组织的统计,在过去 50 年中,全球自杀率上升了 60%[①]。自杀是对人生的绝望,人类社会究竟怎么了?

(一) 平等失落

从农业文明开始,人类就走上了一条与自然分离和社会分化的道路,而在这之前几百万年的时间中,他们都是自然生态共同体中的一个成员,完全靠自然生态系统的食物而生存,人类群体随着食物的季节性变化而流动,没有财产观念,是一个以最近的血缘关系为纽带的共同体,这时的自然和社会都是和谐的。农业社会诞生后,农业种植替代了采集,统一的自然生态系统被分割出一块块人工景观的农田,人类与自然开始分离,创造属于自己的世界。与此相伴随的是定居、食物储存、生产工具和生活器物制造、农业与手工业分工、生产组织和生活资料分配、共同体领地保护与社会管理等活动也就应运而生,这种社会模式本身就会导致等级制的形成,但在一个较长的时期

---

① "自杀成人类头号杀手",《参考消息》2008 年 3 月 7 日。

中,它仍可以以公有制的、平等的社会形态存在。中国儒家学者提出的"大同社会",既是他们心目中平等的理想的社会,也是他们依据传说对远古社会的追忆性描述,从孔子弟子所记的儒家经典《礼记·礼运》中可以看到:

"大道之行也,天下为公,选贤与能,讲信修睦。故人不独亲其亲,不独子其子,使老有所终,壮有所用,幼有所长,鳏寡孤独废疾者皆有所养……货恶其弃于地也,不必藏于己;力恶其不出于身也,不必为己……是谓大同。"

郑玄注:"大道,谓五帝时也。"五帝的说法有多种,指的是中国原始社会末期部落或部落联盟的几位著名领袖,如尧、舜等。中国古代学者留下的这一记述和思想在人类古代思想史中堪称寥若晨星,古希腊哲学家柏拉图虽撰有10卷《理想国》巨著,对后世影响很大,但他和苏格拉底的理想国,仍然是一个除奴隶外,自由公民还有统治者(智慧的哲学家)、保卫者(勇敢的武士)、劳动者(农民、手工业者)的三个等级森严的社会,劳动者以节欲为美德,对他们要进行严格的教育训练,并实行共同私有制和公妻制[①]。这有点类似于蜂、蚁王国。至于亚里士多德,则是一个奴隶制的坚定捍卫者。

农业对人口增长的容量有限,随着人口密度不断增高,农田扩张、森林退缩、生态破坏加剧和相邻部落领地扩张、资源争夺的冲突和战争也开始登上历史舞台。战争使失败的一方变成了奴隶,胜利的一方则变成了统治者,对外领地争夺和压制内部奴隶反抗最终导致了社会形态的巨变,私有制、集权制、极权制应运而生,人类从此陷入了持续几千年的不平等、阶级斗争、同类相残的苦难之中。

要把经过几百万年进化的自由平等的原始人变成奴隶,无疑经过了无数的压迫与反抗的暴力冲突,但少数人击败多数人在逻辑上仍然是非常奇怪的,其中的奥秘就在于少数人巧妙地利用了社会的力量去控制社会。法国18世纪的著名启蒙思想家卢梭曾对此作过探讨:

"富人们因需要所迫,最终想出了一个能进入人类思想中的最为狡诈的计划:雇佣自己的敌人为自己服务,使对手成为保护者,用新的格言激励他们,并为他们建立一套制度,这套制度对于富人之有利,如同自然法对于富人

[①] 参见《柏拉图全集》第2卷,王晓朝译,人民出版社,2003年版第272—648页。

之不利是一样的……于是大家都向锁链跑过去,并相信这些锁链可以保障自己的自由……社会和法律的起源就是这样……它永远地毁灭了天赋的自由,这样就把保护私有财产和不平等的法律建立起来,把巧取豪夺变成了不可剥夺的权利。"①

《礼记·礼运》也说到礼义制度的起源:

"今大道既隐,天下为家。各亲其亲,各子其子,货力为己,大人世及(贵族世袭)以为礼,城郭沟池以为固,礼义以为纪,以正君臣,以笃父子,以睦兄弟,以和夫妇,以设制度,以立(设置)田里。"

极少数人剥削、统治多数人,享有绝大多数人所不能享有的特权,整个社会由少数人支配而多数人只能服从,靠的是暴力机器、法律制度和统治思想的理论工具。他们把剥削多数人的所得建立起庞大的专职暴力机器,用以镇压任何反抗行为,用法律制度来约束人们的行为,但仅此还不够,他们还需要编造一套为自己统治的"合理性"进行辩护的理论工具,使大多数人心甘情愿地服从他们的统治,以降低统治的风险和成本。过去的统治者编造的理论工具主要是"上智下愚""人生而不平等""王权神授""强者中心"等等,这一套理论工具曾统治了人类思想几千年,虽然遭到过不少挑战,但致命的一击是来自18世纪的法国启蒙思想家卢梭,此后,在众多思想家和革命家的穷追猛打之下而终至气息奄奄,追求自由平等的世界潮流从此不可阻挡地奔涌出来。19世纪法国著名哲学家皮埃尔·勒鲁指出:

"现在的社会,无论从哪一方面看,除了平等的信条外,再没有别的基础。但这并不妨碍我们认为:不平等仍然占统治地位……法国革命把政治归结为这三个神圣的词:自由、平等、博爱……人在他一生的全部行动中都是合三而一的……"②"平等一词是从何而来的?它来自卢梭。正是卢梭,卢梭的书籍,他的学派,把平等献给了我们的革命……在卢梭的著作中,平等几乎构成了一种完整的学说……正当卢梭精神传播到人民中间,并为我们定下法律的时候,由全体人民大声说出的平等这个词就成了一种原则、一种信条、一种信

---

① [法]卢梭:《论人类不平等的起源和基础》,陈伟功等译,北京出版社,2010年版第135—137页。

② [法]皮埃尔·勒鲁:《论平等》,王允道译,商务印书馆,1988年版第5—11页。

念、一种信仰、一种宗教。"①

自卢梭之后的两百多年来,理性的进步、思想的解放、民众的抗争、科技的发展、社会的变革使世界发生了巨大变化,除少数例外,许多野蛮的社会不平等制度如奴隶制、世袭制、种族歧视、种姓歧视、性别歧视等在法律上基本上被消除了,人类原则上的平等在形式上得到确立,但事实上的平等仍天差地别,不平等现象俯拾皆是,为不平等张目的理论也没有销声匿迹,陈旧的不平等理论对人们的思想影响并未消失,并在社会现实生活中若隐若现地得到宣示,在邪教组织以及各种地下帮派组织中更是仍在招摇撞骗。但是,在科学昌明的今天,这些文化垃圾毕竟难登大雅之堂去与科学作正面交锋,因而需要在科学中寻找新的武器,有些人在生物学中看到了希望。

他们先是从达尔文物竞天择、存优汰劣的进化论中找来支持恃强凌弱、弱肉强食的依据,从动物界中的"不平等"中找来支持人类社会不平等的依据,现在则还从基因的"自私性"中找来自私是人的本性的依据,从遗传学中人的基因生而不同找来人生而不平等的依据。但事实是:没有任何自然科学能为此提供依据。英国心理学家伯特(1970 年去世)曾编造了"用科学的方式"证明人的各种潜力具有遗传性的故事,被视为是 20 世纪的"伯特事件",是与"李森科事件"相似的科学丑闻。虽然参与揭秘 DNA 并于 1962 年获诺贝尔医学奖的美国遗传学家詹姆斯·沃森也公开宣称黑人智商低于白人,性欲与肤色有关等种族优劣论(沃森现已公开道歉),"社会生物学"也曾被认为为人类不平等提供了依据,但这些都遭到科学界广泛的质疑和批评。

人确实生而不同,因为人们的遗传基因没有完全相同的,但这种差异与不平等是两回事,不平等是社会学、政治学概念,是高下、优劣的区分。甲与乙的基因有差异,因而,甲≠乙,但"不等于"并不能被替代成"高低""优劣",即使把甲和乙还原为或视同为基因,那也是基因的集合,集合是无法区分高低优劣的。试图用遗传学来论证社会等级是自然界"等级"的必然结果,从而使之合理合法化,这不是科学而是谎言。

如果人类的行为都是由基因决定的,那么任何要改变人类行为的设想和

---

① [法]皮埃尔·勒鲁:《论平等》,第 20 页。

做法就都是违背人类本性的,因而是错误的和注定要失败的,那么,法律对行为的规范,道德对行为的约束,教育对行为的引导也就都是多此一举、毫无意义的了。那么,占有、统治、等级、排外、种族主义等等就都是人类与生俱来的遗传元素了。可是,为什么这些遗传元素只出现在最近几千年的阶级社会中? 出现之前的几百万年中它们为何没有表现? 出现之后又为何会遭遇到从未停止过的反抗呢? 这些反抗行为又是由什么元素决定的呢?

动物界种内存优汰劣的竞争是退出即止,这有利于物种的进化,与人类曾反复出现的集体大屠杀尸横遍野、血流成河、赶尽杀绝没有可比性,更与现代人类的军备竞争将整个人类和全球生命置于同归于尽的风险之中没有可比性。如果遗传就是"自私",那么,生命进化的主要源泉来自基因交流而不是克隆,克隆模式历时近 40 亿年仍是单细胞生物,交流模式则克服了克隆模式的"自私性"而不断推陈出新,所有的多细胞生命形式都是基因交流模式的产物,它们的基因库是一个"合众共和国",是生物进化的集体成果,与自私是人的本性的想象南辕北辙,即使是单细胞克隆的微生物,遗传也与"自私"、"不平等"毫无关系,因为其个体与个体与物种是同一的,不存在一些个体"欺压"另一些个体的问题。人类社会的不平等不是源自于自然,而是源自于私有制社会。

野外观察发现,有些蚂蚁袭击其他蚂蚁的巢穴,并将对方的蚂蚁俘获过来做奴隶,之后自己就依赖奴隶而生活,不仅雄蚁和有繁殖能力的雌蚁从不做工,工蚁也不做,当旧巢穴出现问题而举家搬迁时,搬迁的全部工作都由奴隶来做,连主子蚂蚁也由奴隶们用下颚夹抬运。蜜罐蚁经常袭击邻居,掠夺其工蚁来为自己做奴隶。亚马逊蚁经常劫掠其邻居红蚁的蛹,蚁蛹孵化并长大成年后就变成自己的苦力。一种美洲矛蚁将劫掠邻居俘获的蚂蚁,体形小的充当工蚁,大的充当兵蚁[①]。这些现象已被认为是动物界的自私、征服、统治、奴役的生动案例,并被一些人想入非非地当成是人类的"自私"和"统治"哲学的生物学重要依据,这真是"情人眼里出西施"。

从生态学的角度看,这种现象是生物界的又一种"共生"现象,我们人类

---

① [英]史蒂文·琼斯:《达尔文的幽灵》,第 158—159 页。

的个体都是功能相对完整的独立个体,我们每个健康的成年人都有相似的思维能力、自食其力能力、攻击和防御能力,但我们个体的独立性仍是相对的,因为我们任何个体都没有独立繁殖的能力,我们的任何个体虽然都是一个"合子",但却只能产生一个"配子",这个"配子"只有和另一个异性产生的"配子"相结合,才能"共构"一个新的个体,因而,在繁殖上我们也只是"共构"的一个"构件"(配子)。蚁群、蜂群与我们有所不同,它们在进化的道路上形成了一个独特的"共构"现象,那就是:群体共构完整的独立个体,个体功能化。蚁群、蜂群虽然"个体"数量众多,但每一个"个体"都不具有独立性,而只是群体的一种功能部分,如有的专事繁殖,有的专事觅食,有的专事攻击和防御,群体共同构成完整独立的动物功能,这种群体是动物个体整体性的共构体,如果失去了其中的任何一个部分,这个共构体就会解体。

南美洲的切叶蚁(养殖真菌蚁),其养殖真菌的园丁与巨型兵蚁的体重竟相差到300倍,但这种巨型兵蚁在部落建立的初期并不出现,而是在部落壮大到拥有蚁众10万之多时才出现。这好比猛兽的尖牙利爪并不出现在生长初期,而是到成熟之后才真正拥有。蚂蚁部落在抵御外敌入侵时,其成员的死亡速率是每小时1/20,这与老虎在精疲力尽时皮肤细胞的死亡速率相同①。蚁群、蜂群的分工类似于一只猛兽器官的分工。至于一些蚁群袭击、俘获邻居蚂蚁来充当工蚁、兵蚁,那也只是共构体模式的扩张。蚁群、蜂群进化成共构体,其生存和繁衍的能力比个体户大大增强,不再有什么昆虫、鸟类能对它们构成威胁,而个体户则随时都可能成为别人的口中食、腹中粮。

蚁群、蜂群共构体与人类的等级社会好像有些相似,但实质上二者有着本质的区别。蚁群、蜂群共构体是生物进化的产物,完全受控于遗传和本能,它们彼此间的功能行为靠化学信息来调节,繁殖者只有繁殖的功能、觅食者只有觅食的功能、作战者只有攻击防御的功能,其他功能、能力、"需求""欲望"被化学信息"清除"隐没了。所谓"蚁王""蜂王",也只是人类比照人类等级社会而给它们的一个想当然的封赏,其实它们只不过是共构体的繁殖"器官"罢了,由于繁殖对基因传递、物种繁衍的重要性,所以繁殖"器官"尽力繁

---

① [英]史蒂文·琼斯:《达尔文的幽灵》,第178页。

殖,其他"器官"为实现繁殖成功而各尽所能,这里并没有等级制。人类社会的等级制则与此相反,它不是生物进化的产物,不是由遗传和本能所决定的,而是社会文化的产物,由于人类所有健康个体的基本能力、欲望、需求是相同的,而等级制使极少数人的正常需求膨胀成无度的贪欲,而多数人的正常需求则得不到满足,因而是反人类本性的。正因为如此,人类社会反抗等级制的斗争从未停止过,而蚁群、蜂群内部从未听说发生过这种斗争,"蚁王""蜂王"完成繁殖使命后,会自然产生一位接替者,从未听说这种接替要通过斗争、战争、政变等暴力和阴谋来实现。

不平等是造成社会苦难、失稳和革命的首要原因。从18世纪晚期爆发的法国资产阶级大革命开始,资产阶级为铲除封建贵族与其他人之间的巨大不平等,就打出了自由、平等、博爱的革命大旗,这对占人口大多数的被统治者无疑具有很大的吸引力和号召力。但是,资产阶级所建立的民主制国家并没有消除不平等,而是把它变成了一个富者通吃的社会。自认为是"为所有人提供平等机会"的最发达的民主理想国家——美国,离平等的距离不是越来越近,而是越来越远。1997年,美国最富有的1%的人占有全国总财富的40%,比占总人口95%的底层人所占有的财富比重还要多[①]。在二战期间及战后的40年中,美国最富裕的10%的人口占有国民收入的1/3,今天已上升到了一半,2002年到2007年的新增国民收入有65%落入最富有的1%的人手中[②]。

巨大的不平等不仅存在于经济领域,而且普遍地存在于政治和社会领域。许多社会学家认为劳动分工、社会冲突和私有制是形成不平等的社会模式的主要原因。劳动分工使一些人的活动可以支配另一些人的活动(如组织中决策者支配员工、企业的雇主支配工人),获得分工优势地位的上层会竭力强化这种倾向,最终形成了一个等级制的社会结构。资源稀缺和不平等分配会导致社会冲突,胜利者会将失败者置于被控制、剥削、压迫的地位,并建立一套能长期维护自己既得利益的不平等制度。如果社会能平等地分配有价

---

① [美]乔尔·查农:《社会学的十大问题》,汪丽华译,北京大学出版社,2009年版第64页。

② 参见"正在左右美国的大趋势",新华社《参考消息》2011年7月18日。

值的东西,劳动分工不能给任何人带来有无权力的好处或坏处,社会冲突就会很少,但是,社会不平等为什么被制度化和持久化呢?根本原因是私有制,卢梭曾一针见血地指出:

"第一个圈起一片土地,并想起说'这是我的'的人,当他发现人们都很单纯,并全部都相信他时,他就是文明社会的奠基者。但是,如果有个人把木桩子拔起来,并填平界沟,向他的同伴们大喊:'警惕这个骗子!如果你们忘记地上的果实属于每一个人,而且土地本身不属于任何人,那么你们就完了。'那么,人类会避免多少罪行、战争、谋杀,惨剧和恐怖。"①

美国著名社会学家乔尔·查农认为,不平等以产生贫困、导致犯罪、迫使一些人做糟糕的工作、使一些人剥削他人、使一些人低自尊和失去希望、引致整个社会的高压力、形成及维持苦难的制度等7种方式与苦难联系在一起②。

产生贫困。在一个不平等的社会中,有些人一出生就享有特权,另一些人则没有。穷人由于缺乏足够的营养、良好的教育、充分的医疗保健,而使身心健康欠佳,工作的保障性、安全性和报酬很差,任何对未来的计划,都为每日的生存所牺牲,社区选择、地理流动、法律保护和解决日常生活中的问题的能力都很有限,缺乏尊严和希望,经常受到愤怒、犯罪、暴力、家庭解体和政治经济社会不稳定的影响,反过来这又会助长社会问题的增加。穷人的选择要么是安于现状,要么是改变现状,绝大多数人都想改变现状,但是,如果努力工作仍难以改变现状,或者认为没有必要去遵循富人们制定的法律,那就会在合法体系之外去寻找改变现状的途径,于是,偷盗、抢劫、造假、贪污、卖淫、贩毒和暴力犯罪就成了很有诱惑力的选择。其中一部分人会通过犯罪摆脱贫困,这会形成激励犯罪的效应,但多数人并不能通过这一途径改变现状,并会受到法律的惩罚。查农指出,大多数人

"越来越多地受到社会福利制度、法律制度、医疗制度和监狱制的歧视——这些制度存在的目的是对他们的生活施加控制,确保他们不会对社会中的其他人构成威胁。随着时间一天天地流逝,他们的苦难日益恶化。"③

---

① [法]卢梭:《论人类不平等的起源和基础》,第115页。
② [美]乔尔·查农:《社会学与十个大问题》,第145页。
③ [美]乔尔·查农:《社会学与十个大问题》,第147页。

社会的所有阶层都有犯罪现象，因为社会广泛地存在着各种各样的不平等，人们都想不断提升自己的社会地位，富了还想更富，因而，收受贿赂的政客、篡改公司账目的会计、非法交易的股票商、不保护员工安全的企业主等等都会前仆后继地出现。但是，富人犯罪比穷人犯罪所受的苦难要轻得多，富人通过交纳罚金、雇用律师、买通关系等办法往往得以逃脱牢狱之灾。在很大程度上，不平等是社会犯罪的起因，犯罪扰乱社会秩序，使人们对日常生活产生恐惧感和不信任，使我们每一个人都深受其害。

　　接受糟糕的工作。不平等将许多人牢牢地束缚在枯燥、繁重、肮脏、危险、低报酬的工作中，因为他们别无选择，要么忍饥挨饿直至悲惨地死去，要么就得接受这类工作以维持生存。煤矿主们为获得巨额利润，既会压低工人的工资，还会减省生产安全的投入，从而不仅制造贫穷，而且还制造死亡。由于这类工作技术含量低，很容易被替代，所以工人要求增加报酬和改善生产条件的努力并不能对雇主形成什么压力。由于工作是一个人生活中的极重要部分，糟糕的工作会使人长期甚至终生陷于苦难的境遇之中。

　　导致剥削。哪里有不平等，哪里就会有不平等的权力出现，有不平等的权力，就会有依赖、有剥削。阶级社会的历史是一部充满剥削的历史，有权有势的人剥削无权无势的人是这种社会的一个共性特点。在奴隶社会，奴隶可以被主人随意使用、买卖、处置；在封建社会，不同的人分别处在一个层层剥削的等级体系的不同阶梯之中，农民处于最底层；在资本主义社会，穷人只有满足雇主的要求才能获得一份有报酬的工作，雇主能够剥削所有依靠他们获得工作的人，大老板剥削所有依赖于它的小老板，跨国公司剥削全球。剥削不仅表现于经济剥削，而且还表现于身体和心理虐待。许多妇女和儿童受害于家庭虐待，原因与两性的社会地位、经济收入、性别观念、体力的不平等有关，性别不平等还会产生性剥削。

　　伤害自尊。一个人失去工作或做糟糕的工作，微薄的收入仅能勉强糊口，外面堆积如山、无所不有的商品世界与自己无缘，在社会上饱受轻视、遭人白眼、毫无荣誉感，或参与犯罪并成为犯罪的牺牲品。被社会边缘化的人久而久之就会使他们对自我价值形成负面的看法，认为自己无用，破罐子破摔，缺乏自尊使生活陷入对他人的愤怒和仇恨、身心疾病、酗酒、吸毒的苦难之中,甚至走向自杀。

形成压力。一个层层分级,追求物质利益、奢侈生活的社会处处充满着竞争压力,几乎所有的人都处于不进则退的现实压力之中。人们都想获得更多,但或因公司破产,突然失业,希望一夜破灭;或因股价暴跌,房价暴跌,财富灰飞烟灭;或因投资失败,婚姻失败,从此一蹶不振;或因职场倾轧,权力丧失,地位一落千丈,等等,未来巨大的不确定性决定了所有人都有跌落到社会底层的可能。查农说:

"维持现有地位或是做得更好获得更高地位的努力,会给人带来一种犯罪的诱惑,这反过来也会对那些实施犯罪的人和那些犯罪的受害者带来更多的苦难。"①

这方面的犯罪涉及等级阶梯上各个层次的人。

产生和维持苦难的机制。不平等的社会会产生维护不平等的制度,有权势的人在建立什么制度和制度怎样运作上拥有更多的发言权、操控权。

"由此产生的制度,自然也就会为那些创造及持续地操控它们的有权势的人们最好地效劳。极少有哪一种制度的创立是为了解决人类苦难问题,除非是那些苦难触及了那些有权势者的生活。"②

这种社会制度总是趋向于有益社会上层的人而不是相反,它创造出使人们处于他们出生时所处位置上的条件,将不平等结构持续化,通过系统化地保护既得利益者,使他们享有其他人不能享有的好处来制造苦难。制度受益者改变社会苦难的努力,远不如他们对不平等制度的忠诚,制度改变通常需要自下而上要求改变的巨大压力。查农强调:

"民主和公正意味着,只有当所有人都受到尊重、所有人的自由都事关重大、所有人都能从机制中获得益处时,它们才会存在。"③

---

① [美]乔尔·查农:《社会学与十个大问题》,第 152 页。
② [美]乔尔·查农:《社会学与十个大问题》,第 153 页。
③ [美]乔尔·查农:《社会学与十个大问题》,第 154 页。

（二）暴力与异化

　　造成苦难的原因还有毁灭性冲突。不是所有的冲突都是毁灭性的，许多冲突是可以避免的或是积极的，冲突也是一种互动，竞争也是一种冲突，每个人都想实现自己的目标，这种目标与他人的目标相冲突，在许多情况下会通过相互协调达到利益的某种平衡。但是，在一个极不平等的阶级社会中，毁灭性冲突是不可避免的。一个极不平等的社会也是一个充斥着认知和情感鸿沟的社会，处于优势地位的人会将他们的优势直接继承或通过教育机会、社会关系传递给后代，以长期维持甚至不断加剧资源分配的巨大不平等。随着时间的推移，不平等会被认为是社会的常态，从来如此，不可改变。社会存在决定社会意识，这种不平等的社会所形成的不平等意识会影响到所有的人，使得富人和穷人、权势者和底层人很难有共同的观念、理想、语言和情感。富人尤其是以不正当手段致富、因财产继承致富的人，特权阶层或享受特权荫庇的人，他们大多浅薄得不知道财富的来源，不清楚他们的巨大财富是剥削穷人剩余劳动的结果，他们与穷人的巨大差距是不平等的社会制度造成的，这种不平等孕育着毁灭性冲突的风险，反而认为自己是救世主，穷人天生下贱、低劣、愚蠢、懒惰，是靠他们的投资、消费、施舍养活的，他们以各种形式去轻浮夸张地炫耀自己高高在上的虚荣，冷漠地对待穷人和底层的疾苦与倾诉。当穷人感到自己痛苦无处发泄、冤屈无处申诉、生活陷于绝望中时，深埋在心中的愤怒就可能爆发，毁灭性冲突就会发生。毁灭性冲突不仅会使失败者陷于苦难甚至丧命，胜利者也会因此而在对方的意识中埋下仇恨和报复的种子，从而陷入"冤冤相报何时了"的毁灭性冲突所带来的苦难循环。

　　社会极不平等、利益两极分化，使得社会到处都埋伏着暴力冲突甚至是战争的导火线，而战争的决策者和作战者的分离，使得政治野心家更有着点燃它的冲动。动物之间的同类相争是首领冲锋在前，人类在很长的一段时间中大概也如此，甚至在两千年前的项羽作战时也是自己冲锋在前的。项羽虽然残暴，但在灭秦后的楚汉相争中，并未主动发动战争，相反，刘邦虽然没有直接表现出项羽的残暴，甚至表现出"仁义"，但有躲在后面驱使别人冲锋在前的决策权,因而屡败屡战地发动战争,用别人的尸骨去铺成通往帝位之路,如果刘邦也要冲锋在前,他就一场战争也不敢打。战争的决策者和作战者的分离,是人类间战争频发的一个重要原因。在冷兵器时代,将领率先进行单打独斗的胜负,对战场的局势起决定性作用,到了热兵器时代,打仗可以靠士兵隔空交火,将领不再需要身先士卒了。到了远程精确制导武器时代,将领可以躲在远离战场的安全地方,靠发射导弹就可以决胜于千里之外。现在则出现了派出无人机和地面机器人出国作战的趋势,美国无人机已在多个国家发动袭击,据说杀死了一些反美分子、恐怖分子嫌疑人,但死得更多的是平民,这虽然激起了反美仇恨,但美国毫发无损,所以也就横行无忌。美国现已造出了7500多架无人机和约15000个地面机器人,今后的发展如果只需无人机和机器人上战场,发动战争将会变得更加轻易。正因为现代战争不需要首领亲上前线贴身相搏,因失误而死伤的是别人,决不会危及自己的生命,也不要冒自己财产和前程损毁的风险,所以军事强国的首领对发动战争也就更加有恃无恐。人类几千年的文明史中充斥着暴力冲突,当一个国家内部的矛盾激化,统治者可能会对另一个国家发动战争,将暴力攻击转向一个共同的外部"敌人",以缓解内部危机。军事强国、政治野心家、军工巨商总是能在战争中捞取到许多在和平环境中所没有的"好处"。即使打不起战争,他们也要挑起事端,制造紧张气氛,以捞取转移国内矛盾、增加在国内外舞台上的表现机会、扩大武器等军用物资出口、巩固和扩张在国外的势力范围等利益。

  战争、暴力冲突会形成一种恶性循环。在战争、暴力冲突中获胜会使人们相信暴力是他们获得好处的一种方式,由此会鼓励暴力冲突在社会中持续使用,在心理上会鼓励更多的作恶者具有攻击性心理。与自我感觉良好相反,具有攻击性的人趋向于让其受害者变得变本加厉地残暴,会将受害者去人性化来为自己的暴行辩解,会让自己和他人都相信受害者是罪有应得。但是,获胜者并不会因此逃离苦难而获得幸福,而是使自己陷入了一个恶性循环,他施加给失败者身体、尊严、财产的严重损害,所埋下的愤恨种子,不会被失败者逆来顺受地长期"冰冻",他们会寻求机会进行各种形式的报复,其最绝望的形式是同归于尽的自杀性报复。暴力与报复的循环还会使许多无辜者也深受"殃及池鱼"之害,正如查农所说:

"互动有赖于信任,具有毁灭性冲突的真正的受害者之一就是人与人之间的信任。通过暴力冲突,原本可以预期的熟悉的世界,变成了一个无序的和不可预期的世界,它没有规则可以让人们去忠诚于它。一个互不信任、没有规范可以遵循和不可预期的世界,使得生活对许多人来说都成为一种苦难。他们变成程度更猛和更常发生的暴力牺牲品;他们变得对过去那个熟悉的世界充满了恐惧。"①

在这种环境中,人的心灵被扭曲,一切都会发生异化,美好的东西会变成相反的东西,自己的行为会变成异己的反对自己的力量。"人权"本应是个好东西,但再没有什么能比西方列强的"自由""平等""民主""人权"更为异化的了,人权首先是人的生存权、发展权,西方列强打着维护人权的幌子,用毁灭性暴力剥夺了世界各民族无数人的生存权,几百年来,世界上所发生的战争和动乱,很少没有西方列强的直接参与、间接介入、暗中插手或受其逻辑影响的,但他们对真正的人权灾难却又毫无兴趣。以"人权卫士"自居的美国及西方列强以其实际行为证明了他们既是人权的逃兵,又是人权杀手。在1994年卢旺达发生大屠杀前夕,美英却力主撤回维和人员以避免维和人员的伤亡,结果导致100万人被杀。凭借绝对军事优势而对别国肆意发动"维护人权"的干涉和战争,虽然他们死伤甚少,但受害国死伤的平民却是数以百万计,在入侵伊拉克之前的制裁,就已使大多数伊拉克人食不果腹数年,轰炸则使这个曾经繁荣的国家倒退到工业化之前的黑暗时代。英国著名的批判法学和人权研究学者科斯塔斯·杜兹纳对此痛斥道:

"如果在一场战争中,一名士兵的性命比众多平民的性命宝贵得多,那么,这场战争不能说是正义的、人道的。以几百塞族人的生命换取一名北约士兵的生命,什么每个人在尊严上是平等的、什么每个人都享有同等的生存权,只是一派胡言……道德的自我中心主义很容易产生傲慢情绪,道德的普适主义也很容易滑向帝国主义……普适主义以纠正相对主义开始,却以粉饰压迫统治而告终。文化相对主义的潜在后果更加可怕,因为它可能以当地特殊情况为借口,为杀戮和酷刑提供特权……在这个强权主宰人权的世界里,

---

① [美]乔尔·查农:《社会学与十个大问题》,第157页。

对没有人性的独裁者只依靠并不精确的'精确制导炸弹'和平民的'附带损伤'这些没有人性的手段去对付。然而,在这种情况之下,正义之士所犯的恰恰是他们所要制止的罪行。"①

西方列强的道德信誉扫地无存,这必然会使许多国家对获得唯一能与列强周旋的核武器的意愿更为迫切,防止核扩散的努力已遭受重创。而且,轻率的战争干涉主义已成为助长分离主义、极端主义、恐怖主义的重要因素,不仅使许多国家饱受动乱之苦,也使全球和其自身都难逃极端主义和恐怖主义的威胁。由于安全普遍受到威胁,这既大大增加了全球大多数国家的国防安全和国内治安的压力,并使人类的活动被置于一个日益严密的电子监视网络之中,信息技术这个给人类带来广泛联系和自由活动的工具,正被异化成使自由、人权、隐私丧失和网络战争的武器,同时,还减少了对解决贫困、饥荒、自然灾害、资源枯竭、环境恶化等人权和可持续发展问题的关注和努力。

异化是现代社会普遍存在的现象和社会苦难的根源。异化的词意是分离。异化是黑格尔、马克思、韦伯、西美尔等都论述过的重要社会现象。在马克思那里,异化是指人的一种状态,在这种状态里,自己的行为对他来说成了一种异己的力量,与他相对,并且反对他,他从而不能控制自己的行为。偶像崇拜有助于我们理解异化概念。人们把精力和艺术才能用于建造偶像,然后对自己的这一偶像顶礼膜拜,其实这只不过是他们的一件产品,但他们把自己的生命力转移给了它,使它成了与他们相分离的存在,与他们对立,高高在上,他们要崇拜和服从。宗教徒把自己的爱和力量分离给了上帝或神,而自己则不再有这些力量,他们崇拜自己的偶像,希望它能赐给他们某些力量。屈从性崇拜自己的创造物都是异化现象,这种创造物可以是神、是人、是物,是某个组织。国家、领袖、明星、金钱等都是人的创造物,都可能成为人的崇拜偶像。当一个人成为非理性热情的奴隶时,异化就发生于与自己的关系中。当一个人被权力欲、金钱欲、美色欲所驱使时,他就会被这种强烈的欲望所占有,他就不再是一个充满丰富性的人、具有自主性的人,而是一个被异己力量驱使的人,他成了自己的陌生人,就像他人是陌生人一样。

---

① 何海波编:《人权二十讲》,天津人民出版社,2008年版第312—314页。

迄今的社会化也是人类苦难的根源。社会化将每一个人置于社会结构中所处的位置上,一些人一出生就处于社会化不足的情境中,其家庭内部的互动或极为有限,或缺少关爱,或未教给自控,或具有毁灭性,都会对他们今后的长期发展带来严重的心理和行为后果,在与他人的互动中出现各种问题,使生活陷于困难,对社会感到沮丧和愤怒。成功的社会化也带来苦难,我们是在一个积累财富获取利润成为主导价值观的等级社会中被社会化的,雇主剥削雇工,把他们当成赚钱的工具,轻视他们的需要和利益;竞争对手之间的相互提防、算计;客观现实与他人和自己对自己的期望值之间永远存在的差距等等都会造成苦难。人们在多数时间中是被经常接触的人社会化的,是他们使你最终成为什么样的人起着大部分的影响,但从未见面的某些政治领导人、富商、明星、学者、科学家、名人、杀手甚至一本书也可能会改变你的人生方向。为什么不同阶层、贫富、兴趣、习俗的人很难融洽地生活在一起?为什么社会会出现恐怖主义、杀人犯、虐待狂和各种犯罪?社会化是一个重要原因,因为迄今的社会化是一种异化的关系。

异化有一个历史发展过程,到了现代社会,异化现象几乎无所不在。埃里希·弗罗姆对此有出色的论述:

"人创造出了一个前所未有的人造世界。他建立了复杂的社会机器来管理他所建造的技术和机器。然而他所创造的一切却居于他之上。他感觉不到自己是一个创造者和中心,反而成为自己双手创造出来的机器人的奴仆。他所释放出来的力量越为强大,他越感到作为一个人的无能。他用包含有自身力量的他的创造物面对自我,被自己所异化。他被自己的创造物所占有,失去了自主权,他铸造了一尊金犊,并且说:'这些就是带领你们离开埃及的神。'"[①]

在工业生产中,生产工人变成了一个随着原子管理的步调跳舞的经济原子,工作是一种机械性的重复,生命的活力、创造性、好奇心、独立思考都被扼杀了。经理面对的是一些非人化的巨人:庞大的竞争企业、庞大的国内外市

---

① [美]埃里希·弗罗姆:《健全的社会》,蒋仲跃等译,国际文化出版公司,2003年版第109—110页。

场、庞大的工会组织和庞大的政府,是这些似乎有生命力的巨人指挥着经理。大企业的所有者对他的企业已几乎没有控制权,他的所有权只是一张代表数量不断变化的金钱的纸。对于绝大多数人来说,他的最有活力和创造力的生命时期都必须消耗于工作中,工作就是为了挣钱以使自己生存下去,它与生活的意义、创造性、幸福都没有关系,这些都要到工作之外去寻找。

同样,消费过程也完全被异化,人们获取物品应在性质上与使用它们相一致,消费它的使用价值,从而使身体需求、情感需求获得具体满足,但这种满足现已微乎其微,消费已基本上是与此分离的对人造幻觉的满足。人们用金钱买东西,这与以爱换爱、以信任换信任不同,金钱代表一种抽象形式的劳动,它可以购买任何东西,这种购买在现代已越来越与使用相分离,而只是以无用的占有而非实际的使用为满足,陈旧的古董、豪华的器具、昂贵的工艺品从来都不会被使用,而只是用于炫耀,人们吃某些食品、喝某些饮料、穿某些衣服、用某些物品,在很大程度上也与它们的真实使用价值和人们的真实需求相分离,人们只是在消费它们的广告词。人已经被追求购买更多更好更新商品的能力所迷惑,消费从满足需求的手段变成人生的目的,人则被异化成被不断膨胀的消费欲所控制的奴隶,面对铺天盖地的新产品广告和眼花缭乱的百货超市,有钱人也哀叹自己很穷,穷人的被社会抛弃感就更为强烈。

弗罗姆认为,现代社会的人与人的关系已异化成:

"两种抽象体两个活机器之间相互利用的关系。雇主利用雇员,推销商利用顾客。每个人都是除己之外的别人的一个商品……现在的人际关系中,再也找不到多少爱与恨,人们有表面上的友好和更多表面上的公平。但在表面之下是人与人之间的距离与相互的冷漠,以及大量的难以捉摸的互不信任……甚至爱和性关系也有互不信任的特点。发生在第一次世界大战后的性解放运动是一次人们用性愉悦代替更为深厚的爱情的孤注一掷的尝试。当这种尝试失败后,两性之间的性爱的两极化降低到最低点,取而代之的是一种友好的伙伴关系……人与人之间的异化关系导致了大众和社会情感的消失……"①

---

① [美]埃里希·弗罗姆:《健全的社会》,第120—121页。

人与人和人与社会的情感消失的结果是去人性化,加上个人追逐私利和"看不见的手"实现公利被认为是最好的社会机制,从专制主义束缚中解放出来的人类个体自由被视为是资产阶级革命最重要的成果,因而个体化获得了极大的张扬。这种去人性化和个体化,通过现代教育和各种思想的浸染,富足带给人们退回家中享受生活而不必一定要与他人互动的机会,信息化网络使人们可以与永不谋面的人互动而不必与身边的人互动的条件,都使得人与他人关系的异化获得了促进。我们看到,自我中心、自私自利、不劳而获、没有责任心、移情能力缺失、蔑视伦理道德和法律秩序等已经成了现代社会人际关系紧张、犯罪激增的重要原因。

人与自身的关系也发生了异化,弗罗姆把这种异化关系描述为"买卖倾向":

"在这种倾向中,人体验自己是一个能够在市场上被人们成功利用的东西,人并不把自己看做是自身权利的持有者,一个积极的作用者,他的目标是成功地在市场上销售自己。他的自我意识并不是来自于作为一个富有爱心和思想的个体的活动中,而是来自于他的社会经济角色中。如果东西能说话,对于'你是谁'这个问题,一台打字机会回答'我是一台打字机'……(而人会回答)'我是一个工厂主','我是一个职员'……他的回答与能说话的东西的回答几乎有相同的意思,这就是他体验自己的方式,他并不是作为一个有爱、恐惧、信念、怀疑的人,而是作为一个与真实本性异化的在社会系统中完成一定作用的抽象物一样体验自己。他的自我价值取决于成功与否,即能否把自己卖个好价钱,能否赚比本钱更多的钱,能否获得成功……如果个体投资失败,没能够用自己创造出利润,他就感觉自己是一个失败者……他的自我感觉的意识取决于自身以外的因素……市场决定人的价值就如同决定商品的价值一样,他就像市场上不能被高价销售出去的商品一样,虽然使用价值很大,却无任何交换价值可言。这种待价而沽的异化人必定失去了许多尊严感……必定失去几乎所有的自我以及作为一个独特的,不可控制的实体的感觉……东西没有自我,那些变成东西的人也会没有自我。"[①]

---

① [美]埃里希·弗罗姆:《健全的社会》,第122—124页。

许多人把西方社会的民主和个人自由描绘成理想的社会,可是正是这样的社会,普遍存在着人与工作相异化、与他人相异化、与自己相异化的苦难。你的确有一人一票的民主,但面对如此巨大、复杂和难以理解的社会,你能看清什么?即使看清了,你一票又能改变什么?你似乎很自由,但为了生存,你必须在市场中把自己交换出去,既要忍受雇主聘用你的各种要求,也要忍受他们对你解聘。所有的人都要受到市场变化的直接或间接影响,受到社会力量的直接或间接操控,你的生活不是你想要的生活,它受到太多的外在因素的左右,甚至成了他人随心所欲的牺牲品,你没有能力积极应对和解决这些问题,你处于被动之中,被动性使你滋生出软弱无力感,"哀莫大于心死",陷于苦难中而无力自拔会使有些人感到绝望而自杀,这是许多国家自杀率很高且呈上升趋势的一个重要原因。

(三)出路何在

在人们直观的认识中,造成人类的苦难的是某些人、组织、统治者的邪恶,因而社会可以通过法治甚至革命来解决这些问题,但前面的论述已经表明,问题远不是如此简单,而且前面的论述已使问题复杂到令人陷入一种无力感之中。聪明反被聪明误,一个几乎拥有无限才智的人类却陷入自找的苦难中而无力自拔,这是真的吗?回答是肯定的,卢梭已看到:

"人所有的不幸均来源于他的显著而几乎无限的能力;就是这种能力,随着时间的流逝,把人们从原本和平而清静的原始生活状态中拖了出来;正是这种能力,使人类几个世纪中,在知识与谬误、恶行与美德方面表现得非常明显,最终成了人类自身与自然的暴君。"①

有学者把人生的幸福与痛苦分别加起来,比较两者的总量,得到的结果是后者大大超过前者。卢梭认为,这只是对文明人而言才如此,如果回溯到自然人,结论就会不一样:

"人类所受的痛苦都是自找的,自然本身无可厚非。而我们成功地使自

---

① [法]卢梭:《论人类不平等的起源和基础》,第47页。

己得到如此多的不幸福……一方面,当我们思考人类大量的成就——那么多科学得到了发展,那么多艺术得以发明……另一方面,当我们思考一下,所有这些进步究竟给人类带来什么幸福时,我们不禁会为这种令人惊奇的、不成比例的现象感到极大的困惑,而我们会因此而感叹人类的盲目。这种盲目为的就是满足人类愚蠢的自豪感和无所谓的自我崇拜,使人类不顾一切地追求所有他可能受到的苦难……人们相互间的嫉恨与他们的利益冲突成一定的比例。"①

人们可以用美好文字、皇皇巨著去论述几千年来的人类文明伟大成就,但是,在成就的另一面,是人类所遭受的苦难触目惊心、罄竹难书。文明进步的过程是一个人类知识增长、理性提升、地位改变的过程,也是一个人类情感堕落、贪欲膨胀、恶行丛生的过程。哲学家、宗教思想家、社会学家、伦理学家、心理学家等对造成社会苦难的原因有过很多的论述,但它的根本原因是什么仍众说纷纭,我认为最根本的原因无须到别处去寻找,它就来自于推动文明进步的原因之中,来自于理性、贪欲、分离和这三者的互动。

没有理性的进步就没有科学技术的发展和文明的进步,但是,理性使人类对自己、对社会、对自然的认识和行为全都走上了一条抽象化、数字化、简单化的道路,从而远离了真实的活生生的人、社会和自然,卢梭对理性使文明人的同情心——人类唯一的自然美德——被销蚀有深刻的论述:

"看到同伴忍受痛苦,人们就会产生内在的刺激而产生一种反感,从而减弱了为自己谋取利益的热情,这是人类的天性。所以,在某种情况下,人们的自尊减弱下来,或者在他的自尊产生之前,他的自保的欲望缓和了他的自爱。我相信这是人类唯一的自然美德……我所说的同情心也是一种天赋,适合于我们这样软弱而又多病的生物,这也是人类最普遍、最有益的美德,因为它在任何思考之前就会产生,它又是如此的自然,有时野兽也会表现出来……马都不愿意踩踏任何一个活物。一个动物经过同类的尸体时,总是非常不安。还有甚者,会给死了的同类一种埋葬。动物走进屠宰场时,会发出哀鸣……这就是自然的同情力量,最坏的道德也不能破坏它们。在剧院中,我们天天

---

① [法]卢梭:《论人类不平等的起源和基础》,第87—88页。

可以看到被感动的人们,他们同情剧中的不幸的主人公,他们在那里伤心落泪,而如果他们自己做了暴君,则也一定会加重对敌人的折磨。他们就像嗜血成性的苏拉,即使是苏拉也会对不是由自己所造成的灾难而伤感……同情不过是一种情感,它使我们与处于受苦地位的人们在情感上产生一种共鸣,这种情感在野蛮人身上虽不明显,但很强烈,在文明人身上虽然发达,但很脆弱……这种感受,在自然状态中要比在理性状态中更加深刻。理性产生自尊,思考则加强自尊;理性使人回归自身,理性使人远离麻烦与痛苦。哲学使人孤独,它会使人在看到另外一个正在受苦的人时,暗暗地说:'随便你去死吧,反正我很安全。'除了社会的普遍危险以外,没有什么事情可以打扰哲学家的美梦……野蛮人完全缺乏这种非凡的本领,因为缺乏智慧和理性,野蛮人总是在原始情感的推动下行事。在大街上发生的骚乱或殴斗中,普通人总是马上围过来,而谨慎的人总是赶紧躲开;是普通的百姓、是那些普通的妇女拉开斗殴的人,把上流的人士从相互杀害中分开……同情是一种自然的情感,它协调着每一个人的自爱行为,有助于全人类的相互保存……我们必须从自然的情感中,而不是从精细的分析中,去搞清楚为什么人们在作恶时,即使他并不懂富有教育意义的格言,内心却也会感到深深的内疚?对于苏格拉底和其他具有类似天赋的人们来说,也许通过理性而获得美德是对的,但是,如果仅仅依赖于个体的理性,那人类也许早就不复存在了。"[①]

迄今的文明发展过程,也是人类贪欲不断膨胀的过程。贪欲既是文明发展的推动力,又因文明发展而不断膨胀。贪欲膨胀远远超出了人类个体的自利范畴,个体为满足自己身心健康的自利行为,是生命的本能,也是人类生存和进化的微观基础,无可厚非。但贪欲膨胀使人类堕落成不可满足的饕餮怪物,相互间陷入嫉妒、攀比、争夺、加害和残害自然的恶性循环,而理性则成了各种利益算计的工具。人们不满足在相互服务中获取合理、合法的利益,而是要在别人的损失、苦难中获取非分、非法的更高利益,通过发短缺财、伪劣财、欺诈财、灾害财、饥荒财、污染财、病人财、死人财、垄断财、权力财、走私财、偷税财、战争财等等,使一些人快速暴富,真是灾难愈重,自然愈贫,穷人

---

① [法]卢梭:《论人类不平等的起源和基础》,第65—69页。

愈穷,富人就愈富!对如此种种人类堕落的现象,卢梭追索了人类的心理活动:

"也许没有一个有钱人不被他的遗产继承人暗暗地祈祷他去死,而这些继承人往往就是他的亲生子女。一些不诚实的债务人,没有不希望他的债权人商铺着火的,那样就可以将其中的全部债务文书烧掉。没有一个国家不对他邻国的灾难拍手称快的……让我们通过人们表面上相互装出来的仁慈而考察一下人类内心的活动。让我们想一想这个世界究竟是怎么回事:人们不得不在相互的关怀中相互伤害,义务使人们成为敌人,而利益使他们相互欺骗……合法的利益往往比不上非法的收获,损害别人的事情总是要比服务于别人更有利可图。唯一的问题就是,如何能保证自己不受惩罚。为了达到这个目的,强者要用尽他所有的权势,而弱者则要穷尽他狡诈的手段。"①

迄今的文明发展过程,还是一个人类心理上的相互分离过程。个体自我意识的觉醒、心理平衡能力的提高、与外界的良好互动从而有利于自身的生存和发展,是个体成熟的重要表现,但是,个体的心理成熟如果不是在与他人、社会的心理移情联系,而是在极端的利己主义驱动下膨胀,人与人的心理就会越走越远。理性将人、社会、自然化为一堆堆数字、一架架机器,贪欲把他人或者视为你死我活的竞争对手,或者是谋取私利最大化的工具,或者至少是市场中讨价还价的逐利者,虽然科技和市场的发展将全人类的命运和人类与自然的命运更紧密地联系在一起,人人都可以认识到这种相互依赖性,并也到处可以看到社会协作和团体携手拼搏的场景,但私利使人与人的心理之间,人对社会和自然的情感之间拉开了距离,一位政客(台湾民进党谢长廷)曾形容同一团队中政治人物的关系就像天上的星星,看起来很近,实际距离却要以光年计。卢梭说:

"由于野心无止境,与其说增加财产是为了真正的需要,不如说通过敛财来达到高人一等的目的才是他燃烧的欲望,为此,人们都会产生损害他人的念头和深藏内心的嫉妒。这是非常危险的,因为为了安全地实现目标,他往往会伪装成一副仁慈的面孔。总而言之,一方面是竞争和排斥,另一方面是

---

① 卢梭:《论人类不平等的起源和基础》,第88—89页。

利益的冲突,人们经常隐藏着损人利己的心,所有这些邪恶都是财产私有的主要后果,是新产生的不平等的必然结果……富人一旦认识到了统治的快乐,就会抛弃其他的快乐,他们利用旧的奴隶来控制新的奴隶,他们只想征服和奴役他们的邻居,就像恶狼一样,当它们一旦吃过人肉之后,就拒绝吃其他的食物,从此只想吃人……富人的霸占、穷人的掠夺,以及难以满足的欲望,磨灭了自然的同情心和虚弱的正义的呼声,由此就把人们变得贪婪、有野心、邪恶。在强者的权利与首先拥有者的权利之间发生了无穷无尽的冲突时,最终带来的就是战争与谋杀……人类因此而堕落,变得悲惨,难以走上回头路,也不能放弃已经取得的不幸的获得物……由此,把人类带到了毁灭的边缘。"① "越不是自然而急迫的需要,欲望越强烈。并且更糟糕的是,满足他们的权力也是如此。因此,经过长期的繁荣,在消费了大量的财富,并且毁灭了很多人之后,我们的英雄最终会杀掉每个生灵,直到他成为世界唯一的主人,这就是人类的道德的情形,即使不是人生的全部情形,至少也是每个文明人内心的秘密的野心。"②

　　理性的数字、贪欲的膨胀、心理的分离及其互动已将现代人类和地球生命体置于空前的危机之中。当然,问题的核心还是贪欲的膨胀。理性将一切化为数字,生产总值、国民收入货币数字的不断增长,为市场经济制度的有效性和现代文明的伟大成就不断提供着证明,也为现代人类提供着机会无限、前途光明美好的幻觉,穷人幻想着机会突临,天降馅饼,出人头地;富人们幻想着财富膨胀再膨胀,数字升位再升位,傲视天下,仰止万民。现代人类完全靠一些抽象的数字来了解社会,人们知道一个人每天摄入多少卡热量就能生存,知道一个穷人在劳动年龄内能挣多少钱,知道一立方木材、一吨稻谷等等在市场上的价格,并由此而大体确定用货币数字计量的穷人生存最低保障线、穷人生命的价格和一场水灾、一场大火、一场事故、一场矿难、一场冲突、一场战争等等的货币损失,人们看到的损失都是货币数字的损失,而货币收入数字不断增长带来的快乐,又足以使货币损失可能带来的一丝忧虑轻松释

---

① 卢梭:《论人类不平等的起源和基础》,第132—134页。
② 卢梭:《论人类不平等的起源和基础》,第89页。

然,因而,当代人类可能是文明史上最"快乐"的人类,因为他既有把一切都货币化并使货币快速增殖的能力,同时却又丧失了移情能力,已没有能力、时间和兴趣去体验和理解无数痛苦生命的生存状态和心灵叹息。

即使是在阶级社会中,贪欲膨胀在历史上也是受到批判并被有所抑制的,但是,现代理性已借助于一只"看不见的手",将私人逐利最大化确立为社会的原点,价值的坐标由此出发,市场的逻辑绕此旋转,这种个人主义的原理和市场主义的教义如今已渗透到整个社会,直至渗透到家庭亲情和个体心灵中,它导致了人性和自然的严重衰败,友情、爱情、亲情无一不被无情地腐蚀。

人类必须在还有所清醒的时候回到现实,去解决他所面临的严重危机。现实中的一切事物都是辩证地发生的,正如老子所说:

"天下皆知美之为美,斯恶已;皆知善之为善,斯不善已。"(老子·二章)

卢梭也有类似的论述:

"在没有爱的地方,美又有什么用? 对不说话的人来说,智慧有什么用? 对于并不交易的人来说,奸诈有什么用……在一无所有的人们当中,存在着什么样的相互依赖的链条呢……奴役仅仅建立在相互依赖和相互需要的状态之上,在一个人不必依赖别人就能生活的情形下,要去奴役这个人是不可能的。"①

人们往往幻想要同时获得两种对立的东西,既想要高人一等,比别人拥有更多的权利,却又要体现公平正义回归;既只图索取,吝啬奉献,却又想获得真爱;既汲汲于名利,却又想享受自由;既想纵欲无度,又想长生不老。这是不可能的,这正如想在地球上寻找温暖,却将地方选择了南北极一样不可得。任何极端的、绝对的东西都会走向反面。就连人们十分珍爱看重的平等也不是绝对的善和美,勒鲁指出:

"平等可以理解为每个人对自己的一种个人的、个体的和自私的感情;但与此同时,倘若不是最积极、最肯定地承认他人的权利,平等就不成其为平等了。"②

---

① 卢梭:《论人类不平等的起源和基础》,第75—77页。
② [法]皮埃尔·勒鲁:《论平等》,第255页。

父母与子女的关系就超越了平等的关系,它是一种无私的奉献与服务关系,父母对子女的成长所投入的金钱、时间、精力、爱甚至牺牲,都不是要像其他长期的商业投资那样是为了将来要得到更大的回报。因爱情而结合的夫妻关系也超越了平等的关系,他们相互无私地奉献与服务,各尽所能,共享家庭生活和婚姻幸福,而不会去计较谁的贡献多些或少些。真正的友谊也有类似的性质,相互间有无私的帮助和服务。这种关系显然也限制了自由,因为当你的金钱、时间、精力、爱投入到家庭、爱情、友谊时,就必然会限制你的其他自由选择。

人们通常认为,在不妨碍他人自由的时空中,我就是自由的。这种时空在哪里呢?过去只能是在独处的荒野中,否则就只能是在精神的冥想中。在这种时空中,人似乎是自由的,因为没有人来打扰你,但这种自由却又是你所不能长时间忍受的,因为你即使能忍受孤寂,你也得被迫去解决吃的食物、喝的水、防寒的衣服、避雨的窝棚等等,你会自由得一无所有,朝不保夕,甚至连语言、思维能力也丧失掉,你会逃脱这种自由返回到纷扰的人群中来,返回到与人们互动的空间中。但现在的信息网络和经济独立、社会保障等似乎提供了这样一个空间,它导致了单身家庭的剧增,有多项研究表明:美国亚特兰大、丹佛、西雅图、旧金山、明尼阿波斯利的单身家庭已超出了40%,曼哈顿、华盛顿已接近50%,德国、法国、英国、日本的单身家庭比例比美国更高;美国单身家庭在各年龄层中,以35岁至64岁的中年最多,在伴侣死后18个月,只有1/4的男性、1/6的女性有意再婚,1/3的男性、1/7的女性有兴趣约会,有80%的年纪较长的寡妇、鳏夫和离婚者选择独居而不是与子女生活在一起,在他们看来,"没有什么比跟不合适的人住在一起更糟的了"①。独居者在新兴国家也增长很快,这究竟反映了什么呢?它至少反映了现实生活的复杂性和追求自由、自我中心主义的人的情感不可靠,难以捉摸和相处,独居者没有家庭责任,与任何人交往都可以不负责,既可一拍即合、一拍即离,也可若即若离,情感的甘泉已经枯竭难觅,就用更多的时间去上网或社交以寻求临时的露水情缘解渴。你似乎想象着自己获得了自由,但现实生活中的自由

---

① "独居:一个人活得也精彩",新华社《参考消息》2012年2月21日。

无处不受限。你的行为妨不妨碍他人自由,也不是即时的认识、感觉甚至是社会道德、法规所能判定的,受人们的眼力、智力所限,有许多妨碍是"看不见的"甚至是受到鼓励的。有些宗教及"天赋人权"的绝对论者反对节育,主张自由地生殖,由于人人都有这种自由,好像就没有妨碍他人的问题,但这种自由的结果,带来的却是整个人类自由空间的丧失;人们不仅不怀疑富人有多多消费的自由,而且认为这种自由对穷人有好处,因为它可以增加穷人的就业,但是,正是这种富人富国的多多消费,将整个人类拖进了资源枯竭、环境污染的困境之中,穷人穷国虽然节衣缩食,消费很少,后人则更是一点也没有消费,但却都成了这种困境的主要受害者,平等、正义的自然基础也被这种自由毁掉了。

在贫富、阶级、利益集团分化的金钱社会中,政治自由也只是一种伪币,你有雄才大略、远见卓识,有公平正义之心、造福天下之志,但如果你是一个穷人,且不依附于任何利益集团,你就不能在政治上有何作为,你的被选举权只是一个零,选举权也只能是在"众害之中取其轻"地行使;如果你依附于某一个利益集团,你的所有公平正义、卓越才智、伟大理想就得大打折扣,甚至消失于无形。因而在这样的社会中,政治自由会自由得让许多人厌倦、放弃。

在这样的社会中,自由会被金钱、权力滥用得使所有人都丧失掉自由。从表层现象看,币值不会因其来源的肮脏而受损,财富和权力比智慧和美德更受尊敬,贫困和软弱比罪恶和愚蠢更受轻视,但是,在这背后,则是另一番情景,罪恶并不会因金钱和权力而免去心灵的折磨。斯密曾揭示道:

"正是我们对大人物的痴迷追捧使他们觉得自己完全可以主导潮流,他们因此更加忸怩作态,更加虚伪矫情。我们中的大部分人还浅薄地以模仿他们的举止风度而倍感自豪。虚荣的人常常表现出一种放荡的时髦……穷人也往往容易认为一朝走运便鸡犬升天,根本不考虑其地位和名声带给他的责任……通往财富和美德的道路往往是相悖的,有人为了追求财富便放弃了美德,他们自以为只要成功了,荣誉就会使人淡忘其手段的罪恶。其实,他们挖空心思追求的各种荣誉与他们生活的幸福度毫无关系,并且他们的卑劣行径往往会玷污其荣誉。于是,他们便通过种种方式来放纵和麻痹自己,比如挥金如土、寻欢作乐、发动战争以及变成工作狂,以期通过这些疯狂的举动让自己忘却过去的罪恶,如若不行,他们就将自己的灵魂寄托于神秘的力量。其实,即便在人们对他们献媚崇拜的风光时刻,他们的灵魂也片刻不得安宁,来自内心深处的恐惧和落寞会深深地困扰着他,并且愈来愈强烈。"①

　　人类踏上了文明的道路就不可能再回去,但是,文明的道路决不是一条私欲不断膨胀、征服自然和相互征服的道路。近几年来,英国著名理论物理学家史蒂芬·霍金一再提出人类的唯一出路是移民太空,最近又说人类正在进入越来越危险的时代,地球上的人口与有限资源的使用都在飞速增加,人类遗传密码中携带着自私与侵略本能,这在过去曾是存活的优势,但人类很难在未来100年内避免灾难,更不用说未来1000年或100万年②。持类似看法的科学家大有人在,澳大利亚著名微生物学家弗兰克·芬纳认为,受人口过剩、环境破坏和气候变化等因素的影响,人类将在一个世纪内消亡,人类将没有能力从人口爆炸和无节制地使用资源中生存下去,将有更多的为争夺粮食而进行的战争,我们将面临复活节岛上的人同样的命运③。

　　人类发展科技的潜能是无限的,人类有可能能利用近地星体中的能源资源,但没有可能移民太空,因为这不仅是一个物理学的问题,还是一个生物学、生态学、社会学的问题。人类是地球生命体进化几十亿年的产物,外太空即使有适宜生命生存的星球,也并不等于能适宜人类生存,就像二三十亿年前地球有生命生存,却并不适宜人类生存一样;即使人类有能力将这样的星球改造成适宜人类生存,也不仅是需要有物理学、化学的条件,还要有生物与环境协同进化的生态学过程,这种改造的时间长度显然不是百年、千年甚至万年可待;即使有与地球生存条件相同的星球,距离的遥远和地球资源的短缺也绝无可能将地球数十亿人移民过去;即使能把极少数人移民过去,谁该移民过去? 因这极少数人移民的巨大资源能源的消耗而付出地球上绝大多数人生存资源枯竭的代价,在社会学上也绝无可能;一个亲手毁掉地球生命共生体的人类移民到外星去干什么? 又到那里去进行征服、掠夺、毁掉另一生命共生体吗? 向外星移民的问题还远比以上所述复杂,读者有兴趣还可参

---

① ［英］亚当·斯密:《道德情操论》,第24~25页。
② "霍金称人类唯一出路是移民太空",《参考消息》,2010年8月11日。
③ "著名科学家放言人类百年内灭绝",《参考消息》,2010年7月1日。

阅拙著《全球关注：生态环境与可持续发展走向》一书的"认识地球"一章。把全部希望寄托于向外星移民，看似是一种雄心，实际是一种绝望，它转移了人们对现实中正在加深的危机的应有关注和可能作出的正确回应。

　　人类正面临着整体性危机加深，可怕的是，只有极少数学者和政治家具有整体性思维，大多数人仍局限在各自的国家、民族、地方、阶级、阶层、职业、专业、岗位中思考问题和为着各自的利益而竞争，全球政治仍拖着殖民主义、霸权主义、种族主义、等级主义、国家主义、民族主义、集团主义、冷战思维等长长的尾巴，西方列强的政客们仍在为维护其霸权主义、巩固其主宰世界的权力、扩张其所代表的特殊利益集团的利益而无休止地恶斗。现行的社会结构和机制使得人们无力去认清更不要说去应对整体性危机，但是，危机的加深也正是人类觉醒和社会变革的时机，人类社会变革都是危机压力加深的结果。在历史上，人类文明曾取得从奴隶制、封建制的束缚中解放出来的巨大进步，但这种进步仍被套牢在资本主义所有制的网链之中，从而使人类的解放、自由、平等、民主、人权只能落在形式上有而事实上无的交汇界面上，这就是现代社会苦难充斥最深层的原因。资本的本性就是不断地增殖自己，资本不增殖就会死亡，地球不能承载哪怕是一个单细胞的无限增殖，资本不断增殖的结果只能是财富在一极的积累，而贫困在另一极的积累，是绝大多数人利益和地球生命整体利益的被"通吃"，资本在本质上不能解决社会公平和万物公平问题，要解决社会公平和万物公平问题，就必须从资本的束缚中解放出来。马克思曾指出，无产阶级只有解放全人类，才能最后解放自己！现在，这一历史任务仍未完成而新的历史任务又已紧迫地提出，这就是：只有解放地球，解放人类，才能解放自己！只有使地球从人类的奴役、人类从资本的奴役中解放出来，平等、自由、博爱才会在现实中出现！人类中心主义和资本主义都不是历史终结，而是这两者的终结才是地球和人类新时代的开始，完成开创这一新时代历史任务的已不是哪一个阶级的使命，而是人类绝大多数的共同追求。

　　从来就没有救世主，资本主义就更不是救世主。长期以来，资本主义竭力把自己打扮成救世主，但这个世界采用资本主义制度的结果却是绝大多数国家陷入两极分化和绝大多数人陷入贫穷。资本主义在其向全球扩张的过程中,充斥着欺诈、暴力、危机、战争等弱肉强食的苦难。在19世纪至20世纪上半叶的约一百多年中,资本主义世界血雨腥风,社会主义运动风起云涌,在此期间,少数靠掠夺殖民地而致富的国家,一方面因此而先行一步奠定了工业、教育、科技、军事强势的基础和通过不平等交换剥削全世界的资本主义体系;另一方面,也注入了社会主义基因,这就是靠掠夺全世界的财富和本国工业、服务业的发展从而中产阶级的成长,在本国建立起高福利制度,创造了经济繁荣、社会稳定的暂时现象。但是好景不长,由于资本的本性没有任何改变,资本增殖既需要空间的扩张,也需要效率的提高,空间扩张的驱动带来全球交通、通信、电力等基础设施的不断改善;效率提高的驱动带来科技对人力的替代和投资向全球低成本空间的转移。这就带来工业化国家工业空心化现象,但资本关注的是金钱的更快更多地增殖,它通过控制高新技术赚取高附加值,用巨额金融资本向全球的高利空间快速套利,它喂肥了本国精英阶层的极少数人,但却瓦解了中产阶级,导致失业率居高不下,高福利政策无以为继,使本已转移到发展中国家的贫困化野火又反过来烧向了自身,就连号称资本主义典范的美国也未能幸免。20多年前,曾就苏联的瓦解而宣布"历史的终结"的弗朗西斯·福山,如今也对资本主义的命运发出疑问[①]。2007年,美国对冲基金的一名经理约翰·鲍尔森一年就赚了37亿美元,相当于7.4万个美国中产阶级一年的收入[②]。如今的世界不仅北非、中东陷入动荡,欧盟陷入危机,美国人民也愤怒了,他们走上街头,发起"占领"运动,从"占领华尔街"到"占领国会山",矛头已指向美国的政治体制,他们要代表美国人的99%,向1%的人讨回公道。虽然问题的复杂性和整体性不能指望靠"占领运动"去解决,但它无疑表明人民正在觉醒,一个世界性的社会大变革时代正在到来。

---

① "当代资本主义将面临何种命运",新华社《参考消息》2012年1月13日。
② "2011:大动荡酝酿大变革",新华社《参考消息》2011年12月27日。

十二

伦理危机

伦理的希腊词原意是惯例,是社会指导性的信念、态度、行为标准。人是个体独立性和社会依赖性都很强的生物,与蜂群、蚁群社会依赖性强、个体独立性弱完全不同,所有的人都有其个体独立的欲望和需要,这些欲望和需要既有许多共性也有许多特性,要满足这些欲望和需要,人们必须确立和遵循一些行为准则(道德),使相互间能建立互信、互动、互利的关系,没有这种伦理道德关系,人们就无所遵循、无所适从,在实现满足各自欲望和需要的过程中,就可能相互冲突、争斗、残害,人的社会性就要么进化不出来,要么进化出来了也要被异化。人人都行善比人人都作恶显然更符合每一个人自身的利益,因而,道德具有极为重要的进化价值和社会意义。但是,人类今天面临着深刻的伦理道德危机。

(一)道德基因

社会瞬息万变,前不久人们还对见义勇为、助人为乐者推崇备至,视他们为社会的先进楷模。如今却180度倒转,对自私自利、损人利者大加追捧,把他们当成颠覆陈腐道德的思想解放先驱。道德的基础难道真的如此脆弱,只是人类文化中的主观概念,可以随意拿捏塑造? 回答是否定的:道德既然具有极为重要的进化价值和社会意义,它就会被生物进化和文化进化所选择。

有些生物学家认为,不求回报的利他行为不适应适者生存的竞争环境,经济学家认为这样的行为不理性。如果这些理论是正确的,利他主义早就应被进化所淘汰,我们今天就看不到利他行为,但社会学研究表明,在世界上的任何地方,都有利他行为存在。而且心理学研究也表明,人类并不像经济学家所说的那样理性,在大部分时间中,我们仅是本能地对周围的世界作出反应,我们更依赖于本能,更类似于其他动物①。

野生动物的利他行为可能远比我们想象的更为普遍。科学家观察到许多动物都有利他行为,如海豚会冒险救助被困的同伴,把受伤的海豚托出水面呼吸,猴子会奋勇把袭击者从弱小的猴子身边赶走,野牛会救援被狮子袭击的小牛而不惜置身于危险境地,这种利他行为并没有任何固有的报偿,相反还有可能要付出自身生命的代价。动物有时表现得比人类还更为道德,在人类社会中,在强迫的情况下做伤害同类的事,或在利益诱惑、妒忌驱使的情况下做损人利己的事并不少见,但是,詹姆斯·雷切尔对1964年在美国西北大学医学院对恒河猴进行的一项类似实验的报道,可能会使一些人类感到羞愧:两只猴子被置于一个笼子中,并以一块单相镜隔开,其中一只猴子能够通过单相镜子看到另一只猴子,它已被训练通过拉两条链子中的任一条以获取食物,另一只猴子被束缚于导电的金属线网中,会受到无法躲避的电击,第一只猴子处的链子绑在可导致另一只猴子被电击的电源开关上,当第一只猴子拉任一根链子而获取食物时,另一只猴子就经受一次严重电击,拉链子的猴子能够看到并有时能听到另一只猴子对电击的反应,第一只猴子做了什么呢?经过为数极多的实验之后,结论是:大多数恒河猴将坚持忍受饥饿而不是在同类遭受电击的代价上获得可靠的食物。在其中一组中,8只猴子中的6只表现出此类行为,第2组中10只有6只这样做,第3组中15只有13只是这样。在看到同类电击后,其中有两只猴子分别坚持了12天、15天之久没有吃任何食物。电击他者的意愿在猴子中变化不一,但并不与它们的性别或在社会等级中的相对地位相吻合,不管怎样,那些已在此设备中被电击过的猴子更不愿意去电击他者,猴子们更不愿意去电击先前在笼中的伙伴。在这里,恒河猴表现出了利他主义,为了使他者免受痛苦而情愿自己挨饿②。不仅如此,连最为人类所鄙视的"鼠辈"也会使利己主义者汗颜,美国芝加哥大学

---

① "心理学实验质疑人类理性",新华社《参考消息》,2007年7月30日。
② 参见[美]彼得·S.温茨:《现代环境伦理》,宋玉波等译,上海人民出版社,2007年版第168—169页。

的佩姬·梅森在一项重复的实验中发现,老鼠在面对巧克力美味的诱惑时,会先去解救关在笼子中的同类,然后大家一起分享美味,而不是先独享美味再去解救同类,其中雌性比雄性表现了更为持久的爱心①。

著名生物进化学家、俄罗斯科学院古生物病理研究所首席研究员亚历山大·马尔科夫认为,通过单细胞生物来解读道德出现的原理其实最为简单,因为它不涉及高等生物受到的社会及文化影响,体现的是纯粹的基因选择方面的生物进化过程。利他者和自私者在微生物阶段就出现了,在"利他"微生物的基因组中有感染病毒就自杀的机制,如肠杆菌会为避免传染同胞而自杀,但自私微生物的行为完全两样,它们为所欲为,不惜祸害整个群体。显然,利他菌群的进化会更快,否则,自私微生物就会毁掉它们。那么,小至生物,大到国家,为何不像是绝对善良和正义的王国呢?马尔科夫的解释是,问题在于只要出现利他者菌群,就会出现各类骗子、食客、不劳而获者,来破坏菌群的联盟,这是进化的规律所在,即利他者越多,利己者就越划算。自私是基因突变的偶然产物,有时,在一个利他菌群中会出现一两个基因"错误者",他们不维持自我牺牲机制,而是专事繁衍,进化的历史也是利他者通过种种努力保护自己免遭自私者和不劳而获者暗算的过程。多细胞生物的出现是利他主义进化的胜利,因为在多细胞生物中,大多数细胞都是利他的,它们为共同的福祉而放弃自身繁殖。

人类在进化过程中大脑增大,这使得大骨盆女子在产子时风险较小,但大骨盆女子奔跑速度较慢,同时婴儿在大脑未成熟时就提前出生,出生后要有一个较长时间的哺育过程。因而,只有那些关心母子,为她们提供食物和安全的群体,才会有更大的生存繁衍机会,反之,只顾寻欢不担责任的群体生存机会就小,这一过程的文化优胜劣汰使一些"道德优点"在社会中占据上风,当然,自私的品质也会进化。美国和瑞典研究人员通过对 782 对拥有相同基因的同卵双胞胎和只有一半基因相似的异卵双胞胎进行测试,发现 20%的品德是由基因决定的,这是进化的产物,是人与生俱来的辨别善恶的能力。以色列科学家发现 AVPR1a 基因的某一段与"忠诚"有关,这缘起于他们发现

---

① "老鼠也有同情心",新华社《参考消息》2011 年 12 月 10 日。

美国有两种田鼠，基因基本一致，但其中的一种的雄性一旦与雌性相识，就会与对方终身相守，另一种则相反，交欢后就会一走了之，将养育后代的重担全丢给雌性，他们研究发现这两种田鼠的道德差异缘于控制血管加压素接受器的基因，感情专一的田鼠这段基因较长，另一种则较短。这种区别在人类身上也有显现，这段基因较短的人，虽然热衷于谈情说爱，却不愿结婚，婚姻带给他们的幸福感也不强，其同情心和忠诚度都很低。

MAO 基因管理的是主导个体行为的血清素的含量，基因学家最初在老鼠身上发现 MAO 基因的变异可能导致侵略性，前不久，美国研究者对该国监狱中 2500 多名囚犯进行测试，发现几乎所有暴力犯罪者的 MAO 都与常人迥异。不久前，科学家做了个试验，将"忠诚"基因 AVPRla 所控制的激素滴入志愿者的鼻孔中，发现在后叶催产素的作用下，这些男人通过面部表情来理解、感受对方内心的能力普遍有所提高，变得更加通情达理、更信任对方，某些志愿者甚至对曾经若干次欺骗过自己的人继续信任①。

英国蒙特利尔大学神经生理学与认知研究中心教授马里奥·博勒加德对现实生活中为什么人们经常会对与自己毫无关系的人产生无条件的爱进行研究，他让一些助手照顾有学习障碍的人并发放微薄的薪水，要求他们在心里唤起自己无条件的爱并维持这种感觉，同时利用核磁共振成像技术扫描其脑部，观察到的 7 个变得活跃的大脑部位中，有 3 个部位的活动与浪漫爱情带来的大脑活动相似，其余都不相同，说明这种无条件的爱的大脑活动，与爱情或性欲所带来的大脑活动相似点有限，这是一种不同的爱。在产生无条件的爱时，一些活跃的大脑部位也会释放多巴胺，人的愉悦情绪与这种化学物质密切相关，多巴胺的增多会使人感觉得到了回报，甚至会有难以抑制的喜悦。博勒加德认为，无条件的爱的有益特性有助于建立牢固的情感纽带，这种强有力的联系也许对人类的繁衍生息有重大贡献②。狭隘的进化论者认为，基因是自私的，人只会对帮助自己将基因传递给后代的人产生爱的感情。但是，在原始共同体中，自私自利的人显然是不为共同体所容的，自古至今，

---

① 参见"道德的基因密码"，新华社《参考消息》2010 年 7 月 7 日。
② 参见"科学家探索'无私之爱'"，新华社《参考消息》2009 年 4 月 14 日。

总会有许多人或放弃自己优越的社会地位和物质利益去为穷人谋利益,或离别亲人到异国他乡最贫困的地方去无私地贡献出自己的一切,或在最危险的时候不惜牺牲生命去保护与自己并无血缘关系的人的安全,这种无私的爱无疑既是进化的产物,又对进化有着重大的贡献。

美国斯托尼布鲁克大学人文医学、人文关怀与生物伦理学研究中心主任斯蒂芬·波斯特认为,助人为乐有益身体健康有生物学依据,它会影响到大脑、免疫系统和某些荷尔蒙,如催产素水平的升高。近年来的各种研究显示,不管当初身体怎样,参加志愿者工作都会令人身心受益,包括减少压力和延长寿命。对65岁以上的人来说尤为明显,特别是每年当义务工100小时以上的人。美国联合医疗保险公司和志愿者组织"国际工作营"对超过4500名成年人进行调查,在2010年4月公布的调查结果中,有68%的人说自己在开始当志愿者后感觉身体变好了,还有29%的人说,通过回馈社会,他们的慢性病得到了控制。与其他人相比,志愿者对幸福以及生命的意义有更为深刻的认识。帮助他人能够减少痛苦,改善身体机能。催产素水平升高能减少压力,有助于预防疾病和保持健康,提高被称为"快乐荷尔蒙"的内啡肽和多巴胺水平。密歇根大学社会研究所的心理学家斯蒂芬妮·布朗对400对老年夫妇进行长达5年的跟踪研究,发现亲身帮助他人的老人死亡率远远低于其他老人,帮助他人会降低死亡风险,二者之间有非常确定的联系[1]。有很多研究表明,不友善、刻薄、悲观的人患心脏病的几率高,悲观者更容易出现抑郁和焦虑症状。而不友善、刻薄会带来周边人的相似反应,使自己缺少友谊,而这会带来悲观,因为世间万事万物都是相互关联的。

人类天生俱有利他倾向。德国马克斯—普朗克进化人类学研究所的心理学家费利克斯·沃恩肯对24名18个月大的孩子作过一个简单的实验,他表演了用衣夹挂毛巾和把书堆起来的差事,并故意掉落衣夹和书,24个幼儿总是一次又一次地在数秒钟内飞快地爬过去,拾起掉落的东西,把它推到沃恩肯脚边,沃恩肯没有要求帮助,不说谢谢,也没有给予物质奖励[2]。利他主

---

[1] "助人为乐的确有益身心健康",新华社《参考消息》,2010年10月29日。
[2] "研究表明婴儿具有利他倾向",新华社《参考消息》,2006年3月4日。

义在人具有识别能力和能理解别人的需要时就能自然地表现出来,这是进化赋予人类的本能。

　　进化使人类获得了高度发达的道德感,这是人类品质的精髓。但是,基因决定的只是道德的倾向性,它影响着行为但不是对行为的直接指令,对人的行为产生直接影响的有很多人体之外的社会和自然环境因素,其中社会的文化氛围和思维倾向影响尤为显著。前面已提到,利己的基因也是进化的产物,因而,在私有制社会的文化氛围中,利己主义无处不在就毫不奇怪,但即使是在这一历史时期,人类的道德基因、人类的善性也闪耀着不灭的光辉,很多人在人生的过程中会保持道德的反省,这方面的事例很多。有些人不为名利、不求回报而热心于公益事业,如在台湾有着大报记者工作、两个子女、经济富裕的张平宜女士,毅然投身于四川凉山一麻风村小学支教已11年。还有些人在富裕之后将全部财产捐献给社会慈善事业,重新过一无所有的平民生活,在中国富豪榜上曾排名432位的余彭年,在他88岁时,已将自己的全部财产捐给慈善机构,没有给自己和子女留下一分钱。奥地利泰尔夫斯的47岁富翁拉贝德卖掉自己的公司、豪华别墅、农场、藏品、汽车,将其所得全部捐给慈善机构。拉贝德说:"很长时间以来,我一直认为,更多的财富和奢华理所当然地意味着更多的快乐。""我感觉我像奴隶一样地工作,争取的却是一些我并不渴望或者需要的东西。我感觉很多人都在做同样的事情。""金钱起的是反效果,它阻止了快乐的到来。"多年来他缺乏勇气放弃束缚他的一切,是他和妻子在夏威夷3个星期的度假使他下定决心:"所谓的五星级生活是多么的空虚和无聊。在3个星期中,我们以你能想象得到的一切方式花钱。但我们却感觉我们没有遇到一个真正的人,我们都不过是演员而已。工作人员扮演友好礼貌的角色,客人扮演重要人物的角色。没有谁是真正的自己。"他突然意识到:"如果我现在不行动,我以后再也不会行动了。"卖掉一切捐出一切后,他感觉到"自由,如释重负"①。

　　生物的一切行为模式都是进化的产物,利己主义和利他主义行为也是如此。彻底的利己主义即毫不利他的利己主义,和彻底的利他主义即毫不利己

---

① "奥一富翁捐出全部财产",新华社《参考消息》2010年2月13日。

的利他主义,通常是不利于竞争因而是不被选择的。在局部上,彻底的利己主义可能会有短暂的成功,但它扩展的空间和持续的时间都很有限。例如,在寄生物——宿主系统中,宿主的命运强烈地受制于寄生物,因为寄生物要从宿主那里取得生存和繁衍的资源,这可能会杀死其宿主,宿主要进化出抵抗寄生物的能力,这是适应性进化规律所必然会驱动的。同时,寄生物也依赖于宿主,因为这是它安身存活的"家",毁掉了这个"家"也就等于毁掉了自己。如果寄生物毒性太强(太贪婪),迅速地杀死了宿主,就会降低一个已被感染了的宿主作为传播源而存活足够长的时间的机会,这样,寄生物就容易随着宿主的死亡而同归于尽。进化选择的结果通常是,毒性降低的类型取代毒性极强的类型,宿主也通过遗传变异而形成相应的抗性,二者形成协同进化的模式。人和动物体内寄生的细菌数量惊人,不仅细菌依赖于宿主,而且宿主也依赖于细菌,人和动物是它们与微生物协同进化的共同体。

在著名的"囚徒困境"博弈中,两名囚徒被分别审问他们在犯罪活动中的罪责。他们共同坚持辩解,以防被监禁,并在付少量罚金后被释放,这是他们的最佳策略。但他们每个人都受到诱惑,转而出庭提供同案犯的罪证,以求获得完全无罪释放,这就提供了要让同谋为犯罪而受到非常严厉处罚的可能性。这是只有一名叛徒时能奏效的策略,当双方都变得软弱,并无意中泄露了秘密时,最终他们都将遭到长期的牢狱之灾。合作对他们最为有利,但合作在无法相互支援的本案中是难以实施的策略。分别监禁囚徒减少了相互支援的可能性,彼此信任的瓦解动摇了稳定性,最终导致共同的背叛。囚徒困境提出了协作进化的两难处境,对囚徒而言,最好的策略是协作而不是背叛,但相互合作是不稳定的,它会使一个囚徒因另一个背叛而暴露和加重处罚,重复这一游戏会出现完全不同的结果,囚徒可能会发展出合作的策略,走向互利共生。在不断的重复中,生物与环境协同进化、互利共生是普遍的,进化包含着重复经验,利己主义动力学反转为利他主义动力学,重复博弈从根上改变了动力学过程。

(二)伦理拓展

古代原始部落普遍存在着图腾崇拜,许多民族信奉自然神教、万物有灵论,中国人认为天地的地位至高,并有"天人合一"的哲学思想,古希腊斯多葛学派的芝诺有"美德在于合乎自然地生活"的主张,北美印第安人对人与自然的一体性关系有着令人惊异的清晰表述等等。这些资料使我们能大略地知道,在地球上人口很少,到处都有人类群体流动、迁徙的空间,人类个体依存于群体、群体依存于自然食物的远古时期,自私自利是不被选择的。

随着人口密度不断增加,自由迁徙空间日趋稀缺,领地意识也会随之增强,自私自私的行为就会出现于不同部落的交往关系之中。人口的进一步增长会导致不同部落之间竞争土地资源的冲突和战争,失败的一方成了胜利的一方的奴隶,阶级分化从此开始,对社会财富和对自然资源的竞争使得自私自利被选择。自利和竞争推动了生产工具、战争武器的改进和文化的发展,这既造成了人类在万物中的强势地位,也刺激了人类贪欲的膨胀。至少是两千多年前,在古希腊哲学中形成了一种以人类中心主义为基本特征的伦理思想。古希腊哲学家普罗泰戈拉提出"人是万物的尺度"的命题,无论提出者的本意是什么,它也成了人类看世界的一种视角的经典表述:人是以自己的生命过程为时间尺度、身体体积为空间尺度、需求欲望为利益尺度来认识、区分和评判世界的。这既是人类独尊思想自命不凡的宣示,又暴露了人类认识的相对主义局限。但这种矛盾是不易克服的,自古至今它都贯穿于人类的主流文化、社会意识和行为方式之中。早期希腊哲学家研究的中心是自然,目的是要征服自然。博学的亚里士多德认为,各种植物是为了各种动物而长出来的,而大自然又是为了人的缘故才创造出了各种动物。基督教在公元4世纪时被罗马帝国定为国教,基督徒把早期犹太人的宗教书籍与他们的圣典融为一体,形成了基本观点一致的两种上帝创世神话。在圣经创世纪1中,上帝赋予了人类对其他创造物的支配权,在创世纪2中又赋予了大洪水中唯一幸存下来的诺亚一家及其后代去支配世界上每个活着的生物的权利。托马斯·阿奎那(1225—1274年)把亚里士多德等的古典思想与基督教神学思想整合成一个由下而上递相依属的神学世界等级结构,明确宣示人类可以随心所欲地杀死、役使其他动物。14—16世纪欧洲文艺复兴运动中的许多著名思想家又将征服自然的思想推向了一个高峰。此后,这一思想几乎成了不易的传统被大多数思想家和科学家继承下来,近代的一些思想家如勒内·笛卡儿、弗兰西斯·培根、伊曼纽尔·康德和莱布尼兹、牛顿、弗洛伊德等都深受其影响，不过康德的伦理观已有所松动，他从"人性"出发，提出对某些动物如狗"践行仁慈"，因为他认为虐待动物的人也会在其对待他人中变得无情：

"如果一只狗长时间并忠诚地为它的主人服务，它的服务与人类服务相类似，值得回报，因此，当这只狗已如此之老而不能服务时，他的主人应该照顾它直到它死……如果……他因为这个动物不再能够服务而因此射杀了它……他的行为就是无人性的并因此而损害了他自身的人性，而这是它对人类所展现出来的义务。如果他还没有窒息他自身的人类的情感，他必须向动物践行仁慈，因为虐待动物的人也会在其对待他人中变得无情起来。"①

虽然对动物践行仁慈的人未必不会对他人无情，因为有很多这样的实例：有些人喜欢狗，但却是杀人犯；有些夫妇养狗，因女方对狗热心，对丈夫反而冷淡，导致夫妻离异；有些人因狗在外被某小孩"欺负"，狗主人对小孩大打出手等等。康德认为狗为它的主人提供了服务，它的主人应照顾它而不能杀死它，那么，生态系统为人类提供了直接或间接的服务，是否也应当保护它呢？康德打开了人类中心主义伦理的一个缺口。在西方文化中，质疑人类中心主义的声音始终存在，如古希腊哲学家卢克莱修、12世纪的犹太教思想家迈蒙尼德、18世纪的法国启蒙思想家卢梭等，他们的观点虽未受重视或被攻击，但却是划破西方人类中心主义沉闷思想天空的闪电，最终引来了开云见日的变化。

中国在周朝就建立了一套系统的封建伦理体系，后经儒道释三家共同建树，形成了整体主义的天地人一体化的思想体系。《周易》《礼记》、老子、庄子、孟子、张载等对人与自然和社会关系的整体性认识都达到了相当的高度。《周易》："天地之大德曰生"；《礼记》："天无私载，地无私覆，日月无私照"，"万物并育而不相害，道并行而不相悖"；《老子》："人法地，地法天，天法道，道法自然"；《庄子》："号物之数谓之万，人处一焉"；《孟子》："仁民爱物"；张载："性者万物之一源，非我之得私也。唯大人为能尽其道，是故立必俱立，知必周知，爱必兼爱，成不独成。"其伦理观可概括为：敬天地、尽忠孝、守节义。

---

① 转引自[美]彼得·S.温茨：《现代环境伦理》，第125页。

其中虽然有明显的封建糟粕,在历史上也不乏有批判的声音,但它无疑要高于西方的人类中心主义,因为它不仅把天地自然纳入伦理范畴,而且置于最高位置,而不是像西方人类中心主义那样置于人的统治之下。当然,在社会生活中,无疑存在着遵循伦理与罔顾伦理的复杂现象,从而有人性善、性恶的主张和争论,先秦哲学家孟子主张人性善,荀子主张人性恶,孟子强调个人通过自我修养去认识和守护善性,他认为"恻隐之心,仁之端也;羞恶之心,义之端也;辞让之心,礼之端也;是非之心,智之端也"①。荀子则强调通过道德礼法教化约束去改变恶性,二者各有其理。

美洲印第安人部落创造了色彩缤纷的文化,但都有对其他生命体福祉真诚尊重的共性。他们认为苍天是父亲,大地是母亲,所有的生命体都是同一位母亲的孩子,我们与所有的动物植物一样,从地球那里诞生出来,在其胸脯之上全如婴孩般吮吸一生。我们通过食用或以其他方式使用动植物来满足生存之必需,这就像一个家庭中的成员那样,物种们之间拥有相互的关爱、依赖与奉献关系,当人们杀死动物只是因为生存必需时,他们就要献祭,在其他方面,他们也必须表明克制与尊重。他们认为,撕扯任何处于成长中的事物远离其地球之上牢固的栖身之所,都是错误的,它可以被剪掉,但不应被连根拔出,当他们毁掉这样的一次成长时,是在为获取其必需品而在悲伤并伴随着祈求宽恕的声音中完成这种行为的。他们认为,其他物种优越于人类,在允许自身因合理的人类需要而被使用时,动植物是"怜悯"人类并自愿为它们年幼的同胞——人类——的利益而牺牲自身的②。印第安人的生态伦理观是否代表着人类采猎时代的一种成熟的伦理观,尚不得知,中国民间在历史上有万物有灵、采猎宜时的禁忌和祭祀风俗,似乎是类似伦理观的遗存。这种伦理观无疑是符那个时代人口密度较高的定居社会持续生存的智慧结晶。

历史的发展走上了一条张扬自私、激励利己的道路。私有制社会完全改变了人与人、人与社会、人与自然的关系,人们在私有制的社会结构中,以与自我利益的关联程度来认识和处理这些关系,在人与人的关系上奉行的是自

---

① 《孟子·公孙丑上》
② 参见[美]彼得·S.温茨:《现代环境伦理》,第349—351页。

我中心、家庭中心、强者中心、王者中心;在人与社会的关系上奉行的是家族中心、部族中心、国家中心;在人与自然的关系上奉行的是人类中心。虽然中国文化中敬畏天地自然的道德观一直被守护,但人口膨胀、生存竞争的压力仍不可避免地会驱使人们走上征服自然的道路,从周朝到清末约3000年的历史时期,中国的森森覆盖率从51%降至14.5%,下降了约36.5个百分点,黄河流域由富饶变为贫瘠就是一个无可辩驳的事实。

在奉行人类中心主义和商品经济发展最早的一些欧洲国家中,从社会到自然的普遍关系可以简化为利用与被利用、征服与被征服、吃与被吃的关系,这种关系刺激了贪欲膨胀、武器改进和探索及冒险精神,驱使他们走上了一条征服全球的道路,人类中心主义伦理观随着他们对殖民地的开拓、强权政治的推行和商品经济的发展,也逐步扩散到全球,成为全球强势的伦理观,其他民族的多样化的伦理观,则如同自然经济的衰落一样走向式微。

生态环境恶化敲响了西方传统伦理的丧钟。西方的人类中心主义伦理观在当代遭到了空前的批判,在林恩·怀特首先指出西方基督教文明应为环境退化负责后,甚至一些基督徒也深感不安而开始寻求新的环境论解释,他们认为,《圣经》对自然的描绘是赋有生命的存在,而不是纯粹的机械装置,非人类被创物是有生命的,而且也是好的,世界万物都有其内在价值,所有生命都应得到承认和尊重,人类是自然的一部分,但赋有一种代表全体的职责,是自然的管家,上帝的形象及与之相系的统治,不是为了去剥削动物,而是为了负有责任的照管,植物作为人类与动物的食物,自身就是善的,这是创世的最为完整的形式①。

基督教徒提出的人类"管家"职责看似放弃了人类中心论而支持环境协同论,但历史以事实表明,上帝指派人类去做地球的管家,无异于让吸血鬼去看守血库。有些基督教的环境论者也认为管家职责观念还是人类中心主义观念,约翰·霍特批评说:

"它未能强调我们对于地球的归属远甚于它对我们的归属,未能强调我们对地球的依赖要远甚于它对我们的依赖。""管家职责是如此的一个与经营

---

① 参见[美]彼得·S.温茨:《现代环境伦理》,第352—354页。

事务有关的一个概念,因而不能支撑我们今天所必需的那种生态伦理。大多数的生态学家将会争论说,在我们人类出现以管理之前,地球上生命系统的状况要好得多。事实上,这几乎是生态学的一个公理,即,如果人类物种从未在进化中出现的话,这些系统将不会处于如此危险的境地之中。"①

丹尼尔·奎因在其1992年的获奖小说《大猩猩的对话》中,通过一只大猩猩的话来揭示上帝为何禁止亚当与夏娃去吃善与恶知识之树上的果子的奥秘。大猩猩认为:在不同社会中的人们以不同的方式满足他们的需求,早期的人类是采集者,他们不种不养,四处游走,吃些果实和根茎。后来,游牧者不种植但养殖,让家畜吃些自然长出的植被。再后来,农民耕地种植,为此他清除其他的植物和杀死吃庄稼的昆虫。采集者和游牧者不影响生物多样性,但农民则必须决定:哪些动植物该活,哪些该死。亚当与夏娃以及该隐与亚伯的故事,反映的是正被农民所取代的犹太游牧者的观点,在约公元前4500年,来自北方的农民开始涌入犹太游牧者所在的地区,亚当与夏娃代表这些农民的第一波涌入,夏娃代表农业人口过度繁衍的倾向。《圣经》从闪米特人的视角讲述亚当与夏娃的故事,由于农民是最初讲述该故事的闪米特人的敌人,所以关于谁该活谁该死的知识就成为罪恶的象征。上帝告知亚当和夏娃不要吃善与恶的知识之树上结的果子,因为它提供了农民的这种知识。我们通常认为知识是好的,而且越多越好,为何它是恶的呢?这种恶起源于人在真正知晓谁该活谁该死上的无能,人们自以为知晓,实际上却做不到,农民行使这种上帝的权力使每一个人都陷入了困境。该隐是一个农民,亚伯是一个牧人,上帝接受亚伯而非该隐的献祭,于是该隐杀死了亚伯,农民杀死了牧人,象征着当时正在发生的放牧地被耕种的事情,但上帝不喜欢。在这种解释中,上帝喜欢对地球生命进程很少干涉的采集者和游牧者而不是农民,原罪是人类中心主义者,因为农民从人类中心主义的视角去决定动植物的生死②。这种解释是有深度的,与印第安人的环境伦理相接近,似乎是对利奥波德土地伦理的认同。

利奥波德在创立土地共同体理论时,追溯了人们行为背后经济的、伦

---

① 转引自[美]彼得·S. 温茨:《现代环境伦理》,第356页。
② 参见[美]彼得·S. 温茨:《现代环境伦理》,第357—360页。

的、生态的根源,在生态学基础上创立了现代环境伦理。利奥波德看到,伦理演变"实际上是一个生态演变的过程"①。伦理演变的次序是从处理人与人,到人与社会,再到人与生态的关系的进化过程。近几十年来,学者们对环境伦理作了大量的研究,对社会伦理的研究也更为深入,但是,人们在力图拓展伦理的同时,也陷入了一系列矛盾困境和争论,人类面临着艰难的伦理选择。

(三)走出困境

征服自然的强人类中心主义在今天的生态学理论领域已声名狼藉,在整个思想文化领域也和之者寡。但是人类中心主义并没有被有效克服,而是将"暴烈"的形式换成了"温和"的形式,即由强人类中心主义转向了弱人类中心主义。弱人类中心主义认为,以暴烈的手段对待自然,造成严重的环境污染、资源枯竭和生态系统衰退,从而也损害了人类的利益,因而应以恭谦的态度对待自然,以温和的形式获取人类的利益。弱人类中心主义强调,人类必须从自身的利益出发去与自然打交道,没有利益动力,人类也就不会关心自然;并认为:生态整体主义否定了人类的利益,因而是反人类的,是人类中心主义的对立面——生态中心主义。

人类中心主义对生态整体主义反人类的指责似是而非。首先,生态整体主义强调的是地球、生态圈、生态系统的整体性、共生性、协同性、稳定性和持续性,它不仅否定人类中心,也否定其他任何中心,它只有整体没有中心,因而把生态整体主义说成是生态中心主义是无的放矢。其次,生态整体主义强调的共生性、协同性包含了万物,自然也就包含了人类自身,人类与万物在生态整体中是平等的、协同共生的,这种彻底的整体性、平等性和协同共生性体现在人类社会内部,也就有了彻底的人本主义、民本主义,所有的人都是平等的,任何五花八门的中心主义和高低贵贱之分都是被否定的。再次,在这种整体性、协同共生性中实现的生态稳定性和持续性,体现了万物的利益,同样也体现了人类整体的长远的根本利益,与反人类主义风马牛不相及。

---

① [美]奥尔多·利奥波德:《沙乡年鉴》,第192页。

人类中心主义强调人类的利益高于万物的利益,所产生的结果却是对人类整体利益的否定。首先,只从人类的利益出发而不是从生态整体的利益出发,无论是以何种手段,都必然会扰乱和破坏生态的协同共生性,从而或迟或早都会导致不可持续,这是对人类整体利益的根本否定。几十年来治标不治本的人类中心主义的环境保护实践证明,它无法遏止环境恶化的态势,实践中充斥着以邻为壑、转移污染、转嫁危机的恶劣行径表明,没有生态整体主义意识,就不可能实现生态整体性的协同共生和可持续。其次,人为地对平等、共生、协同的万物作中心和高低贵贱之分,也就把人类的各种不平等和各种中心主义、分离主义天然合理化,强权真理、强势主导也就得以大行其道,所谓公平正义、平等博爱、人本主义、民本主义也就不过是虚有其名,穷人不如富人的宠物,强者征服、奴役甚至屠杀弱者也就天然合理。再次,人类中心主义非此即彼的对立思维,无法正确认识和处理人与人和人与自然的关系。以人与蛇为例,人类中心论只看到人与蛇的对立关系,要么是人打死蛇,要么是蛇咬死人;而看不到二者在生态整体中还有协同共生性,对生态整体的稳定性和持续性都起着各自的作用;看不到二者处于不同的生态位,人类作为强势物种不去干扰蛇,使蛇感到受到威胁,二者就可以相安无事。在这种对立的思维支配下,生态的整体性、协同共生性就必然要被无休止的人与人的对立和人与自然的对立所瓦解。因而,人类中心主义看似维护人类的利益,实则是一个人类征服万物和相互征服从而否定人类整体利益的悖论。

今天的人们在认真地思考社会的可持续发展问题时,最大的担忧显然已不是生产的机器运转不够快,因为人们对竞争机制驱动生产力的发展抱有信心,何况其速度提升之快超乎想象,而是担忧驱动机器运转的化石能源行将告罄,输入生产系统的原材料日趋紧缺,排出的废弃物使环境污染日益加剧,生态赤字扶摇直上。在这种态势中,人类的唯一选择是放弃人类中心主义,转向生态整体主义,把人类从地球的征服者角色转换成地球共同体的普通成员与公民。但是,在我们的现实世界中,政治、经济、社会、人口、文化等复杂矛盾都使得这种转向面临着诸多困境。

在国际事务中,西方中心主义、强权中心主义没有根本性改变,为维护其控制全球的利益,西方某些强国没有将极为宝贵的资源用于改善民生和生态,而是转向了军备和战争。从 2000 年到 2010 年,美国军费开支增长了 55%,从近 4500 亿美元增长到近 7000 亿美元,占 2010 年全球军费开支 1.6 万亿美元的 43%,在阿富汗、伊拉克两场战争和巴基斯坦的军事行动已至少已耗费了 4.4 万亿美元,与此同时,财政从盈余转向赤字,美联邦债务已突破 15 万亿美元。同样,北约的某些国家也在经济风雨飘摇、国家债台高筑、民生福利难以为继的困境中,对利比亚发动战争。他们毫不在乎战争造成的大规模平民伤亡、难民狂潮等人道主义灾难,就更不能指望他们还会顾忌到战争对资源的巨大消耗、对受害国基础设施的肆意毁灭、对公平正义的无耻践踏、对善良心灵的残暴伤害、对反抗怒火的火上加油、对生态灾难的雪上加霜了。

社会的两极分化也使生态伦理陷于困境。富人的体能虽然与穷人并无多少差别,也只能吃那么多、穿那么多,但虚荣使他们中的许多人不屑于消费近距离生产、运输、销售的本地产品,而是醉心于来自天涯海角的稀奇之物,其能源的消耗百倍于穷人;其即用即弃的消费方式又使其对资源的消耗百倍于穷人,他们购置使用率极低的海陆空交通工具、四处分布的豪宅别墅,其资源的浪费又百倍于穷人;消费的另一面就是污染,因而他们对污染的"贡献"也百倍于穷人。他们痴迷于其在有生之年无论怎样都挥霍不尽的巨额货币财富,不仅不会去顾忌这种消费的生态后果,而且还会把货币作为衡量一切的价值尺度,什么良心、道德、法律、人命都不过是一个值多少钱的问题,因而他们去消费犯罪也不足为怪。富人的这种消费强烈地刺激着社会的攀比效应,使穷人中的一些人为求速富而犯罪,一些人陷了绝望而沉沦,一些人为了生存而竭地而耕、竭草而牧,社会道德和生态道德都陷于困境。

生态伦理困境还普遍地发生于经济和日常生活中。市场经济社会是一个以私人逐利最大化为动力、以消费为中心的社会,社会的主流观念是人的物质欲望和物质生产都是不断增长的,我们必须多多消费以满足不断增长的物质欲望,并拉动生产不断增长,否则,工厂就会倒闭,失业就会增加,经济就会停滞,社会就会动荡。因而,大众媒体铺天盖地倾泻着消费主义炮弹,轰炸的是节俭、恬静、知足,释放的是奢华、炫耀、虚荣,社会文化激荡的是贪欲、攀比的浪潮,生态伦理只能在边缘沉浮。在这样的环境中,不是自由人拥有观念,而是观念控制了自由人。

在今天的社会现实生活中,人们奉行的仍是人类中心主义的各种现代变种,其形式色彩斑驳,但大体上可区分为经济的和非经济的两类。经济人类中心主义伦理以市场行为和成本效益分析为特征,非经济人类中心主义伦理则以对人类幸福的专注为特色。

经济人类中心主义伦理认为,虽然每个人强调自己重要而其他事情无关紧要是非常自私的行为,但不存在其他的立场与大多数人真正的思考与行为方式相一致;同时,稀缺是人类生存的显著特征,资源总是无法满足个体有形和无形的欲望,不应产生出比资源可能产生的人类满足更少的满足。这就要求对资源的高效使用,而自由市场是效率最大化的手段,成本效益分析是伦理行为的重要依据。

成本效益分析是用统一的货币单位来表示各种不同类型的物品生产的人类满足的交易方式,看似能通过对各种复杂因素的分析综合和比较而达致理性的选择,但问题是人类对自然的认识有限,因而对自然资源的估价总是不足的,这必然会导致对自然资源和环境成本的低估,对效益的估价也同样困难。环境污染的危害是全面的,仅就对人类健康的危害而言,就很难准确地计算出有多少疾病的减少是因为某种污染物质的减少,就更不要说对其他生物的影响了;而要弄清各种污染物质不同比重的混合污染危害几乎是不可能的,即使有准确弄清的可能,也会因其成本极其昂贵而在经济上不可行,或因其时间漫长,只能承受其后果而无力回天。

成本效益分析将资源环境商品化和货币化进入社会经济活动的选择和统一核算中,看似避免了对资源环境的无偿滥用,但在以追求GDP增长为目标的体系中,资源环境越是稀缺,成本效益分析带来社会资产的货币价值攀升幅度就越高,GDP总量就越大,社会就越富裕,但人们的生活却未必会提高,因为过去曾是免费的必需品现在要支付越来越高的费用,低货币收入的穷人生活则更是每况愈下。

成本效益分析倾向于选择商品与服务货币价值最大化的政策,因为这种分析的基础是消费需求,但构成消费需求的除欲求外还要有支付能力,这就为把富人的需求置于穷人的需求之上提供了伦理学依据。为什么在全球有10亿多人食不果腹的情况下,还会出现把种粮食的农田转向种生物能源作物？因为后者的"效益"高！为什么有毒垃圾和污染工厂会从发达国家转移到发展中国家？因为这种转移降低了"成本"！这就又从经济上的不平等走向了政治上的不平等。

成本效益分析将所有事物包括人的生命都置于融资条件下的货币价值计算之中，未来的成本效益分析可以由金融利率而被折现，如果你今天存入1美元，在5%的年息下，复利使它在500年后约值160亿美元，按此逻辑，今天1个人的生命在500年后将值得150亿人的生命。因而，后代人的利益在经济人类中心主义伦理的视域中是没有分量的。

非经济人类中心主义伦理拒斥经济人类中心主义伦理，因为它冲击了人权、平等、公正等价值准则，但在私有财产权是最重要的权力的政治体制和私人逐利最大化是最重要的动力机制的社会中，非经济人类中心主义伦理在实践中显得疲软乏力，而且其本身还受伦理相对主义和伦理多元论的困扰。

西方在近现代还发展了非人类中心主义的功利主义伦理。英国伦理学、法学家杰里米·边沁（1748—1832年）从功利主义出发，将道德领域扩展到所有可感知愉悦与痛苦的动物。边沁称所有的善良体验为"快乐"，糟糕体验为"痛苦"，道德的目标在于增进快乐阻止痛苦，快乐是唯一的善，行为的善与恶，要看其所影响的那些能够体验的存在物的感受。善行越多越好，如果同样的行为带来的快乐中夹杂痛苦，就将痛苦从快乐中减去以获得一个净快乐的量；谁获得快乐与痛苦并不重要，物种歧视与种族歧视、性别歧视一样是不道德的，重要的是提高总体的净快乐。边沁的功利主义伦理又被称为享乐型功利主义伦理。其问题是快乐的比较和快乐量的核算是不可能的，于是又有人提出了一种被称为偏好型功利主义伦理，持这种伦理观的人认为，道德的目标不是快乐最大化，而是偏好最大化。有的人偏好快乐，有的人偏好亲密的私人关系（即使这会带来痛苦），人们的不同偏好都是善。但问题是各种相互冲突的偏好的相对强度是难以测量的，而且像贪婪、暴虐、欺诈、嫉妒等偏好，是否也是值得最大化满足的善呢？

客观地说，在今天的社会机制中，彻底的利他主义者是很少的，彻底的利己主义者最终也是不利己的，处于利己主义与利他主义两个极端的人遭遇在一起，利他主义会被利己主义挫败，而利己主义则会相互挫败，都没有进一步的适应性进化空间。在这两个极端之间,大量的是利己主义与利他主义的某种协作,而倾向于利己主义的协作是要求他人作出一定牺牲的协作,倾向于利他主义的协作是自愿为他人作出一定牺牲的协作,这两种协作在生活中虽大量存在,但却需要有一定的条件才会发生,更易更多发生的是互利协同,这种协同在动物界也存在。

  我们对动物群体在生存和进化中的协同机制仍知之很少,例如,我们对企鹅在零下40摄氏度的低温下如何保持体温而不被冻死并不清楚,我们曾想当然地认为这是靠它们的羽毛和脂肪。但科学家最近的研究表明,是它们的互利协同机制起了重要作用。一个国际科学家小组选择在南极洲东部德龙宁·毛德地,用延时摄影技术拍摄下帝企鹅的活动情况。这里冬天的气温在零下45摄氏度以下,风速超过每小时180公里,帝企鹅是唯一在南极洲的冬天还进行繁衍的企鹅种群,它们一般都会蜷缩在一起,形成一个非常密集的群体,以免热量丧失。拍摄在持续几个小时中每隔1.3秒就会捕捉一次图像,结果发现:这个群体大部分时间保持安静,但每隔30或60秒,某只或某群企鹅就会开始轻微活动,使得身边的企鹅也开始活动,很快整个群体就形成了一个运动的波浪。这种协调一致的运动非常细微,肉眼几乎捕捉不到,但随着时间的推移,企鹅们的位置就会发生调整,处在外圈的企鹅就会进入内部,以保持体温[①]。企鹅群体如果没有这种互利协同机制,即使它们会挤在一起,处在最外层的利他主义者首先会被冻死,最终,利己主义者也会不断地被暴露在外层而纷纷冻死,只有这种自适的互利主义才使它们的群体获得了最大化的生存机会。

  今天人类对资源环境保护的认识虽在不断提高,所投入的人力、财力、物力也不断增加,但人类亲手所制造的问题远比所解决的问题多,人类已深陷保护与发展两难的困境。问题的实质究竟在哪里?是认识有局限性?是科技欠发达?不可否认,问题与此有关,因为认识水平与科技发展永远都是有限的,以有限的能力做尽善尽美的事是不可能的。但问题的实质不在这里,而在人类从未放弃人类中心主义和自身利益的最大化,科技最终能解决好人类在地球上所面临的所有问题不过是一种托词。人类的认识和科技或许可以无限发展,但避免

---

① "企鹅在严寒环境中的生存之谜",新华社《参考消息》2011年6月6日。

地球生态的衰竭却没有等待拖延的时间,人类必须认识到,没有生态的直接和间接服务,人类就一天也不能生存,没有人类间的互利合作,人类就会陷入无止境的相互冲突和与自然的冲突之中,生态的崩溃和社会的灾难就不可避免。建立生态互利伦理是人类文明可持续发展的必然要求。

在生态互利伦理架构中,生命整体是大海,所有物种都是流向大海的河流,所有物种个体都是河流的水滴。没有无数的水滴就没有奔腾的河流,就没有浩瀚的大海;没有浩瀚的大海,所有的滴水、河流都会枯竭。生态伦理对生命的尊重、珍惜、保护包含了所有的生命个体、种群、物种和生态。生存利益是所有物种的根本利益,所有物种生存利益平等是生命整体利益的体现。因而,生态伦理必须确立如下准则:

1. 人类的生存利益只能在与所有物种的生存利益平等的基础上来实现,人类的非生存利益必须让位于非人类生物的生存利益。

2. 在生态系统物质和能量的流动过程中,人类生存所需的物质和能量消耗,必须小于所消耗物种的再生量,对非再生资源的消耗必须最小化,废弃物排放必须小于自然生态系统的自净量,所有物质活动都必须能纳入到自然生态系统物质循环和能量转换的过程之中。

3. 人类在维护自身和非人类物种生存利益平等的过程中,既要改善其个体的生存质量,又要控制其个体的数量和行为,人类个体的数量,必须稳定于人类物种可持续生存的数量和其他物种可持续提供的生物增量所共同决定的区间之内,人类个体的物质能量消耗必须以满足身心健康为度。

4. 人类的平等包括现在和未来的所有人类个体的生存利益平等,人类因个体不可避免的先天遗传和后天努力及环境差异所带来的个体生存状况的差异,必须以既有利于个体积极性、创造性的激励,又有利于增强所有人类个体生存利益平等、社会和谐和与自然和谐发展为度。

5. 人类对地球资源的占有制不是地球资源必须满足占有主体利益最大化的理由,而是占有制只有满足上述伦理要求才有存在的理由,因而,把占有制转换成与个体生存利益、社会共享利益、万物共生利益相统一的动力和制衡机制是可持续发展的必然选择。

十三

心理探秘

人类现象的复杂性还在于人都有一个心理世界,这个世界平时是一个看不见的隐秘世界,人们只能通过一个人的所言所行去窥视他的心理世界,但一个人的所言所行虽与他的心理活动有关,却未必是他的真实想法,人们甚至常常不知道自己的真实想法是什么,其所言所行还常常会出乎自己的意料之外。心理现象难以捉摸,但却极为重要,尤其是在全球化信息化的现代社会,个体的自由度和自主性空前增强,人们之间的信息交流广泛快捷,人的心理状态不仅直接关系着人们的身心健康,而且与社会的健全和可持续发展息息相关。

(一) 心灵之窗

心理学这个词出现迄今只有100多年的历史,这虽然不是说在这之前人们从未研究过心理问题,但在这之前的心理研究是在伦理学名义下进行的。埃里希·弗罗姆称这以前的伦理学为前现代心理学,说前现代心理学的目标是谋求对人的心灵的理解,旨趣是让人们变得更好些,心理学后面的动机是道德的,亚里士多德的《伦理学》就是一本心理学教科书,在托马斯·阿奎那的著作里可以学到很多的心理学体系,斯宾诺莎的《伦理学》也是一部心理学著作,他可能还是最早认识到无意识力量的心理学家①。同样,在亚当·斯密的《道德情操论》中也涉及很多心理学的内容。但是,在机械论世界观和商品

---

① [美]埃里希.弗罗姆:《生命之爱》,王大鹏译,国际文化出版公司2001年版,第76页。

化价值观占主导的近现代,人们的心理问题激增却又被严重忽视,从而造成了无数个人、家庭和社会的悲剧,才使得心理学发展成为一门独立的学科。现代心理学研究不仅涉及的领域很多,而且心理研究中还用其他动物做实验,因而心理学被定义为:一门研究行为和精神过程的科学。不是只限于人类[1]。"行为"的概念已拓展到包括思维、情感、意识状态在内。这就是说,"行为"不仅是见之于外在表现型的看得见的行为,还包括心理活动的看不见的行为。现代心理学的发展为我们开启了一扇探视心理隐秘世界的小窗。

人类的心理现象是生物进化的产物,它表现于遗传和环境两个方面的影响。进化心理学研究行为和心理过程的共同特征和起源,认为自然选择在选择适应性行为时起作用,我们的大脑与双手和直立行走一样都是自然选择的产物。所有不同文化中的儿童不需要明确的指导都能在同一年龄阶段获得语言,人类所有语言的潜在结构基本一样,表明人类的脑中有一个语言的内置程序,而科学家亦已确认人类特有、在我们远古祖先刺激语言出现中起关键作用的一个特定基因。但是,行为遗传学的研究表明,我们可能遗传某种倾向而不遗传命运,环境在决定哪些遗传倾向得到表达哪些不会表达起着重要作用,遗传和环境共同形成最重要的行为和特质[2]。

基因影响行为的过程是:基因影响神经系统和内分泌系统的发展和作用,神经系统和内分泌系统的发展和作用影响一定行为在一定情境下发生的可能性。同卵双生子中的一个患精神分裂症时,另一个患病的可能性约为50%,而异卵双生子的这种可能性为15%。精神分裂症患者在一般人群中发生的比率为1%~2%,患者的兄弟姐妹患病的可能性要高8倍,患者的子女患病的可能性要大10倍。为了排除在同一环境中长大的环境影响因素,心理学家还对一出生或童年早期就分开在不同家庭抚养的同卵双生子进行跟踪研究,证实遗传在心理障碍、精神分裂症、抑郁和智力上起重要作用,并发现个人特质、兴趣、天赋、甚至脑电波的结构也受遗传影响。分子遗传学研究已能识别出与阿尔采默病、精神分裂症、酒精中毒、认知机能、自杀、智力、老

---

[1] [美]查尔斯·莫里斯等:《心理学导论》,张继明等译,北京大学出版社2007年版,第2~3页。

[2] [美]查尔斯·莫里斯等:《心理学导论》,第71—74页。

化等相关的染色体上的个别基因①。但是,科学家对基因的认识现在还很有限,虽然早在2000年就完成了首个人类DNA的2.2万个基因组图谱,面对这么少的一点基因,人们曾乐观地认为人类遗传秘密将很快解开,但10年过去后,科学家开始感到对人类基因的解读似乎长途漫漫,因为并非是一个基因决定一个生物特征,而是众多基因决定和更多基因参与,如决定身高的基因就多达100多个,参与这一过程的基因可能达到1000个,破译遗传密码的难度比想象的要复杂得多。我们现在只能说遗传与环境和文化都对人的气质、特质、行为有影响。

个体遗传获得的基因和倾向性与环境之间复杂的相互作用通常是很难分离的。父母将基因传给孩子,同时也按自己的爱好为孩子塑造了环境,使孩子也有相似的爱好,这是后天环境影响的结果?还是环境强化了遗传影响?热情友好的儿童比忧郁孤僻的儿童引起更多的积极反应,因而能更多体验到友好的情境,反过来这种情境又强化了他们生来的倾向性,而孤僻的儿童的这种体验则较少。人们塑造自己的环境,并在与环境互动中相互加强,在看似同一环境中长大的儿童对环境的体验可能是不同的。

环境对行为影响是明显的。男性的暴力行为可能有生物学如睾丸激素的原因,但环境因素有更大的影响,跨文化的研究对此提供了大量证据。在资源丰富、没有重大危险担忧的文化中,如太平洋中的某些岛屿(密克罗西亚岛、邻近新几内亚的东南岛)上的土著人,那里的男人不需要证明自己,他们的粗暴和攻击不被认同。相反,在竞争激烈、生存困难的文化中,男人则被迫去冒险,历史上的大多数文化都是如此。以农业为基础的人们为了生存趋向于培养合作精神,而游牧民的牲畜一旦被偷盗,就会在瞬间丧失生计,为降低这种可能性,他们对任何可能威胁他们的行为都高度警惕并用武力作出反应。宽松和谐的环境和紧张竞争的环境反过来又形成不同的文化,后者的文化具有强烈的荣誉色彩,在这种"荣誉文化"中,一个在其他文化看来很小的争论或微不足道的失礼,都有可能引起暴力的回应,而且家庭暴力也更多。人们对挑衅的生理反应也因文化观念的不同而不同,美国一项用一种无礼的

---

① [美]查尔斯·莫里斯等:《心理学导论》,第68—68页。

名称来称呼有不同文化背景的大学生的实验表明,有些人反应平静,并认为很有趣,有些人则火冒三丈,认为他们的荣誉受到侮辱,他们的应激激素和睾丸激素水平也陡然升高①。

我们的感官、大脑都是遗传的,感官为我们获取各种感觉信息,大脑将这些信息加工成有意义的知觉经验。所有正常的人都拥有相同的感觉器官和知觉能力,但我们的动机、价值观、预期、认识方式、文化的差异影响了我们所知觉的东西。不同的欲望和需要形成不同的动机,有所需要的人更有可能知觉到能满足他们需要的东西,而对没有需要和欲望的东西加以忽视。

环境对人类身心的巨大作用,从有关人类孩子被野兽哺养或离开人类社会长大的孩子甚至成人长期离开社会环境的报道中,可以看得更为清楚。1920年,印度人辛格等在加尔各答东北的山地狼窝中发现两个孩子,把她们带回到附近的孤儿院哺养,大的约8岁取名卡玛拉,小的约2岁取名阿玛拉,到第二年,小的就死了,卡玛拉活到1929年约17岁时死去。她们的生理结构和生长发育与一般儿童并无多少差别,但心理和习性则差别很大,开始时都是四肢行走,昼伏夜行,用双手和膝盖着地休息,趴在地上饮食,夜间视觉敏锐,一到深夜就嚎叫,怕火怕水怕强光,好蜷伏墙脚,寒冷天也不穿衣盖被。卡玛拉两年学会了站立,4年学会6个单词,6年学会直立行走,7年学会45个单词和用手吃饭、用杯子喝水,逐渐适应人类社会生活,17岁死时的心智水平仍只相当于4岁的儿童。18世纪中叶以来,类似事情在罗马、瑞典、比利时、立陶宛、德国、荷兰、法国、肯尼亚等地都有发现,有案可考的有30多例。即使是成年人与社会长期隔离,也会造成心理失常,抗日战争期间,刘连仁逃脱日本矿山的非人奴役,在北海道深山过了13年的野人生活,1958年回国时,不会说话和听不懂话②。

人类是从动物进化而来的,人们常说母爱是动物的天性,母性动机的产生,与母体怀孕及产后哺乳期间内分泌的变化有关,有人抽取刚生育不久的雌性白鼠血浆,注射到从未怀孕也无性经验的雌性白鼠身上,发现注射后不

---

① [美]卡罗尔·韦德等:《心理学的邀请》,白学军等译,北京大学出版社2006年版,第76—77页。

② 参见黄希庭等:《心理学十五讲》,北京大学出版社2005年版,第63—64页。

到一天时间,后者就表现出爱护婴鼠的母爱行为。"狼孩"事例就与母性动机有关。母性行为在灵长类动物中还受其成长环境的很大影响,在隔离环境中长大的母猴在成为母亲时,不会表现出正常的母性行为,没有爱心,忽视幼猴,有时会残酷地虐待它们,极端情况下甚至会咬死幼猴。人类的母性行为显然受社会性因素的影响更大,人类婴儿被其母亲遗弃、虐待甚至杀害的现象时有发生,美国境内每年被其母亲遗弃、虐待、杀害的婴幼儿,最保守的估计有35万,非保守估计可能有140万~190万之多。有些人因从小没有得到父母之爱,长大之后可能会把其冷酷转移到其后代身上[①]。

英国著名动物学家和人类行为学家德斯蒙德·莫里斯的一些人类行为学专著,为我们展示了人类与动物的相似之处。人的一生主要有两种经历,一种是恐惧性经历,即使时间很短,也会终生难忘,一种是一般性经历,它需要不断重复,否则就会模糊淡忘,莫里斯把前一种经历称为"创伤性习得",后一种称为"一般性习得"。"创伤性习得"是一种速度极快、效果持久的特殊学习,与痛苦的经历有关。人类还有一种快速的学习就是铭记,铭记最初出现在母亲和幼儿之间,到幼儿长大寻找配偶、哺育幼儿时会再现这一过程。实验表明,幼禽一出生便和母禽完成铭记过程,如果这时看到的是一个其他移动着的物体如异类动物、饲养员、用线牵着的彩色气球等等,也会把它认作母体紧紧跟随,从而形成"错记",在它们长大成熟后,就有可能在养父母的同类而不是自己的同类中找性对象。铭记行为与"一般性习得"不断追求回报的持续行为不同,它像摄影时胶片曝光那样是一种快速的被动记录,被称为"曝光式习得",它只发生在一生中的短短几天内,如果此时未铭记到任何较大的移动物体,此后便不再铭记什么。哺乳动物的铭记过程要长一些,家犬的铭记过程约为20~60天,如幼犬在这期间完全和人隔离,用遥控器喂养,它们就会变成野犬,如果在既有人也有家犬的环境中长大,就会对人和其他家犬表现出双重性倾向。在人类照护下的从未见过同类的动物,在见到同类后会视其为"异类"而害怕或进行攻击,不会产生任何性兴趣。没有任何铭记

---

① 参见黄希庭等:《心理学十五讲》,第269—270页。

和错记的动物是非社会性的动物,其心理和行为都会失常、怪诞①。

人类婴儿期的铭记过程是人最初最敏感的社会化过程,对其以后的生活具有重要影响。这一过程并不完全只是从母亲那里获得吃的和照护,而是相互间还有各种"爱"的表达和接受,如果没有这样的铭记,而只是吃得好,在以后的生活中就会一直承受焦虑之苦,如孤儿、慈善机构收养的孩子,由于缺少爱抚,和周围的人缺少深厚的感情联系,成年后也往往缺乏与他人建立感情联系的能力,既孤独且焦虑②。但如果父母在孩子的成长过程中过度呵护溺爱,包办代替过多,使孩子不能在与社会的交往过程中成长成熟,又会损害孩子适应社会环境的生存能力。

人的一生还有第二次铭记过程,即两性结偶时的铭记,"一见钟情"式的铭记发生得很快,尽管由于种种原因而不能结偶,以后又天各一方,但却会在双方心中留下终生难忘的印记,他们日后在寻找恋人时,几乎会下意识地以初恋情人为模本去按图索骥,如果未遂所愿,以后的婚姻表面看来很美满,也可能会莫名其妙地出现危机甚至解体,出现恋爱朝三暮四、结婚离婚再婚,其中有的最后又回到与最初的恋人结合的"关系紊乱"。择偶以父母中的异性为参照、"恋物癖""同性恋"、色情施虐受虐、溺爱宠物等现象,都可能与铭记的畸变——"错记"有很大关系,这些不正常的、古怪的甚至有害的心理和行为,是对不正常的环境刺激的反应,反映了人类的生存状态极不自然③。

由奥地利精神病医生、心理学家弗洛伊德于 20 世纪初所创立的精神分析学,经几代精神分析学家的创新发展,又为人们认识自己的深层心理——潜意识再开了一扇小窗。弗洛伊德认为人的心理是由"本我""自我""超我"三层结构组成。"本我"是与生俱来的包含了所有的遗传本能和欲望,其中最根本的是性欲冲动,即"性力"(力比多),它为各种本能冲动、欲望提供力量,"本我"按享乐原则行事。"自我"是理性和判断,它依靠"本我"的能量为"本我"服务,在满足"本我"的要求和符合"现实"之间进行矛盾调节,"自我"按

---

① 参见[英]德蒙斯德·莫里斯:《人类动物园》,文汇出版社,2002 年版,第 144—150 页。

② 参见[英]德蒙斯德·莫里斯:《人类动物园》,第 150—151 页。

③ 参见[英]德蒙斯德·莫里斯:《人类动物园》,第 151—166 页。

现实原则行事。"本我""自我"都是自私的,不符合社会期望,"超我"是指导"自我"对"本我"的冲动进行道德的限制,与"本我"相对立,它使"本我"推迟得到满足,甚至不能得到满足。在一般情况下,三者处于平衡状态,而三者的关系失衡是人的一切行为失常的根源。当自我不能以超我接受的方式来控制本我的冲动时,人就会体验到焦虑,为减轻焦虑所带来的烦恼不安,自我借助否认、压抑、投射、认同、倒退、理性化、反向作用、移置、升华等防御机制来应对压力。

心理学家认为防御机制对缓和失败感,缓解紧张和焦虑,修复情感创伤,保持我们的完整和价值感是必需的。但长期过度运用防御机制会阻碍成功的适应,如果妨碍了一个人直接解决问题的能力或产生的问题比实际面对的还多,则防御机制是适应不良的[①]。弗洛伊德还认为,人类社会的道德、习俗、宗教等都是作为对人的性本能的一种节制而产生的,而科学和文学艺术则都是出于人的性本能冲动的"升华"。当人的性欲受到压抑而无法满足时,便转向其他途径发泄,这种转移正是人类文明的来源。弗洛伊德过度夸大了性欲的力量,其观点足以惊世骇俗,使人对他有性驱力"走火入魔"之感。无时不在的"力比多"应当是生命的能量,性欲只是其中一种。

"本我""自我""超我"的提出,从根本上改变了人对自己和他人的看法,我们并不能完全意识到我们行为的深层原因。正如人的身体是进化的产物一样,人的心理也是如此,"本我"是人类在漫长的史前时期所形成的心理原型或心理本底,因而它决不只是一个自私性、享乐性,决非只有吃、喝、性。人格(心理学的人格典型定义是:个体独特的思维、情感和行为模式,具有跨时间跨情境的一致性)的定型也不是在儿时就完成,而可能是一个长期的甚至终身的完善过程,追求个人和社会的完善是人格发展的重要动力。文化包括家庭引导、社会环境和自我理解对人格形成的影响比遗传更重要,使孩子理解自己的欲望和需要与家庭表达出来的社会要求相一致,是孩子人格成长的关键一步;人只有感到自己和社会看来都是有能力有价值的,才能产生同一性和安全感;当人能够自我理解产生焦虑的根源,通过心理上的努力改变

---

① [美]查尔斯·莫里斯等:《心理学导论》,第376页。

不良的思考模式和行为，就能设法清除神经质性焦虑。文化是可以改变的，人格也是可以完善的。

精神分析学家认为，个体心理学同时也是社会心理学，人是处于各种社会关系中的社会化的人，儿童的心理体验与其父母和家庭相联系，成人则扩展到与社会相联系，个体心理与家庭、社会息息相关，个体心理的发展重演社会文化的发展过程，文明代表了心理事件的社会层面，个体心理代表了社会事件的心理层面，这种认识为理解个体心理与社会文化的形成奠定了基础。英国著名精神分析学家乔治·弗兰克尔认为：

"社会本身是心理过程的体现，我们所说的现实常常是一种社会化的神经症，甚至是一种制度化的疯狂……一个社会的文化和结构是成人压抑的情结和冲突的客观化表征，从他们的自我中分离出来投射到社会上，这些情结和冲突再次进入社会并要求得到满足。个体在婴儿期和儿童期形成的并继续在潜意识中存在的力比多驱力重新浮出水面，并在社会中重演。成人必须压抑的东西在社会中出现时要求得到确认，对个体来说不允许的事情对社会来说却是允许的……躁狂的幻想，偏执的强迫性观念和恐怖症在社会中被制度化了并被感知为客观环境，主观潜意识成为客观现实。一个文化可以看做反映了人们潜意识幻想的镜子，但是他们不知道这点；他们认为他们看到的是现实，是存在于他们外部的客观环境。"[①]

个体心理客观化为社会环境，社会环境又影响个体心理，主观化为个体心理：

"我们必须面对的问题不仅仅是社会环境和价值观如何转移到个体的心理，客观性如何成为主观性，心理如何反映了社会文化现实，而且还有主观的心理过程如何转移到社会及其文化中。因为认为社会文化现实是客观存在的，是独立于人类心理之外的假设是错误的……我们必须研究影响社会的心理过程，把它不仅看成是客观环境的一种结构，而且是心理过程的体现。"[②]

精神分析学家在对个体心理发展的研究中，观察到力比多的不同优势，

---

① [英]乔治·弗兰克尔：《未知的自我》，刘翠玲译，国际文化出版公司2006年版，第188—189页。

② [英]乔治·弗兰克尔：《未知的自我》，第190页。

决定一个人的性格并常常导致神经症症状的固着和情结的形成,每一种优势都引导个体追求自我保存和物种保存的必要功能。弗兰克尔认为:

"除了这些特定形式的力比多以外,还有另外一种更加基本的力比多驱力渗透到所有其他力比多中,我称之为弥散性力比多。如果有一种规则可以看做人的生命中最基本的规则,那就是每个人从出生起就需要爱。他需要付出爱并得到爱。"①

精神分析学认为,人在很大程度上是其生活历史的产物,一个人不管他多么努力地去追求自由和自我决定,最终都无法否认那些影响我们心理的历史过程,在我们努力压抑过去对现在的思想和态度发挥影响的时候,它会成为一种强迫性的力量,但"如果我们能够意识到过去的影响,并诉诸有意识的的评价和判断,我们便能够超越过去,在某种程度上使自己摆脱其束缚"②。精神分析不仅可用于个体神经症的治疗,而且可为整个文化的诊断和治疗作出贡献。

(二)心理疾患

心理疾患或心理障碍有很多不同的症状,各种变态行为就与这种或那种心理障碍有关。如:心理正常的人在不同的情境中会产生不同的情绪,但有些人无论处于何种情境中,都处于情绪谱系的某个极端或在两个极端中来回转换,这种人就是有心境障碍。美国心理协会于上个世纪末曾赞助一项对美国国内超过2万人的心理障碍调查,结果是:有14.9%的人患有临床症状很显著的心理障碍,另有6%的人有显著的物质滥用障碍。最普遍的心理障碍是焦虑症,然后是恐怖症和心境障碍③。十几年过去后,人们的心理不适问题又如何呢?据欧洲神经心理药物学院2011年9月公布的、由德国德累斯顿工业大学临床心理学院主任汉斯·乌尔里希·维特兴主持、耗时3年、调查

---

① [英]乔治·弗兰克尔:《未知的自我》,第190页。
② [英]乔治·弗兰克尔:《文明:乌托邦与悲剧》褚振飞译,国际文化出版公司2006年版,第10页。
③ [美]查尔斯·莫里斯等:《心理学导论》,第437页。

范围涵盖欧洲联盟 27 国和瑞士、冰岛、挪威共 30 个国家 5.14 亿人的精神健康跟踪调查的研究报告显示,欧洲国家有约 1.65 亿人患精神疾病,占 30 国总人口的 38.2%,病症表现主要为焦虑、失眠、抑郁、酒精和药物依赖、痴呆等,报告认为精神疾病已成为 21 世纪欧洲最严重的健康问题①。欧洲是近几十年来最和平的国家尚且如此,其他地方呢? 极端主义、分离主义、原教旨主义、恐怖主义、黑社会凶杀活动、校园街头枪击事件、战争、饥荒、贫困、腐败遍及全球绝大部分国家和地区,劣化的社会环境,使得许多人在与他人的交往、共事中出现心理障碍,其中有些人受到多种心理压力的困扰,有些人畏于社会交往而走向自我封闭,还有些人则走向仇视社会的极端。

发达国家有显著心理障碍的人在总人口中占很高的比重,那么,不那么显著的心理障碍患者又有多少? 其他国家的情况又如何? 而且,通常是没有多少人愿意承认自己有心理疾患,有心理疾患的往往认为自己正常而别人不正常,真是人有病,人不知。下面我们通过列举一些常见的心理疾患及其原因,人们可以对照自己和周边的人,以认识当代社会的严重心理问题。

焦虑障碍。与其他心理障碍相比,焦虑障碍是更普遍的心理障碍。当人生活在一种不可预测、不能控制的环境中时,都会有明显的焦虑感,当这种环境不熟悉、潜伏着危险时,还会有一种恐惧感,这种心理紧张情绪比心理麻痹对应对环境不测事故具有积极的进化意义。但是,与真实的危险、不确定性无关的持续的紧张、恐惧,则是一种病态的焦虑性心理障碍。焦虑性障碍被细分为一些特定的诊断类别,如:广泛性焦虑障碍,它类似于人们日常所说的"神经质",不能控制的持续的心神不安、神经过敏、无端猜疑、莫名害怕、易激动、失眠等。

强迫性心理障碍,指受无法停止、不由自主地反复出现某些想法、念头或惯例性地重复某些行为的困扰。特定对象恐怖症,指对某些可能令人恐惧的事情产生强烈的、过度的恐惧,以致因噎废食,影响到正常活动。创伤后应激障碍,在经历一次危机或创伤后,应激反应持续数月、数年甚至数十年反复发作。惊恐障碍,没有什么原因的、周期性的、突然的惊恐发作,每次发作虽只

---

① "近 40% 欧洲人患精神疾病",新华社《参考消息》,2011 年 9 月 7 日。

几分钟,但受害人承受巨大的生理和心理痛苦,并担心下次再来而使恐惧感持续几天甚至数周。

心境障碍。心境障碍主要有抑郁症、躁狂症或二者交替出现的"双向障碍"。抑郁症。每个人都会有抑郁情绪的经历,如连绵的阴雨,过长的高温天气,与亲爱的人生离死别,工作受挫,灾害损失打击等,都有可能使人感到抑郁。这种因情境而生、因情境而变的情绪属正常人的心理反应,只有那些持久存在、过度悲伤消沉、对任何活动都失去兴趣的人才属抑郁症患者。严重的抑郁症会使人坠入对未来无望的深渊,失去生活的任何乐趣,常常被自杀的念头困扰甚至尝试自杀解脱。躁狂症。躁狂症指的是人处于过度兴奋的高潮状态,极度活跃健谈,自尊极度膨胀为过度虚荣、自吹自擂、天马行空,典型表现是有想入非非的无限希望和计划,但却没有兴趣真正去实现它,经常分心走神,常对他人有侵略性和敌意,处于严重躁狂期的人显得不可理喻的粗野、狂暴,直至精疲力竭而委顿。躁狂症很少孤立出现,而多是与抑郁症交替出现,这种情况被称为"双相障碍"。在"双相障碍"中,躁狂与抑郁交替发作,各持续几天或数月,有时也间杂正常期,偶尔也以不切实际的情绪高涨和轻度抑郁交替往复这种较温和的形式出现。

人格障碍。正常的人即使他们的世界观和思维、行为方式不同,但都能适应不同的环境需要并调整自己的行为,但有人格障碍的人不能作出这种适应性调整,他们发展出非常执拗、死板、古怪的性格,有的可能成为冷血杀手。其中,有分裂性人格障碍的人对人冷漠、疏远和冷酷,不能表达情感,与他人打交道非常困难,退缩行为非常彻底,很少结婚。有偏执型人格障碍的人神经过敏,猜疑成性,嫉妒成仇,拒绝任何批评,惯耍阴谋诡计,对自己掩藏隐匿、文过饰非,对别人捕风捉影、极尽贬损,尖酸刻薄、刚愎自用。有自恋型人格障碍的人妄自尊大,妒忌且傲慢,醉心于编织自己的重要性、成功和辉煌的幻想,需要别人不断的吹捧、恭维和仰慕。有反社会人格障碍的人肆意撒谎、偷盗、欺骗而很少有或没有责任感、负疚感、良心和同情心,他们指责他们的受害人的反社会行为,实际上恰恰是他们自己在做那种事。

心身性障碍与躯体性障障。由心理原因引起的生理疾患称为心身性障障,应激、焦虑和其他各种情绪唤起会改变身体的化学水平、身体组织的功能和免疫系统,如应激引起肌肉收缩带来紧张性头痛等,而且,应激和心理倾向还会改变饮食、锻炼、作息、嗜好等生活方式,因而,当代医学倾向认为所有的生理疾病在某种程度上都是心身性的,生理和心理疾患都可以定义为"生活方式疾患",即由生理、心理、社会因素共同引起①。躯体性障碍是没有特定生理原因的生理症状,患者有生理症状如背部疼痛、腹部疼痛、头昏眼花、感觉丧失、瘫痪、失明、失聪、焦虑、抑郁、假孕等,但找不到器质性原因。

性心理障碍。什么是正常的性行为,什么是变态的,不同的时代和文化的看法可能有很大的不同,现在的生物学家和心理学家在对正常性行为的多样性有更清醒认识的基础上,已把变态性行为缩小到以下3种主要的性心理障碍:性功能障碍,即性功能的正常生理反应丧失或损伤。有一项调查发现,在40至70岁的男性中,有10%曾经有彻底阳痿,25%有中度阳痿,17%有轻度阳痿②。阳痿的发生率很高,虽然伟哥对此的疗效很好,但如果患者在性生活初期就没有性意识,对性生活缺乏兴趣,伟哥就没有疗效,性欲低下的女性比男性更常见,约有40%的性功能障碍与此有关。还有一些人有性欲,能保持性唤起,但无法获得性高潮。性倒错,即使用非常规的性对象或环境来获得性唤起。性倒错有很多具体表现形式,如恋物癖,偏好或唯有使用非人类物体才能获得性兴奋;窥阴癖,偏好偷看别人性交或裸体;露阴癖,在不恰当场合暴露自己的生殖器获得性唤起;摩擦癖,在拥挤场合通过身体接触或摩擦他人获得性唤起;异装恋物癖,穿异性衣物获得性兴奋;性施虐狂,羞辱或身体伤害性伴侣获得性满足;性受虐狂,通过情绪或肉体的痛苦获得性快感;恋童癖,以青春期前的儿童为对象的强烈的性幻想、性冲动和性行为。性别认同障碍,即想成为异性的一员。对自己的性别很失望,一些人选择了变性手术,变性后其焦虑和抑郁水平下降。

分裂性障碍。分裂指患者人格中有一部分与另一部分分离或分裂,患者不能将它们整合,它通常含有失忆或个性的改变。分裂性遗忘是没有器质性原因的失忆。分裂性认同障碍患者有多重人格而且在不同的时候分别显现,

---

① [美]查尔斯·莫里斯等:《心理学导论》,第446—447页。
② [美]查尔斯·莫里斯等:《心理学导论》,第452页。

判若两人。人格解体障碍是一个人常常突然感到自身发生了改变或出现了某种异常。

精神分裂障碍。精神分裂障碍具有隐晦复杂的多样性表现形式,被认为是心理疾病中的癌症。精神分裂障碍患者持续数月或数年的思维和沟通混乱、感情失当和行为古怪,除非得到有效的药物治疗,他们很难过正常生活和与他人沟通。

偏见。美国著名心理学家戈登·奥尔波特把偏见定义为:"是建立在错误和不灵活的概括基础上的反感。"人只要对万事万物有分类、概括、判断,就可能有偏见。偏见是普遍存在的一种好恶情感,是阻止自我低自尊和无力感的心理激励,人们通过对他人的偏见来避免自己的低价值感,对替罪羊的偏见可能也是人们发泄愤怒情感或应对无力感的一种方式。偏见有着复杂的心理、社会、文化和经济的起源和功能。尽管今天的大多数人都知道自己不应有任何偏见,但人们还是难以避免对性别、种族、国籍、宗教、价值取向、政治观点甚至外貌、穿着打扮等的各种偏见,还是难以摆脱消极的刻板印象和莫名的怀疑、不喜欢或憎恨、厌恶。人们可能会消除对一个群体的外显性偏见,但却保留了内隐的、无意识的偏见或消极情感,正如奥尔波特所说"偏见被理智击败,却在情感中徘徊"。内隐性偏见显示的是一个人的"真实"情感,或者说是深层心理情感,研究者通过多种方法测量到它的存在[①]。可以说偏见是心理上的一种偏执,是一种心理障碍疾患。偏见的普遍存在,既是人们间和群体间矛盾、冲突的重要原因,又是矛盾、冲突的结果,偏见形成矛盾、冲突的循环。虽然大多数偏见是无意识的,但它会影响人们的判断和决策,因而必须警惕偏见,不把分类、概括、判断绝对化,把关注点放在事物的共性、相似性上,而不是过度解读不同之处,尊重他人,换位思考,理解他人,获得更宽容的认知能力,是消除偏见的关键。

为什么许多人会有心理障碍?现代科学对心理障碍的分类很多,发现的具体起因也很复杂,心理学、生物心理学、精神分析学、神经学、神经化学、神经内分泌学、精神病学、神经外科学、脑神经成像技术、神经药理学等众多学

---

① 参见[美]卡罗尔·韦德等:《心理学的邀请》,第428—432页。

科从生物、精神、认知—行为、素质与压力互动和系统理论等角度的研究,使我们对心理障碍的认识不断获得进展。概括而言,心理障碍的起因主要有:

遗传或生理影响。虽然枪的杀伤力远大于蛇和蜘蛛,人们死伤于被蛇、蜘蛛所咬的很少,死伤于交通事故的更多,但人们天生害怕蛇和蜘蛛,而不怕枪和汽车。恐怖症可能是我们在进化中通过学习获得的在生理和心理上具有反应的倾向,它将各种强烈的恐惧与某些刺激之间的联系固化了。研究显示,焦虑性、心境性、精神分裂、反社会人格等心理障碍有遗传因素的影响,同卵双胞的一个如有临床症,另一个出现相同临床症的相关性要远高于异卵双胞胎。有些有生理原因,例如,多数精神分裂症患者有脑结构异常、神经递质变异、胎儿时脑损害、青少年时脑发育中的变异等生理原因;反社会人格障碍患者多有中枢神经系统异常、脑损伤等生理原因;分裂和遗忘与身体的某些过程有关;生理因素对性别认同障碍有重要影响。但是,遗传的、生理的单因素造成的心理障碍只占少数,绝大多数心理障碍患者都有生活经历、社会环境、文化和认知方法等复杂因素的交互影响。

经历和环境影响。恐怖症与个体经过一次恐怖事件后很难摆脱其影响有很大关系,即所谓一朝被蛇咬,十年怕井绳。弗洛伊德认为身体症状常与患者童年时的创伤经历有很大关系,躯体性障碍、分裂性障碍与无意识过程可能有关。例如,受虐儿童通过分裂过程来应对虐待,将虐待施加在"别人"身上,即施加在大多数时间不清醒的人格身上。在临床医生的报告中,分裂性认同障碍的案例中有超过 3/4 的人有童年时遭到虐待的经历①。分裂性遗忘症、神游症、多重人格障碍患者如果没有战胜失忆和记忆受损的动机和努力,症状就无法克服②。有恋童癖的人大多都有性挫折和失败的历史,有不自信、不成熟的感觉。性别认同障碍也有家庭和学习的影响。反社会人格障碍与童年情感匮乏有关,没人关爱的孩子也不会关爱别人,没人过问其问题的孩子也不会过问他人的问题,如果父母有反社会行为,子女会受其影响而有高的反社会行为发生率。即使是遗传和生理因素起重要作用的精神分裂症,

---

① [美]查尔斯·莫里斯等:《心理学导论》,第449页。
② [美]查尔斯·莫里斯等:《心理学导论》,第450页。

个人经历和环境的影响也很大,因为同卵双生子中有一个有精神分裂症,另一个不患此症的可能性有50%,而且研究还发现有大脑畸形出现在健康的而不是有病的人身上的现象,有研究显示,家庭关系、社会阶层与精神分裂症有关,那些家庭的负面情感表达处于高水平的人再次入院治疗的比例,是所有精神分裂症患者再次入院治疗的平均比率的2倍。教育、机遇、报酬都较低,生存压力较大是精神分裂症的一个起因,而精神分裂症的种种症状又使患者逐渐坠入较低的社会经济阶层①。抑郁症与环境有很大关系,生活在一个高比率暴力环境中的青少年,有较高水平的抑郁和较多的自杀企图。女性比男性对工作和家庭满意度较低,收入较低甚至无工作,忍受歧视甚至虐待,从而增加了抑郁的可能性。

社会文化影响。对于亲人的离世、意外事故的伤害,不同文化背景中的人所产生的情绪反应是相似的,但对于个人成功的情绪反应则有明显的差异,在个人主义文化中,个人的成功会使成功者骄傲自负而飘飘然;在集体主义文化中,则会把个人的成功归因于集体的努力,就会高兴而不居功自傲。心理学家认为集体主义文化和个人主义文化,对个体的情绪体验、反应有明确的、关键性的影响,集体主义文化比个人主义文化更能促使成员进行有利于保持、促进团队凝聚力、和谐与合作的情绪表达②。

认知方法影响。有些人在童年或青少年期有痛苦的经历,如丧父或丧母或父母离异,不被父母或社会认可,遭到别人的羞辱或身体侵犯,对这种体验的反应之一就是形成消极的无能的自我感觉,生活中一旦碰到与形成这种感觉相似的情况,相同的消极感觉就可能被触发,最终导致抑郁症。一项对大学生的研究发现,有消极认知倾向的人较有积极认知倾向的人具有更高的患抑郁症的风险,与不抑郁的人相比,抑郁的人在感知或回忆信息的时候使用更多的消极词汇③。对承受生活中的压力事件缺乏信心的人比自信能掌控这类事件的人更容易焦虑。抑郁与对其境遇的负面思维方法有关,抑郁的人把其境遇看成是永久性的无力改变的,感到悲观、无望、低自尊。习惯于不断反

---

① [美]查尔斯·莫里斯等:《心理学导论》,第459—460页。
② [美]查尔斯·莫里斯等:《心理学导论》,第319页。
③ [美]查尔斯·莫里斯等:《心理学导论》,第452页。

思生活中每件琐事的人比那些看得开、分散注意的人有更多更强烈的抑郁期倾向。

不同环境中人类群体会有不同的心理疾患,人的心理状况与人所处的环境有关,环境愈友善愈安定,人的心理疾患就愈少,反之就愈多。相似环境中不同的人会有不同的心理状况,人的心理状况与人的思维方式有关,有的人心理平衡能力很强,能够风雷不动,波澜不惊,有的人则很弱,甚至杯弓蛇影,杞人忧天。就社会的常态与常态相比,今天社会的复杂性、竞争性和快速变动性无疑是空前的,有人用"商场如战场,竞争如用兵"来比喻这种复杂性、竞争性和快速变动性,如果这种比喻不全是无稽之谈,那么在这种没有硝烟的"战场"和"用兵"中,心理素质就是极为重要的了,孙子在《孙子兵法·计篇第一》中就毫不讳言地指出:

"兵者,诡道也。故能而示之不能,用而示之不用,近而示之远,远而示之近。利而诱之,乱而取之,实而备之,强而避之,怒而挠之,卑而骄之,佚而劳之,亲而离之。攻其无备,出其不意。"①

我们看到许多巨企消声、股市跳水、强人倒台、军队瓦解、政权更迭,并不是比他们更强大的暴力所使然,而是败走于少有暴力或毫无暴力的"诡道",这种失败实际上是自我心理的失败。我并不认为今天世界的复杂如上所说,但为官、为商、为将、为政、做人都应有很好的心理素质则是无疑的,对孙子所说的"诡道"有足够的认识,引以为戒,应是完全有必要的。

同人类所感知的外在世界具有无限复杂性一样,人类的心理世界也是一个与外在世界密切相关的无限复杂的世界,人类只有更好地认识外在世界,才能更好地认识自己的心理世界,反之也一样。要使这种认识取得进展,就必须成为一个批判性思维的人,不仅要质疑"他人之说",而且要质疑"自己所信",不把任何东西绝对化、凝固化。科学的发展是在不断质疑的过程中实现的,它一刻也不能离开批判性思维,这种思维不把已有的理论和研究成果视为真理,而是能够不断地提出质疑,重复检验假说,剔除各种偏见,避免感性推理和简单概括,留有其他解释的可能,容忍不确定性。因而,用批判性思

---

① 《孙子兵法》,马一夫译评,吉林文史出版社,1999年版第1页。

维来认识本章对心理问题论述的局限性是必要的。我们需要心理学,最根本的原因是要找到认识自己、他人的心理动机和社会现象的心理原因,找到调节自己情绪和改善社会环境的有效方法。下面我们就此作进一步探索。

(三)新的方向

人类学家发现,不同文化的人群在看待情绪和划分情绪类型上有很大差异,心理学家把人类的情绪分为两级,其中一级情绪是明显存在于所有文化中、对生存有帮助、与不同面部表情相联系、明显存在于灵长类动物中的情绪,它只有快乐、惊奇、悲伤、恐惧、厌恶、愤怒6种。其中只有快乐是积极的,惊奇属中性,其他4种都是消极的。

人的积极情绪稀缺而消极情绪太多,并不等于人类都是悲观主义者,心理一片愁云惨雾。事实上,倾向于积极情绪是人的基本心理需求。这种心理需求使人类倾向于增加生活中的乐趣,并为此而创造了形式丰富的娱乐活动。例如,今天生存于边缘地区的仍以采猎为生的土著部落人,他们知道外面的花花世界,但既不会为此而动心,也不为自己的孤陋而苦恼,只要他们的文化受到尊重和保护,他们就是最能歌善舞和快乐的人;而生活于高度竞争紧张生活中的现代文明人,他们也并非少有快乐,他们会通过结交朋友、参加娱乐活动、旅游、看电视娱乐节目等而享受欢笑。人类会倾向于使引起消极情绪的情境发生向积极的情境转变,使紧张转向轻松、对立转向平和。如果不能转变,人类在消极的情境中也会使心情跳出情境,通过回顾过去某些美好情境的体验,使坏心情转换为好心情,如几小时的严重塞车会使人焦虑甚至愤怒,但人们不会一直为这种情绪所控制,而是会转移心情去想一些美好的经历或未来的设想,使心灵超脱现实的消极情境而获得愉悦。

心理学的研究表明,适应性、应对技巧、心理平衡能力影响幸福感,在不愉快的情境中,重构自己的心态、生活去适应已改变的情境,以摆脱消极情绪的过大过多过久的压抑影响,恢复快乐的正常情绪,可能是人或多或少天生具有的能力,因为经常压抑消极情绪不利于人的健康和生存,对女性的一项超过18年的追踪研究表明,那些常常愤怒而又没有发泄的人死亡率是很少生气或从不生气的人3倍以上,如果虽然常常生气却表达了愤怒,则与不生气的人一样属死亡率低危险组[1],但发泄愤怒也会形成更多的侵犯行为,如根源性问题得到建设性解决,则能建立良好的心态。后者表明,认识能力有力地影响适应性、应对技巧、心理平衡能力。辩证法哲学家可能更善于平衡心理,因为他们能从整体和过程去认识得失祸福的暂时性和转化性,一个能洞明"祸兮福之所依,福兮祸之所伏"的人,不会患得患失,不会被一时的顺境逆境左右自己的心境,何况人类有倾向于向前看的天性。美国德保罗大学进行的一项研究表明,人们每天用近四成的时间憧憬未来,人们作出的大多数决定都是基于对自己未来的筹划,现实情况并不是必须考虑的因素。任何心理正常的人都会意识到,过去的已经过去,现在的也正在成为过去,重要的是未来,希望在未来,认为未来比现在更重要是人心理的基本需求。憧憬和思考未来是每个人都有的心理活动,这种心理活动是希望自己能控制自己的人生,思考尚未发生的事情和预防可以避免的事件及对可能发生的事情进行心理准备。在憧憬中人们提前感受未来会带来的快感,对未来的想象甚至能比真实的体验带来更多的快乐,期待美好事情的过程本身就是一种美好的体验。然而,对未来考虑过多也会带来心理危害,特别是患有焦虑症的人。理解依赖于情感,情感也依赖于理解,现实的情况似乎总是:在社会的各个阶层都既有悲观的人,也有乐观的人,他们情绪上的差距不仅与他们所处的不同情境有关,也与他们对事物的认识、理解和思维方式不同有关。

　　事物都是一个相互联系的整体和变化的过程,从一时一事来看某人某事,就会有很多的纠结,从整体来看某人某事的联系,从过程来看某人某事的瞬间,则视野和心境就会变得大不相同。今天的科学和文化交流与发展,为我们能同时用"显微镜"和"望远镜"两个镜头来观察事物的细节和打开视野、放宽心境的广阔时空,提供了前所未有的条件。毛泽东曾强调过这种认识事物的方法的重要性,英国著名历史学家和思想家西奥多·泽丁尔从情感的角度对此论述道:

　　"在根深蒂固的心理顽疾面前,政治学和经济学是无能为力的。法令也

---

[1] [美]查尔斯·莫里斯等:《心理学导论》,第317—318页。

不能改变人们的心理,因为心理的基础是几乎不可能消灭的记忆。但有可能通过扩大人们的视野来扩大人们的记忆,而且记忆一旦扩大,人们就没有多少机会去继续重弹过去的老调,重复相同的错误……寻找人与人之间的关系——不管是新的关系还是旧的关系,不管是近的关系还是远的关系——是人类在整个历史中首先要做的事情,也是最重要的事情……大多数人都不认真对待其他人——不管是活着的人还是死去的人——的思想。金钱和权力,不管多么令人着迷,最终还是获得一种更为亲密关系的手段……发现人与人之间迄今还没有被发现的亲密关系有可能导致迄今为止好像是不可能出现的和解和奇迹……在不放弃每个人的忠诚对象或独特性的前提下,人与人之间是可以超越各种限制,建立起各种不同的亲密关系的……我的解决方法是用两个镜头同时观察事实:一个镜头是显微镜的镜头,观察与人的生活最密切相关的细节;一个镜头是望远镜的镜头,从远处观察人类所面临的一些重大问题。"①

  人们很容易观察到:在不同的环境压力中,人们的行为会有很大的差异,人们通常认为:个人难以自主选择时的行为,通常不能真实地反映人心之所愿所向。但是,人们也可以观察到:在环境压力很小、个人可以按自己的心愿自主选择时,人们的行为也会有很大的差异,有些人会作出与常人追求不同的选择,例如:有些人放弃赚钱享乐的机会,承受贫病、孤独、家人的抱怨,甘冒社会偏见的白眼和利益集团的诋毁甚至迫害的风险,在探索真理的漫漫长途中无惧无悔地走完终生;有些人长期孤身独处荒野,与虫蚁鸟兽为伍,为人类认识动植物和环境体系和谐的奥秘而默默奉献;有些人在日常生活中助人为乐、见义勇为而拒绝任何回报;有些人舍弃城市舒适富裕的生活,离亲别友到贫困山村长期从事义务教育;有些人不远万里奔赴炮火纷飞的战场,去救死扶伤或向世人揭示事件的真相;有些人在奋斗致富后捐出全部财产,重新去过清贫简朴的生活等等。所有这些个人自愿选择的行为,都展示出了一种与常人不同的心理指向,这种心理指向显然与人们通常所说的"自私自利"

---

① [英]西奥多·泽丁尔:《情感的历史》,刘庸安等译,北京九州出版社,2007年版第15—18页。

"沽名钓誉"完全不同。这些人为什么具有这种心理指向？他们作出这种选择是感到痛苦还是感到快乐？

人类在经历几百万年适应各种环境而进化形成的多样性的情感遗传，在不同的环境中会有相应的不同的唤醒，但这种唤醒不是被动的适应，因为环境对人类心理发生作用的不是一组绝对的物理量，而是人们对环境的某种判断，不同的人会因对环境的判断不同而产生不同的心理唤醒或反应。对环境不同的判断源于人们对环境的不同认识，例如，有些人认为，生物之间的关系就是征服与被征服、吃与被吃、利用与被利用的关系，他们的心理指向就会是设法征服它、吃掉它、利用它，他们认为自然的衰退就是文明的进步，多多生育、多多消费才能心理满足，才会幸福。而另有些人则认为，人只是生物和环境网络中的一个节，人的生存完全依赖于这个网络的健全，这个网络一旦被破坏，人类就不能生存，人的心理指向就会是维护这个网络的健全，在维护中合理地利用它，他们坚信自然的衰退就是文明的没落，社会和谐和与自然和谐才有心理的最大安宁，他们为此而批判现存社会不可持续的种种弊端，并身体力行，节用资源，伐恶扬善，扶危启智，似苦却甜，只要认定自己的行为是正确的，即感心理的满足与幸福。或许有人会认为这些人的生活质量差，心理是失衡和痛苦的，那就去看看倡导简朴生活的老子、真践实履"兼爱"的墨子、放弃王位继承的释迦牟尼、为印度独立而历尽艰辛的素食主义者甘地、为南非消除种族主义在铁窗中渡过27年的曼德拉，他们的心里是痛苦的吗？他们都处于社会矛盾复杂尖锐，政治残暴黑暗的时代，但这些东西在他们的大视野大宽容境界中都不过是"浮云"，是他们所要消除而不是会被其击倒的东西，他们都无一不是同时代人中的高寿者，如果他们痛不欲生，被其击倒，又如何能够矢志不渝并得享高寿？

人们的心理指向和自愿选择与人们的认识、理想、信仰有关。我们看到，有许多伟大学者的著作不仅打开了人们的视野，而且也影响了人们的心理，改变了人们的生活方式，使人们不再汲汲顾影于个人得失，而是心系人类、生命和环境整体的命运。大视野大宽容的心境是消除心理疾患的最好良药。

全球化和信息化大大增强了人类利益和命运的整体性关联和相互依赖，也提供了对这种整体性认识的条件，但是，大量狭隘的文化、眼界和心态没有适应性的进化,利益关联的社会化、全球化与心理个人主义、宗派主义、民族主义的尖锐矛盾,已导致一种与全球化信息化反向而行的变化在全球悄然发生,人类的个体和社会正在为此而付出巨大的代价:许多党派为了利益集团的既得利益而恶斗,将国家推向危机之中;一些国家为了摆脱某种国内矛盾,而挑起国家间的争端甚至战争;在全球大城市的小区中,比邻而居的都是陌生人,社会的人际关系出现了"鸡犬之声相闻,老死不相往来"的逆转;人们走遍全球,交往众多,但因没有情感的联系而深感孤独;大城市成了各种犯罪分子的"狩猎场",偷盗、诈骗、抢劫、强奸、凶杀在大庭广众之中、光天化日之下发生,正义感、同情心衰减的茫茫人海和林立复杂的建筑物成为犯罪分子滋生的生态位;心理的严重失衡还导致社会犯罪出现低龄犯罪率、女性犯罪率上升的趋势,出现亲情冷漠和犯罪手段的极端残忍化。

上述现象表明,今天社会的开放性、流动性和全球化、信息化的发展,迫切需要人类的心理有适应性进化,迫切需要找到建立人与人之间的相互了解、理解和信任关系的方法,以大大改善人类的思维方式、行为方式和社会环境,从而大大减少人们的心理疾患和社会苦难。这种方法首先要求个体要从认识整体和过程的大时空关系中来认识自己和他人,然后要在此基础上通过有效的人际交流来达致相互理解和互信,有了这两个基础,就有形成社会共识的可能,就有可能推进社会变革而走向建设一个既有个人自由又有社会协同和与自然协同的和谐社会。

如何认识自己和他人? 亚当·斯密认为:

"自私实乃人之天性,况且每个人也是自身事务的最恰当的管理者,但作为社会成员,我们应以社会的标准来审视自己的行为,而不能以自我为中心,妄自尊大必然会遭到社会大众的唾弃……如果换位思考,他会发现自己犹如沧海一粟般渺小和平凡,因此也会悄悄地收敛起自己的傲慢,并力求以旁人的眼光来审视自己。"[①]

斯密在这里所说的"换位思考",在心理学中被称为"移情",移情使人们看到别人受伤流血时,自己的身体会产疼痛感;看到别人身上溃烂时,会感觉

---

① [英]亚当·斯密:《道德情操论》,何丽君编译,北京出版社,2008年版第34页。

到难受。移情会使人们产生对别人的感受产生理解,这就是"同情"。斯密认为人除了自私的本性外,怜悯或同情也是人的本性,但同情需要以移情为基础:

"同情需要建立在我们对别人的感受有一定的理解之上,只有理解才能让我们对别人的遭遇有一种设身处地的情绪体验。如果缺乏直接经验,我们就必须通过设身处地的想象,充分运用移情才能体会别人的感受。尽管我们借助想象所模拟得到的这种感官印象,并不是我们移情的对象所得到的完全的感官印象,但这种移情的想象力却能让我们将心比心地将自己化为移情对象,并且自认为我们已经进入了对象的躯体,我们的喜怒哀乐就是他的全部感受。从一定程度上讲,我们已经和移情对象融为一体,他的痛苦会让我们觉得烦恼和悲伤。因为我们借助移情和想象在一定程度上产生了与我们想象力大小成比例的类似情感。"①

泽尔丁认为,同情心是一种最容易受挫折的感情,所有的哲学和偏见都像贞洁带,牢牢地控制着同情心,他列举并分析了同情心存在着:不对坏人产生同情心的禁忌;对疾病、畸形和各种残疾的恐惧;绝大多数人不想当殉道者、修士和修女;感情生硬的男人;医院的利益超过病人的利益;人性的犬儒主义或绝望的观点;人们对一个人究竟是一个什么样的人所具有的想法等6种障碍②。历史和现实生活表明,泛泛地谈恻隐之心,人皆有之所得到的结果往往是失望,是同情心的稀缺。

人类古代文化的主流文化中广泛存在着爱憎分明的伦理思想,人们应当爱亲人、朋友,但决不爱敌人、坏人、"歪门邪道"的人、品质不好的人,对敌人、坏人甚至是恨之欲其死。孔子虽然有"己所不欲,勿施于人","推己及人"的"恕道"思想,但他把人分为君子小人和亲疏贵贱有别的等级序列,认为广施恩惠于民又能周济众人,不仅仁者做不到,就是像尧舜那样的圣人也难做到,他强调"非礼勿视,非礼勿听,非礼勿言,非礼勿动","礼"是他所说的西周的

---

① [英]亚当·斯密:《道德情操论》,第2页。
② 参见[英]西奥多·泽尔丁:《情感的历史》,第219—225页。

社会秩序,孔子的"恕道"有明确的阶级性和局限性①。西方哲学、伦理学也都是如此。

在当代社会,同情除存在着泽尔丁所说的 6 种障碍外,还受到自我中心主义、自由主义的极大侵蚀。在自我中心主义者那里,只有自我才有主体性的价值,他人最多只有工具性的价值,移情和同情是实现自我利益最大化的障碍,因而,它最多只在工具的意义上而不是平等的意义上存在。在自我中心主义者那里或在个人逐利最大化的社会中,无论人们如何鼓吹平等,都不会有心理上认同的平等,雇主与雇员、富人与穷人都不会在心理上认同他们是平等的,前者对后者也没有什么真的移情、同情。

自由是人类的一种重要价值追求和社会目标,但自由决不像自由主义者所想象或鼓吹的那样,是绝对的不受控制的随心所欲、任性而为,相反,它是一种在自我控制、自我担责前提下的自我思考和自我行动的选择能力。你可以选择跳楼投海、杀人放火,但结果是你自我毁灭;你可以选择造假作伪、坑蒙拐骗,但结果是你身败名裂;你可以选择信口雌黄、刚愎自用,但结果是你被社会唾弃;你可以选择贪功诿过、争名夺利,但结果是你成为众矢之的;你可以选择夸张作秀、虚荣显摆,但结果是你被当成神经病;你可以选择口不择言、行不择礼,但结果是你被当成傻瓜,如此等等。由此不难看到,自由是一种高品位的奢侈品,需要有很高的思想品位才能享受到它,以为人人都可以信手拿来,成为你满足个人贪欲的工具,那就是把自由降到了伪劣产品的最低档次,其结果是人人都好像有自由,但人人都没有或很难获得真自由。自由主义并没有超出自我中心主义、个人主义半步,一个最低档次的伪劣的自由既是自我中心主义的产品,又是自我中心主义滋生的沃土,因而,在伪劣自由泛滥的社会中,移情、同情是稀缺的。

局限在个人、集团、阶级、民族、国家等等的狭隘利益、眼界和心胸内的移情、同情、人道、人权、民主、自由、平等都必然是伪劣产品。欧洲的文艺复兴和启蒙运动对人类的观念革命曾作出过巨大贡献,但是,19 世纪及这之前的

---

① 参见白寿彝:《中国通史》(修订本)(第三卷,上古时代,下册),上海人民出版社,第 1141—1145 页。

欧洲列强、20世纪上半叶的德意日和下半叶至今的美国、北约，对世界人民却犯下了空前的滔天罪行。这些号称是最民主自由的国家，至今仍在打着保护人权的幌子，把一个又一个主权国家置于战争的火海之中，用无辜的百万人民的死亡和千万难民的痛苦去换取他们的石油私利和对世界的恐怖霸权。虽然历史上大大小小的这类弱肉强食、恃强称霸的现象没有一个是长久的，但它带来的恶果是无休止的社会苦难和暴力循环、不断加剧的环境破坏和资源消耗、积重难返的焦虑猜疑和妒忌仇恨。跳不出这种循环，人类最终只能是自取灭亡，人类的智慧和实践能力必须能够跳出这种循环。

那些号称捍卫市场经济原则并把斯密奉为市场经济之父而顶礼膜拜的西方政客，可能会使斯密感叹：我播下的是龙种，而收获的是跳蚤，因为它们完全不知道或抛弃了斯密的强调：

"邻国之间的攻击和妒忌无疑有损两个伟大民族的尊严。其实，为了整个世界的真正进步，每个民族不仅应该赶超邻国，更应该去促进而不是去阻碍邻国的进步……我们在设计人类情感体系时，就应该把每个人的注意力都引导到人类大家庭这个整体上来，这样就可以促进人类大家庭的利益。"①"具有智慧和美德的人能够为了阶层、社团的利益牺牲自己的利益，也能够让本阶层本社团的利益让位于更大的国家利益，并且愿意为了全世界的利益而牺牲上述所有的利益。"②"天性使我们觉得两个人的幸福比一个人的幸福更可取，因此许多人或一切人的幸福必然是最重要的。如果我们自身的幸福与更大范围的整体的幸福发生矛盾的时候，我们就应该使自己的幸福让位于整体的幸福……我们把自己的利益看成了整体利益的一部分，所以整体的幸福才是我们应当追求的唯一目标。"③

只有超脱"小我"的名缰利锁，而与人类整体的"大我"相融合，才有真正的自由，移情、人道、民主、平等才能脱伪还真，这并不只是贫乏的逻辑推论，而是有着生动的历史示范。这里首先要提及墨子在两千多年前所提供的思想和实践。墨子对战国初期统治阶级的骄奢淫逸、腐朽糜烂，平民百姓的劳

---

① ［英］亚当·斯密:《道德情操论》，第92页。
② ［英］亚当·斯密:《道德情操论》，第95页。
③ ［英］亚当·斯密:《道德情操论》，第116—118页。

不得息、饥寒交迫,社会黑白颠倒、矛盾尖锐的现象进行了深刻的揭露,认为"国相攻""家相篡""人相贼""强劫弱""众暴寡""富侮贫""贵傲贱"现象,是天下把这类"不仁不义"的行为当做"仁义"来传颂,才使"攻伐世世代代而不已"。为消除这种"知小物"而"不知大物"的悲剧,他提出了一系列与儒家相反的思想和改革主张,其总原则是"兼相爱、交相利"。"别非而兼是","以兼为正","别"是"恶人贼人","兼"是"爱人利人",兼爱是无差别的爱,"视人之国,若视其国,视人之家,若视其家,视人之身,若视其身"。提出"兼以易别",即"以兼相爱交相利之法易之",改变社会规则,调解社会矛盾,使社会由乱变治。墨子是言行合一的哲人,他为其思想的宣传和实践终生奋斗不息,他当大官、受厚封,丝毫不改"背禄向义"的精神,过简朴生活,日夜操劳,他止楚攻宋、止楚攻郑、止齐伐鲁,为制止战争不惜冒险甚至冒死以赴,他及其弟子践行"有力者疾以助人,有财产勉以分人,有道者劝以教人"的"为贤之道"①。墨子活了92岁,在古代是罕见的高寿者。

墨学与儒学在当时是并称为影响最大的"显学",孟子说杨、墨之言盈天下,"杨、墨之道不息,孔子之道不著"。这里无须去赘述墨子思想的局限性,因为任何思想家都有时代局限性,墨子也不例外,而只是要指出,墨子的"兼爱"思想所持的是"人类"的立场,孔子的"仁礼"思想所持的是"阶级"的立场,墨子的视野和境界要远高于孔子。墨子的思想虽与阶级分化的潮流相悖,更不适合统治阶级的需求,因而历代封建统治阶级尊孔贬墨,但在今天这个全球化、地球村时代,人类为开辟社会和谐和与自然和谐的道路而寻根溯源时,这位伟大先哲所提供的开创性思想和实践范例,已成为人类思想星空中一颗最古老最耀眼的星辰。

我们需要站在人类整体和地球生命整体的立场上而不是个人、阶级等等的局部立场上才能重建人类的移情能力和同情心,只有超出一切社会差别如贫富、等级、阶级、集团、文化、宗教、恩仇等等的障碍,才能真正把他人与自己平等地进行"将心比心",才会"推己及人",去理解别人的情感,并对别人的情感"感同身受",从而才会有真实的移情和同情。人的心理是一个奇妙的世

---

① 参见白寿彝:《中国通史》,第1149—1159页。

界,它一旦清除了社会差别的障碍,其宏观情怀和微观感受就是统一的,其对整体命运的关怀和对个体命运的感受就是相通的,"望远镜"和"显微镜"就在其心灵中融为一体。在现实生活中,宏观与微观、整体与个体、"望远镜"与"显微镜"之所以是分离的,就是因为人们的心中充斥着社会差别偏见的障碍,正是这种障碍,使得一些人对宏观整体看得较清,但对微观个体一片模糊,而另一些人则对微观个体看得较细,对宏观整体一片模糊,前者虽对社会整体提出种种改革设想,但最终只能证明这些设想都是空中楼阁;后者虽对个体疾苦有着深沉呐喊,但最终只能对苦难命运逆来顺受。超越社会差别和偏见障碍不是闭上眼睛不看它,而是要像墨子那样身体力行去克服它。就心理的层面而言,需要打通三个环节。

一是平等交流。在古代,由于地理阻隔、语言不通、利益无关、认识局限等障碍的存在,平时没有往来的不同人群相遇时,他们因交流的生存必要性和现实可能性不大而缺乏交流的现象是大量存在的,即使是在一个民族和国家的内部,森严的等级制和垂直控制的社会结构,也使得下层与上层的平等交流几无可能。现代社会的发展不仅已在技术上提供了打破这些障碍的条件,而且也提出了打破这些障碍的需求。尽管人们之间、组织之间、国家之间利益和认识的不同会影响交流的动机、效果和意愿,但今天和今后的人们只有明白,平等的交流是他们解决心理和现实问题最重要的能力和最明智的选择,否则,人们的心理疾病和社会矛盾、冲突将会大量滋生。平等交流是达到交流各方相互了解、理解和尊重的起点,因而必须高度重视交流的方法,不仅要有平等、谦虚的心态,而且要有较全面客观的认识,有倾听的充分耐心,并讲究语言艺术,只有这样才能相互平等地提出问题和探讨问题,才能相互发现自己的无知和偏见,才能在新的认识基础上加深相互了解、理解和尊重。如果自以为是专家、权威、富人、官员、强势者而比别人高明或有优势,如果只是自作聪明地显示自己,一味地喋喋不休,而不能仔细倾听别人说话,交流就不仅不能产生正效果,而且会产生负效果,被他人视为自私、偏执、无礼、无教养、不值得尊重。人是社会性动物,孤独会使你发疯,被动的社会化会使你陷于苦难,人人都以平等的心态,积极地与外界交流,你的心境、人际关系和生活境况就会获得积极的改观。

二是相互尊重。人类在平等的原始公社中进化的历史远比在不平等的阶级社会中长,追求平等和相互尊重是人类不可磨灭的遗传天性。阶级社会使平等和尊重退出现实生活,宗教则把它作为精神价值观的追求保留在人们内心的信仰中。世界上所有的主要宗教都认为,所有的人都有精神上的尊严,现代许多宗教信仰者并非都相信上帝和神鬼,但如果在宗教组织中感受到仁爱,在相互尊重中获得自尊,就能获得对心理失衡的治疗;反之,如果宗教组织模仿世俗社会,企图用权势、金钱、谎言去获得尊重,它就一定会消亡。尊重不能靠权势、金钱、谎言去获得,民主制度声称尊重每一个人,但受权势、金钱、谎言的污染,有形无形的歧视也就无处不在,穷人被歧视,富人也不被尊重。所有的人都会对他人进行分类、概括、推论来认识,差别只是分类概化的程度有所不同而已,但我们却又都反对他人对自己这样做,强调"我就是我,我与其他人不一样"。分类概化他人的目的更多的是简单地评价他人而不是理解他人,它易于造成对他人的过于简单的、不易改变的刻板印象,它既是对他人形成偏见的要素,也是使这种偏见合理化的要素,是正确理解他人的障碍。相互尊重是现代人最难获得的能力,一个人只有懂得,所有的人都是多样性的统一,不是任何一种分类所能概化的,要真正理解他人,如果不能抛弃所有对他人的概化,也必须批判、质疑对他人的简单概化,尤其要避免对他人的刻板印象和偏见,把概化视为仅仅只是一种可能性而不是绝对性。概化是不确定的、易改变的、非结果性的,真实的人远比对他的概化丰富多样,人与人虽处于不同的分类概化中,但人与人的共性更多,差异更小,人与人的相互理解和尊重比之相互排斥和歧视,不仅更接近关于人的真理,而且也是祛除自身心理疾患,和谐人际关系的重要一步。

三是宽容自制。承认人权和人的自由平等,并不能自然导致宽容,争斗、仇恨和愤怒在我们这个世界到处都在发生,其原因有些是因历史的宿怨或现实的不同利益而引起,有些是因不同的认识而引起,有些甚至是因一言不合而引起。不同习俗、不同性格、不同认识、不同种族、不同宗教、不同政见的人不仅要有平等交流、相互尊重,还要有宽容自制,否则,真正的平等交流和相互尊重也会变得不可能,歧视、争斗、仇恨和愤怒就会充斥于我们的心灵和社会。要获得宽容自制的能力,既需要摒弃独断论、绝对论哲学,更需要有道德境界,即既要有能化解矛盾对立的"无碍之道",又要有化解恩怨情仇的"无私之德"。一些先哲们的伟大宽容思想和实践表明,人类的宽容自制可以达到崇高的境界。前面已提到了墨子,现在要再提及释迦牟尼和甘地。

释迦牟尼认为所有生灵都是贪婪的、痛苦的,只有清除自身的贪欲,才能在痛苦中解脱出来,每个人都只有通过自己的努力才能达到清贪的觉醒;与其他宗教创始人不同,他否定礼仪、种姓制度甚至神祇,他不主张成为神,对成为宗教领袖也毫无兴趣;他充分尊重不同意见,不要求信徒们必须服从他,不攻击其他宗教;他对所有生命都怀有同情、友善和大爱。佛教的宽容在所有宗教中是最彻底的。这里之所以要提及释迦牟尼和佛教,并不是主张人们去研究,信奉释迦牟尼和佛教的否定哲学,而是要说明一个事实,这种否定哲学不能治世,但却为治疗心理疾患提示了一条路径。一滴颜料可以使整碗水染色,但大海可以容纳更多而不改变本色;死水不洁,流水不腐,心理疾患在很大程度上与视野、视角、认识方法、思维方式狭隘、刻板有关,只要决心改变它,常人都可以做得到,在这里,甘地为世人提供了一个生动的范例。

甘地年幼和年轻时都很胆小,他的勇气和力量来源于克服个人弱点的决心,内心的平静是他的目标;他认为,一个宽容的人,是有足够个人力量的无畏的人,个人和集体之间的和谐只能通过克服内心的焦虑来获得,人们的不满不应归咎他人,而应改变自己的行为方式,榜样是对公共事务施加影响的最好办法;人们应尽可能过简朴的生活,所有的财产,除基本生活必需品外,都是一种信托,应用于全体人民的福利,传播同胞感情和个人友谊是超越宗教、民族和阶级藩篱的方法;爱应通过服务来表达,贱民的存在是一个大丑闻,他坚持自己和妻子做贱民的活,如打扫厕所,每天到医院做一小时低微的工作。在他看来,所有宗教都有缺点和优点,传播宗教不能改变世界,真理是多方面的,不需要将真理简化为一种教义。1947年,他以无畏的道德勇气化解穆斯林和印度人之间的暴力冲突,当时的印度总督蒙巴顿说:"他通过道德说服取得了四个师用强制暴力才能得到的东西。"他为印度赢得了独立,但他认为这是他的最大失败,因为所产生的国家一点也不像他梦寐以求的消除了不宽容、致力于精神自我改善和拒绝暴力的国家,他要创造的是一个完全不同的世界。为避免穆斯林分裂出去成立巴基斯坦国,他建议让他的穆斯林对手真纳当印度总统,他的这种极大宽容令他的追随者震惊,招来了一个狂热的印度教徒对他的暗杀①。

　　历史和现实中有不少平民在默默地做着与上述圣哲类似的事情,他们的实践表明,心理的宽容是心理的无畏,这是把个人融入人类和生命整体而达到的无畏,是无我者无畏、博大者无畏,这种无畏具有极大的宽容,这种无畏和宽容不是天生的,而是通过心理向人类和生命整体自我提升和完善才达到的,正所谓心底无私天地宽,无私则无畏,无欲则刚。可能还有一种无畏,这种无畏是把个人主义膨胀到极端的结果,这种无畏是无他者无畏、无知者无畏,其心理除了有一个贪婪的自我,没有他人,没有宽容,这种人就是疯子,对人对己都是一个悲剧。

　　上述事例不仅提供了化解外部世界矛盾和仇恨的精神营养,而且也指明了人们自我消除心理疾患,摆脱"小人常戚戚"痛苦的重要心理路径。在一个私人逐利最大化的竞争性、虚荣性社会中,不宽容是一个普遍的难治的社会痼疾,但在今天这个人类和地球生命紧密关联的时代,超越个人、民族、宗教、国家至上的思维方式,从地球和全人类整体命运来思考局部的和个人的问题,已不仅是少数思想家们所必须具有的思想高度,而是整个人类都应选择的思维和实践方式,这种思维和实践方式将能有效地改善人类的心理健康状况。受社会实践水平和教育、文化发展状况等历史条件所限,人的心理自我提升和完善,在历史上虽然只有少数人能真正做到,多数人的心理状况仍束缚在他们所生活的狭小圈子之中,但是,弄清历史上有人能做到的原因,不是因为他们是超人的神,他们都是有血肉之躯的常人,不同之处是他们中有的是利他主义情感超越利己主义而自然趋向大我,但这里同样有认识上的觉悟;有的是因为还能够同时用显微镜和望远镜两个视角来认识世界上万事万物的整体性联系和过程性转化,从而能够突破传统观念、分类知识、僵化概念、好恶判断的局限,突破利己主义的"小我"束缚,使心理和认识得以在广博无碍的知识融汇和宽阔无私的胸襟敞开中向"大我"提升和完善,这两者对今天的大多数人都具有导向性意义。我们今天尤其需要有这种导向,这既是由

---

① 参见[英]西奥多·泽丁尔:《情感的历史》,第240—245页。

于今天的人类实践已紧迫地提出了全球性的人与人、人与社会和人与自然的关系变革的需求,也是由于今天的教育普及、科学发展和全球文化交流已为我们提供了更为先进的显微镜和望远镜;还是由于这种显微镜和望远镜是今天所有的人减轻甚至避免心理疾患折磨,实现心理自我提升和完善的正确途径。今天的社会需求和心理需求都呼唤亿万人民拿起这个显微镜和望远镜,毫无疑问,亿万人民心理的自我提升必将推动全球性社会变革的加速到来。

十四

市场祸福

从15世纪末到20世纪中叶,世界经历了欧洲殖民主义向全球扩张、建立世界资本主义体系和殖民体系土崩瓦解的巨变。恶行累累的资本主义几经生死蜕变,创建了今天这个覆盖全球的市场经济体系。现代经济高速的巨大的发展被认为是人类最引以为自豪的成就,这种成就是在市场机制基础上创造出来的,之所以引以为自豪,是因为今天的一代人所经历的发展变化,超过了人类以往历史的全部时代,今天有数以十亿计的人过着比以往的帝王更富裕的生活,而且层出不穷的创新和自由竞争使其他人也抱有致富的希望。就此而言,一切似乎都趋向美好,但如果进一步拓展视野,所有这些美好引导人类奔向的最终目标却似乎是它的反面:全球性灾难!

(一)市场功绩

要理解市场的好处,最好是反过来思考:如果没有市场,现在应是怎样?这种思考不需要有太多假设和想象,因为有仍然残存的采猎部落和封闭的农业群体案例可供参考。

本书前面所提到的一些尚残存的采猎部落虽然处在边缘化的土地上,但他们人口密度低,生存状态仍可认为是营养丰富、闲暇安逸、平等互爱、身心轻松、与自然和谐,他们不是不知道外面的世界很精彩,但大多却拒绝融入现代社会,因为他们认为这种社会人际关系太复杂,生活节奏太紧张,贫富差距太悬殊,利益争斗太激烈,其繁华的背后是人性的异化。同样,现代人也很少有人愿意选择他们的生活方式,因为与已适应的丰富多彩的大千世界相比,局限于狭小生态系统中的人类小群体,其物质生活和精神生活都难以满足"文明人"多样化的欲望和对外部世界的好奇心。就社会而言,当然就更不可能选择采猎生存方式,因为原生自然生态系统已基本丧失,即使能够恢复,也无法养活现代巨量的人口。

至于定居下来的封闭的农耕群体,其生产力虽有提高,但生存状况则更糟。1526年欧洲人发现新几内亚,1852年荷兰传教士到此定居,1884年欧洲殖民政府成立,但他们从不知道崇山峻岭之中还有土著人。这里的沿海低地是沼泽,内陆是连绵陡峭的山峰,森林密布,英国一支探险队于1910年1月4日登岛,向内陆160公里外的山峰前进,至1912年2月12日的13个多月中只穿越了72公里,因举步太过艰难被迫中途而返。到1930年5月26日,两位澳洲探矿人为了寻找金矿,翻过东部的俾斯麦山脉的一座山脊,发现后面是个山谷,晚上朝谷中望去,惊异地看到无数火光闪烁——土著人的灶火,一个拥有几千人的农耕部落才为外界所知。1938年6月23日,雅柏驾机在西部飞行,第一次发现大河谷中有着地貌平整、整齐划分的田地,田地四周的沟渠及散落的小屋,这里居住着被称为丹尼人的农耕土著。这些与世隔绝的土著人的生存状况如何呢?没有详细的研究报告,只知道他们从不远足,不知山外有人,更不知白人已在山外海岸边活动了几百年,1930年的探矿人与土著接触时,吓坏了土著人,他们把白人当成是返回人间的阴魂,后来把白人埋下的粪便挖出来检视,并派吓坏了的女孩去伺候闯入者,发现白人会大便,与他们一样,是人。他们也不近交,即使是紧邻的村落相互间也基本上是"老死不相往来",跨越边界要征得同意,擅闯者有杀身之祸。狭小空间的封闭隔离,使新几内亚有1000多个这样的土著和语言,每个土著千人左右,生活在方圆约30公里的范围内,文化习俗的歧异很大,如食人、多妻、同性恋、全裸、毁坏身体、夸张式的招摇阴茎与睾丸、烦琐的性规矩、放任孩子、严厉惩罚孩子等等各不相同,并还有一些各不相同的遗传缺陷和风土病,包括很高比例的苦鲁症(吃尸体而患下的一种慢性滤过性病毒造成的疾病)、麻风病、聋哑人、没有阴茎的男性、早衰症、晚熟人等等①。这种情况表明,狭小而又封闭环

---

① 参见[美]杰拉德·戴蒙德:《第三种猩猩》,第236—244页。

境中的农耕群体的生存状况并不像"桃花源"那样美好,它甚至不利于人类的生存,新几内亚农耕土著的人口密度高,可食的野生植物本就很少,没有大型动物,靠野生食物无以维生,而种植的植物种类则更少,主要是一种有怪味的西米椰。

在没有地理阻隔的平原地区,不同的农业群体之间进行交往和交换是不可避免的。人类几百万年的全球性迁移过程,对自身生理和心理进化有着极重大的意义,这一过程使人类在进化历史上曾尝遍百味,见多识广,这既在人的生理和心理上形成了对多样性、丰富性的依赖,也形成了改变现状、探奇求新的欲望。当人口不断增长带来人类各群体自由迁移的空间不断缩小,最终被迫在某个狭小的生态系统中定居下来后,由于定居地所获得的生活资料种类受到所在生态系统的局限,不能满足群体多样化的欲求,即使种养的种类不局限于所在生态系统,有外来驯化物种的引进,仍然会受到所在生态系统地形、水土、气候不同的限制,多样化欲求的满足仍然很有限,相邻群体间的互通有无的物物交换也就必然会发生。

由于种养提高了单位面积的食物产出率,从而使可交换的产品数量增多;交换带来了不同群体间的信息交流,虽然受古代交通运输条件所限,最早的直接交换只是发生在相邻群体之间,但群体与群体相邻的链条可以一个接一个地延伸得很远,这会形成"蝴蝶效应":相距遥远的地区产品会通过交换网链相互传递,近邻间的直接交换会获得遥远外部世界的信息,从而会刺激对更远外部世界的好奇和对其产品的需求,进而推动着交换半径的不断延长,最终,世界贸易网络被殖民主义战争全面打通。这里撇开世界贸易网络打通的手段,只看市场对推动人类社会变化和发展的巨大力量。这主要表现在以下方面:

一是市场增进了效用的满足和效率的提高。山区的农人有多余的兽皮和很多用不上的木材,但却缺少粮食,其平原的邻居有多余的粮食,却缺少做衣服的兽皮和建造房屋、用具及烧饭取暖的木材,二者都以所余之物相互交换,双方转让的都是对自己而言是多余的没有消费价值的东西,但交换之后,双方的需求欲望都得到了满足。从这种最简单的交换中,我们可以认清交换的本质。正如新古典经济学三大奠基人之一的奥地利经济学家卡尔·门格尔所说,一般而言,人类从事经济活动,都遵循着尽可能更好地满足其欲望的原则,如果甲认为自己所有的某一财货的一定量对他的价值,较之乙所有的另一财货的一定量对他(甲)的价值为小,而乙的评价则相反,两者将上述财货进行交换,则双方都认为自己获得了欲望更好更完全的满足(或都赚钱了)。使用价值互通有无的物物交换的局限性很大,因为各人的有余和不足及对其评价并不一定恰好相反,而且恰好相反的甲与乙如果没有机会相遇也无从交换,克服这个障碍需要一个辅助工具,这个工具就是"货币",最初的货币是某种在当时当地最为一般人所接受、最能与其他任何商品相交换的商品,将较小销售力的商品与这种较大销售力的商品相交换,然后再在市场上找到有自己所需商品的所有者,用较大销售力的商品与较小销售力的商品相交换,他就能较容易达到获得所需财货的目的[①]。货币的出现,为交换的发展铺平了道路。所有进行交换的人,其目的都是要满足自己的需要,但交换的结果却是使所有的当事人都满足了自己的需要,自己需要的满足与他人需要的满足从而整个社会利益的增进通过交换而得以统一和实现。

交换刺激了社会分工的发展,分工的发展大大提高了生产效率,亚当·斯密以制造扣针为例,说由于分工,平均一个小厂工人一天能成针4800枚,如果独立地干,无论是谁如何竭力工作,一天都制造不出20枚,甚至1枚也制造不出来。他认为分工能大大提高生产效率的原因有三:第一,终生从事某一单纯的操作,能大大增进劳动者的熟练程度,其准确和速度可达到难以想象的程度;第二,如果一个人一会儿干这一会儿干那,不断地转换工作,会浪费很多时间,且很难集中精力,其工作效率会大大降低;第三,分工使劳动简化并使人的注意力集中于单一事物上,只要工作还有改进的余地,劳动者就会发现一些更好的方法来完成工作,一些分工最细密的各种制造业中的许多机械原是普通工人的发明。在一个政治修明的社会里,由于分工使各劳动者生产的产量大增,都能以自身生产的大量产物,换得其他劳动者生产的大量产物,于是造成普及到最下层人民的普遍富裕。

分工的程度受交换能力的制约,一个小村落由于市场太小,容纳不了一

[①] 参见秋风编:《市场二十讲》,天津人民出版社,2008年版第98—106页。

个屠户、裁缝、木匠、铁匠、泥水匠、搬运工、烙面包师、酿酒人,这些事都是农人兼做。因而,发展分工需要开拓大的市场,由于水运的成本低,所以在水运便利的地方,工艺、产业、商贸和城市也发展得最早最快①。大城市的出现和大市场的开拓会带动周边内陆地区分工的发展,同时,先富的效应也会刺激内陆分工的主动跟进,于是,改善内陆交通、改进运输工具及相关的科技研发就有了强大的动力,这一过程推动着国内市场和世界市场的建立。

如何认识自我利益与社会利益的关系,在人类历史上曾是长期争论不休的难题,人们始终未能摆脱二者矛盾冲突的束缚,斯密确认人的自私性,指出一些人雇用千百人为自己劳动的唯一目的只是为了满足自己的贪欲,但一只看不见的手在引导他们不知不觉地增进社会的利益,他还通过分工、交换、竞争对效率、个人利益和社会利益的增进进行论证,为破解这一难题提供一个答案,这是斯密的一大贡献。所有的人都要从外界取得多样化的生存资料才能身心健康地生存,因而,是生存的本能使人具有多样性的欲求,这种欲求的具体内容与各人的生存状况相关,从而也只有各人自己才能清楚地意识到。在这个意义上说,人都有利己之心,这也就是斯密所说的:"自私实乃人之天性,况且每个人也是自身事务的最恰当的管理者。"②承认这一点非常重要,因为只有在这一共识的基础上,我们才能客观、公正地对待个体的正当的自利行为,放弃绝对的利他主义幻想。因为如果一个人一辈子只是无偿地为别人付出而自己毫无所取,他就不能存活。同时,任何人又都不能孤立地凭个人所能从外界获得身心健康所需的多样性的生存资料,要获得这些生存资料,他须臾也离不开人类的相互协助。但协助不是索取、恩赐,任何人都不可能一辈子靠索取、恩赐过上好日子,这些只能偶一为之,如果成为普遍的社会常态,整个人类社会就不可能存在下去,因而,绝对的利己主义也不能为社会所容。所有经济主体从利己的欲求出发,通过交换而达到所有经济主体的利己欲求满足,以利己的目的进行交换而同时又满足了利他,从而不知不觉中促进了社会整体利益的增加,这就是市场机制既具有微观经济自我激励的不

---

① 参见秋风编:《市场二十讲》,天津人民出版社,2008年版第35~44页。
② [英]亚当·斯密:《道德情操论》,何丽君编译,北京出版社2008年版,第34页。

竭动力,又具有宏观经济自我平衡的调节能力的奥秘。这比离开市场交换去要求人们利他或用强制手段去限制利己能更有效、更持久地实现社会利益增进,因为它实现了利己与利他、个人利益与社会利益的相互兼容、统一,而不是相互否定、对立。

二是市场推动了社会自由、平等的进步。人类自进入农业社会后,自由平等的原始共同体便逐渐被阶级分化、等级森严的社会结构所替代,土地等自然资源被控制在社会中上层的少数人手中,广大底层的劳动者不仅丧失了生产资料,而且丧失了人身自由,成了人身依附性劳工和被强制性劳工。但是,人类在几百万年的采猎生存方式进化中所形成的自由天性并不会因此而泯灭,被压迫的社会底层为争取自由、解放,而进行各种形式的反抗斗争,甚至为此而不惜流血牺牲、前仆后继。从被压迫者发出"生命诚可贵,爱情价更高,若为自由故,两者皆可抛"、"不自由,毋宁死"的呐喊声中,足以使人领悟到自由在人类天性中具有何等重要的价值。由此也就不难理解为什么历史上的所有强权暴政都注定没有效率、危机四伏、必然灭亡的道理,也就不难理解马克思提出人的自由而全面发展命题的伟大历史意义。如果说自由是发展的手段,那也全在于它是发展的目的,是符合人类天性的发展,市场经济的优势不仅在于它的效率,能够快速推进经济增长和生活水准提高,而且还在于自由原则在经济学中的应用,即使资本主义只是以形式的自由,取代前资本主义的真实的不自由,即用自由的劳动契约和自由的人身迁移取代人身依附的奴役性劳动,也是历史性的重大进步。

印度经济学家阿玛蒂亚·森(1998年诺贝尔经济学奖得主)认为,自由是一个远比经济学领域广阔的原则,他以美国南部奴隶制废除为例来说明自由的重要性:当奴隶获得自由后,很多庄园主试图用向这些自由人提供超过他们当奴隶时所得百分之百的工资,来重组他们的作业组,但结果都是失败的,他们发现,只要他们被剥夺了行使暴力的权力,即使付给额外的报酬也不可能维持原来的作业组制度①。较高的经济收入对改善人的生存状况是重要的,但人并不只是一个简单的"经济人",生存状况也不只是一个简单的经济

---

① 参见 秋风编:《市场二十讲》,天津人民出版社2008年版,第283页。

状况。自由是人的生存状况的重要内容，一个人如果失去了自由，也就失去了人的尊严。对一个人的最严厉的惩罚，除了杀死他之外，就是剥夺他的自由——监禁。为什么早期工厂把人当成机器一样管理的模式会转向现代的人性化管理？为什么今天的一些就业者在对收入较高但管理机械刻板与收入较低但有一定自由度的企业进行选择时，倾向于后者而不是前者？工作中的自由是理解其中原因的关键。

市场还推进了平等的进步。在市场中进行交换的买卖双方，都是平等、自由的主体，他们经讨价还价而成交的价格，是双方自愿接受的价格，因而是公平的。虽然在现实生活中大量地存在商人引诱消费者购买其品质性能与其夸张宣传不符、价格虚高于成本的商品，而消费者因无法知情而被骗购买；或有些经济困难者需钱救急而又借贷无门，被迫以极低的价格向商人贱卖房产珠宝之类的现象，这样的买卖关系就实质而言显然是不平等、不公平的，因为平等必须有买卖双方信息对称，公平必须有"你想人家怎样对你，你也要怎样待人"的"黄金定律"作基础，而这两者在分工高度复杂化和利己最大化的社会中是稀缺的。因而，这种平等和公平往往是形式上的，但在理论上，一个充分竞争的市场倾向于能够清除这些负面因素。企业家在组织生产过程中的管理和决策，形式上类似于独裁者，但一个充分竞争的市场倾向于使这一职能成为基本上是一种严格的控制成本的程序化运作，而且在生产过程之外的前期购买阶段，他是市场中的众多买家之一，在后期的产品销售和服务阶段，他又是市场中的众多卖家之一，因而企业主及其员工的收入始终受着市场竞争机制的制约，在一个充分竞争而非垄断的市场中，企业主仍然只是市场交换关系中一个自由、平等的主体，他们没有强制别人买卖的特权。

相对于奴隶制、封建制社会中森严的贵贱等级、特权强制、人身依附关系而言，市场经济发达的社会在人的自由、平等、民主方面取得了历史性的进步。这种进步不是出自统治阶级或任何个人的主观善意，而是市场交换关系发展到一定程度的必然产物。在几千年的奴隶制、封建制社会中反压迫、反专制的斗争之所以结不出自由平等的果实，在今天市场经济欠发达的社会中，从外部输入自由、平等、民主体制之所以难以奏效甚至事与愿违，其原因就在于：是经济基础决定上层建筑而不是相反。

三是市场刺激了加速创新。在自给自足的经济时代,生产的目的是满足自身的消费需求,市场交换处于人们生产生活的次要补充地位,交换虽然会在一定程度上影响人们生产生活的改善,但不会影响其基本的结构和稳定,对其基本生存状况没有实质性的压力,生产者致力于小而全的生产以基本满足自身的消费需求,并不太关注外部世界的变化,他们的足迹很少超出邻近的墟镇,因而几千年来社会变化缓慢。今天的社会变化日新月异,并不是今天的人类突然进化出了远比过去发达的头脑,也不是知识积累的自然必然性结果,而是市场交换从过去社会边缘化的活动,变成了今天社会旋转的中心,它将整个社会带进了快速的变化之中。今天的社会分工已使生产的目的不再是满足自身的消费,而是用于市场交换并通过交换赚取利润。生产者必须通过市场顺畅地卖出自己的产品,才能获得生产生活所需的资料和利润,离开了市场交换,人们的生产生活就会完全陷于停顿。生存的压力使市场交换变成了一个巨大的竞技场,它牵动着社会所有的生产活动,生产者为在激烈的市场竞争中卖出产品、获得利润,就必须不遗余力地在降低成本、提高产出、增加收益上下工夫。为此需要正确地把握市场信息,不断地改进生产工艺、技术、流程、企业组织和管理,不断地开发新产品、新市场,不断地发现新需求和创造新需求,从而又带动着教育内容、科技研发、服务方式和社会组织机构等等的不断变化更新。这个过程有力地刺激了创新潜力的挖掘,从而打开了过去被封闭的智慧之门,使知识加速增长、迅猛积累,创新层出不穷地涌现出来。

英国经济学家弗里德里希·冯·哈耶克(1974年诺贝尔经济学奖得主)深刻地分析了"竞争就像科学实验一样,首先是一种发现过程"的道理,无论是在经济领域之内还是之外,无论是在考场、赛场还是市场上,竞争虽然未必能显示每个人的真实水平,但能提供促使人们做得比次优者更好的激励。当次优者对较优者紧追不舍而较优者又不知道自己的优势究竟有多大时,较优者只有竭尽全力才能领先,竞争之所以是一个发现过程,是因为不能预测它的结果。竞争必须以生产者的自我利益为基础,只有通过对自我利益的追求,才能驱使并激励他们去采取只有他们自己才能确定其结果的行动。促使人们改进生产方式的激励因素,在于谁先改进生产方式,谁就将因此而挣得某种暂时的利润。生产之所以能取得如此多的改进,实乃每个人都在努力追求只有处于领先地位时才能挣的那种利润,成功者也正是从这种利润中获得进一步改进生产技术的资本[①]。

市场之福当然还可以继续列举,但仅以上三个方面就已经表明,目前还没有发现或想出任何机制能有效地替代它。只要我们不能否定人有追求自利、自由、平等的基本欲望(至于这种欲望是人类生物进化还是文化进化的产物,都可以置而不论),而且通过满足个人的这种欲望来使最大多数的人成为主动的财富创造者,并由此而达到社会利益的增进,这种机制就是人类必然会选择的机制。这就是为什么批判资本主义的人到处都有,批判市场的人却少之又少的原因。但是,市场不是人类福祉的全能主宰,而是与任何事物一样都具有两重性。

(二)市场之祸

所有的生物都有外部性,因为所有生物在生命的代谢过程中,都必须同外界发生物质和能量的交换活动。但在自然体系中,这种交换活动是构成生物界和生物圈中物质循环、能量流动过程的环节,它使万物形成既相互独立竞争、又相互依存协同的生态动态平衡,因而这种外部性可以称之为正外部性。有正外部性就必有负外部性,但在自然体系中,生物与外界进行物质、能量交换活动的负外部性,受到自然界的万物相互制约、生态动态平衡规律的有效调节。例如,当某种生物在温湿适宜、食物丰富、天敌不足时,其种群数量可能会出现爆发性增长,从而会使它们以之为食的生物种群数量被严重耗减,这就会反过来使其自身种群数量因食物严重短缺而被饥饿疾病所严重耗减,生态在动态中仍会回归平衡。

人类在几百万年进化过程的绝大部分时间中,与外界所进行的物质能量交换活动,即其生存物质获取和废弃物排放的代谢活动,与其他大型哺乳动物的生存方式没有本质上的差别,即使是后来火和简单工具的使用也没有扰

[①] 参见 秋风编:《市场二十讲》,第 165—170 页。

乱生物界的物质循环和生态整体平衡。农业文明诞生后,人类从流动性生存方式转向定居,各个不同群体所处的生态系统虽然自然资源有限,但其基本的生存方式仍是自给自足。而自给自足的生存方式只能建立在生物多样性和生态平衡的自然基础之上,没有这个基础就没有自给自足。因而,要可持续生存,就必须维护好这个基础。为此,他们必须关心和维护人与自然的和谐,必须重视控制人口、节用财物、维护栖息地的生态平衡,虽然小群体完全封闭的自给自足生产方式不可能满足其多样化的需求,相邻群体间各自以有余交换不足来满足多样化需求的经济活动必然会发生,但这时的人类经济活动的外部性仍受到自然生态系统自平衡机制的制约。

只有当自给自足的经济被以交换为目的市场经济取代后,本地生态系统能否为生活于其中的人类提供可持续的自给自足的资源环境支撑才不会为人们所关心。他们所重视的只是某种在当前市场交换中具有比较优势的资源,因为只有这种资源才有较大的当前市场需求并带来较大的当前收益。对当前比较收益的选择,使得以牺牲生物多样性和产业多样性为代价,去区域化、规模化、单一化地发展某种当前具有比较优势的产业势不可免。人们不必担心本地的生态系统是否完整和可持续,因为只要你拥有某种在当前具有比较优势的资源,就能凭此在市场中以较高的价格卖出而获得较多的货币收入,从而就有能力在市场中买到你所需的一切;也不必担心资源是否会枯竭,因为科技创新已使资源替代不断涌现。你应担心的反而可能是新的替代资源出现后,你原有的资源被贬值甚至淘汰,因而会为你没有抓住它的"黄金利用期"加快耗竭它而惋惜;更不必担心人口是否超出了本地生态系统的承载力,因为人口已从被土地的束缚中解放出来而可以自由流动,更何况人口越多市场需求也越大,越有利于分工和市场的发展。于是,所有人类群体都摆脱了所在生态系统的束缚,为了各自利益的最大化而加速资源的耗竭过程,耗竭了森林有草地,耗竭了草地有耕地,耗竭了耕地有矿产,耗竭了矿产有替代材料……科技创新是不竭的资源,人类害怕的似乎不再是传统意义上的短缺,而是自身的创新动力不足,而市场竞争机制则又提供了这种动力的不竭源泉。人类还害怕什么?人类似乎已无所顾忌!

上述这一切,在市场经济看来似乎都是合理的,但其结果则是我们现在所看到的：人口大爆炸、物种大灭绝、自然生态系统全球性逆向演替！这是为什么？这是因为市场已大大越界！由于人类无视市场合理性存在的条件，在正当自利的追求中越界出线，走向了贪婪的无限膨胀，把地球上的一切都当成满足自己无限贪欲的"资源库"或排放废弃物的"垃圾箱"，而全然不顾地球自然生态系统完整和可持续的健全性是人类生存和进化的基础。所谓全然不顾，并不是说没有人能认识到其危险性，而是说没有人有能力能抗拒其进程。因为今天的所有人都依赖于市场而生存，无论你是自愿还是不自愿，你都置身于市场越界的洪流之中。

市场的界限是什么？所有的事物都有其存在的条件，即使人类处于地球生物金字塔的顶端，其生存安全也完全取决于而不能超越于这个金字塔的安全。这个金字塔的基础是由近40亿年生物进化所形成的生物多样性及与其协同进化的环境所构成的，人类消耗生物资源只能以消耗其增量为极限，如果超越这个界限而耗竭其存量，造成物种大灭绝，不仅带来人类可利用的生物资源枯竭，而且带来生态系统结构及其环境的剧变，从而带来人类赖以生存的生物金字塔基础衰败甚至崩溃；同样，人类消耗非再生的矿物资源，必须以最小化、循环化和无害化为界限，超出这个界限，非再生资源枯竭和环境污染将不仅威胁人类文明的可持续发展，而且将人类和所有生物的生存置于风险莫测的巨大威胁之中。上述界限就是市场的自然界限。

市场为什么会越界？市场越界首先是由于没有设置市场的自然界限。如前所述，分工、交换、市场的全球化使所有人类群体不再顾忌本地自然生态系统的完整性和可持续性，即使市场交换在实现交换者个人利益最大化的同时能增进所有交换方的整体利益，但参与交换的只有人类，所有非人类生物及非生物不仅都无法作为主体同人类进行自由、平等的交换以增进自身的利益，而且是人类为实现自身利益最大化而进行交换的对象，人口的数量越多，消费和贪求的胃口越大，它们的损耗也就越大。市场不仅越出自然之界，而且也越出社会之界，因为市场交换只有在同时存在的人之间才有可能发生，尚未出生的后代人无法作为主体同当代人进行交换，因而，当代人为实现自身利益最大化而耗竭资源、破坏环境必然要以后代人的利益最小化为代价。

不仅如此，市场越界还会在当代人之间发生，美国经济学教科书对理想的自由市场赖以存在的条件有如下主要假定：

(1)所有参与者已对未来了如指掌；(2)存在着完美的竞争；(3)价格绝对准确,且是最新的；(4)价格标签完整地、无例外地反映了社会的所有成本；(5)销售和购买都没有垄断；(6)单笔交易不能垄断操纵市场；(7)没有一种资源是未被利用或未被充分利用；(8)没有任何物品不能立即购买或出售；(9)任何交易可在没有"摩擦"的情况下进行(没有交易成本)；(10)所有交易都是瞬时进行；(11)不存在补贴或失真；(12)进入或退出市场不受任何阻碍；(13)没有任何规章；(14)没有任何税收,即使有也不会以任何形式歪曲资源的分配；(15)全部投资是完全可分割和可替代的,它们可用相当统一或标准的数量进行交易和交换；(16)在适当的风险调节利率下,任何人都可获得无限的资本；(17)每个人的积极性都无例外地是充分利用个人的"效能",通常以财富或收入进行计算。①

在现实生活中,这些假定条件没有一个是可以满足的,它们都不过是对理想市场的幻想而已。由于交换者所拥有的资源不对称、所处的社会环境不对称和所掌握的相关信息不对称等等,使得市场交换中的自由、平等都只是形式上的,而不是实质上的。例如,所有除了自己的劳动力外没有其他资源可以谋生的人,其自由就是可以自由地选择饿死或接受苛刻的就业条件；所有因某种不利因素而无法经营的人,其自由就是可以自由地选择贱卖资产以清偿债务或逃债而冒被追捕的风险；所有不知道商品的真实成本和性能的消费者,其自由就是可以自由选择信与不信商品的广告宣传以决定买与不买。因而,对自由、平等的无形侵犯、越界无处不在,虽然每个人都在奋力追求私利的最大化,但结果仍然是社会不断地趋向两极分化,市场这只"看不见的手"在这里所显示的"仁慈"是两极的相互依赖,即贫穷的一极依赖于富裕的一极多多投资以增加就业,富裕的一极依赖于贫穷的一极接受贫穷以降低成本,增加利润。

没有利润,就不会有投资活动。投资是跟着利润转,随着投资回报率的

---

① Paul Hawken. Amory Lovins. L·Hunter Lorins:《自然资本论:关于下一次工业革命》,王乃粒等译。上海科学普及出版社,2000年,第313—314页。

高低而起落的,这是投资活动的基本规律。在这里,主动的一方始终是投资者。投资者寻求的是利润最大化的空间,政府为增加社会就业和财政收入,就需要吸引投资,给投资者以有吸引力的获利空间;劳动者要实现就业和避免失业,就要接受投资者的各种苛刻条件。二者的叠加效应就是社会趋向两极分化成为必然。虽然市场竞争机制和国家财税机制都会对企业和社会的收入分配发挥调节作用,虽然投资经营活动也会有无数的失败,但是,所有这些都不会改变投资活动的基本规律,否则一切投资活动都会停止。

政府实现社会公平的作用是有限的,因为懂得并主导投资经营活动的只有投资经营者,政府和雇员的监督都是粗浅的,这既是"不能也",也是"不为也",否则就会陷于"水至清则无鱼,人至察则无徒"的窘境。地区间、国家间的经济竞争总是会使政府向投资者让利;劳动者的就业竞争总是会向雇主让步;跨国公司的垄断性经营,有的是排斥竞争、垄断价格、转移利润的策略;世界经济发展的无数不平衡,也总是使得投资者到处都能找到回报率高的投资转移空间,以逃避监督及纳税、增资、环保的要求,其结果是国家和全球财富越来越多地向少数跨国公司和富人集中。瑞士苏黎世联邦技术学校的专家,通过对网罗了全球 3700 万家公司及投资者名录的 Orbis 2007 数据库中挑选 43060 家跨国公司的数据进行缜密分析,发现一个由 1318 家股权关联的公司组成的核心,他们通过自己的附属公司,掌握了全球大多数"蓝筹股"以及实体企业,占到全球收入的近 60%,其中 147 家公司控制着 40% 的全球跨国公司资产。参与研究的瑞士学者詹姆斯·格拉特费尔德说:"就实质而言,这相当于不到 1% 的公司控制着整个网络四成的财富"[①]。

因而,我们在现实生活中到处所看到的普遍现象是:绝大多数国家的两极分化在加剧,富者愈富,贫者恒贫。因大多数人贫穷而造成的国内市场需求严重不足的压力,会导致国内供大于求的商品价格下降和国际市场竞争的加剧,却不会迫使企业主增加用工和提高劳动力价格以振兴社会需求。虽然企业的一次分配对社会需求有决定性影响,但这里的企业是所有企业的集合,而所有单个企业总是固守着自己的利润空间,资本逐利最大化的本能使

---

① "147 家跨国公司掌控全球半数财富",新华社《参考消息》2011 年 10 月 22 日。

得企业主越是在这种情况下越是会裁减用工和压低在业者的工资,从而将更多的人抛向失业队伍,使需求不足更加雪上加霜,直至市场大幅萎缩、企业经营无以为继而寻求破产保护,经济在失业潮、破产潮的叠加冲击下迅速滑向衰退和萧条,整个社会陷入风雨飘摇之中,于是国家对市场的大举介入即所谓"救市"就势不可免。

国家的金融宽紧政策和财税的二次分配虽然对社会需求有重大影响,但国家不是救世主,它对经济危机的干预能力有限。经济危机最根本的原因是广大中低收入者贫困化,国家不可能向广大穷人直接发钱去提振社会需求,它所能做的是放宽信贷政策,拯救那些"大到不能倒"银行和公司,以避免经济网链出现全面的、灾难性的断裂,这里所救的是富人而不是穷人;国家用举债兴办公共工程和减税刺激恢复生产等办法,去遏制失业潮、破产潮的蔓延,这对稳定社会秩序有积极意义,但对提振社会需求作用有限,因为它不能从根本上改变广大中低收入者的贫困化状况,它只是对危急的病人进行输氧、打强心针,以免其休克而已。因而,国家干预危机只是缓解危机的爆发性冲击,而不能消除危机产生的根源,国家干预危机不过是扬汤止沸而不是釜底抽薪,而且扬汤止沸的能力也有限,因为国家举债要靠增税减支来偿还,今天提振社会需求的手段,很快就会变成明天削减社会需求的压力,举债失控只会使整个经济和社会陷入货币大幅贬值的浩劫之中,寅吃卯粮,过得了一时过不了一世。

富人太富和穷人太穷的深层矛盾没有得到解决,经济财富高地泛滥的金钱被阻断了向干涸低地的流动,就会不可遏制地越界向社会几乎所有的领域侵入,冲击道德、信仰、制度、法纪,吞噬自由、平等、公平、正义、环境和未来。人们曾理性地认为,市场交换只是经济领域的关系,经济只是社会的一个子系统,而社会又只是自然生态的一个子系统。但我们的现实情况是,市场越界侵入到了同层次的其他子系统乃至颠倒了母子系统的关系。为防止市场过度越界,各国纷纷修筑道德、信仰、制度和法律的重重拦堵堤坝,但是,两极分化的巨大落差所形成的"势能"和以自利贪欲为动力、以货币为媒介的市场交换关系,几乎总是能千变万化、轻而易举地穿透屏障,越出人们所设想的经济领域界限,或者说它把经济之外人类活动所涉及的几乎所有领域都泛经济化了。金钱关系侵入到上层建筑权力系统,导致权钱交换、公权私用、公平正义失落、自由平等异化、政策向少数富人倾斜;金钱关系侵入到爱情、家庭、友谊的情感领域,导致人类情感关系的变异和人伦悲剧;金钱颠倒经济与社会的关系,使社会的几乎所有领域都屈从于以金钱作价的冰冷的成本收益考量;颠倒经济与自然生态关系,使自然生态系统成了向经济系统输入资源和输出废物的子系统,如此等等。总之,包括人类的生命及其一切活动的选择都被量化成金钱多少的比较,如果致死一个人的成本小于致伤一个人的成本,那就选择致死;如果犯罪的收益大于风险,那就选择犯罪;如果人工系统替代自然系统所获得的金钱更多,那就选择替代。

自20多年前苏东体系解体后,世界上就很少有人敢说市场的"不"字了,自由主义经济学为制造自由市场万能的神话,把市场经济中出现的问题都归罪于国家对市场的干预,而主张一切私有化、市场化。国家干预会使市场机制扭曲,但既然理想的市场条件不存在于现实之中,现实中的市场机制也就不可能达致理想,把市场出的问题统统都怪罪国家干预当然轻松省事,但要使自由主义经济学的理想市场"万能"却困难无比。仅就私有化而言,它不仅在性质上是对地球生命体整体性的肢解,而且在事实上也做不到,你至少无法分割大气、海洋和万物的普遍性、整体性联系,无法使大气、海洋不流动,野生动物不迁徙,微生物不繁殖,物质不循环,能量不转换而界限分明地切割成这是你的,那是我的。幸好你做不到,才使得地球生命体没有因人类私有化的肢解而死去,也使人类自身能够在地球生命普遍性、整体性的无偿生态服务中继续存活下来(虽然这种服务质量已因人类污染和破坏而日趋恶化)。不仅如此,你也难以使一切人工产品都私有化。举一个最简单的例子,要私人提供道路从而使其私有化,那就得对所有在道路上行走的人进行收费,所有的道路就都得封闭管理,城市街道就要设立无数的收费口,不仅行人上街的成本将极为高昂和极其不便,市场又如何会因此而繁荣、完善呢?农村的道路行人稀少,如果要盈利提供,高昂的通行费将使它变成"无人路",如果亏本提供,又有哪个私人愿意去提供呢?即使有人提供那也违背了市场机制,市场又如何能够因此而得以更繁荣、完善呢?要确保自由、平等的交换,就必须有公正的交换游戏规则,并被所有交换主体无欺地遵循,这种游戏规则如果由私人提供,那不仅又得要到处收费,而且还得要有权监督各交换主体遵循规则,一个平等竞争的经济主体有这种权力吗?因而,并不是一切私有化和放任市场就万事大吉,任何干预都一定不好,如果没有任何干预,毒品市场、武器市场、性市场、人口市场、人体器官市场、基因市场、珍稀动植物市场等等的繁荣昌盛好不好呢?早在一两百年前,怀特、梭罗等自然博物学家就把自然生态系统称为伟大的"自然的经济体系",认为人类的经济体系与之相比是"多么的片面并带有偶然性"(梭罗),但自由主义经济学却把这种非常片面的东西当成万能的法宝,要听任这个宝贝不受限制地去吞噬、替代伟大的"自然的经济体系"。

(三)祸福之因

上述市场之祸已为新古典经济学家们所部分地注意到了,这就是他们所说自由市场机制的外部性问题。马歇尔首先引入外部性概念进行经济分析,提出了商人们没有支付市场外部的成本上升而获得分离的那种利益(Marshaoo,1890)。庇古认为外部性不仅包含利益好处,也包含成本花费,他给出了许多造成总成本和总效益之间出现鸿沟的外部性实例(Pigou, 1920, 1935)。卡普分析了来自生产过程而被传递到外部的成本,预言经济增长对环境具有深远的逆向后果(Kapp,1950)。巴特尔认为外部性是市场失灵的表现,其大规模出现的原因,是在某些经济活动区域未定义出产权(Bator, 1958)。布坎南和斯塔布尔宾认为外部效应打破了经济学中资源最适宜配置的条件(Buehanan and Stubblebine,1962)。20世纪最负盛名的美国经济学家加尔布雷斯认为新古典经济学家对外部性的重要性认识不够,既然增长是现代资本主义的主要目标,对环境的破坏就完全是预料中之事,增长愈猛,废物量愈大,"财富愈多,肮脏愈重",新形式的污染和公害,通常是人为制造的,他提出并分析了应对这一问题的三个药方:一是限制失去控制的增长,这是最有效的方法,但不会被选择;二是外部性问题内部化,他不相信这个方法有意义,"不存在任何良方,让那些在公共场所吸烟的人,为那些不吸烟人的不舒适付费。最终,人们禁止吸烟。由于地上人们对噪音的不满,要确定对航空乘客征收的税率,是没有什么希望的。要估算超音速运输机上乘客们对下面大气的损害,不仅是令人绝望的,而且简直是荒谬透顶的。"三是用立法具体规定增长可放行的详细、明确范围,可包括禁止消费,禁止某些商品生产,废除有害技术等,私人想实现增长的目标只能与公共规划的公共目标保持协调一致,企业的替代性选择是在法定框架内的自主决定和充分自律(Galbraith,1958,1967,1974,1977)。米山认为,对环境的破坏已如此严重,以至于希望通过扩大所有权的概念将外部性效果内部化的做法不再可能,他还为美好的生活提出了一个内容表,如:良好的健康、享受自然风光、安全的意义、爱、信任、自我尊严、持有基本的道德原则、个人自由等等(Mishan,1967,1977)。科斯则认为,如果产权制度被严格制度化,并获得法律的保障,对污染等问题施行干预就没有任何必要,应将所有牵涉到的问题留给参与各方自己去解决(Coase,1960)。但科斯的设想遭到各方面批评,因为如果涉及的参与者数目较多,通过谈判缔结协议的难度和协调管理的成本会变得太高而不可行。戴尔斯、蒙哥马利认为,通过发放市场污染许可证的办法可以控制污染(Dales,1968,Montgomery,1972)①。

经济学家们对市场的可持续性问题也有大量的探讨。斯密生活在一个资源较丰富的时代,他对分工、交换、竞争将促进社会的繁荣昌盛持乐观态度。但是,汤曾德在斯密的《国富论》出版10年后即提出更多的家庭生育更多的孩子是有害的观点,并给出一个著名的生态模式:西班牙水手在一个植物丰茂的小岛上留下山羊,开始时山羊群因食物充足而迅速增长,直到越过食物供应的临界点,生存变得艰难而使弱者无法存活,最后只有强壮者存活下来,其数量与食物来源达到一个平衡。后来英国海盗在岛上捕猎山羊维持生活并以此岛作为袭击西班牙轮船的基地,为打击海盗,西班牙人在岛上投放了食羊狗,狗群开始因食物充足而迅速增长,使山羊数下降并逃到山石间幸存下来,只有体弱或大意的山羊才被狗捕食,狗数下降至与所能捕获的食物相平衡的水平。受此影响,马尔萨斯在斯密去世(1790)9年后的1798年

---

① 参阅[英]E.库拉:《环境经济思想史》,谢扬举译,上海人民出版社2007年版,第77~126页。

出版了《人口论》,对人类的未来给出了一个暗淡的前景,因为人口如不加限制将按几何级数增长,而土地的开发是有限的,并会被耗尽,食物的供应只能呈算术级数增加,到一定时候还会递减,人口增长快于食物增长将带来贫困、饥饿、疾病和死亡增加。李嘉图在其工资、利润矛盾运动的理论分析中,由于自然资源的稀缺,人口增长将达致经济停滞,在这个过程中,可能发生饥荒、战争和流行病。虽然有不少经济学家反对李嘉图的停滞论,但熊彼特认为这仍然否证不了李嘉图的理论。穆勒认为经济增长是一个暂时现象,任何增长在本质上都是不可持续也不值得向往的,只有傻瓜才会支持为了大规模的人口生存而把世界上每平方米的土地都开垦殆尽,才希求生活于被人类及其占有物弄得拥挤不堪的世界上,"我诚恳地希望,为了后代,不要等到万不得已的时候他们就能尽早对无增无减稳恒状态知足常乐"(Mill,1848)。陶格西对矿产资源未来的可获得性相对乐观,但他已预见到,由于工业化力度的加大,清洁空气有朝一日可能变得不再富裕(Taussig,1915)。霍特林则认为,非再生性资源经过一个时期后会被耗竭(Hotelling,1925)。庇古关注自然资源的耗竭和后代对自然财富拥有权利等问题,他认为,我们的远瞻官能是有缺陷的,个体完全是根据他们的非理性偏好,宁愿选择立刻能得到的小的满意度,而不选择将来可得到的更大的福利,远瞻官能的缺陷,在市场交易中暴露无遗,它对后代的伤害可能比对当代要多得多,如果公共努力总体上建立在现行市场交易的基础上,未来世界状态将会黯然失色,政府是未来人和当代人的受托人,需要受法律监督和行动,保护当代人和后代人的利益,保护本国可耗竭资源免受过早和过度开发,杜绝过度和非理性的贴现现象(Pigou,1929)①。

对未来持乐观态度的经济学家也大有人在,其主要依据是资本积累、技术进步和市场。凯恩斯认为,资本积累率和技术进步将使社会变得越来越好,一切经济问题都可以得到解决,一百年后即 2030 年时将会出现前所未有的物质富裕和自由:科学和复利已经为人类赢得自由和余暇,人类自有生以来将第一次面对如何使用他的自由,摆脱紧急的经济困扰,如何占有余暇,以

---

① 参阅[英]E. 库拉:《环境经济思想史》,第 14—94 页。

过好明智、惬意和美好的生活(Keynes,1931)。赫尔曼·卡恩认为越来越高的富裕程度和教育水平会降低人口出生率,21世纪将在约150亿的水平上稳定下来,即使用20世纪70年代的农业技术水平衡量,养活150亿人也不成问题,除矿物燃料外,其他资源耗竭的危险不用担忧,而矿物燃料的替代品会开发出来,区域性污染问题是可以控制的,发达国家只要用不多于其GDP的2%就可能消灭它,全球污染如酸雨和温室效应,只要研究清楚和充分理解,解决的办法就会见效,未来的情景是令人羡慕的(Kahn,1976)。罗伯特·索洛认为,任何一种自然资源都必定会有其替代物,因而资源不存在耗竭问题,随着科技发展而带来的经济不断增长,将消除资源耗竭的千年恐惧,"耗竭不过是偶然,不是灾难"(Solow,1974)。朱利安·西蒙认为自然资源是没有极限的,石油也不是有限的,何况"短缺"还导致发现替代产品,"有限"这个词用在自然资源上不仅不合适,而且是错误的,从历史看,成本是持续下降的,不存在利润递减"规律",人口是经济增长的动力,人口多是好事不是坏事,人口越多,市场越大,创新越多(Simon,1981,1984,1977,1989)①。

市场乐观派并未真的给人们带来乐观,凯恩斯关于资本积累率和技术进步将使社会变得越来越好,2030年时将会出现前所未有的物质富裕和自由的展望,我们今天(2012年)已可以肯定地说这是痴心妄想,卡恩、索洛、西蒙等其他乐观派的滔滔宏论最后所能带给人们的也将无一不是:乐观愈甚,失望愈大!因为他们都存在一个把有限的地球当成一个无限系统,和把一个有限经验无限外推的错误。

市场越界而导致外部性和不可持续性问题,源自于其内部固有矛盾的不可调和性。在自利动机的驱动下,所有面向市场生产经营的企业,所追求的目标都是利润最大化,适应市场需求只是实现目的的手段。为了使商品具有市场竞争力,在商品价格受竞争机制限制的条件下,要实现利润最大化,就必须使生产经营成本最小化,从而就必须使资源消耗、人力利用和社会环境成本最小化,这就带来生产经营领域的三个结果,一是减少资源在生产经营过程中的消耗成本,其途径是通过技术、工艺、组织、管理等创新降低材料消耗

---

① 参阅[英]E.库拉:《环境经济思想史》,第102—179页。

或利用替代材料;二是减少人工费用,其途径是利用人力替代新技术来减少雇员数量并迫使他们接受远低于其贡献的工资;三是设法避免或减少支付社会和环境成本,由于外部监管受监管能力和成本约束而总是有限的,可钻的空子俯拾皆是,钻空子的行为也就无孔不入。因而,外部性和非持续性是自利、竞争的市场经济与生俱来的本性,是剪不断理还乱的问题。

上述企业实现利润最大化的过程,导致财富分配的两极分化,这在消费领域又带来两个结果,一是少数高收入者过度奢侈性消费而造成资源环境的极大浪费和污染,并以虚荣性消费示范强烈地刺激着社会的攀比心理;二是多数中低收入者特别是低收入者缺乏支付能力而消费不足,从而导致市场需求不足。市场需求不足既威胁着企业主追求利润最大化目的的实现,也威胁着中低收入者增加收入和社会增加就业、政府增加财力的追求,于是扩大需求就成了社会一致的目标。由于资本的本性决定了它追求的是利润最大化而不是分配公平化,于是扩大需求就只能走对外开拓国际市场,对内通过信贷消费让中低收入者预支未来的购买力,以及国家发行债券扩大消费(如投资基础设施等)的路子,同时层出不穷地更新产品,缩短其生命周期甚至即用即弃,以刺激喜新厌旧的消费欲望和营造无所不在的"享受在今朝,付款待来年"的消费文化。只图今天发财享乐,不管明天洪水滔天,是自利性、竞争性市场机制的本性,它把一切都变成了满足资本增殖和私利最大化的工具,它只有自己没有别人,只有今天没有明天。环境无言,于是环境被当成了资源库和垃圾箱;万物无助,于是万物以史无前例的速度被灭绝;自给自足经济缺乏赢利效率,于是市场经济征服了全球;所有人只有变成资本增殖的工具才能生存,穷人缺乏支付能力,于是只好预支未来的"收入"或出卖灵魂和肉体去换取生存资料;穷国缺少资本,于是只好牺牲主权吸引外资的进入;后人还没有出生,于是后人的利益被当代人最大化地侵吞。在这样一种机制中,所有的人都根据个人现时的利益来进行选择,国家的职能是保护它的经济社会机制,经济社会的基本机制不仅套牢了所有人,同样也套牢了国家。

自然资源的提取也好,国际市场的容量也好,穷人未来的支付能力也好,国家举债消费也好,统统都是有限的,在这些限度之内,上述扩大消费的办法似乎是有效的,问题是这些办法迟早会超出它们的限度。只要其中一个超出限度,市场就会出现麻烦,一旦多个超出限度,就会陷入四顾无路的困局。当资源性产品短缺引起价格普遍高涨、中低收入者丧失偿还贷款能力而导致银行破产、国家债台高筑引起通货膨胀、进口成本大增而出口受阻时,国内和国际市场的需求全面萎缩,全球经济危机就会全面爆发。在这种情况下,继续沿用前面所说的办法去化解危机,都不过是饮鸩止渴而已。

自斯密以来二百多年间的市场经济,既是一个分工、交换、创新、生产力迅速发展的过程,也是财富向少数人和少数国家集中、争夺国外市场的暴力和非暴力竞争、市场危机不断爆发、就业与失业和供给与需求剧烈波动、全球社会动荡和变革、反危机的国家干预加强的过程。国家干预本身就是承认市场机制有局限性,但在市场经济框架中的国家干预同样也有局限性。因为这种干预虽然在规范竞争和建立保障机制方面有利于维护经济秩序和社会稳定,但它在本质上是为"扩大需求－增加生产－增殖资本"服务的,因而干预的最终结果不过是把经济蛋糕不断做大、收入差距不断扩大、国家和大多数人举债不断增多、外部性和持续性问题不断积累的过程,从一个国家推至全球的自然和社会极限。如果地球及其资源是无限的,在资本增殖欲望强烈的驱动下,虽然贫富之牌不断洗动、穷人与富人和穷国与富国的差距不断扩大,穷人穷国致富成功的几率像沙漠中的泉水一样难得一见,但竞争的残酷性会迫使人们有进无退,整个社会仍能处于需求永无满足,增长永无止境的循环之中。但是,地球及其资源是有限的,这种循环仅生产出了少数富国与富豪,就已经超出了地球资源和环境的可持续承载极限。市场经济在历史的发展中也经历了不断的蜕变,早期的市场经济国家如今已通过剥削全世界而成了发达国家,这是市场经济引以为骄傲的成就。但是,他们的富裕、清洁是建立在大多数国家和大多数人的贫穷、污秽基础上的。当大多数国家采用市场经济时,不仅面临技术封锁和资本瓶颈,更面临资源匮乏和环境衰竭的困境,市场神话在今天已是发达国家维护其既得利益不可或缺的理论武器,因为其创新替代、无限增长的幻想仍可用来麻醉、安慰穷国和穷人。实际上,他们对资源环境有限性基础上的经济无限增长只能带来灾难心知肚明,他们深知要使所有国家都达到美国现在的消费水平,就需要几个地球,要无限地增长下去,就需要有无限个地球,经济的无限增长将不可救药地在全球规模上重蹈复活节岛的覆辙。因而,他们对发展中国家采取的是两种策略,他们既需要发展中国家市场容量的增长,又强烈排斥别国的竞争尤其是对资源的竞争。在这方面,他们不惜一再诉诸武力,以各种借口对难以操控的资源国发动战争,公然威胁要将他们炸回到石器时代,这就意味着要将竞争者逐出市场回到物物交换的状态中去,这就是他们对待别国发展市场经济的真实心态。

从哲学的高度看,市场之祸并不是一个孤立的现象,而是与市场之福一道构成市场经济这块硬币的两面。要认识这块硬币的两面性,还需要认识市场交换的一般媒介物、等价物——货币(金钱)的两面性。德国著名社会学家西美尔对货币的分析深刻地揭示了这种两面性:在实物交换的状态下,劳动分工显然不能超越最简陋的开始阶段,因为没有共同的价值尺度,千差万别的东西不能相互衡量价值,是货币这一交换的媒介使

"生产的分工成为可能……只有所有人的劳动才能创造全面的经济统一体,这样的统一体补充了个体的片面生产最终是货币,它使人与人之间产生了许多联结……最终,货币为所有的人创造出一种广泛的共同利益水平,在自然经济时代绝对达不到这种水平。货币为直接的相互理解提供了基础,为方向提供了一致性,这种一致的方向肯定在对一般而言人的东西进行调整方面发挥了非常巨大的作用……"①

我们可以作最简单的设想,在物物交换的时代,我们要到陌生地去旅游,最好得带上干粮等生存必需品才能上路,在吃完了一半时就必须回来,因为如果带其他物品,能否在旅途中遇上需要我们所带的物品并愿意用食物与我们进行交换的人,是不确定的,这就使得我们的旅游必然行之不远。因而,在物物交换的时代,虽然人类群体内部人与人之间是平等的、自由的,但人们却深深地束缚在他们所生存的自然生态系统中。在市场经济体系中,虽然人们以往的自给自足的独立性消失于普遍的社会分工的相互依赖性之中,但货币又使人们实现了社会所有不同群体间的联系和所有不同物品间的交换,这"为个体性和内在独立感打开了一个特别广阔的活动空间"②,这时的人们只

---

① [德]西美尔:《金钱、性别、现代生活风格》,刘小枫选编,顾仁明译,华东师范大学出版社,2010年版第5页。

② [德]西美尔:《金钱、性别、现代生活风格》,2010年版第6页。

要带上货币,就可以走遍全球,就可以购买他所需要的一切东西,使人们从过去依赖于确定的人、确定的物的束缚中解放出来,获得了更大空间的自由,这种人们彼此疏远又相联系的关系"会产生强大的个人主义"。

由于金钱不仅可以买到所需的一切物品,还可以抵偿义务甚至罪行,几乎成了一切东西的等价物,这对社会文化和心理也就有着广泛而深刻的影响,它使得社会的大多数人把赚钱当做首要的追求目标,从而使得货币从一种纯粹的手段变成了最终目的,而最终能满足人们需要的事物本身特有的价值却不再受到心理上的重视,丧失了其更高的意义,并被降格为纯粹的手段,人们总是要把它变成货币才能感受到它的价值,甚至人自身也不例外,"在货币交易范围内人人在价值上平等,不是因为每个人都有价值,而是因为除了金钱没有人有价值。"[①]正如所有人中相同的东西都是最低水平的东西,金钱作为一切东西的等价物,它是"低俗"的,金钱"夷平"了一切事物的特性,将最高的东西拉到最低的水平,但却不会将最低的东西拉到最高的水平。世界万物的矛盾通过金钱这种等价物而获得统一,使金钱在人的心理上产生像上帝一样具有"全能"的感觉:钱越多就越安全、越有能力、越有信心、越能满足欲望、越有幸福感。

货币与实物的不同之处还在于,人对实物的消费和投资需求是有限的,再好的蔬菜、水果、肉类、米面、营养品、药品、化妆品、服装、家具、汽车等消费品,再好的机器、设备、房屋、原材料等投资品你都不会无限地去储存或积累,因为这些实物只有在必需的时候才是有用的,多了不仅对你没有实际效用,而且使你的管护成本大增而不堪重负。但货币不同,在排除了政治经济金融社会动荡的抽象意义上说,它既可以购买一切,又不会腐烂、生锈、过时,放在银行不需要储存成本且能通过利息收入而增殖,放在家里也不需要像实物那样占用空间,因而具有无限储存或积累的价值,从而使得它成了人们无限贪求的对象。许多学者对人类的贪婪无度深感困惑,发出"多少才够"疑问,在这里可以对此作出回答:如果没有货币,人类对实物的欲望会以满足消费需求为度;有了可以购买一切的货币,人类就永无满足之时。

---

① [德]西美尔:《金钱、性别、现代生活风格》,2010 年版第 22 页。

商品和服务经济的获利能力是有限的，从事商品生产和服务的劳动者收入更是有限的，这种有限性无法满足某些人对金钱的贪求，借助于金钱万能的幻觉，现代资本主义已使金融经济的发展越来越脱离实体经济，走向了"以钱生钱"的自我膨胀之路，现在全球的股票和债券贸易规模已超出600万亿美元，是商品和服务贸易的10倍，在这个庞大的金钱赌场游戏中，一笔大的交易就可以获利数亿美元，它使少数人的财富像滚雪球一样迅速膨胀，而在实体经济中从事生产和服务的人们，无论他们怎样努力都难以避免要被金融经济这架高速旋转的离心机甩到贫困化的边缘。这就产生了当今市场经济社会中的种种怪现象：实体经济获利甚微，甚至一路下滑、哀鸿遍野，金融经济却高歌猛进，大发横财；绝大多数人实际收入没有增长，但高端市场物价却节节攀升，"炒家"市场更是独领风骚；一个国家通过金融经济吸引全球的资金，使资本项目收支是黑字，就能支撑经常项目收支的巨额赤字，就能维持远远超出其实体经济实力的军费和消费支出，等等。但是，这种脱离实体经济而自我膨胀的金融经济是不可持续的，何况其本身充斥着投机、欺诈和链条破绽的巨大风险。2008年，金融危机终于在世界金融中心的美国由次贷危机引发，尽管各国政府纷纷出手"救火"，但仍无力阻拦危机向全球金融、经济领域蔓延。金融泡沫的破灭，使许多人从发财梦、高福利梦中突然跌落到失去工作、福利下降的冷酷现实中，从而把许多国家和地区推进了政治风暴和社会动荡，金融泡沫的破灭，意味着自由市场主义的破产。

长期以来，人们沉迷于金钱数字的增长，全然不去顾忌万物包括人自身的更高价值，虽然人们试图制定金钱游戏规则并对金钱的适用范围画出界限，但金钱总是能无孔不入地突破这些规则、渗透这些界限，直至渗入甚至主宰人的灵魂，既然人类用金钱去交易一切，把一切都低俗化，那么社会的公平正义、政府的廉洁清明、公民的权利义务、伦理的诚实守信、心灵的纯洁情爱、自然的美丽宁静等这些美好的东西也就无一不被异化。当金钱成了目的，生命和人本身成了手段之后，人类追求货币财富一路向天文数字攀升的过程，同时也就是愚昧的增长过程，不断增长的人口和不断增长的贪欲发生在一个不断增长的亏空的地球上意味着什么？只能意味着灾难！意味着天文数字的货币归零！

（四）聚焦谜团

　　事物的普遍联系和相互依存性,使得仅从单一学科去研究复杂现象会遭遇许多难以解开的谜团。要认识复杂的经济社会问题不仅需要有政治学、经济学、社会学的视角,还需要有心理学、伦理学、生态学的视角。要解开市场经济谜团,政治学、社会学的研究不可或缺,心理学、伦理学、生态学的视角也同样重要。

　　为什么现代大多数人不喜欢计划经济而喜欢市场经济？除了私利、效率等社会学、经济学的原因外,还与人类的生物学本能尤其是心理进化倾向有关。所有生物在本能上都是相互依赖性与独立自主性的矛盾统一体,而且生物的进化程度愈高,独立自主性也愈强。人类由于进化出了发达的心智,这种相互依赖性与独立自主性已突破了生物学本能的局限,上升到了由意识、观念、判断所支配的行为选择中,并更加突出地表现出独立自主的倾向性。全球化、货币化、信息化的发展既大大拓展了人类的整体相互依赖性,也加强了人类个体的独立自主性。为什么许多人放弃不担风险的较稳定的工作而选择甘冒风险的自主性创业？为什么人们普遍不喜欢包办婚姻而喜欢自由恋爱？不喜欢听命于人而喜欢自作主张？总之一句话,为什么现代人类如此看重独立、自主、平等、人权,反感别人指手画脚、越俎代庖？一个重要原因就是人类在生物进化和经济社会的发展过程中已进化出了强烈的独立自主性的心理倾向。

　　但是,就结果而言,自主选择未必全都是好的,包办代替未必全都是坏的。在婚姻中,古代的父母包办婚姻造成了很多怨偶,但也结成了不少良缘,如果认为古代父母包办的婚姻都是悲剧,那就太过武断,因为无法充分举证或极易反证;古代也有不少自由结偶的,但始乱终弃的悲剧同样发生。现代的自由恋爱虽然结成了一些眷属,但也造成了无数悲剧,现代人的离婚率和家庭暴力如此之高,婚外情、情困、情殇如此之多就是有力的证明。问题出在哪里呢？主要出在两个方面,一个问题是信息不充分,因为在父母包办的婚姻中,尽管父母出于对子女的负责,在挑选婿媳时会对所能获得的信息作出种种比较和经验判断的选择,但由于信息不充分,更缺乏当事人直接接触所获取的信息,因而选择也就很有限。在自由恋爱中,当事人虽能通过直接接触而获取大量的直观感受信息,但仍很难获得对方心理活动的信息,也缺少父母的经验信息借鉴。例如,在对张三、李四、王二的直观感觉比较中,张三外表光鲜、谈吐不俗、善于逢迎;王二其貌不扬、才情内敛、木讷寡言;李四居二者之间,平淡无奇。恋爱中的人会选谁呢?可能性最大的是张三,因为他最易使恋爱中的人智乱神迷,但张三恰恰是金玉其外、败絮其中的绣花枕头。这种选择会导致人们争相仿效张三,从而使社会上充斥着形形色色的绣花枕头。其结果是什么呢?是现代人频繁地折腾在恋爱、结婚、离婚、婚外情之中,到头来都是情同陌路,爱情异化成性刺激或权、钱、性的交易。这能怪谁呢?这是你的自主选择,只能是自作自受。另一个问题是婚姻经营,包办婚姻虽然信息不充分,但当事人独立自主性弱,相互依赖性强,这有利于双方协同经营婚姻,因而婚姻反而可能稳定。自由恋爱看似信息充分而其实不可能充分,加上当事人独立自主性强,相互依赖性弱,一切以自我为中心,移情能力缺乏,经营婚姻的能力弱,婚姻的稳定性也就低。

计划经济与市场经济也是如此。计划经济指定每个人生产什么、生产多少,并分配给每个人数额差别不大的货币或实物,它限制了人们收入差距的扩大,使社会相对公平正义,虽然难免会使人有为什么我只能干这不能干那?为什么干多干少报酬差不多的心理上不平衡,在人们的依赖性心理强,自主性心理弱的环境中,社会还是相对稳定,但当人们的上述心理发生逆转,独立自主性趋强的心理选择就不会再是计划经济而是市场经济。在市场经济中,你可以自主选择干这或干那,有希望多多赚钱和在市场上选择你所需要或喜欢的东西,虽然你的生产性选择失误连连,消费性选择上当频频,你雄心壮志、努力奋斗,甚至费尽心机、牺牲自尊,到头来还是忽起忽落,昨日金满堂,今日巨债背,你怨愤冲天,但又能怪谁呢?这是你自主选择的结果,只能自作自受。

这样,我们就不难作出比较:虽然包办婚姻和计划经济不是一无是处,自由恋爱和市场经济多是雾里看花,但经济社会的发展已使人的心理进化呈现出独立自主性倾向强而相互依赖性意识弱的趋势,或者说,相互依赖性虽然无所不在,处处制约着你,但它只是外在的、隐性的关系,是一只"看不见的手",而独立自主性则是自我的、显性的表征,是自我实现的表现形式。正是这种原因,使得包办婚姻和计划经济费力不讨好,抗冲击的承受力弱,当事人既很难充分认可"包办"之恩,因为它牺牲了自我的多样性选择;更不会承担失误之责,而会把所有对失误的怨气集中发泄到婚姻包办者、计划制定者的身上。而自由恋爱、市场经济却是当事人自主选择、自担责任,虽然人人都时时在失误,无数的个体失误汇聚成的总失误可能要远大于包办婚姻和计划经济,但它是分散在无数的个体身上,虽然个体因各种失误而备受挫折,他人和社会却能"置之事外"。因而,自由恋爱既满足了当事人的自主性欲求,也使父母获得责任解脱和免责保护,这对父母是一种解放;而市场经济则赋予了社会的化功大法,既能满足当事人的自主性欲求,又能把其攻击性像泥牛入海一样化解于无形,这对社会管理者也是一种解放。为什么社会的发展会导致大家庭向小家庭甚至单身家庭,独裁制向民主制甚至社区自主制的演变,这与经济社会的发展和与之相伴随的心理自主性进化倾向密切相关,这本身也是人类个体独立自主性进化和社会适应性进化的重要途径。

但是,不能把这种独立自主夸大到极端而否定相互依赖的重要性,共生进化、相互依赖是生命存在的本质关系,也是人类生存和进化的本质关系,它只是在人类市场经济的发展和"人性的解放"过程中因独立自主性的突出而被掩盖而已,人类所有物质的和精神的活动,都无一不处在共生进化、相互依赖的网络之中,无视共生进化、相互依赖的独立自主无一不受到惩罚,只有共生进化、相互依赖与独立自主的统一,才能给人类带来福祉。

亚当·斯密从人的相互依赖关系中提出有一只"看不见的手"引导自私的富人不知不觉地增进社会利益,这只"看不见的手"指的是个体未意识到但却客观存在的人与人之间相互依赖、利己也利人而不是损人利己的关系。斯密没有把"看不见的手"神秘化和绝对化,他既不赞成只有无私才是美德的观点,认为自爱如节俭、勤劳、专注也是较低级的美德;更反对孟德维尔学说完全抹杀罪恶和美德之间的区别的观点,孟德维尔认为人从来只会关心自己的幸福而不是别人的幸福,如果谁表现出更关心别人而非自己的话,那他就一定是个骗子,在人身上所有自私自利的激情中,虚荣心是最强烈的一种,一个人为同伴的利益做出牺牲,是为了获得远大于他放弃眼前利益的大肆赞扬所带来的快乐,所有公益行动都是一种欺骗行为,斯密对这种观点进行了强烈谴责:

"很多时候,自私自利是可能有损于某种以仁慈为动机的行为所具有的美感,但这并不能归于自爱本身的过错,而是由于自爱的原因而使仁慈缺乏了应有的强烈程度,所以,我们认为这种品质是有缺陷的,是应该受到责备的。源自自爱的行动如果同时具有仁慈的动机的话,我们会觉得这种行为是合宜的"①"孟德维尔的致命错误在于,把所有激情(不论其程度及作用对象)都一律说成是邪恶的。他把虚荣心看做一切行为的根本动机,并且做出了令人震惊的诡辩式结论:个人劣行即公共利益……曾经一度风靡的孟德维尔博士的美德体系,虽然并没有引起巨大的罪恶,但却让一些罪恶的人披着冠冕堂皇的外衣,表现得更加肆无忌惮。"②

斯密把"个人劣行即公共利益"斥之为"令人震惊的诡辩式结论",因而很难想象他会认为"看不见的手"就是无条件的"追逐私利即促进公益",这里的"追逐私利"无疑要排除损人利己和损人不利己的"个人劣行"。许多人对斯密的《国富论》和《道德情操论》感到困惑,认为二者是矛盾的,其实矛盾来自于片面化、绝对化思维方式,正是在《道德情操论》中,斯密提出了"看不见的手",在《国富论》中却并未有新的论述,斯密是一个善于从事物的普遍联系中全面看问题的人,他并不像一些人那样认为有一只"看不见的手"护佑就万事大吉,相反,他不厌其烦地强调了社会的正义和个人道德的重要性:

"人人互助的社会就会兴旺发达并令人愉快;人人和谐共处,整个社会就会变得非常美好……如果人们之间老是尔虞我诈,社会就难以为继。人们之间的相互伤害、愤恨和敌意会导致一切社会纽带的断裂……如果没有了正义,整个社会肯定将不复存在。因此我们说,正义是社会的基础……只有正义才是维系社会存在的基石。"③"人类生活的一条重要原则就是对一般行为

---

① [英]亚当·斯密:《道德情操论》,何丽君编译,北京出版社,2008年版第116—118页。

② [英]亚当·斯密:《道德情操论》,第136—139页。

③ [英]亚当·斯密:《道德情操论》,第35—36页。

准则的尊重,这种准则又称为责任感,这是指导人们行为的一项重要原则……如果人类没有保持一种对那些重要行为准则的敬畏的话,人类社会就很难维系。"①

"看不见的手"不包含人与自然的关系和人的生存状态与人的潜意识的关系,我称前一种关系是"看不见的脚",后一种关系是"看不见的心"②。不包含这两种关系的公平、正义、平等、美德是有严重缺陷的,它使社会的伦理道德被局限在人类中心主义狭隘的藩篱之中,导致了人类为了自身的利益去破坏地球生命共生进化和自身生存的基础。美国生物学家加勒特·哈丁在上个世纪60年代提出了一个著名的"公地的悲剧"模式,哈丁本人及许多研究者对这一模式提出了多种不同的解读,但都未中肯;有些人把"公地的悲剧"解释成"公有制的悲剧",认为只有把公地私有化,才能避免毁灭性悲剧,那就更是与模式的真义风马牛不相及。这个模式的真义是:公地上的居民(私人)竞相逐利最大化+公地宏观无控制=毁灭③。地球就是这样一块公地,地球上的各个国家、机构、组织、企业、个人等利益主体竞相逐利最大化,而地球却没宏观上的统一管理和控制,其结果就是毁灭。因而,这个模式展示的正是传统的全球市场经济的暗淡前景。这个模式没有给"看不见的手"留下护佑人类福祉的空间,是因为"看不见的手"不包含人与自然的关系,而决定性的毁灭不是别的,正是地球公地生态环境的崩溃。

传统的全球市场经济只会导致地球公地生态环境的崩溃,那么,市场的未来如何呢?就个体的视野而言,古代人与现代人并无差别,每个人都只看到那么一小块地方,即使是你终身游走四方,也总是山外有山,天外有天,地球对于每一个人而言似乎是无限的大,虽然现代科学使我们认识到地球的有限性,也未能从根本上改变个体的"天下之大,无奇不有""此处不留人,自有留人处"的传统观念。因而,我们每个人似乎都认为,无论我个人做什么,都不会对地球的

---

① [英]亚当·斯密:《道德情操论》,第62—63页。
② 参见孙家驹:"'看不见的手'与看不见的心和脚",《学习时报》2009年3月23日。
③ 参见[美]赫尔曼·E.戴利等编:《珍惜地球——经济学、生态学、伦理学》,马杰等译,商务印书馆,2001年版第151—152页。

整体状态有所影响,我们都可以随心所欲地做自己之想做。但是,随着人口总量和人均消耗与排放的迅猛增长,我们的上述观念已经过时。早在上个世纪60年代,就有人把地球比作宇宙飞船,70年代又有向太空移民的建议出台,这在当时看来,似乎还是一个杞人忧天的故事。但在近半个世纪即将过去的今天,全面加深的人类困境,已把地球飞船狭小和太空移民无望的现实无情地呈现在人类的面前,这就迫使我们要回到这一论题上来思考人类和市场的未来。

今天的人类已不得不正视现代科学所揭示的一个简单事实,人类是地球宇宙飞船几十亿年生物进化在近几百万年才分化出来的一个物种,人类世世代代生存所需的一切都要靠这条船自创生、自循环、自平衡的生态机制来实现自给自足;在茫茫宇宙中,地球宇宙飞船没有任何停靠、避险、补给、中转的港口和上岸的陆地;人类也没有把已有的数十亿人经过千百万年的太空移民,而转移到另一艘类地宇宙飞船上去过上更美好生活的可能。因而,人类的命运完全取决于自己能否走出以往竞相生育、消耗、排放和征服地球、相互征服的误区,转向全球协同适应地球飞船自给自足的可持续生态平衡机制。

这种转向对于主导现代人类文明的主流社会而言,无异于是思维方式的痛改前非、基本价值的脱胎换骨。正如两度撰文谈地球宇宙飞船的美国经济学家肯尼思·博尔丁所言:

"宇宙飞船的比拟法突显了地球的狭小、拥挤和资源有限性;必须避免毁灭性的冲突;以及要像由不同的人组成的机组人员那样和谐共处,形成一种世界共同体的观念。"① "在太空人经济中,最迫切需要的决不是产量,事实上,产量被认为是应该最小化而不是最大化的东西。量度经济成功与否的标准也根本不是产品和消费,而是整个资本存量的性质、数量、质量及复杂性,包括该系统中人类的身体及精神状态。在太空人经济中,我们最为关心的是资本的维持,显然任何能够以更少的产量(即更少的生产与消费)来维持一个既定资本存量的技术革新是有价值的。这种生产和消费都是坏事而非好事的看法对经济学家而言是很奇怪的,因为他们执著于对收入流量的研究,几乎拒绝接受资本存量的概念……一个社会如果不再认同后代人的利益,丧失了对未来社会的积极

---

① [英]赫尔曼·E.戴利等编:《珍惜地球——经济学、生态学、伦理学》第348页。

关注,那么它也就丧失了解决当前问题的能力,很快就会走向崩溃。"①

因而,未来的市场是在宏观上有管理、受控制的市场,这种管理和控制是要确保地球宇宙飞船"整个资本存量的性质、数量、质量及复杂性,包括该系统中人类的身体及精神状态"都具有可持续性,这就要求市场不能越出自然可持续之界和社会和谐之界,前一界限要求消耗和排放最小化,后一界限要求在前一界限之内实现社会和谐,像机组人员那样和谐共处,这就要有社会互利共享最大化、私人占有排他最小化,和人类的心理、伦理和文化的适应性进化。市场交换的形式也会随着信息技术的发展而发展,今天正在迅猛发展的"网购"就已跳过了市场交换中的许多中间批发、零售环节,而使生产与消费直接衔接,从而大大降低了中间环节的人力、物力、能源等消耗和排放,也大大减少了传统市场的信息复杂转换所造成的变形和误判。随着信息社会发展的成熟,衔接生产与消费之间的传统中间环节将趋于衰落是必然的,同样,信用卡的普遍使用也会带来现金流的萎缩。但现在要预言市场和货币最终会退出历史舞台还为时过早,网购无疑有价格上的优势,也能避免市场购物拥挤的麻烦和路途及逛街的时间耗费,但居家和旅行途中即时需用的商品和服务,零售店和现金会有更便捷的好处,逛街对很多人来说可能还是一种乐趣;有研究表明,触摸实物比网络信息能给人产生更强烈的情感联系,人类对触摸情感的满足,可能不是数字化技术所能完全替代的。但无论如何,把传统的市场经济视为理想的、历史终结性的观点是错误的。

---

① [英]赫尔曼·E.戴利等编:《珍惜地球——经济学、生态学、伦理学》第341—343页。

十五

和谐之路

　　今天的人类处在极其复杂的自然衰退和社会矛盾的夹击之中,这两大类问题相互关联和影响,任何一种孤立的单方面的解决自然问题或社会问题的办法,都不过是原地转圈,没有出路。人类必须彻底放弃征服自然和相互征服的思维方式和发展方式,为"人类同自然的和解以及人类本身的和解开辟道路"[①]。一百多年来,人类为推进"两个和解"作出了巨大努力,虽然目标的实现仍然遥远,但实践的深入、问题的暴露、理论的拓展终将不会白费,它使人们看到以"毕其功于一役"的方式不能达到目标,而必须在推进人类文化进化的巨流中去完成复活自然和社会变革的历史任务。

(一)文化进化

　　动物的进食、睡眠、繁殖是其遗传的本能,但其捕猎、筑巢、通信、避害却是需要后天的模仿学习才能获得,这种后天获得的能力能够在群体中传播和一代代继承下去,它补充了动物遗传获得的先天生存能力,灵长类动物的这种后天获得能力有着明显的表现,这是文化的雏形。人类文化是人类对自身、社会、自然及三者关系的心智外化反映,它以习俗、语言、文字、数符、图像及其意义等为表现形式,并内化为人类的心智活动,组织人类观察、思维、交流、选择和行为的过程。

　　所有生物都生活于生物圈中,生物物种的生存与灭绝,都取决于其生物

---

① 《马克思恩格斯全集》第1卷,人民出版社,1979年版第603页。

学的适应性进化能力。人类则既是生物进化的产物,又是文化进化的产物,人类的生存与灭绝,不仅取决于其生物学的适应性进化能力,还取决于其文化的适应性进化能力。文化是人类的生存和活动形式,对人类生存、社会发展和自然环境影响极大。人类各民族在不同的生存环境中和不同的发展时期,创造和发展了多样性的文化。不同民族不同历史时期的文化曾对各民族的命运产生过不同的重大影响,历史上的民族都经历过兴衰的交替,有的甚至盛极而亡,其中的原因表面上可能与内乱外患、疾病侵袭、资源枯竭、环境恶化、气候变化有关,但深层原因很少能与文化不适应变化无关。复活节岛的悲剧、玛雅文明的覆灭是最明显的例证[1],印度河古文明、美索不达米亚古文明都是如此。无论我们是否认识到,历史无疑已提供了人类成也文化,败也文化,兴也文化,衰也文化的大量例证。这一点也不奇怪,因为文化表现的是人类的适应性进化能力,人类的生存环境在不断变化,人类的文化也必须有适应性进化,如果人类的身体生活在不断变化的现实的复杂矛盾之中,而精神却停留在过去某个时期的文化之中,人类的悲剧就不可避免。

今天的经济全球化和信息化发展,使人类的利益和地球的命运更加紧密地联系在一起,它推动着世界各民族走向一个相互开放和融合的新时代,这种开放和融合要求人类必须完成世界文化的适应性进化。在历史上,由于各民族在不同的生存环境中所形成的历史文化确有不同特质,这会带来不同民族在"应该做什么和怎样做"的观念上的差异和相互间理解上的困难;同时,有许多民族之间曾经历过冲突和战争的痛苦,彼此间的文化歧见和心理疑忌难消,而且大多数民族自身也都有着漫长的阶级分化和斗争历史,其不同阶级、阶层之间的歧见也根深蒂固。总之,人类不同民族、群体间缺乏信任感,各自固守传统文化中的旧观念,对外界持猜疑、排斥态度,是一个较为普遍的现象。但是,由于科学技术能改善生活,带来便利,增强攻击和防御能力,而被普遍地接受和欢迎,这就带来一个深层矛盾:科技发展迅猛带来了自然和社会环境的急剧变化,而社会制度的变革则步履蹒跚,文化变革更是举步维

---

[1] 参见孙家驹:《全球关注——生态环境与可持续发展研究》,江西人民出版社,2006年版第1—10页。

艰。这种矛盾是造成自然衰落、社会动荡和暴力冲突难以遏制地持续演化的重要原因,它演化出了现代社会愈来愈复杂的自相矛盾:科技推动着生产力的高速发展,但人们为了生存却更加疲于奔命,当代的食物采集部落每周只需用15—20个小时采集食物,而科技发达国家的许多人却"过劳死";采猎部落和小农社会人人有事做有饭吃,而科技发达的社会虽然产业不断分化和劳动新岗位不断涌现,但社会却充斥着无事可干的失业人员;身边的花花世界和现代信息技术展现的世界丰富性使人们目不暇接,但现代人的焦虑症、抑郁症及"现代文明病"患者却快速上升;科技发展已创造了一个供应"过剩时代",政府、企业家、经济学家都在为需求不足而苦思对策,但社会上的大多数人却因贫困、拮据而愤愤不平;科技发展已使世界的图景愈来愈清晰化,但人们的心灵却愈来愈迷茫,各种迷信骗术和花样翻新的"末世论"大行其道;现代经济的普遍联系和相互依赖使人们渴望世界和平,但人类除了自己已经没有敌人,人类为了对付自己这个唯一的敌人而准备了自杀千百次的毁灭性武器……现代人类面临的如此之类的无数矛盾究竟意味着什么呢?美国著名历史学家斯塔夫里阿诺斯问道:"我们目前的困境是最终将被我们克服的暂时的障碍,正如我们过去遇到的那么多困境一样呢?还是一种永恒的困境——因为它建立在人类天生具有的好战和渴望获取的基因的基础上——呢?"[①]这里的回答不是遗传宿命论,而是我们的文化进化和社会变革滞后。现代人类的困境必须通过人类文化和社会变革滞后。现代人类的困境必须通过人类文化的适应性进化获得根本性突破。

人类文化的进化,需要经历一个纵向去魅、复魅,横向吸收、融合的过程。所有的民族都必须历史地辩证地看待自己和人类所创造的一切历史文化,既要肯定文化多样性的宝贵价值,充分吸取其中的营养智慧,又要批判历史文化中的各种偏见和谬误,只有全人类共同努力,通过批判、吸收、创新、整合,才能创造出人类可持续发展的共同文化。

所有文化的发展走的是一条从神秘到去魅再到复魅的道路。各民族古

[①] [美]斯塔夫里阿诺斯:《全球通史:从史前史到21世纪》(下册),吴象婴等译,北京大学出版社,2006年版第797页。

代文化都带有较浓厚的巫魅色彩,它认为人类的祸福、命运取决于神灵、上天的旨意,这种文化使人类对自然深怀敬畏,但却遮蔽了人类对自然和社会的清醒认识,限制了文化的适应性进化,使一些文明体在社会矛盾激化和生态环境恶化时,因把命运寄托于神灵而丧失了自救能力,从而招致了巨大的灾难或文明崩溃。现代文明诞生于科学对传统文化的去魅,欧洲文艺复兴首先开启了一个科学对自然的去魅进程,科学的去魅把一切都交给了寻求真理的理性,它消除了世界神秘荒诞的氛围,这在世界观和方法论上都是天翻地覆的变化,它使西方科技的发展后来居上,走在了世界的前列。但是,它也由此而走向了极端,它把无限多样性、生动、美丽的世界简化成了一架单调的机器,解构成一片广漠的原子,抽象成一堆冰冷的数字,它否定了人类的经验和情感世界,也使人类远离了自然和真理。当物理学发现波粒二象性时,"真理不可能违背真理"的著名法则的局限性就显露出来,真理需要知识的互补。因而,必须进行科学和知识的整合,为自然复魅,还自然以整体性。

法国著名社会学家塞尔日·莫斯科维奇对此论述道,自然原来是一种模糊而神秘的东西,充满了各种神明和精灵,它们与人相处或好或坏,人们永远不能得到他们所企望的东西,需要奇迹的降临,或者通过重建与世界联系的巫术、咒语、法术或祷告去创造奇迹。欧洲从文艺复兴开始对自然去魅,其目的是使自然摆脱令宇宙间充斥善恶神魔的泛灵论,摒弃比照人的形象看待一切的拟人论,从而消除世界神秘荒诞的氛围,让世界呈现出非个性化并且漠视人类的光明。科学以数学代替逻辑去描述运动的法则,解释物质力量的作用,预言大量可观察的现象并将它们缩减为单一的机械系统。学者告别了充实生动的有生世界,走向另一个世界:在那里,宇宙天体和地上万物都只不过是在真空中旋转的物体,知识的去魅把一切都交给了寻求真理的科学:

"现代科学垄断了真理,并淘汰了从常识到哲学、从艺术到宗教、从实用技艺到传统等一切其他形式的知识。在科学看来,这些知识都是不可靠的,被激情所扭曲,贫乏而神秘……科学坚决而傲慢地排除了所有用传统方法获得的有益成果,把这些全都视为谎言、迷信、荒诞不经和似是而非的东西……精于计算、严谨正规的理性首先宣告我们丰富多彩的世界知识已经彻底过时,把这些根植于我们精神之中引人入胜的现象归于原始阶段,或者干脆当成垃圾……人曾是自然的奴仆,现在俨然成了主人。他睁开眼,只看到自然之中无边的寂寥,在他生活的迷途行星表面是智慧的荒漠。"①

科学丰富了我们的精神,但同时也使我们变得贫乏,使我们远离理性也无法接近自然,使现代文明陷于困境,走出这一困境需要还自然之魅,从征服自然转向解放自然,解放自然的根本任务是生活方式变革:

"我认为其任务正是生活方式的变革:自然和社会在其中属于同一层面,共同得以塑造……当今时代的错误正是将世界的去魅推向极为紧张、完全混乱的境地。由此可以想到哈姆雷特表达的人生痛苦:'这是一个颠倒混乱的时代,唉,倒霉的我却要负起重整乾坤的责任!'我们面临的未来是否仍将继续在自然问题和社会问题之间徘徊?或者未来能否创造一种新的生活形式——即一种文化——适应我们的需要并兼顾两个问题?我曾经写道,并相信自己没有说错,排斥自然的文化似乎理屈词穷。自然必然属于未来的文化。它的轮廓尚不分明,但其意义已经清楚:恢复世界之魅。"②

他认为世界复魅呈现两种征兆,一是从动物人向人性人的过渡。今天人类的存在意义和行动主要取决于"适者生存"规则:

"'适者生存'的规则正意味着人的责任在于保存生命,而不是孕育生命;在于与死亡斗争,而不是为生命斗争……生存的欲望,是一切知识和行动的基础。"③

二是知识统合,使各种知识联合起来,常识、日常语言、民间科学、艺术都是不可或缺的。科学关注一般,而我们这些特殊且唯一的个体

"只能独自面对可悲的无知留下的伤痛。要体会科学与我们的距离以及这种伤痛的剧烈,只需有一天听到一个病人问道:'为什么是我?'""迈向世界复魅的第一步在于一种接触和一系列交流,将科学、常识和艺术引向一些现实和实践领域,它们的语言和理论可以在其中交会。有关科学、技术、生物学、生态学和研究态度方面的一些重要领域具有常识或艺术的性质……昨天

---

① 转引自杨通进编:《生态二十讲》,天津人民出版社,2008年版2008年版第224—225页。

② 转引自杨通进编:《生态二十讲》,2008年版第228页。

③ 转引自杨通进编:《生态二十讲》,2008年版第229页。

的科学是今天的常识……想象、个性甚至情感的一切都可以在艺术中得以体现……各种知识的统合,包括未知、熟悉、想象或个人的知识,为恢复自然之中完整的联系而必须付出的努力将产生这些知识。"①

中国文化也经历过一个漫长的巫魅时代,在战国时期虽经历了"百家争鸣"的思想解放洗礼,但自汉代以后的两千多年来,一直是以儒家文化为正统,与佛道宗教文化相互激荡的汇流文化,儒家创始人孔子避谈神鬼,但并未弃绝它,孔子总体上是个去魅、谨慎、保守的思想家,他关心的是社会而不是自然和哲学,是在乱世中恢复伦理秩序,他"述而不作",但也会适时而变,例如,他把"君子"一词解释为品行高尚达到伦理标准的人,而不是停留于"贵族"的旧意上。儒家在后来的发展中还深受道家和佛家的影响。老子创立的道家哲学是世界最早的哲学,他把人类、社会、天地统纳于自然辩证运行的规律中,高扬自然法则,认为技术、智慧不过是一个陷阱,引导人们从伪妄褊狭中回归自然和走向自由,但老子哲学对世俗而言超然而虚玄,从而留下了神秘空间。道教把民间的原始宗教用道家理论改造成体系化的宗教理论和实践,演绎出了一套神鬼世界和羽化登仙的方术。佛教是一个彻底否定世俗世界的宗教,认为这个世界是一个假象的、苦难的世界,人只有放弃对经验世界的执著,进入物我两忘的超验世界,才能达到一个一尘不染的涅槃境界。这种三教汇流的文化,既有保守性,又有包容性和开放性;既有理性,又有神秘性和愚昧性。同时它还具有宽泛的适应性,因为儒家的伦理道德是传统社会所需要的秩序,道教的长生久视是叹人生无常的生命所追求的目标,佛教的涅槃境界是尘世中饱受名利恩怨磨难的心灵所休憩的地方。但这种文化不利于科学技术发展,它导致中国在鸦片战争后陷入了一场长达百年的外侵内乱浩劫。鸦片战争以来,中国开始学习西方技术,引进西方学术,同时进行自身文化的反省与批判,但这种反省与批判的对象主要是儒家思想,影响所及也主要是社会上层和知识分子,对广大农民、工人和社会底层影响很小,对道教佛教偶有形式上的触动(如"文化大革命"期间禁止其宗教活动),但时间很短。

---

① 转引自杨通进编:《生态二十讲》,2008年版第234—236页。

科学技术把人类这个曾经的自然奴仆，变成了自然的征服者和主人，在把人类从自然中解放出来的同时把自然置于人类的统治下，从而走上了极端，导致了自然的衰竭，使人类陷入了发展的困境。自然复魅是要进行科学和各种知识的统合，恢复自然的完整联系，还自然以整体性，这个整体与古代人的神魅化自然整体不同，它是建立在坚实的科学基础之上的，同时，它还通过科学和文化的接触、交流和融汇，将科学、常识和艺术引向现实和实践领域，而不是停留在科学家和学者们的论文中，没有现实和实践领域的去魅、复魅，去魅、复魅仍然是空中楼阁。

我们必须清醒地认识到，科学对文化的去魅、复魅都是文化进化的重要阶段，西方文化去魅经历了几百年的科技发展和教育普及过程，因而比较彻底，虽然它出现了极端化倾向，但不能因此而否定去魅对文化进化的必要性和重要性。与之相比，中国文化去魅的时间相对较短，教育也相对落后，文化去魅还远未完成，民间和人们心理中的迷信思想仍挥之未去，这必然会成为中国科学普及和文明进步的障碍。尤其是现在西方文化开始复魅并向东方文化吸取营养智慧时，更应警惕中国文化的去魅不能因此而被忽视，中国文化进化面临着去魅和复魅的双重任务。

中国文化的进化必须用科学去不断地清除传统文化中虚妄荒谬和不适应时代需求的东西，必须为文化大厦不断地添置牢固的科学基础，文化复魅如果不是在科学的基础上进行知识统合，而是去大兴宗教，复活古老的巫魅文化，那就是文化的退行而不是进化。但是，今天的中国文化去魅和复魅可以在同一个过程中来进行。要先知先觉很难，但事后诸葛亮还是可以争取做到的。我们今天已能清醒地认识到，科学既是不断发展的，又不是万能的，它不可能穷尽天地人和万物的内在奥秘和整体性联系，何况科学研究的对象本身是一个不断的演化的过程，这种演化充满着极其复杂的相互影响和突变，这些都是不可能用有限的数学、实验、观测、逻辑、理性等所能完全推测的，科学永远也不可能穷尽真理。因而，我们今天对文化的去魅、复魅可以有更高的理性自觉，可以避免欧洲曾经出现过的片面性和极端化的偏差。我们在大力推进科学发展和教育普及的过程中，对文化的去魅只应否定巫魅、曲解、荒谬等应该否定的东西，而不是否定除科学之外的一切；复魅也应是重新认识人类在漫长的进化过程中所获得的生存经验、常识、直觉、智慧、情感、整体性观念等对人类生存的价值,而不是去恢复神秘、荒诞的东西,今天正在蓬勃兴起的生态文化就是以生态科学为基础,同时广泛吸取世界各民族传统文化丰富营养的统合文化,它无疑有情感的因素,但与神秘化毫不相干。

推进文化的进化,当然远不只是对自然的去魅、复魅,它还需要对广泛存在于各民族文化中的各种根深蒂固的社会歧视、偏见进行去魅、复魅。其中突出的是对不同文化、宗教、种族、等级、性别等的歧视和偏见,科学在对自然的去魅、复魅过程中,也为扫清这些社会歧视和偏见创造了条件,因为它提供了所有这些歧视、偏见都是没有科学依据的证明。但仅此还不够,消除这些歧视和偏见还需要有更高层次的文化自觉和全人类社会利益机制的变革。所谓更高层次的文化自觉,是各民族文化在纵向去魅、复魅,横向吸收、融汇的过程中,整合、创新出全人类共同的生态整体主义文化。

经济全球化和信息化的迅猛发展,在全球规模上把各民族推向了大开放的新时代,这也为世界各民族文化融汇、利益整合提供了强大动力。但是,由于这只是在近几十年中才发生的真正在广度上覆盖全球、在深度上触及到灵魂的千年巨变,在这之前,各民族彼此间的交流和了解有限,且许多民族、群体之间还有过一些或长或短的摩擦、碰撞、战争的恩怨情仇史,各民族、群体的心理和文化中沉淀着大量的对外族、外人、外界、异教、异派、异己的疑忌、戒备、歧视、偏见和误解。这种尖锐的矛盾,给各民族文化带来了适应性进化的严峻挑战。认识这种歧视、偏见、误解既是历史局限性的产物,也是各民族在今天的经济文化相互开放、交汇中发展自己和适应历史发展大趋势的障碍,克服这些障碍,是各民族和人类整体利益整合、人类文化进化的必然要求。人类迫切需要对这种狭隘、排他、利己主义文化进行去魅。东西方文化可以为这种去魅提供丰富的智慧资源和科学支撑。

人类历史上曾创造过多个辉煌的古代文明,但只有中国文明才未被中断地传承至今,这决非历史的偶然或侥幸。中国文明之所以能在5000年中历经劫难而传承光大,是因为中国文化具有兼容并包、兼济天下的特质。老子创立的道家哲学是中国远古文化智慧的结晶,它使中国文化在世界上最早获得了辩证的世界观和方法论,这对中国文化的发展和进化影响深远,也为中国文化奠定了高度、广度、深度、容度、灵度上的优势,使中国文化在尔后的发展中不仅本土的儒、墨、法、道、少数民族文化等百花齐放,兼容不悖,而且外来的佛教文化在印度衰落后,却能在中国吸收营养而生根开花,西方文化在中国传播也远比中国文化在西方传播广,这都与中国文化的开放性有极大关系。鲁迅认为:"中国根柢全在道教"[1],道教以道家哲学为主要经典,同时对传统文化兼容并包,形成一个纷繁有序、探寻长生的思想体系,按卿希泰先生的《中国道教思想史》的概括,道教思想有强烈的生命保护意识、追求长生的不懈探索、天人合一的道德坚持、民族多元一体的整体观念、没有界限的无量救度精神等特点[2],这些精神都深刻而广泛地渗透于中国的传统文化之中。去掉道教的神秘化之魅,这些精神所包含的丰富的生态意识无疑具有永恒的生命力。所有曾征服、统治过中国的民族,其文化都不仅未能取代中国文化,反而是被中国文化所吸收、同化。中国自古就是一个多民族国家,其文化的多样性所导致的结果不是对立、分裂,而是多样性的统一,是不同而和,中国文化有着海纳百川、和谐共生、天人合一的整体主义的追求、境界、气度、容量和智慧,它在整体上远远超越了独断论、二元论、自我中心主义、利己主义、排他主义、故步自封的文化。

在工业化、现代化和全球化的发展过程中,发端于西方并在全球形成强大呼应的现代生态科学的迅猛发展,则为人类文化进化指明了具体方向并开辟了现实道路。当代正在发生的人类文化进化,是人类文化的生态化统合,是生态学向现代科学渗透和吸取各民族传统文化营养、汇聚东西方文化精华,向生态整体主义文化的提升。人类对自身与地球和宇宙的关系的认识,经历了从统一到分离再到统一的多次反复提升的过程,文化的生态化统合是要达到对宇宙、地球、生命的整体性认识,正是这种整体性认识使越来越多的人的世界观在发生根本性的改变,文化的变革很难因微观上的变化而引起,它是在人类的世界观、人生观、价值观、思维方式、行为方式发生重大变化时才会出现。文化的生态化统合,不是传统文化加生态学的杂拌,而是人类所

---

[1] 鲁迅:《鲁迅全集》第 11 卷,人民文学出版社,1981 年版。第 353 页。
[2] 卿希泰主编:《中国道教思想史》第 1 卷,人民出版社,2009 年版第 12—16 页。

创造的文化圈适应自然生态圈的进化,对这种文化适应性进化进行全面论述不是本书的任务,这里只提出其中的几个重要观念。

1. 地球是一个生命体的观念。地球不是一个简单的生物栖息地和人类家园,而是一个超级生命体,所有生命的具体物种和人类只是这个生命体的构成部分。是生命的进化使地球发生了生命性的质变,使其由一个物质的被动体变成了生命的主动体,变成了自创生、自循环、自平衡、自调节的行星生命体。静态地孤立地看,地球生命以个体、种群、物种的形式独立存在,动态地联系地看,地球生命以时空的普遍联系形式存在。地球上的所有生命形式都发端于一个共同祖先,所有生命都是基因的合众国,所有细胞都起源于微生物的共生进化,所有多细胞生物都是生命的共生体,所有有宏观体积的动物体内与体表都共生着种类和数量庞大的微生物。生命与环境交换物质和能量,生命适应环境而进化,同时又改变环境使之具有生命的适宜性,生命之间又互为环境,生命从微观到宏观以其巨大的多样性和生物量与地球环境协同进化的整体形式存在。从太空看,地球就是一个生命整体,它是以行星尺度的生命自主性在茫茫宇宙中抗拒热力学第二定律和种种天文、地质灾害,而构建的一个远离化学平衡态的独特的体系,离开这个体系,任何生命个体、种群、物种都不可能存在。地球是一个生命体的观念,是人类真正认清自己与地球的关系、人类所面临的根本困境和出路的关键所在。

2. 人类是地球生命体的手和脑的观念。人类是地球生命体的一个构成部分,地球生命体的不同物种对维持这个生命体的生存和进化所起的作用是有所不同的。大体而言,微生物是这个生命体的基础,它们能够利用无机环境中的物质和能量并与无机环境协同作用而实现地球生命体的自调节;植物在捕获太阳能、利用无机物质生产生物质、增加生物多样性和生物量、调节环境等方面,增强了地球生命体的自调节功能;动物对这个生命体的贡献是既加速了自循环,加速了功能的进化进程,又增强了地球生命体的能动性,并开始了从简单的刺激反应向复杂的能动反映系统的进化。长期以来,人们曾认为人类是万物之灵,是地球的主人,但在人类对地球的征服过程中,又有人因为人类的贪婪无知和对生物的大规模灭绝,而认为人类的出现是生物进化的一个错误,是生物界的癌细胞或脓疮,最终会毁掉地球的生命。这两种认识都是错误的,都低估了地球生命体自创生、自调控的能力。人类是动物中的后来者,其存在与否不影响地球生命体的存在,但人类的进化不是地球生命需要一个主宰者或毁灭者,而是生命的自创生、自循环、自平衡、自调节进化即生命的自主性进化具有智能化的趋向,生命进化出智能使生命的自主性达到一个更高水平,使生命具有更强大的抗御风险、自我保存的能力。人类的进化对于地球生命体而言,相当于手和脑的进化。动物一进化出来,地球生命体就开始了大脑的进化,这一过程经历了数亿年时间后人类又进化出来,这个大脑才开始达到地球生命体自我意识的水平。正如人的大脑所消耗的能量远高于大脑在人体中所占的比重一样,人类在地球生命体中所消耗的能量也远高于人类生物量在地球总生物量中所占的比重,由此或许可以给我们的高消耗带来些许自我安慰;同样,也正如人在成长过程中会犯许多错误,通过错误的教训才能逐步达到思想成熟一样,人类作为地球生命体的大脑,在进化过程中也犯下了无数错误,虽然代价巨大,但还是达到了今天这样较高的自我意识水平,这也是人类可以聊以自慰的。

3. 人类文化是人类的手和脑集成为地球的手和脑的方式,其历史使命是不断增强地球生命体可持续进化安全性的观念。正如人的手的实践能力和脑的认识能力大大改善了人的生存状态一样,地球生命体通过进化出人类这个手和脑,其存在的价值也全在于能改善地球生命体的生存状态。人类迄今所创造的文化是一个明智与疯狂、理性与激情、营养与毒素、真理与谬误的混合物,它反映的是人类文明复杂而曲折的进化历程。从微观看,它是无数的人类个体或群体欢乐与悲苦、平安与灾祸、成功与失败、毁灭与生存的记述;从整个人类历史看,它在适应性进化过程中,不断地去伪存真,汰劣存优,清除不适应性,保留适应性和获得新的适应性,一步步使人类走出了朝菌不知晦朔,井蛙不知天大的局限。在今天,它已进化出了对整个地球生命体的自我意识,认识了这个生命体的过去、现在和可能的未来,认识了它生存的条件、进化的机制和面临的风险。同时,它也进化出了运用巨大物质力量的能力,这种力量既可以破坏甚至毁灭地球生命体,也可以维护这个生命体,使其免遭内外灾难的冲击而更安全持续地进化。这一切都取决于人类文化进化能否清除疯狂和谬误的负面历史遗产,增加更明智、更理性的新基因和新适应性,这也即是地球生命体能否消除"精神分裂症"的"历史基因"而实现心理的、精神的健全。人类文化的进化或地球生命体手和脑的进化、健全指向的是一个三维空间:

一是提高发现和避免来自地球生命体外部空间威胁的能力。近地超新星爆发、小行星和彗星撞击等都会给地球生命体带来严重灾难甚至是毁灭性灾难,提高发现、防止或减少这类灾难的冲击、损害的能力,是人类文化进化的永恒使命。

二是提高发现和消除来自地球生命体内部威胁的能力。人类和地球生命体正面临着物种大灭绝、气候剧变、战争、饥荒、瘟疫等等的现实威胁,人类文化必须在遏止这类威胁的过程中加速进化。

三是提高改善人类和整个地球生命体生存质量的能力。实现人类像宇宙飞船机组人员那样的整体协同,是人类文化进化的核心内容。人类的物质消耗和排放必须限制在地球生命体自平衡、自循环的限度之内和过程之中,人类必须从人口和贪欲膨胀、消费和排放增长、两极分化和内部恶斗转向人口适度、身心健全、社会和谐和生态平衡。

这三个维度是人类文化进化的基本方向,人类在这方面已取得诸多进展,如地外环境对地球影响的天文学研究、避免小行星撞击的研究和地外探测器发射的实践;地质学、气象学对地质、气象灾害的研究和防止地质、气象灾害的实践;生物学、生态学对生物进化、生态保护的研究和实践;社会科学对改进社会结构、改善人类生存状态、建设和谐社会、推进可持续发展的研究和实践等等,都是人类文化适应性进化的体现。

无论人类曾经犯过多少荒唐的错误,现在又如何愚蠢地执迷不悟,文化的变革是如何的艰难,适应性进化的铁律都必将使一切"尘埃落定"!

(二) 复活自然

人口的不断增长,人均物质消耗和排放的不断增长,虽然已付出了全球性污染不断加剧、野生生物栖息地不断收缩、物种大灭绝和气温上升的巨大代价,但仍未能解决数以十亿计的人口的贫困和饥饿问题,地球已滑向人类与地球生命体两败俱伤的凶险趋势之中，人类吃自己身体的自杀性行为不能再持续下去，人类必须逆转地球生命体衰竭的趋势，并在此基础上开辟新的发展道路。这需要我们对地球生命体进行再认识，由于迄今人类的活动空间主要在陆地，我们也将关注点集中于陆地，这需要弄清以下几个问题。

一是需要弄清陆地生物生产的整体性生态机制。

自然界大至生物圈小至森林、草原、湿地等生态系统，都是生物与生物与环境一体化协同进化的生命共同体。生物与环境协同进化也形成了地球水循环机制的具体形式。生物圈的陆地、海洋和大气通过水循环而相互联系，海洋在太阳辐射的驱动下蒸发，使水从海洋经大气通过降雨到达陆地，陆地水一分为二，一部分在重力作用下以液态形式在地表上下流动直至入海，一部分在热能蒸发和植物生长蒸腾的作用下以气态形式返回大气。生态水文学依据水运动的这一自然规律，把陆地水划分为"绿水"和"蓝水"，绿水指的是看不见的气态水，蓝水指的是看得见的液态水。雨水到达地面后即分为绿水和蓝水两部分，同时，蓝水又分为两部分，一部分为地表径流水，另一部分为地下径流水；绿水也分为两部分，一部分为蒸发水，这是未直接进入植物生长过程就被热能蒸发到大气中的非生产性绿水，另一部分是被植物根系吸收，在植物生产过程中蒸腾到大气中的生产性绿水。

在陆地植物生产的全过程中，水和空气中的二氧化碳是必需的两大原料，土壤水使植物的根部潮湿，植物潮湿的根部与干燥的叶面之间存在的水势差和压力差，引起水从植物根部到叶面的流动，植物叶面的光合作用使水分子加快分裂，产生的氢原子与叶面开启的气孔所吸收的二氧化碳进行特殊化学反应，生成生物的基本构件糖分子，同时通过气孔将植物的水分蒸腾到空气中。植物生产将二氧化碳和水转化成碳水化合物构成自身的生物质，同时排出氧气和水汽的过程，还整体调节着地球环境的生物适宜性。

植物的生物生产量、生产性绿水量、降水量三者成正比例线性关系，并构成一个循环模式。内陆植被覆盖率越高，生物生产量越大，蒸腾量即生产性绿水量也越大，降水也越多。反之，植被覆盖不断减少从而植物生产量不断减少，植物蒸腾量也就不断减小，降水也就越少并会更多地成为地表径流流走，降水和水分配模式随之改变，气候也就变得日益干燥。

森林具有制造和肥沃土壤、增加生物量生产、增加降水、实现降水最大化地向生产性绿水转移、调节温湿、稳定径流、涵养水土、繁衍生物多样性和净化环境的整体性生态调节功能。覆盖着森林的陆地,不仅生物生产量和蒸腾量、降雨量大,而且土壤因森林地下根系而松软渗水,地面因森林多层覆盖而使降雨不能直接冲刷,暴雨经森林的层层截留遮护,使降水入渗土壤减少了瞬间强度,增加了时间长度,从而使降水入渗土壤达到最大化,并使地下水得到充分补充,这就最大限度地减少了地表洪水径流。同时,地表实际蒸发速率与空气湿度和地表湿度之差正相关,森林蒸腾使空气湿度大,而多重覆盖又使地表湿度大,从而又最大化地减少了非生产性绿水的蒸发,因而,森林实现了把降水最大化地向生产性绿水、土壤水、地下水转移,使雨季时地表径流不暴涨,将洪水和洪灾降至最低。到旱季时,丰富的土壤水能满足多年生深根植物保持生长和一年生浅根植物完成生长周期的需求,植物在生长的同时又向空中输送大量的蒸腾水;充盈的地下水则在低处河湖渗出补充地表径流,成为稳定地表径流的水源,使河湖水旱而不枯,并向空中输送蒸发水;植物蒸腾和河湖蒸发又形成了内陆水汽循环的降水机制,使旱季时也能比无林陆地有更多的降水。上述过程是森林生态系统将降水最大限度地留存下来,通过时空上的均衡分配、过程中的循环再生,达到内陆降水量的最大化和均衡化、蓝水向生产性绿水转移量的最大化和地表地下径流的稳定性过程。

二是需要弄清天然森林的破坏对陆地生态的严重影响。

全球森林特别是天然森林的大幅减少和森林结构功能的弱化,已使现在的内陆水循环机制大大削弱。目前全球年平均降雨量约为119000km^3(不含降雪特例),其中蓝水约为42650km^3,占37%,绿水约为76350km^3,占63%;生产性绿水约为30000~35000km^3/年,非生产性绿水为35000~40000 km^3/年[①],生产性绿水接近一半,非生产性绿水略高于一半。在全球尺度上,目前海洋蒸发的水汽进入陆地形成陆地40%的降水,另外60%的降水则来自陆地的蒸发和蒸腾,绿水仍构成了陆地一个具有支配作用的水汽反馈圈;如果

---

① 〔瑞典〕Malin Falkenmark Johan Rockstrom:《人与自然和谐的水需求——生态水文学新途径》,任立良等译,中国水利水电出版社,2006年版第26—28页。

海洋水汽途经陆地的距离大于 500~1000 公里,则陆地绿水对陆地水循环的影响比海洋水汽更大,如撒哈拉地区 90% 的降水来自绿水;美国中部地区 60% 的降水来自绿水[1]。前西德年均降水约 825 毫米,其中 340 毫米来自海洋蒸发,占 41%,485 毫米来自国内蒸腾蒸发,占 59%,这 485 毫米中有 371 毫米来自植物蒸腾,占 78% 多,104 毫米来自地面蒸发,占 21%[2],国内绿水对降水的贡献大于来自海洋的蒸发水,生产性绿水更是非生产性绿水 3.5 倍多。由于对非洲西海岸湿润森林的破坏,减少了随风飘移到下风地区的水汽流,带来了萨赫勒地区半干旱稀树草原降水的减少。西非草原曾是野生动植物的乐园,后来变成迁徙性耕作区,但依靠内陆自然植被的水循环机制,降水仍达到离海岸 2000 公里处,现在由于正变成人类的永久定居地,降水离海岸的距离也正在缩小,如果这一地区的蒸发蒸腾消失,降水将退至距海岸 500 公里的带状地域。在上个世纪 80 年代,多数科学家还认为撒哈拉地区干旱的原因是气候变化,现在则认为干旱是引起该地区生态平衡破坏的导火线,干旱引发的人类活动而非干旱本身加速了生态退化,从而导致持续的干旱[3]。

据中国学者研究,在远古时期,中国今天国土范围内的森林覆盖率高达 64%。从黄帝至夏的数百年间,伐木焚林现象出现在所有农区,森林覆盖率降至约 60%。夏商西周时期,农垦和狩猎烧山活动对森林的破坏加重,全国森林覆盖率降至约 51%,但这时黄河仍然较清。至战国末森林覆盖率降至 46%,隋唐前降至 37%,五代降至 33%,清末仅为 14.5%,1949 年时为 12.5%[4],其中原始森林只占 4%,至 2003 年时仅为 1.2%[5]。

森林不断消失改变了中国的降水模式。中国目前年均降水量为 62000 立方千米,相当于 648 毫米,全国年均径流量即蓝水量约为 284 毫米,据此可

---

[1] 〔瑞典〕Malin Falkenmark Johan Rockstrom:《人与自然和谐的水需求——生态水文学新途径》,第 10 页

[2] 王宏昌:《中国西部气候—生态演替历史与展望》,经济管理出版社,2001 年版第 43 页。

[3] 〔瑞典〕Malin Falkenmark Johan Rockstrom:《人与自然和谐的水需求——生态水文学新途径》,第 11 页

[4] 樊宝敏 李智勇:《中国森林生态史引论》,科学出版社,2008 年版第 38—41 页。

[5] 姜春云:《偿还生态欠债-人与自然和谐探索》,新华出版社,2007 年版第 7 页。

算出年均蒸腾、蒸发量即绿水量约为364毫米,占全国年均降水量的56.2%,森林蒸腾量估计占总蒸腾、蒸发量的1/3,即121.3毫米,相当于单位面积森林平均蒸腾量732.9毫米。我国学者据此推算4000年前我国森林覆盖率为60%时,全国平均降水量比今天要高出200毫米①。在分析中国气候和降水模式变化时,中国学者提出了"西伐东旱""东伐西旱""南伐北旱"的规律。

青藏高原是中国乃至亚洲的最大水源地,年降水总量达1万亿立方米以上。每年输送的水有:南亚和中南半岛5300多亿立方米,黄河244亿立方米,金沙江1535亿立方米,河西走廊约68.6亿立方米,塔里木盆地约90亿立方米,同时还向周围地区输送水汽。青藏高原的水汽主要来自印度洋,印度洋暖湿气流从孟加拉湾沿雅鲁藏布江大拐弯北上进入高原腹地后,由于沿途森林破坏,蒸腾水不断减少,送到塔里木盆地南缘的水汽量必然减少。

森林破坏加剧的必然后果是洪旱灾害加剧。中国史书有对洪水的大量记载。公元前2070年至前221年的夏商周春秋战国1850年中,黄河泛滥7次,改道1次,频率为231.25年。公元前221年至公元220年的秦汉441年中,泛滥6次,决口7次,改道3次,频率加快到27.56年,这期间黄河中上游森林消失的速度很快。220年至589年的魏晋南北朝369年中,泛滥5次,频率减慢到73.8年,这期间黄河安流得益于黄河中游地区转农为牧,土地得以恢复植被覆盖。581年至960年的隋唐五代十国379年中,泛滥29次,决口35次,改道2次,频率加快到5.74年,这时黄河中游地区重新退牧返农,森林覆盖率降至不到20%。此后随着森林覆盖率的不断下降,水灾频率不断上升,960年至1368年的宋金元408年中,泛滥145次,决口291次,改道7次,频率为0.92年;1368年至1644年的明代276年中,泛滥138次,决口301次,改道15次,频率为0.61年;1644年至1911年的清代267年中,泛滥83次,决口383次,改道14次,频率为0.56年;1912年至1936年的25年中,泛滥9次,决口90次,改道4次,频率为0.24年②。

与洪水如影随形的是干旱。《通鉴前篇》及金履祥的《竹书纪年》都记载

---

① 樊宝敏 李智勇:《中国森林生态史引论》,科学出版社,2008年版第49—50页。
② 樊宝敏 李智勇:《中国森林生态史引论》,科学出版社,2008年版第45页。

了商代时连续 7 年(前 1766—前 1760 年)大旱。西周历王末年发生连续 5 年(前 858—前 853 年)大旱。《诗经》小雅、大雅中有多处描述宣王、幽王时发生过大旱。春秋战国期间有大旱记载的至少 27 次。根据邓云特《中国救荒史》和孟昭华《中国灾荒史记》收集史书对旱灾的记载,可粗略统计旱灾在秦汉 441 年间发生 81 次,三国两晋 200 年间发生 600 次,南北朝 169 年间发生 77 次,隋朝 29 年间发生 9 次,唐朝 289 年间发生 125 次,两宋 319 年间发生 183 次,元朝 71 年间发生 86 次,明朝 276 年间发生 174 次,清朝 268 年间发生 201 次,民国自 1912 年至 1937 年抗日战争爆发 25 年间发生 14 次。连年大旱在历史上曾造成极其严重的饥荒,如 1876—1878 年的大旱,造成饥民近 2 亿,几乎占全国人口一半,死亡 1 千万以上。1928—1930 年大旱,造成饥民 6 千万人,死亡 1 千万。

4000 年以来,中国的沙漠面积随着森林覆盖率的减少而扩大,4000 年前的沙漠面积约占国土面积 10%,荒漠约占 14%;春秋战国时沙漠、荒漠分别升至约 13%、18%;南北朝时分别升至约 14%、20%;宋代分别升至约 15%、22%;清代分别升至 16%、24%;民国时分别升至 17%、26%;2000 年时分别升至 17.6%、27.8%[①]。

三是需要弄清生态整体性恶化的主要根源。

自农业文明开始特别是工业文明以来,人类走的是一条农林水土气相互分离发展的路子,这条路子走到今天,已使一体化的自然生态系统在全球尺度上发生了重大改变,拥有丰富生物多样性的自然森林、草原、湿地等生态系统,已大面积地被单一化种养的农田、草场、养殖场和交通、水利、工商、城市、乡村建筑设施所取代,从而改变了内陆降水模式和全球气候,形成了全球性空前的粮食、淡水和生态安全的系统性障碍,它突出地表现为以下方面:

生物多样性丧失。今天的农田生物多样性已低于荒漠,严重削弱了生态自平衡能力,造成病虫害失控性爆发,由于昆虫具有极强的繁殖变异适应能力,化学杀虫既不可能全面覆盖目标昆虫,而且所覆盖的也会有一部分很快会产生适应性变异或适应性避食而存活繁衍开来,其他益虫、天敌则因繁殖

---

① 樊宝敏 李智勇:《中国森林生态史引论》,科学出版社,2008 年版第 51 页。

变异速度慢而陷于灭绝之境,从而陷入农田病虫害肆虐、药物施用量增加、环境污染加重的恶性循环。

物质循环链断裂。以农产品形式取之于农田的物质在消费后未返回农田,造成农田物质循环链断裂而丧失了可持续生产力,用化学肥料替代断裂的环节,既造成了日益严重的化学污染,又加剧了资源短缺和土壤结构破坏,加上草本作物在一年中有几个月时间使土壤裸露,从而又造成了遍及全球的水土流失和土壤持水能力下降。

生态系统发生逆向演替。农业在全球选择引进高产作物品种,使适应本地环境的品种不断被外来品种取代,既使农业管护技术和成本大大提高,又增加了外来物种入侵、本地物种灭绝的风险,加上人类有意清除与农作物争空间的植物、吃农作物的草食动物和与人类争食的肉食动物,从而造成了空前规模和速度的物种大灭绝,使生态系统发生逆向演替。

生态恶化连锁反应。农田大规模取代森林,使以森林为生境的所有生物面临灭绝,并严重削弱了内陆水汽循环机制,蒸腾减少导致降水总量减少,雨季时的降水因土壤持水性差而大多变成洪水径流流失甚至成灾,旱季更加干旱缺水,使农业越来越依赖于地下水和工程蓄水,在失去了森林降水和土地涵水之"源"后,水利工程蓄水有限而非生产性蒸发畅通无阻,加上地下水过度抽取导致旱季时缺水补充而干涸,而化肥农药和工业、城乡居民生活污物的排放又使地表水甚至地下水遭受污染,从而使水短缺更加雪上加霜。

气候恶化的重要源头。森林是吸收二氧化碳的重要碳汇,虽然农作物也吸收碳,但要远小于耕作过程中使用化肥农药机械电力等的碳排放;土壤能以有机物的方式储存碳,这些有机物能给植物生长提供营养、改善土壤肥沃程度及水的运动,据联合国环境规划署 2012 年 2 月的一份报告,仅地球最表面一米的土壤就能储存 2.2 万亿吨碳,是目前大气中储量的 3 倍,泥炭地含有土壤中 1/3 的碳,由于城市开发、不可持续农业和林业等行为分解土壤中的有机物,有些碳被转化成二氧化碳,成为气候变暖的主要源头之一,19 世纪以来,土壤和植被中的 60% 的碳流失了,目前泥炭地的流失就造成每年超过 20 亿吨二氧化碳排放。如不改变土地利用方式,仅发展中国家 20% 的森林、泥炭地和草场将在 2030 年前失去关键的生态系统作用和生物多样性。

大大增加了经济社会和环境成本。天然生态系统的自循环产出不费人类的分文,这种循环被打破后用大量的物质能量来人为替代,必然要大大增加经济社会成本并加剧资源短缺和环境污染。同时,单一性农作物和牧草的替代及物质能量的大量投入,从短期看,会增加农田牧场的产出从而提高人口承载力,但随着人口的不断增长和环境压力的不断增大,农田牧场增产的短期效应会随着水土流失、地力衰退、环境恶化而停滞和下降,从而不得不断地开发成本更高、收益更低、生态更脆弱的边缘化土地,使森林草地不断退缩,与此同时,城市的规模效益也会因资源短缺和环境恶化而下降,这就使整个社会逐步陷入不断加大的人口膨胀和环境恶化、资源短缺的压力之中。

四是需要弄清只有重建农林水土气一体化森林系统才能复活自然。

尽管现代人类走了一条将降水最大化地向蓝水转移的路子,但蓝水仍只占全球降水37%,其中不可利用的暴雨径流又占了降水的27%[1](占蓝水总量的75%),可利用的仅占10%,蓝水又是淡水生物的生境,人类不能取尽用竭,按中度风险的标准,应留一半以保持河流径流稳定从而保护这一生境,人类可取用的水就只剩下5%,不到6000 km^3。瑞典科学家经过各种折算,到2050年全球仅生产食物就需水12600km^3/年[2],是目前全球直接取用蓝水总量约4000km^3的3倍多。如果再考虑全球陆地年均降水量的变动幅度,现实中的降水量从来不是以平均值而是以偏离平均值出现,目前全球年平均降水量的波动幅度总量达12500km^3/年,其中陆地表面雨量波动为9500km^3/年,是全球目前人类利用蓝水约4000km^3/年的2倍多,相当于人类可直接接近的约12500km^3/年的蓝水总量[3]。全球变暖将加强全球大气环流运动从而加剧这种波动,这就可以得出一个肯定的结论:只盯着蓝水将看不到未来的出路,未来的粮食、淡水和生态安全将有赖于重建农林水土气一体化的森林系统。

---

[1] 〔瑞典〕Malin Falkenmark Johan Rockstrom:《人与自然和谐的水需求——生态水文学新途径》,第70页。

[2] 〔瑞典〕Malin Falkenmark Johan Rockstrom:《人与自然和谐的水需求——生态水文学新途径》,第55页。

[3] 〔瑞典〕Malin Falkenmark Johan Rockstrom:《人与自然和谐的水需求——生态水文学新途径》,第32页。

所谓农林水土气一体化系统,是指它既是一个农产品多产高产的农业系统,又是一个拥有丰富生物多样性和健全生态调节功能的森林系统,也是一个增加内陆降水并将降水最大化向生产性绿水转移的水利系统,还是一个制造和肥沃土壤的土保系统、增加碳汇的气候稳定系统,因而是一个农业、林业、水利、土壤、气候的整体性生态系统。这个系统有以下四大基本特征:它是一个生物多样性互利共生形态,具有生态系统自调节、自循环、自平衡功能,能为人类提供多样化食、用产品,与当地自然环境相适应。

生物多样性是生态系统健康的关键。多样性的植物、动物、微生物组合成一个互利共生、具有自然生态系统自调节、自循环、自平衡功能的生态系统,是农林水土气一体化系统的普遍形态和功能。多样性的植物包括深根和浅根、木本和草本、适阴和适阳、多年生和一年生、地面果和地下茎等多种植物,它们相互补益的组合能达到充分利用当地自然资源,能最大化地生产人类所需的多种生物产品。把多样性的相互补益的植物和植食、肉食、腐食动物及微生物组合成一个准自然系统,不仅可以常年收获,多产高产,而且可以把系统中人类不能食用和其他难以有效利用的植物、昆虫、鼠类、残物等转化成人类可以食用、利用的肉类、菌类、肥料,并通过这种转化过程不仅实现系统的自循环、自平衡,而且使循环得以加快,产出得以提高。这个系统的所有生物都具有与本地环境的适应性,而不是需要人工的精心呵护才能生存,因而在它形成后,就能自我制土、施肥、给水、抑虫、平衡、循环,能"自己照顾自己",所需的外部物质、能量、技术投入和人工管护成本很低[1]。

这种农林水土气一体化系统实质上就是对自然生态系统的模仿,是自然生态系统的缩影,是立足于持久效率和信赖自然能力的农林牧业。这种模式目前当然还远没有达致完善和普及,但从热带森林到半干旱草原,从种植到放牧都在实验,并成效显著。如热带森林中斑块状模拟丛林多样性的多年轮作种植,其产出的食物高出同地域等面积畜牧场产量的几个量级[2]。目前绝

---

[1] Paul Hawken Amory Lovins L. Hunter Lovins:《自然资本论——关于下一次工业革命》,王乃粒等译,上海科技普及出版社,2000年版第245—252页。

[2] [美]查尔斯·哈珀:《环境与社会——环境问题中的人文视野》,肖晨阳等译,天津人民出版社,1998年版第223页。

大部分南部非洲半干旱稀树草原农田产量每公顷只有 1～2 吨,小农户的产量只有 0.5 吨,在相同水文条件下,实验站的主要粮食产量可达 5～6 吨,更高的可达 7～8 吨,甚至 10 吨[①]。

原住民创造的各种农林水一体化模式仍有宝贵的示范价值。2010 年,中国西南部分地区遭受百年不遇的大旱,哀牢山脉的 20 多万亩梯田却再创丰收的奇迹,有着约 1300 年历史的哈尼水稻梯田之所以洪旱不惊,保持着长盛不衰的生命力,根本原因是山的上部是茂密的天然森林,森林之下是村落,村落之下是梯田,等高线上的层层梯田也是层层的蓄水工程,森林保护着土壤、涵养着水源,土壤水和地下水源源不断地下渗,与森林蒸腾和红河水蒸发的气态水形成的湿雾和降水循环一道,使这里长年土壤湿润、溪泉长流。如果是梯田到顶,森林全无,那就早已山穷水尽,土崩石出了。同时,村中的人畜粪便和有机垃圾集中在大池中发酵,所产生的肥水直接且均衡地流入梯田中,这就构成了一个物质循环链,使取之于农田的物质能返回农田,而不需要施用化肥。即使是人工造林也有明显效益,上个世纪 70 年代末至 80 年初,非洲撒哈拉沙漠以南边缘地带伐木为薪,导致严重的干旱化和沙漠化,80 年代中期以来,尼日利亚的部分农民开始植树造林,现在每公顷土地上已有 50～100 棵树,使 300 万公顷土地恢复了绿色,25 万公顷土地再度耕种,沙漠重新变成绿洲,降水量增加了 10%～20%,现在谷物产量比 20 年前增加了 20%～80%,蔬菜产量是原来的 4 倍[②]。

中国的湿润地区占国土面积 32%,干旱地区占 31%,半湿润地区占 15%,半干旱地区占 22%。共占 37% 的半湿润半干旱地区建设农林水土气一体化系统具有巨大的潜力;湿润地区平原除有条件发展蓝水农业的外,其大量的荒山荒丘或退化的残次林地有许多地方可以建设农林水土气一体化系统。只要做好科学规划并分步分类实施,就可以使现有湿润地区的丘陵荒地、生态功能退化的人工林地、退耕还林的适宜土地、半湿润半干旱地区的"旱地"变成适应当地环境的多样化的木本粮棉油果药等植物系统,形成生物

---

① 〔瑞典〕Malin Falkenmark Johan Rockstrom:《人与自然和谐的水需求——生态水文学新途径》,第 127—128 页。

② "植树改造沙漠使非洲粮食增产",新华社《参考消息》,2006 年 10 月 28 日。

多样性自平衡、自循环的生态功能,增林增土增水并使降水最大化地向生产性绿水转移,增加对内陆地区的水汽输送,就能大大改善中国的生态环境,大幅度地提高粮食产量和经济产出。当上述农林水土气一体化系统形成稳定的多产高产能力后,再对现有可灌溉耕地的化学农业模式进行改造,使之逐步向农林水土气一体化系统转换,形成自平衡、自循环的能力,直至消除化学农业的弊病。达到上述目标,不仅中国的粮食、淡水的安全可望无虞,农民增收渠道大大拓宽,而且生物资源的种类和总量将大大增加,生态环境的整体质量也将有根本性的改善,人与自然和谐发展就有了牢固的基础。

(三)社会变革

复活自然最终还要有人口的适度和人类社会的和谐,这只能是通过社会的变革来实现。

今天的人们都在为各种问题而焦虑,年轻人焦虑就业,中年人焦虑失业,老年人焦虑养老保障,穷人焦虑无隔夜之粮,富人焦虑无安全之港,人口学家焦虑老龄化,经济学家焦虑经济增长乏力,社会学家焦虑贫困人口增加,政治学家焦虑体制危机,企业家焦虑资源价格上涨、市场疲软,环境学家焦虑气候变暖、资源枯竭,生态学家焦虑贪欲无度、物种灭绝,哲学家焦虑价值观失落、人与自然失衡……所有这些人们所焦虑的问题都不是孤立的,而是相互联系和相互作用的,如果没有整体性思维和全人类的协同机制,就不可能得到根本性解决。

全球化和信息化的高速发展,不仅使得全球社会相互依存度日益加深,一国的政治经济变化会对全球有迅速的传递扩散效应,而且人们之间的信息联系不再有空间距离的阻滞,从而使个人和少数人也能获得挑战权威、传统、政府及一切想挑战的东西的超级能量,与此同时,新技术和新工作的替代频率大大加快,市场变化和未来前景都变得更加难以捉摸,传统的就业岗位、就业方式正在迅速消失,这种变化不仅是前所未有,而且常常是从静如处子到动如脱兔般的突如其来。正因为如此,人们对于这种正在发生的巨大变化反应迟缓滞后,没有认识到这既提出了全球社会变革的紧迫要求,也提供了这种变革的强大动力,而是固守传统的社会利益结构和两极对立的思维方式,从而使社会陷于动荡、人类陷于焦虑之中。

任何国家都不具有独立应对今天的环境问题和社会问题的能力,因为这些问题都已全球化地关联、信息化地传递了。历史的经验和教训以及科学和哲学的揭示都表明:社会的健康发展既要有活力又要有稳定,既要有自由又要有节制,既要有差异又要有平衡,既要有竞争又要有协同。但是,两极分化的社会结构和两极对立的思维方式只会引向灾难,资本主义制度是灾难不是前途,人类只有通过全球性的社会变革和思维方式变革,才能为可持续发展开辟道路,才有光明的前途。从社会的现实出发,在一个相当长的时期内,社会变革需要重点解决好以下突出问题。

一是推进教育变革。

人在很大程度上是教育的产物,在自给自足的农业社会中,由于家庭承担着农业种养技术的传承,工匠承担着非农技艺的传授,学校则侧重于文化、历史、社会秩序和人伦的教育,这种教育模式适应了这一时代的需求并维系了社会的有效运行。

在市场经济社会中,传统的大家庭及其相关职能解体,家庭教育退至生活常识领域,几乎所有专业、技艺、知识性教育都转向了学校。由于分工和市场竞争的推动,学科、专业知识增长迅猛,分工日细,使得教育越来越偏重于科学技术教育,人文科学的基础教育则被边缘化,伦理学、心理学、历史学这些重要的基础学科则几乎退出了基础教育,一个人从幼教开始,直至硕士博士毕业,经过漫长的20多年的学校教育,仍只是在某一个狭小领域成为具有一定专业知识的人,在其他众多知识领域仍然是一个"盲人",这不仅使得人们在复杂的自然和社会整体面前,都不可避免地陷入了"盲人摸象"的片面认识之中;互联网为人们展示了一个信息海洋,但信息不能替代科学,不能替代读书,不能替代思想,更不能替代现实,有信息而无科学鉴别能力、无思想统驭能力、无实践检验能力,就只会乱花迷眼。现在网民越来越多,但读书的人却越来越少,许多人日夜坐着忙于上网,走路忙于接发短信,自以为"知天下",而实则对现实的认识更肤浅、片面、极端。结果是人人"知天下",却人人都在各种危机面前变得"集体无意识"。尤其是青少年,由于没有较全面的知识基础,没有较坚实的理论思辨素养和社会实践历练,网络的驰骋很可能带来精神的沉迷,甚至直把虚拟当现实、游戏当人生,以至连做人的基本道德和相互理解的起码移情能力都丧失了,人变得极端自私、偏执、任性、冷酷、残忍、暴虐,可以因一言不合而拔刀相向,因蝇头小利而杀亲毁家,这些人虽然只是少数,但对社会的影响却很大,它加重了人们的焦虑感和对社会的疏离感、冷漠感,就更不要说对自然有何兴趣和情感了。

要解决好自然和社会问题,首先要解决好人自身的教育问题。必须充分认识到基础教育、社会教育和终身教育的重要性,并使这三者紧密地结合起来。基础教育必须解决好如何做一个身心健全并有益于社会、有益于人类、有益于自然的人的问题,这个问题解决不好,整个教育都是失败的。要解决好这个问题,就必须以可持续发展为指导,创新生物学、生态学、伦理学、心理学、历史学、社会学、哲学、法学、科技知识教育,使所有的人都具有生态意识、移情能力、身心自我平衡能力、道德勇气和社会责任感。生态、移情和道德教育必须从初等教育起步,上述学科知识教育要成为中等教育的主要内容,大学基础教育仍需使这方面教育的进一步提升,进入分科专业教育时生态学教育仍应是必修的内容。基础教育还必须有接触了解自然和从事工农业生产劳动的实践教育,基础教育的目标,是使人获得最基本的自然与社会知识,获得自主生活、学习、独立思考和处事的能力,为使人成为身心健全、有益于社会、人类和自然的人打下基础。

社会教育要充分利用网络、电视、报刊、书画媒体,以鲜活的自然和社会实例及生动的理论述评、全球可持续发展理论与实践展示、生态环境和社会问题新闻、科技知识及其在生活中的应用等形式,使所有的人都能及时地了解社会和自然的动态,增加现实和历史知识,更新理论和应用方法,增强责任担当和创新意识。但是,现在的社会教育却严重脱离了现实生活和发展需求,人们很难通过媒体较全面地了解我们的城市、农村、厂矿、市场中各类群体的真实生活,很难较全面地看到我们的田野、山林、河湖的真实现状。我们虽然生活在信息化时代,但社会沟通和与自然的接触却存在着大量的无形藩篱和信息空白。而泛滥于媒体中的胡编乱造、炫富媚俗、争强斗狠、尔虞我诈、猎艳窥私、无病呻吟、趣味低下、视腐朽为神奇的文化垃圾,与现实生活和时代的需求都是南辕北辙,不仅是浪费了宝贵资源,使无数人的时间被这类无聊的闹剧所消耗,而且误导了青少年,成了心理变态和社会犯罪的一个刺激源。社会教育也是终身教育的重要形式,终身教育是专业知识纵向更新和横向拓展的重要渠道,是人全面发展的必需。

基础教育、社会教育和终身教育,都不只是知识、信息的"灌输"性教育,而且还是成年人以身作则的"示范"性教育。如果所有的成年人,特别是父母长辈、学校教师、管理精英、各界领袖等都以平等尊重、诚实正直、公平正义、勤奋热情、清廉节俭、遵纪守法、谦和礼貌、助人为乐、理智负责等道德言行为自己的孩子、晚辈、学生、部下、信众提供示范,"灌输"性教育就能收到事半功倍之效。反之,如果"示范"性教育言行相悖,"灌输"性教育的效果就必然是事倍功半。当今社会的道德水准大幅下滑,既与"灌输"性教育的偏差有很大关系,美言恶行、丑闻频频的"示范"性教育更是难辞其咎。

上述问题的出现,虽然有更深层的社会原因,但就教育而言,基础教育、社会教育和终身教育还必须解决好一个基本问题,这就是:教育者必须为人师表,受教育者必须有推理、辨析、批判精神,教育者、长辈、社会精英要有良好的品行,被教育者要有识别、批判教育者和所有人不良言行的能力。因而,教育必须注重培育受教育者成为有自我教育能力的人。仅靠"灌输"性、"示范"性教育,永远都是不够的,都是有这样或那样的偏差的,要消除这种不足和偏差,就必须使每一个人通过教育、学习和实践,受到严谨的哲学和科学方法训练,能够从广博的知识联系和社会关系中,深刻地认识、理解道德的重要性,懂得道德不是哪个人或哪个社会"杞人无事忧天倾"地编造出来的,不是用于自我压抑、自我禁锢的东西,而是天人和谐、社会协调、人类互动所必需的规范,没有它,人们之间就会陷于混乱的无休止的冲突之中,社会就不可能存在下去;懂得道德也是适应性进化的,一个有批判精神和自我教育能力的人,是对道德与社会、自然的关系有整体性理解,对传统和流行道德有扬弃、创新力,对恶德有抵制、免疫力,对美德有趋近、坚守力的人。这样的人越多,社会的道德水准就越高。

必须把教育公平作为社会公平的一个重要支柱。一个文盲半文盲众多和基础教育不足的社会,是不可能实现社会公平、社会和谐和与自然和谐的,国家应在经济发展的过程中，逐步增加普及义务教育的时间长度，同时，要建立全社会的教育救助机制，使一切优秀人才不会因为经济困难而失去升学深造的机会。

二是推进公平正义。

资源短缺、环境恶化，使民生问题不可能走不断做大蛋糕，少数人得"火腿"，多数人不失去得"香肠"希望的老路了，这条老路是建立在地球资源无限和环境容量无限基础上的。一个有限的系统只能支撑有限的物能消耗和排放，以不断增长来安抚穷人只能是水中捞月、画饼充饥。既然这样，公平分配就是必然的选择。公平包括万物公平和社会公平两层含义：

万物公平。地球是万物共生的生命整体，而不是供人类占有、施虐的对象，当这种占有、施虐造成物种大灭绝，从而危及地球生命整体的安全时，人类对地球所施加的影响就必须大幅度收缩，人类的空间占有和物质消耗与排放，必须收缩到万物都有可持续生存进化的空间、可持续利用的资源和污染在环境自净的容量之内。

社会公平。实现万物公平必须有人类社会内部公平的前提，如果人类不能实现自身物种内部的公平，就更不能设想有实现万物公平的可能，地球既然不是供人类占有、施虐的对象，就更不应是供少数人占有、施虐的对象。人类物种内部公平和万物公平的统一，是逻辑的一致性和彻底性的必然结论。

社会公平既不是要消除人与人之间客观存在的先天遗传和后天主观努力的差异、差距，这种差异、差距永远都是存在的，而且正是由于这种差异、差距的存在，才会有人世间的多样性和丰富性；也不是要无条件地向穷人送钱，不是干与不干一个样，干多干少一个样。社会公平所应当并且也能够消除的是私人、阶级、阶层、地区、国家、企业、行业资源占有的极不平等，人的自然差异不会很大，但人的资源占有却会因社会原因而差距很大，社会必须通过实行一系列的公平机制与激励机制相结合的途径去消除这种不平等以实现社会公平。消除这种极不平等的有效途径要从两个方面开辟：

其一是社会必须确立从资源占有最大化转向效用最大化的可持续发展战略。满足人类身心健康和全面发展的物质需求是物质的效用而不是物质的占有，少数人占有最大化带来多数人获得效用的最小化，对一个物质消耗和排放超限的系统来说，其后果是毁灭性的。要避免这种毁灭性后果，唯一的选择是回到限度之内，以最小的物能消耗和排放，实现效用和服务的最大化，例如，城市住房由购买转向租赁，由投资品回归民生必需品，就能实现城市住房效用的最大化，就可以消除富人屯房的巨大资产闲置浪费和投机牟利行为，而穷人却只能成为陋室房奴的巨大不平等。凡私人占有而实际利用率很低的一切耐用消费品，都可以通过转向租用制以实现效用的最大化。

其二是要推进社会就业和收入分配从资本增殖的工具，转向各尽所能，各得其所的改革。在传统的雇主与雇员的劳动关系中，前者是资源的支配者，后者不仅不支配资源，而且被资源的运动所支配，成为雇主逐利最大化的工具，因而才会出现富者愈富，穷者恒穷，收入差距拉大到动摇民生之基的问题。在资源由私人占有最大化转向效用最大化后，富人所需的效用和服务很容易得到满足，其财富积累到一定程度后就成为多余的了，富人逐利的动机就会趋于消失，这时企业以股份的形式转向企业员工所有制或社会所有制，雇员成了企业的主人，少数雇主的动力就转换成多数雇员或社会劳动者的动力。与此同时，国家创新和完善教育、医疗、住房、失业、养老等社会保障制度，激励要素流动、自主创业、按能就业、公平分配，通过征收高额累进所得税、遗产税和严格监督权力运行等制度，切断财富向少数人集中和向权力交租的通道，民生问题就能从社会和谐和与自然和谐的整体性和谐中获得根本性解决。

三是创新社会管理模式。

现行的社会管理模式不能导向可持续发展。在一个私人逐利最大化的社会中，议会民主制的党派竞争，选民投票机制，使总统、议员追求的是选民和各自所代表的利益集团的当前或近期利益，这种利益如果与其他利益如国家整体的和长远的利益、人类整体的和长远的利益发生矛盾时，则牺牲的总是后两者，尤其是最后者。其局限性至少有三：

首先，它只谋求自身看得见的利益。它以简单多数为原则，简单多数不能与真相、真理、整体和长远利益画等号，真相、真理、整体和长远利益往往最先为少数人所认识，多数人由于受知识、信息所限而不理解，或受偏见、既得利益羁绊而拒绝。偏见与智力不足有关，民主进程依赖于这样一个假设，即公民(至少是大多数公民)能识别最合适的政治候选人和最好的政策主张,但新的研究结果并不支持这一理念。美国康奈尔大学心理学家戴维·邓宁领导的一项研究显示,遗传因素导致缺乏竞争力的人没有能力判断别人的竞争力强弱,也无法判断别人观点的质量。任何有关政治候选人的信息和事实,都不能改变许多选举人无法做出正确评价的情况,人们很难接受特别聪明的观点,因为大多数人的智力不足以识别这些观点有多么聪明;人们没有能力进行自我判断,也缺乏判断他人技能的能力,对他人竞争力的判断力尤其差;无知的人对候选人和他们的主张最缺乏判断力,所有的人都存在某种程度的无知。德国社会学家马托·内格尔最近用计算机模拟民主选举,获胜的总是那些领导能力稍强于平均水平的人,他认为,民主很少或从来不会选出最好的领导人,它相对于独裁或其他形式的政府,好处仅仅是有效地防止了那些低于平均水平的候选人成为领导①。

其次,它是高成本低效率的。在涉及利益分配时,议员们为了各自所代表的利益集团的利益所进行的议会博弈,充斥着无理性、无智慧、无休止、无结果的争吵。由于它追求的只是自身的短期利益,而不是整体的和长远的利益,对应尽的国际义务和责任更是表现得"为富不仁",如在涉及承担为防止气候变暖而减少二氧化碳排放、向发展中国家提供资金技术援助等应尽责任时,缺乏与国际社会共同遵循公平与可持续原则的起码良知。美国的生态学者们在生态环境研究领域所作出的贡献令世人钦佩,但美国一些政客的表现却令美国汗颜,连美国前副总统阿尔·戈尔对老布什政府在1992年里约热内卢召开的联合国环境与发展大会上的表现都深感羞愧:

"尽管布什政府决定不要达成任何旨在致力于实际行动的协议,可是在增进国际社会对全球环境危机的真实性质的关切方面,地球首脑会议仍然标志着这条漫长奋斗道路上的一个历史转折点……但若说地球首脑会议对整个世界来说是成功的,我国在那里却经历了一次严重失败。在历史的这一关键时刻,全世界都要求并热望美国挺身出来领导,提供远大的眼光,可我国在里约大会上却惨遭奚落冷落……可惜布什政府坚持要求我们的代表团为很多毫无意义

---

① "研究称选举通常使中庸者获胜",新华社《参考消息》2012年3月1日。

的主张争论不休,这种做法实际上就保证了任何有效的决定都无法获得通过……布什政府自己的研究表明,我们很容易达到这样的目标(指把2000年二氧化碳排放量降到1990的水平——作者),几乎无须强制,只靠自愿就行了。即使如此,布什政府还是威胁要破坏整个大会以防止这样的目标获得通过。"①

再次,它撕裂而不是整合社会。党派竞争实质是利益集团为各自利益的竞争,几乎所有实行"民主制"模式的发展中国家和地区,其社会都被党派竞争所撕裂,两极分化、社会腐败也未能得到遏制。发达国家的党派竞争同样不利于社会整合,仅以2008年爆发的美国次贷危机和现在还在蔓延的欧债危机为例,美国和欧盟的一些国家背负巨额债务和失业率高企,不减赤还债就面临着违约的风险,但要减赤还债,就要增税节支,如何增税?如何节支?如何既增收节支又增加就业?这需要从国家和全民的整体利益来统筹安排,但党派斗争使他们难以达成共识,一些政客就干脆到国外去找替罪羊,国内民众就只能以罢工、街头抗议的形式来表达不满,而国际政治、经济、贸易、汇率更因此而蒙受无妄之灾。

这样的管理模式是民主的异化,它把民主异化成了政客们的玩物。在这样的管理模式中,不要说全人类利益整合不起来,国家的社会利益整合不起来,就连一个族群也会被分裂成不同利益的小群体。这样的管理模式不适应全球化和可持续发展的要求,它必须创新。创新社会管理模式是一个大课题,这里不去细加探讨,而只是提出一些原则性设想。

第一,要通过联合国平台,在全球规模和国际法层次上确立普适性的生态公平、国家安全、公民自由、社会平等、人权保障、国际正义、发展可持续等最高原则。由联合国安理会行使监督各国实施最高原则的权力。同时,各国根据自己的国情,把这些最高原则具体化到本国的宪法中。

第二,各国根据自己的国情,创新自己的社会管理模式。好的社会管理模式应当是能实现权力与责任的统一、利益与贡献的统一、自由与平等的统一、民主与集中的统一、公平与效率的统一、当前与长远的统一、局部与整体

---

① [美]阿尔·戈尔:《濒临失衡的地球——生态与人类精神》,陈嘉映等译,中央编译出版社,1997年版第3—6页。

的统一的模式。这些都需要一系列配套的法律和制度来保证。行使管理模式设计、调整和监督实施的是国家和地方的最高权力机构,它应由社会各界民主推荐、选举产生。

第三,社会管理者不是来自选战拼杀中的胜出者,而是来自社会的"贤能",选拔社会贤能需要建立一套能够保证社会各层次的管理者都是从实践中产生的既受到民众信任尊重又有业绩证明具有决策和协调能力的人。社会管理者在相应的法律和制度框架内行使社会管理的职能,他们由相应层次的权力机构任命、监督和罢免,同时还接受全民的参与和监督,他们只负责社会的协同、高效运作,而不代表任何利益集团的利益。

概而言之,新的社会管理模式构建,是民选代表进入权力机构和监督机构,社会贤能进入管理机构,全民按有序化规范参与监督和管理,是充分利用信息化技术和社会资源,通过全民有序互动实现社会公正、透明、协同、高效、可持续发展的管理模式,而不是为民主而民主的民主异化模式。

四是推进全球利益协同机制的创立。

只有建立起全球利益协同机制,把地球、国家、组织、个人的当前、长远和后代人的利益紧密地结合起来、统一起来,才能为地球飞船提供可持续的动力和制衡机制。我在拙著《全球关注:生态环境与可持续发展走向》(江西人民出版社2006年版)一书的最后一章中,提出了建立全球协同的利益实现机制的设想,其基本要求是:

首先要确立公平原则。这是社会和谐和与自然和谐的基础,实现公平原则的关键是实现权责利三者的统一:生物圈的万物协同共生性质,决定了任何国家和个人都无权多占有、消耗和排放,其实现的办法是在地球可持续承载的极限之内确定各类物质可消耗和排放的总量,每个人得到一个人均份额;每个国家按本国人数乘以人均量得到一个本国可用于生产生活的分量指标;这个全球总量和各国分量指标,除出现总量指标超出地球可持续承载极限的情况外,一定若干年不变,即不因各国人口生育率的高低,人口数的增减而进行增减的调整,在这期间,各国要想实际人均资源的消耗与排放高一点,生存空间宽松一点,就必须节制生育,否则,实际人均资源的消耗与排放就只能低于全球的人均水平。权利和责任必须是统一的,各国和所有人在享有平等权利的同时,还必须承担起保护资源环境的责任,其普遍责任是共同负有关心、监督和维护地球的生态安全的责任,其特殊责任是负有维护各自国家可持续性的直接责任,并也因此而获得相应的回报,使关心、监督和维护地球生态安全的行为获得足够的动力。

第二是要遵循效率原则。这也是公平原则的落实,实现效率原则的办法是:建立起各类资源环境的价格和各类物质消耗、排放指标的价格两大类价格体系,各国所得的消耗和排放指标可以通过国际市场进行交换,以相互调节余缺,实现全球的供需平衡;指标交换的获利者主要是各国,以激励指标的节约;资源环境交换的获利者主要是所在地,这是对资源环境保护、修复补偿的激励;人口国际间的迁移是携带人口资源消耗和排放指标的迁移,以激励人口在全球的流动和均衡分布;社会推进从私人占有制向社会享用制的改革,实现以最小的物质消耗与排放达到效用与服务的最大化享用,个人可以因社会贡献不同而获得有差别的效用和服务,但却不会导致资源、财富占有的两极分化。在公平原则和指标稀缺性的压力之下,各国只有竞相制定各种激励制度,以刺激本国降耗减排、提高资源生产力和资源效用服务最大化,来实现生态安全水准、国家文明水准和公民福利水准的不断提高,这将有力地引导科技研发、生产工艺、企业组织、资源流动、社会结构朝向可持续的方向发展。

第三是要坚守正义原则。这是公平和效率原则的保障,实现正义原则的办法是:建立地球可持续法,平等地赋予所有生物的生存权、人类的人权和国家的主权,所有国家根据自己的国情制定与地球法一致但更为具体的国家法,任何国家都无权按照自己的国家法去干预他国的事务,某个国家如发生地球法所赋予的生物生存权、人权遭受侵犯事件,其他国家可以按地球法的标准而不是自己的国家法标准进行非暴力的干预,除联合国安理会授权外,任何国家都无权对他国进行暴力侵犯,违者以反地球罪或反生命罪、反人类罪、战争罪、破坏环境罪等论处。地球的安全性既要求实行全面的有效监督,又必须彻底消除战争,消除任何国家的霸权主义。

更详内容此处不赘,这里要谈的是为推进全球利益协同机制的创立所需要的国际政治经济环境。

联合国的成立使人类第一次有了一个世界性的对话、协商、协调的机构，这应是人类政治和文化适应进化的一个显著标志，但是，联合国建立60多年来处境尴尬，有些决议被强国集团盗用、曲解而成了对主权国家进行肆意干涉甚至发动战争的"依据"，有些决议被强国集团抵制而变成一纸空文，有些重大而紧迫的国际事务则因某些强国集团的政府受某些利益集团的操控而无法形成决议，还有某些强国集团干脆撇开联合国直接向主权国家开战或袭击，凡此种种都表明，当今世界的国际政治严重落后于可持续发展的要求。

西方列强不是把自由、平等、民主、人权当成普世价值在全球宣扬和推行吗？这是说所有的人都像自己一样平等地享有这种权利吗？如果是，那他们为何到处用干涉主义甚至战争去剥夺别国别人的这种权利呢？如果不是，那它又如何能成为普世价值呢？欧洲伟大的启蒙思想家们提出的自由、平等、民主、人权思想即使具有普世价值，却也很不幸被西方列强的"狗哨政治"（狗哨是澳大利亚牧羊人呼唤牧羊犬使用的一种高频口哨，其声音人听不到，只有牧羊犬能听到。1997年前后，开始在澳大利亚政界流行，意思是政客们表面说一套，背后的真实含义却只有少数目标人群才能领会——作者）变成了欺世盗名的谎言、干涉主义的理由和战争的诡道。文明社会中自私的人类已经把撒谎变成了一门艺术，某些人所谓的政治艺术、外交艺术、公关艺术、礼貌艺术等，都不过是用谎言来制造诚实假象的艺术。

西方列强口头上忠诚于自由、平等、民主、人权的普世价值，骨子里却从未改变老殖民主义者的西方中心主义思维方式和主宰世界事务的行为方式。在他们的视野中，只有西方的政治、经济、文化才是成功的，其他都是失败的，如果谁胆敢有异议或做得更成功，他们就会把谁视为"挑战""假想敌"，就要不择手段地去使之"妖魔化"，必欲除之而后快，软杀硬打无所不用其极。美国是近代史上扩张主义的典型，它所谓的普世价值只不过是为其霸权利益服务的工具而已，它随心所欲利用这个工具去扶持一个个独裁统治者镇压本国的反对派，或支持一个个反对派发动内战去颠覆一个个政权；它国内人权记录劣迹斑斑，国外人权罪行罄竹难书，为了逃避惩罚，它拒绝签署大多数人权条约，却又到处挥舞人权的大棒去干涉别国的内政。美国的《独立宣言》和《宪法》对18世纪来说，无疑显示了其缔造者的历史性勇气和进步理论，但对于今天人类所面临的全球性问题和美国想充当的世界领导者角色而言,它无疑又是原始的,与时代要求差得太远,它使美国后来在许多方面都走向了迷途,正如英国著名学者赫·乔·韦尔斯(1866—1946)曾指出的那样,按一般的标准,美国的普通教育水平算是高的,但按可以达到的水平而言,美国还没有教育;出版自由由于出版界与广告商发生了关系,自由的出版事业就可养成气质上的贪心,大报馆的业主就可变成民意的蟊贼和良好的新生事物的无情破坏者;粗糙的选举方法使"他们的政治制度成了巨大的政党机器玩弄的牺牲品,剥夺了美国民主政治的自由的一半和政治灵魂的大部,政治变成了一种交易,一种很卑鄙的交易;清高能干的人,在最初的伟大时期之后,脱离了政界而专心于从事'商业',国家的意识衰微了。"①

统治世界的妄想狂使美国政客沉陷在不可救药的自大狂之中,他们自以为什么都懂得比别人多,比别人强,实际上对这个世界什么也不懂得,因而才会重挫于朝鲜战场,败走于越南战场,以为在阿富汗推倒塔利班在伊拉克绞死萨达姆会受到民众手持鲜花的夹道欢迎,结果被简易爆炸装置打得焦头烂额,现在又在故伎重演,集兵太平洋,激化南海争端,重点围堵中国。美国的扩张主义本性正是由资本的扩张本性所决定的,这种本性使美国好像是外星来的殖民者,它只知扩张一己私利,而对今天地球上的人类唯有消除对抗、全球协作、共生共赢才能继续生存下去的基本形势一无所知或毫无兴趣。由美国主导的这种国际政治关系是当代人类实现自身和解和与自然和解的最大障碍,只有彻底消除这种障碍,确保所有主权国家不受外部威胁、侵犯的安全,人类才有条件将宝贵的资源用于改善民生和生态,而不是用于武装战争和镇压的机器;所有国家只有消除了外患的压力,内部的政治环境才有可能宽松起来,人们才能利用全球化的信息、知识、经验去对各种价值观和社会管理模式进行比较、实践和选择,有普世价值的东西就迟早一定会被选择,怀疑这一点,那就太低估了人类文化的适应性进化能力。

当代人类面临的根本性危机是全球资源短缺、环境污染、气候恶化、物种

---

① [英]赫·乔·韦尔斯:《世界史纲:生物和人类的简明史》(下卷),吴文藻等译,广西师范大学出版社,2001年版第762—763页。

大灭绝、地球生命体急剧衰退,这种危机动摇的是人类生存的根基,失去了这一根基的强大支撑,人类社会危机将会以极残酷的形式爆发,从而将会无可挽救地陷入失控性的衰落之中。与自然衰退危机相比,所有社会矛盾都是次要的,为实现人与自然的和解而变革社会制度、调整人类行为既是人类整体也是人类所有个体的最大利益所在。今天的人类社会之所以仍深陷于社会矛盾的恶斗之中而无力自拔,其根本原因不是人类不可救药的愚昧顽劣,而是资本主义私人逐利最大化的制度使然,这是一个最大化地剥削同胞和剥削自然的制度,它把所有的人都驱赶到逐利的战场上进行着除公平正义、善行美德之外的较量,以至于真理如果不能带来即时利益就会遭到反对,科学只有成了谋利的工具才会被应用,研究则成了金钱驱策的奴仆,它造就了人类心理的最深分离、伦理的最大颠倒、社会的最大分裂和政治的最大错乱,正是这种错乱,才使得一些政客们变得寡廉鲜耻。

生态环境危机和全球化、信息化迅猛发展,会给所有国家、组织和个人带来新的问题,这是毫不奇怪的。在这种新形势下,一个国家只有致力于改善自己的政治、经济、社会、文化和自然生态,致力于改善国际关系、加强国际协作、推进世界和谐和可持续发展,才是负责任的国家。今天人类所需要的政治家,是对社会既有微观体察的深度,又有宏观远瞩的高度;既有亲人和祖国之爱,又有人类和地球之爱;既有解决社会现实问题的能力,又有引导社会转向可持续发展的勇气;既能致力于本国社会制度的改革创新,又能推进人类和解和与自然和解的国际关系的变革。

实现可持续发展是全人类的共同需求,解决今天的资源环境问题和经济社会危机需要有各国的共同努力,消除两极分化、分离主义、极端主义、干涉主义、恐怖主义和战争,实现全球协同行动是不可抗拒的历史大趋势,世界政治和各国政治也一定能适应这种历史大趋势而进化。

十六

老龄社会

  走向和谐的未来社会必将是一个老龄社会。就个人而言，老龄是人生的一个夕阳垂暮、体衰多病之龄，但也是一个精神安详恬淡、睿智达观之龄。人在这样一个年龄，大多会觉悟到他过去所作所为的孰是孰非，觉悟到过去的种种虚荣矫情、贪婪卑劣、偏执痴迷之举实属浅薄荒唐，他把人生的目的和手段弄颠倒了，他终生为之奋斗的财富和地位是些毫无效用的小玩意，而他却为此而牺牲了本应享受到的欢乐和幸福。就社会而言，老龄社会是一个老龄人口占较高比重的社会，这将给社会带来某种程度的所谓"养老"问题，更会给社会带来睿智，带来社会走向成熟、和谐，而决不像某些人所说的那样暗淡凄惨。

（一）总量与结构

  动物的生育率高低与其寿命的长短一般成反比关系，即寿命较长的动物物种生育率较低，寿命较短的生育率较高。动物种群数量的波动与它们所能获取的生存资源的多少有关，并与消耗速度成反比，生存资源如食物或多或少都是一个有限的量，消耗的速度越快，波动的幅度也越大。因而，相对而言，寿命较长的动物种群数量比寿命较短的更为稳定，后者会频繁地振荡于剧增暴跌的波动中，如蝗虫、松毛虫等；而前者的波动周期较长、波幅也较缓，如大型哺乳类动物。

  人类也经历了与所有动物一样的物种数量依所能获取的生存资源多少而波动的历史，所不同的是，在迄今为止的人类历史过程中，由于人类获取生存资源的能力呈提高趋势,从而使得人口数量呈增长趋势,这种趋势仍未中止,这在所有寿命长的动物中是独一无二的生态学"反常"现象。但是,我们必须看到这种生态学反常现象已付出了三大代价:一是人口增长在历史上经历过因饥荒、瘟疫、战争而耗减的波动代价。二是已付出了适应自然环境的能力退化和疾病、压力、生存成本增加的代价。三是已付出了物种大灭绝和自然生态系统趋向衰竭的代价。人类在向自然索取资源的战争中现在正以胜利者自雄,却不知这种胜利已潜伏着没有技术解决办法的危机,这就是人口过度膨胀。

判断人口究竟是多了还是少了,需要有一个适宜人口的标准。什么是适宜的人口?其判断的标准是什么?显然,人们可以从不同的视角提出很多标准,如人类征服自然的标准,人类不同群体相互征服的标准,市场不断扩张的标准,某些宗教的标准,物种和生态安全的标准等等。按不同的标准,人口的数量会有很大的差距。征服地球的标准要求人口布满地球,人类相互征服的标准要求人类不同群体竞相生育,市场扩张的标准认为人口越多越好,某些宗教反对堕胎主张自然生育,等等,这类标准都是人口增长型标准,也是迄今为止的人类文明史的主流性标准。而物种和生态安全的标准,则要求人口数量的低限以人类物种的可持续保存为度,上限以人类可持续获得有机食物和生态安全为度,人口少于低限不利于人类可持续生存和进化,超出上限不利于非人类物种生存和生态安全,最终会使物种大灭绝之火烧向人类自身。

上述标准唯一可取的是物种和生态安全标准。事实上,这种标准在历史上曾长期被世代依赖于本地资源生存的人类群体所坚持,但后来在人类不同群体间的相互征服过程中,特别是在工业化市场化过程中被打破,现在他们已被挤到文明社会的边缘,在主流社会不断加大的挤压、冲击中走向衰微。人口增长到今天,已导致人类社会发展陷于困境和所依存的地球生态系统严重超载而急剧衰退。

无论科技和文明如何发展,也不可能使人类寿命不断延长和人口不断增长的生态学反常现象持续下去,人人追求长寿就必须人人节制生育,中国计划生育政策的实施正是顺应了这一规律。但是,由于文化和制度建设未能同步跟进,人们对由此而必然会出现的老龄化总是认识严重不足,而且在计划生育中还出现胎儿性别的非自然选择问题,从而带来一些人因忧虑老龄化和性别比失衡等问题,而提出放松计划生育的主张。我的看法是:今天人口问题的首要问题是总量问题,因为它带来的问题具有不可控性,而结构问题如性别比失衡、老龄化等问题主要是文化性、制度性问题,它是可控和可调适的,主张通过人口总量增长去解决人口结构问题,不仅是舍本逐末,而且是以良好的愿望铺就通往地狱的道路。

因为中国人口性别比失衡而主张放松生育控制的理由并不充分。性别比失衡与生育控制可能有关,但并没有必然的因果关系。印度、越南、阿塞拜疆、格鲁吉亚、亚美尼亚、塞尔维亚等国并没限制一对夫妇只能生一胎两胎,但性别比照样失衡,有的生几个男孩也不愿生女孩,其原因主要是文化观念和社会制度问题,如印度的女孩出嫁,没有一份很重的嫁妆就很难嫁出去,嫁女儿成了穷人的一大负担,这就是印度穷人不愿生女儿的重更原因。不从文化观念和社会制度上解决性别平等问题,孩子生得再多,性别比照样失衡。

人类对性别的选择倾向,与何种性别是生存资料主要的稳定的提供者有关。远古以采集为主的社会是以女性为中心的母系社会,女性的社会地位较高;以狩猎为主的社会是以男性为中心的父系社会,男性的社会地位较高,这种转换就取决于何种性别提供主要的稳定的生存资料。但在人口密度很低而人类生育存活率也很低的原始时代,人类对性别选择的余地很小,有意地杀死男婴或女婴可能事与愿违,因为婴幼儿随时都有可能因疾病或虫蛇伤害而夭折,性别比主要是自然生育自然成长的结果。在农业时代以及此时的采猎部落,人口密度和生育存活率都逐渐提高,人口控制和性别选择会渐趋明显,由于男性是农业的主要劳动力、战斗部队的兵源、传宗接代和财产的继承者,当一个家庭生育较多而又无力养活时,可能倾向于遗弃甚至杀死女婴。但这并不是绝对的,人类对生育性别的选择还会因各种情势的变化、利益的权衡而改变。

在战争年代,由于男性的死亡率很高,按兵源和劳动力补充及传宗接代、财产继承等的需求,人们生育按常理应会有更强的男性选择倾向,但事实却往往相反。唐玄宗时代就提供了一个例证:

"信知生男恶,

反是生女好,
生女犹得嫁比邻,
生男埋没随百草。
君不见青海头,
古来白骨无人收,
新鬼烦冤旧鬼哭,
天阴雨湿声啾啾。"

——杜甫:《兵车行》

唐玄宗对外用兵,伤亡惨重,到处拉壮丁,使人们传统的重男轻女心理转向了"生女好"。同时,唐玄宗宠幸杨贵妃,也助长和强化了生女好的心理:

"姊妹兄弟皆列土,
可怜光彩生门户。
遂令天下父母心,
不重生男重生女!"

——白居易:《长恨歌》

可能会有人认为杜甫、白居易的上述诗句是讽刺唐玄宗的荒唐行为,现实中未必真的会发生重女轻男的事,这种认识未免有男性过度自大之嫌了。男性自以为农耕活动非己莫属,可是有些民族却历来都是女性充当着农耕活动的主力;男性充当农耕活动主力的民族,在战争年代由于男性出征和死亡率远高于女性,农耕活动也会很自然地发生主力角色的女性替代。影响性别选择的文化和制度因素很多,如近些年由于中国城市房价高涨,许多夫妇倾向于选择生女,因为生男买不起房子,娶不起媳妇。

无论是从生物学还是社会学的角度看,男性较女性都不存在什么绝对的优势。父权社会所确立的男性优势地位,一半是源自于狩猎、农耕和战争因素,一半是源自于传宗接代和私产继承因素,前一半是可以替代的,后一半则不过是私有制和男性虚荣心的自我安慰。男性可能天生攻击性强,在狩猎农耕征伐中有力量的优势,但人类是以使用工具技巧智慧而不是以牙尖爪利力大见长的,在这方面女性又何曾输给了男性? 老子的知雄守雌,负阴抱阳,至柔者至刚,无为无不为哲学宣示的正是女性化的智慧和力量,而且女性从事社会活动不取男性的强力血腥暴烈形式，整个世界或许真会和谐得多。英国牛津大学认知与进化人类学研究所的马克·范武特教授对学术资料的回顾性研究显示，进化把男性塑造成对"外来者"的男性持偏见、歧视和攻击性倾向，男性通过诉诸暴力来达到争夺配偶、领域和更高地位的目的，这是所有部族内暴力的核心，如今体现在国与国的大规模冲突以及匪帮、球迷或宗教组织的争斗上，女性则已进化到和平解决冲突，为保护后代而"友好"，冲突在当今社会普遍存在而找不到解决办法，一个原因可能是这种已形成了上万年的思维方式很难改变①。至于传宗接代，男性一厢情愿地把后代看成只是自己的血脉传承，女性仅是一个生育的工具，但遗传学却不怀偏见地将父母各一半的基因分配给子代，并没有给男性留下哪怕多出一丁点优势的空间，而且由于女性在生育过程中付出更多，子女对母亲的情感往往比对父亲更深。

重男轻女观念在中国的今天仍然影响着性别选择，其原因被认为主要有三：一是农村需要男性劳动力，二是农村家族人多势大，不受欺负，三是传宗接代、养儿防老。现在来逐一讨论这些原因：中国农村无疑需要男性劳动力，但是，由于中国工业化、城市化过程中对劳动力的巨大需求和城乡的巨大差别，农村的青壮年男性就业选择的是城市和非农产业，而不是农村和农业劳动，留在农村从事农业劳动的恰恰是老弱妇幼，中国农村农业青壮年劳动力从来没有像今天这样被女性大规模地持续地替代。传统的中国农村由于世代聚居在一起，家族势力的大小无疑会影响生育的选择，但由于现在农村青壮劳动力的城市化、非农化就业选择的巨变，农村家族势力对生育选择的影响同样也走向衰落。至于传宗接代、养儿防老问题，如前所述，两性在遗传学上是完全平等的，唯男性才能传宗接代，不过是男权主义文化及相关制度的产物，解决这个问题应从普及科学、发展教育、变革文化和相关制度着手，在经济政治社会中真正实现男女平等，而不是多多生育。有无数的事实表明：多子未必多福，多子未必能安享晚年。多子的帝王晚年因权力的交接而陷入凶险的风暴之中，多子的巨富晚年因财富的分割而陷入痛苦的官司之中，多子的穷人晚年因贫病而陷入被遗弃的绝望之中的例子比比皆是。

---

① "研究称雄性性冲动是暴力根源"，新华社《参考消息》2012年1月24日。

有些人认为今天中国人口的性别比失衡(国际上一般认为出生人口的性别比,以女性为100,男性为103~107为正常,中国2011年5月公布的第6次人口普查结果是:出生人口的性别比为100∶118.16,总人口性别比为100∶105.20——作者)将导致数千万人打光棍,因而现行的人口政策急需调整。导致性别比失衡与前面所说的各种因素有关,如果不消除这些因素,而是靠总量增长来解决结构性问题,结果很可能是人口总量压力进一步加大,而结构问题却依然如故甚至加大,如前面所说的印度、越南、阿塞拜疆、格鲁吉亚、亚美尼亚、塞尔维亚等国都存在性别比失衡问题,其原因并不是严格的计划生育,而是各自另有其因。

中国的性别比失衡问题应当受到重视,但没有某些人所想象的那么可怕。由于"超生"罚款和打工"偷生",使中国农村的"超生"家庭女孩不上户口的现象并非少见,第6次人口普查也未能完全解决好这一问题。至于说若干年后中国将因性别比失衡而使数千万男性找不到配偶,那可能是把同年龄段两性结偶模式作为普遍且唯一的模式而推测出来的,这显然是机械地过度地解读了性别比失衡问题,历史和现实的事实是,结偶的两性是同龄的总是少数,不同龄的是大多数,年龄的差异甚至大到一二十岁以上,这种年龄的错开能有效地化解社会同年龄段人性别失衡可能带来部分人结偶难的问题。在一个开放的拥有十几亿人口的国家和几十亿人口的世界中,某些人结偶难的问题主要不是因缺少异性,而是因经济文化政治及个人选择等差异所致。社会任何时候都总会有些人独身或丧偶、离异后不再婚,这些人两性都有,他们为什么不结偶,当然不是因为缺乏异性而是另有原因,即使社会同年龄的两性比例完全对等,这种情况仍不可避免。两性结偶的变数很多,如:配偶选择的不同偏好,使配偶间的年龄可以从同龄拉大到20岁以上;社会发展使生活方式多样化,独身者增多,这并不是因为缺少异性使然,而是生活方式选择所致,届时女性虽看似稀缺,但女性独身者仍会大有人在;两性的独立自主意识增强,一配定终身的现象减少,离婚再婚的人数增多;社会的开放性将使同居现象甚至同性配偶现象增多;国际化交往发展使跨国婚姻大大增多等等,所有这些变数足以使机械的预测失去意义。男性结偶难的首要问题是贫困,是由于贫困导致受教育程度低而素质不高,从而难以适应文化技术含量较高的工作,难以适应市场需求自主创业,而只能从事低收入的简单劳动甚至失业。放松人口增长,则只会增加贫困问题和发展教育问题的解决难度,使贫困持续化。

不对人口数量实行主动控制而是任其增长,即意味着将会任饥荒去大批饿死、任战争去大批杀死,这是我们祖先就明白的因果关系,而不是现代人才认识到的道理:

"有证据显示,在每个文化和历史时期,人们都曾利用各种方式控制人口数量。对于生活在非洲西南部的喀拉哈里沙漠的涉猎群居的 Kung 族人和 San 族人的研究表明,我们早期祖先通过主动控制生育来稳定人口密度,而不是通过互相残杀或者经常性的饿死。举个例子,San 族的女性哺乳自己的孩子 3~4 年。在热量有限的情况下,哺乳期会使她们体内的脂肪蓄积耗尽,也抑制了排卵数量。而在母乳喂养期内,夫妻生活是一种禁忌,这有效地控制了子女的出生间隔。还有一些其他古老的控制人口数量的方法,如独身生活、民间医药、人工流产以及杀婴等。"①

现代社会的避孕技术已非常简便安全,现在许多国家的生育率很低,并不是他们的育龄人口生育能力低,而是他们自觉地实行了人口控制。17—18 世纪的英国上层社会女性有条件多生育,一般会怀孕 25~30 次②,但英国今天的人口自然增长率只有 0.5% 左右,德国、日本、俄罗斯都是人口负增长。一个国家如果人口过多,自觉控制生育的文化又未形成,国家实行计划生育政策就是必要之举,反之则是无能的表现。自古以来,生育既会在家庭和国家两个层面依据当时的情势而受到或松或紧的人为激励或控制,又会受到疾病、饥饿、战争及各种伤害的影响,因而性别比正常的现象与其说是社会的常态,不如说是一个现代人想象中的理想幅度,不要说 100 年前的人口数据可信度如何,今天也有很大的不确定性:

"即便是在当今这个信息技术高度发达、通信技术非常便利的时代里,我

---

① [美]Willam P. Cunningham Barbara Woodworth Saigo:《环境科学:全球关注》(上册),第 248 页。

② [美]Willam P. Cunningham Barbara Woodworth Saigo:《环境科学:全球关注》(上册),第 230 页。

们也没能确切地掌握世界上有多少人。有一些国家甚至从来就没有进行过人口普查,而进行过人口普查的国家其数据也有一些不精确。政府对其国家的人口数字比实际数字可能过分夸大或者故意缩小,以使其国家显得强大或重要,或使其显得稳定。对于个人,尤其是无家可归者、避难者、非法偷渡者,可能不希望被计算在内或公开确认身份。"①

影响生育率、出生人口性别比、总人口性别比的因素很多,不实行计划生育甚至鼓励生育的国家也会发生性别比失衡问题,如新西兰因男性出国谋生的多、俄罗斯因男性预期寿命远低于女性,而都出现女性多于男性的性别比失衡问题。还有更极端的例子,据西班牙《数码报》2008 年 12 月 1 日的一份报道,巴布亚新几内亚戈罗卡山区的两个部落中,近 10 年出生的所有新生男婴都被亲生母亲杀死,原因是部落中的妇女希望通过肃清男性人口的方式避免双方的战争。出席部落间"和平与调解"会议的当地妇女罗娜·卢克说,男婴长大成人后最终会变成斗士,最近 20 年间,战争给部落带来死亡和毁灭,因此所有的女人一致同意把新生男婴杀死,我们无法忍受男人之间的冲突,冲突只能造成贫穷。虽然明知这是犯罪,但她们还是迫不得已而为之。部落中的妇女很难找到食物,因为男人们只顾打仗而不顾家人死活②。

现代文明社会实行单偶制,但在历史上,中上层社会实行多偶制是普遍现象,现在仍有些文化实行一夫多妻制或一妻多夫制,历史上的多偶制社会的性别比正常范围是什么?或者这样的社会是否会因此而有大批的男人或女人打光棍?或者这样的社会会适应多偶制而进行重女轻男或者相反的生育性别选择?这些问题我们仍未能确切地知道,我们也未听说有哪个社会因性别比问题而发生毁灭性灾难,但我们知道复活节岛、玛雅文明、米索不达美亚古文明等都因人口总量超载而崩溃。

实现单偶制的现代文明社会应当解决好性别比失衡问题,但解决的办法不能去冒人口总量超载加剧的不可控风险,而应是在人口总量稳定并转向负

---

① [美]Willam P. Cunningham Barbara Woodworth Saigo:《环境科学:全球关注》(上册),第 227—228 页。

② 参见"巴新两部落为避免战争而杀死男婴",新华社《参考消息》2008 年 12 月 2 日。

增长的过程中,通过教育、文化和制度的变革去实现,在中国,有立竿见影之效的,就是在一定时期内针对独女户实行特殊的有力度的奖励和社会保障,直到男女平等彻底变成现实。

人口增长已走到尽头,从人口增长标准转向物种安全和生态安全的标准,已成为人类社会可持续发展的必然要求。但是,这种转换,不仅要大幅度减少全球人口的总量,而且要变革人类征服地球、相互征服和经济不断增长的文化。这不仅挑战了传统的主流人口观念、利益观念和发展观念,而且挑战了传统文化的许多核心观念。但这种变革和挑战正是人类从愚昧走向觉醒、从必然走向自由的必经阶段。

(二) 老龄化问题

现在通常把65岁以上的人口比率超过总人口的7%,称为老龄化社会,超过14%称为老龄社会。世界正在进入人口老龄化时期,目前世界人口中60岁以上的已占11%;2050年世界人口超出90亿时将占22%,发达国家60岁以上的将占到33%,80岁以上的也将占到10%。各国老龄化的速度不一,日本已老龄化,65岁以上的人口已占21.5%,到2050年将升至39%,到2055年,日本现有的1.27亿人将降至8900万。韩国、德国、意大利、西班牙老龄化较快;俄国、东欧出生率低且预期寿命短,人口在下降;美国、英国、法国相对年轻些;中国正在进入老龄化时期,其他发展中国家在几十年后也将开始老化,老龄化是正在出现的全球性趋势。

老龄化的原因主要有二:一是由于经济、科技、发展带来生活水平提高和医疗卫生条件改善,大大延长了人均预期寿命和降低了死亡率。世界人口平均预期寿命已从1900年时的约30岁延长到目前的67岁,发达国家则从不到50岁延长到78岁,日本女性则高达86岁,瑞士、法国、西班牙女性也都超出84岁。与此同时,文明的进步也使历史上曾反复出现的饥荒、瘟疫、战争等大规模耗减人口的现象大大减轻。二是发达国家女性受教育程度提高、就业率提高、社会地位提高、小孩培养成本上升、人们更追求提高生活质量或者还有环境意识的觉醒,带来生育率下降,上述现象也不同程度地在一些发展中国家出现,同时还有一些发展中国家实行计划生育或鼓励减少生育等等,已使世界女性从上世纪 70 年代平均每人生育 4.3 个孩子降至目前 2.6 个,发达国家则降到 1.6 个,联合国预测 2050 年世界女性平均每人生育将降至 2 个。有迹象表明,人们的生育观念和行为正在发生世界性的变化,世界人口增长减速比几年前预测的来得快,因而世界人口老龄化也比原预想的来得快,几十年后世界人口零增长直至负增长所带来的老龄化将更为显著。

就今天和今后的地球生命力状况和人类的处境而言,人口老龄化是好事而不是坏事,人类文明可持续发展将在很大程度上取决于老龄化能成为一个不可逆转并能积极顺应的趋势。因为这意味着文明进步所带来的人类生存状况改善、预期寿命延长等值得肯定的趋势将持续推进和节制生育、降低人口总量、大幅度减少消耗排放从而缓解人口与资源环境的矛盾成为可能。反之,如果人口老龄化被逆转,则意味着这将是一场巨大悲剧的结果。因为要逆转老龄化趋势,就必须提高生育率,使总人口永远保持续增长,同时还要不断改善人类特别是几十亿穷人的生存状况,在这种趋势中,消耗排放总量上升将不可遏制地持续下去,资源枯竭、环境崩溃将加速,社会保障体系将解体,社会矛盾将失控,饥荒、瘟疫、战争等将重回人间充当大规模耗减人口的杀手,浩劫之后即使有些人能幸存下来,即使这些人很年轻,也将像复活节岛的悲剧那样沦落到残喘状态。要避免复活节岛悲剧在全球重演,最需也急需逆转的是物种以史无前例的速度灭绝、地球生命力加速耗减的趋势,这就决定了既要通过提高生育率以避免老龄化,又要通过增加消费以满足人类不断增长的需求二者不可兼得,我们能选择什么呢? 我们没有可能选择大幅度降低活着的人特别是几十亿穷人的消费去换取多多生育将面临悲剧人生和物种灭绝风险的孩子,我们只能选择老龄化!

科技和文明的进步已大大提高了人类的健康水平和预期寿命。一百年前,能活到 70 岁的人就像今天活到一百岁的人一样稀少;50 年前,60 岁的人大多已衰老,其体能状况相当于今天许多国家、地区和群体中 70 甚至 80 岁的人。如果没有巨大的灾难性变故,这一健康和寿命延长的过程还将持续,几十年后,百岁以上的人口比率将像现在 80 岁以上的人口比率一样高。这一过程的持续,使得降低人口总量仅靠降低女性的生育率还不够,还要提高女性的生育年龄。如果女性20岁前生育,不仅4代"同堂"会普遍,5代乃至更多代同堂现象也将不断增多,减少生育仍不足以降低人口总量,因而,延后女性的生育年龄也将成为必然,如果把女性生育年龄延后到25岁,同堂代数可以减少一代,延后至30岁则可减少两代,这就意味着人类代际间的年龄差也将逐步拉大。

代际间年龄差的拉大也有利于对最年长一代老人的照护,因为这可以避免代际年龄差过小而带来进入老龄人口的集中。已有科学家放言,基因技术的进步将大大延长人类的寿命,人类将有可能活上几百岁乃至千岁,到了这时,就不仅使得拉大代际年龄差成为稳定人口总量的关键因素,而且代际年龄差将不是二三十岁,而是五六十岁甚至百岁以上。控制人口总量与人均预期寿命、女性生育率和生育年龄有着直接的关联性,人均寿命越长,对女性生育率和生育年龄的限制就越紧,如果要提高女性生育率,就必须提高女性生育年龄,反之,要降低女性生育年龄,就必须降低女性生育率。科学技术的进步已为提高女性的生育年龄带来了希望,2004年,美国科学家已取得用老鼠卵巢内的活性干细胞培育出卵细胞的突破,现在英国和美国科学家合作用人类卵巢内的活性干细胞培育出人类卵子,也正在取得突破,科学技术最终可能使老年女性保持年轻时的健康,使卵巢保持活力[①]。

毋庸讳言,老龄化会带来许多新的社会问题,前面已提到一些人对老龄化的种种担忧就是可能即将出现的问题。但是说到底,这些问题既是人口大爆炸将要付出的代价,也是人类现状的观念和经济、社会、政治状态不能适应人口老龄化到来的反映。发展没有笔直的大道,我们也没有后悔药可吃,唯一的选择是变革传统的老龄化观念和现状的人类生存方式。

第一,老龄化的观念必须改变。按现在的老龄化观念,随着人类平均预期寿命的延长,将越来越走向一个暮气沉沉的垂老社会。这就是说,社会发展和人类文化正在深陷一个根本性困境:人类通过发展经济社会、科技文化,改善生存质量和提高寿命的努力,结果只是事与愿违,走向不堪重负的反面。要走出这一困境,就要么是人类放弃上述努力,要么是重新认识老龄化问题。

---

① "科学家将改写人类繁衍规则",新华社《参考消息》2012年4月8日。

人类不可能否定并逆转文化的不变指向去选择前者,而只能是适应后者而进化。到2100年时,世界平均预期寿命可能高达100岁,人口的中位数年龄也将超过60岁①,社会的大多数人年龄都在60岁以上,按现在的老龄化观念和退休政策,社会的大多数人都属需要家庭和社会供养的老人,而且这个时间将长达约40年;不仅如此,按现在的学制设置,一个人7岁入学到博士毕业,中间不间断也要到27岁才能完成学业,而社会教育水平普遍且迅速地提高也是当今社会发展的趋势,这即是说,到那时,社会的许多人一生中将只有33年工作时间,67年(学前6年、读书21年、退休40年)需要家庭和社会供养,需供养的时间超出能工作的时间两倍多,如果考虑现在的女性退休比男性早5年,而预期寿命比男性长5年以上,需供养的时间就更长,这样的社会当然难以为继。但这只是用过时的、一刀切的老龄线来判断不断变化的社会老龄化程度,人为将过时的"老龄化标准"外推所带来的误解和恐惧。

一个显而易见的事实和简单的逻辑关系是:寿命的延长是健康状况改善的自然结果(不包括身患绝症或垂危病人用药物推迟死亡时间的人为因素),因而也即是保持工作能力的时间的相应延长,这不仅不会给社会带来额外的负担,而且在人类童年期不会缩短、在校学习时间趋长、资源投入趋增的过程中,人类寿命和工作的时间越长,其知识、经验和智慧就越丰富,社会的获益就越大,家庭和社会的负担就越轻。反之,如果寿命趋长,工作时间趋短或者不变,家庭和社会才会不堪重负。

第二,刻板的就业观念必须改变。在自给自足小农经济时代,凡拥有土地的农民终生都在自有土地上和家庭中劳作,他们与劳动资料和劳动对象是直接结合而不是分离的,因而没有所谓的就业、失业和到龄退休问题,而只是按体能、技能的不同做不同的事,如家庭劳动力宽裕、生活富足,年长辈退出体力劳动的时间可能早些,反之则可能晚些,但退出后仍可做一些家务及其他劳务、指导决策和管理方面的事情,由于这一段过程占生命的绝大部分时间,所以完全退出任何形式的劳作而需要供养看护的时间很短,而且这同哺

---

① [美]Willam P. Cunningham Barbara Woodworth Saigo:《环境科学:全球关注》(上册)第233—235页

幼一样只是家庭的一个重要职能,而不是社会的一个问题。只要其人口不超出其土地的承载力和发生他们难以抗拒的自然灾害、社会动乱和阶级剥削压迫超出承受力,他们的生存就能保持着某种稳定的状态。

就业、失业、退休是工业化时代的产物,大批的农民不断地从土地上转移到工业及其他非农产业谋生,他们与劳动资料和劳动对象是分离的,这时才会出现就业、失业乃至退休问题,才会出现社会劳动力供给和需求在总量和结构平衡中的矛盾显性化,他们才会面临体能、技能、年龄、性别等等激烈的就业竞争,由于细密分工对劳动者技能全面发展的束缚以及年龄、体能的变化,会限制他们对技术进步、就业结构变化不断加快的适应性,而且企业为降低成本、提高劳动生产率、实现利润最大化目标,又推动着机器替代活劳动的进程也不断加快,这就使得劳动者充分和稳定的就业从此不再,他们随时都面临着失业的风险,即使是在工业和非农产业发达、人口增长率很低甚至负增长、人均劳动时间大幅减少的发达国家,社会存在一个高比率的失业人口仍然是常态。为了维护社会的稳定,建立社会失业保障制度,在劳动者劳动能力丧失之前的某个年龄线退休并享受相应的社会保障也就成为必要。但是,就个人而言,只要其体能、智能未丧失,就不会满足于有口饭吃,只要社会是开放的,他们就会积极融入社会从事某种有偿或无偿服务工作,否则,也会承担起许多家务劳动;至于社会大量存在的小业主和有地农民,他们没有就业问题,也就没有失业、退休问题;科学、文学、艺术、理论以及教师、医疗卫生工作者的许多人也是"退而不休"。老龄化并不像某些社会学的预测那样暗淡,因为它把 65 岁以上的人全都划为需要依赖他人生活的老人而视为社会负担,但事实是,寿命的延长和健康的改善,越来越多的 65 岁以上的老人是自我照顾并在照顾他人,因而,一篇发表于 2010 年 9 月 10 日出版的美国《科学》杂志上的研究报告,提出了将不同程度的老年人丧失能力和长寿状况考虑在内的新的预测方法①。

第三,中国的未富先老问题。在过去的 30 年中,中国为控制人口总量的过快增长而实行了严格的计划生育政策,因而在发展中国家中将率先进入老

---

① "老龄化危机比预想程度轻",新华社《参考消息》2010 年 9 月 11 日。

龄化社会,人们对富裕国家的老龄化已是心存忧虑,对中国的未富先老就更是忧虑重重,这就需要重视并作出具体分析。

中国的计划生育政策在上世纪80年代后期随着经济体制转向多元化,除在党政机关和国有企事业单位全民编制人员中得到较严格的实施外,这一政策在实际操作中已放松,"超生"现象相当普遍,这就带来了以下问题:女性生育率因体制不同而不同,可能会使非自愿选择独生子女的家庭感到生育政策不公,同时受中国重男轻女的传统生育文化影响,又会使他们及自愿选择少生育的家庭通过各种非自然手段生育男孩,从而导致性别比失衡,并将可能会在独生子女家庭出现老龄化问题。这些问题究竟反映了什么并应如何对待呢?首先,中国作为人均耕地、淡水、主要矿物和森林资源量远低于世界平均水平,生态赤字持续增加,人口最多的发展中国家,长期实行计划生育,严格控制人口总量增长,是可持续发展的必然要求。对此我们没有什么伸展的余地,这已经不只是政策的要求,而是所有有识之士的共识。正因为这样,自愿选择少生育的家庭在增多已成趋势。其次,老龄化将可能出现在严格实行了计划生育政策和自愿选择少生的家庭,这些家庭目前只占家庭总数的少部分。由于这些家庭收入有较稳定的增长,其健康状况较好,退休、医疗等社会保障较健全,而且,这类家庭的计划生育先后采取了两个独生子女组成的家庭可以生育两个孩子、家庭解体再新建的家庭如女性未生育仍可生育一个孩子(以上均不包括有残疾的孩子)的政策,因而其老龄化问题比想象的要轻。而农村计划生育政策则是头胎生的是女性还可再生一个孩子,自上世纪80年代后期以来,不少农村家庭生育两胎女性后为生男孩而生下多胎,办法是或者交一笔千元左右的罚金,或者到外地"打工""偷生",交罚金的会登记户口,"偷生"的户口也不要,流动人口包括"农民工"的小孩由于"上学难"而入学率偏低,女性小孩入学率可能更低。因而,中国的老龄化问题主要集中于党政机关和国有企事业单位的全民编制人员中,独生子女家庭在整个社会只占少数,农民生育的子女不少在两个以上,城镇社会化就业和自主创业的家庭也与此类似。

因而,中国的老龄化问题没有想象的那么严重,党政机关和国有企事业单位全民编制人员收入稳定、社会保障健全,一般不存在无钱养老的问题;问题主要集中在城镇中其他领域贫困的独生子女家庭和农村中少数独生子女家庭,国家对这些家庭提高养老保险标准来化解他们的晚年之忧也不会成为重负,因为这类人口在整个贫困人口中只占少数。

第四,人口均衡问题。人口学界现有不少人提出人口均衡问题,这是有意义的,但有一点必须明确,那就是必须以人口总量控制为前提,而不是以总量增长为代价。所谓科技和生产力发展能养活并也需要更多的人口,只是历史上的一个暂时现象,不能随意外推。人口过少且过于分散,经济交换和文化交流、专业分工和社会协作、竞争和创新等的发展都会受限。但是,人口过多,贪欲无度,导致地球资源枯竭、污染充斥、环境恶化、物种大灭绝,社会内部为竞争资源而敌对、恶斗、两极分化和竞相发展毁灭性武器,则又走向了自我毁灭的反面。科技和生产力的进步无法在一个有限的系统中解决人口不断增长和人均需求不断增长的矛盾,在当前中国和世界的人口、资源、环境境况中,如果人口增长不能控制,迟早必然要付出人均消费水平下降的代价,甚至招致环境和社会崩溃的巨大风险。人口均衡首先是人口与资源环境的均衡,如果人口超出资源环境的承载力,其他均衡都将失去意义。只有在这一前提下,实现人口内部均衡发展才是我们应努力做好的事情。

(三)柳暗花明

现在的人们对社会正在迈向老龄化的种种担忧表明现时社会还很不适应老龄化。但是,如果我们只能依据现在和过去的经验去安排明天,只能在惯性的轨道上疾行,而丧失了变道的能力,可持续发展就只能是一种奢谈,没有任何实际意义。要可持续发展,社会从现在开始就应大力推进从观念到制度适应老龄化的转变。

传统观念要有根本性转变。由于各国在工业化前期出现人口爆炸,因而较普遍地存在一个人口和劳动力过剩问题,于是就出现了雇主用人的特别"挑剔"和就业市场的激烈竞争,为增加年轻人的就业机会,国家对雇员设定一个一刀切的退休年龄界限就成为必要,久而久之,人们就把这种退休年龄界线视为天经地义,不可更改。到工业化后期,人口增长趋缓甚至停滞,但由于机器和自动化技术对劳动力的大规模替代,人口和劳动力过剩问题依然突出,国家通过刺激经济增长来增加就业,但受到资源环境和需求增长的双重限制而余地越来越小。实际上,设定退休年龄只是调节就业的一种手段,如果年轻人口就业供大于求问题严重,退休年龄前移就可以缓解,反之,退休年龄后移则可以缓解年轻劳动人口供给小于需求的矛盾。但是,移动退休年龄调节就业的矛盾还受到退休后社会福利支出承受能力的限制,如果退休福利支出超出社会的承受能力,社会就面临着要么牺牲就业要么牺牲退休福利保障的困境,从形式上看,国家仍有通过提高就业人口缴纳社会保障金的比例来缓解这种困境的余地,但这种余地很小。如果一个国家出现本章前面所分析的情况,即每个人不工作的年限远远超过工作的年限,那就要大幅度提高工作期间缴纳社会保障金的比例,因为社会福利归根到底来源每个人工作期间缴纳的社会保障金和对企业、国家的贡献,如果这部分的比例高到超出工作期间的劳动报酬和企业、国家的承受力,就必然会对人们的就业意愿、在业人口的劳动积极性、国家的财政支出等产生负面影响,随着人均预期寿命的不断延长和受教育水平的不断提高,这种矛盾和困境会越来越突出。因而,整个人类社会都面临着人口、性别、就业、退休、福利等一系列传统观念的根本性转变。控制人口增长并尽快转向负增长,以实现充分就业即各尽所能,是当代人类社会能转向可持续发展的必要条件。在工业化时代的狭隘、僵化的就业、退休、福利观念看来,老龄化社会是一个不堪重负的暗淡的社会,但在"各尽所能,各得其所"的观念看来,老龄化社会恰恰将为这种理想的实现提供条件。

工业化时代僵化的就业、退休、福利制度必须有适应性转换。有些高福利国家的人均预期寿命已超出 80 岁,退休年龄划在 65 岁,虽然失业率高,但由于国家难以承受退休福利支出的巨大压力,在退休年龄前移以缓解就业压力或退休年龄后移以缓解退休福利支出压力的选择中,作为国家政府倾向于退休年龄后移以减轻退休后的福利支出压力,但作为个人,由于退休后社会保障优越,又能较自由地享受生活,因而大多反对后移退休年龄。这种发展趋势性的矛盾表明:控制人口增长以减少失业,同时,适应老龄化社会的到来,改革已过时的工作、退休和福利政策,使之更具有灵活性和激励性,使人们能根据社会需要和个人健康、能力状况,乐于选择尽可能长地从事力所能及的工作将成为必然趋势。

中国目前的就业有太多的身份、年龄、学历、专业、性别、城乡等障碍,这种障碍是造成就业难、用工荒和老龄化问题多重困局的一个重要原因。彻底清除这些障碍,使各尽所能、各得其所在开放性多样性的就业渠道、就业方式和自主创业中平等地得到全面体现,就业空间就远比按传统思维方式和就业模式所能想象的广阔,既然所有的人都能各尽所能,各得其所,老龄化社会也就不再暗淡,而恰恰是人道主义的复归。

近30多年来,中国农村由于青壮劳动力流向城市和非农产业,五六十岁以上的人不仅承担了农业劳动,而且还养育了"农二代"甚至"农三代",正是他们的巨大贡献,支撑了中国农产品供给的不断增长。虽然农村的收入水平远低于城市,且劳动强度更大、劳动和医疗卫生条件更差,因而他们的体能老化时间比城市人口更早,但他们不仅不是退休人口和社会负担,而且是中国农业生产的主力军。同样,在中国矿山和城市、道路等基础设施建设中体力劳动的主要承担者也大多是四五十岁的"农民工"。这一事实要求人们的认识要有整体性提高,社会政策要作出适应应性调整,以下5个方面的认识尤为重要:

一是社会用人的标准只能是能力标准,身份、学历、年龄、性别标准只会导致就业难、用工难和老龄问题难等多难交集,必须抛弃。

二是上述农民随着年岁的不断增大,都将逐步退出他们现在的劳动领域,这些领域需要大量的劳动力进入替代,不能认为这只是"农二代""农三代"的自然替代,而应是符合市场配置资源规律要求的城乡劳动力双向流动,城乡壁垒必须清除。

三是上述农民退出劳动领域回到家庭,并非全都成了需要供养的"负担"。他们回到家庭照看家庭、小孩,并从事一些种菜、烧饭、清洁等家务劳动,这些虽然都不产生交换价值,不增加GDP,但却既是家庭正常运转的必需,并减少了家庭可能雇用家政人员的支出,从而减轻了家庭的负担或改善了家庭的生活质量,同时还增添了老人的生活乐趣,城市的类似家庭也是如此。现代社会把人均GDP和家庭货币收入作为衡量生存质量的唯一尺度是片面的,目前的中国农村家庭存在一个较高比重的非交换经济,与高度市场化国家的家庭相比,虽然货币收入低,但很多生活必需品和服务自给自足,且家庭亲情更深,生存质量并不与货币收入成等比关系。

四是中国年人均货币收入虽不高,但中国人储蓄和置业意愿强,因而户均家庭净资产却不低。美国号称是最发达的国家,人均货币收入远比中国高,但美国人超前消费,挣一块钱花掉几块钱,储蓄和置业意愿低,因而户均家庭净资产也低。2008年,美国中位家庭净资产按汇率折算,只有约60万元人民币,中国的城市家庭只要有一套还清了贷款的住房,就超出或是相当于这个数,中国的农民绝大多数家庭都有自己的住房和几亩耕地。同时,中国的哺幼赡老等家庭观念远比西方强,因而,中国虽然"未富",但抗老龄化风险的能力却未必比西方发达国家弱,发达国家虽然"似富",但完全靠国家的福利去养老,也会感到不堪重负,所以他们才会惊呼:老龄化社会的危机正在来临!但中国没有必要认为自己也在劫难逃。

五是教育滞后和社会不公问题必须尽快改变。近代中国由于科技、工业和市场发展滞后,曾经历了一场持续百年的列强宰割和军阀屠掠浩劫,一个国家和民族要在这个弱肉强食的世界中屹立不倒,顺应世界趋势,发展科技、工业和市场经济就是必然的。但是,不能因此而忽视人文科学的重要性,没有人文科学的滋养和支撑,人就不成其为人,就会被外在的物质世界所虏获,成为贪婪无度、精于计算、完全物欲化的人。当今中国社会的弑亲、拐卖、绑架、抢劫、偷盗、诈骗、制假、贿赂、施虐等犯罪案例中大量暴露出罔顾法纪、唯利是图、人伦沦丧的骇人悲剧,和物欲横流、移情缺失、世态冷漠的社会现象,是教育失败和社会不公交互影响的恶果。中国走向老龄化社会正在和即将面临的最大问题,不是经济因劳动力短缺而失去增长的动力,国家因老龄化而带来福利支出不堪重负,家庭因子女少而失去依靠,社会因性别比失衡而光棍充斥,民族将因人口减少而带来安全的不利影响等问题,而是劳动力供给远大于需求却出现"用工荒"加剧,人均收入只达到小康却劳动创业精神后继乏力,社会趋老却又被"啃老",儿孙成群却饥寒病疾无人问津,旷男怨女思结偶却无力摆脱物质至上和自我中心主义的困扰等等反常的不适应性问题。这些问题并非是老龄化社会的痼疾,而是社会的弊病,对症下药、坚定不移地推进教育和社会改革,就能除弊兴利,建设一个与老龄化相适应的社会。

正在到来的老龄社会标志着人类将进入一个认识并遵循必然从而达到自由的睿智时代。认识并遵循必然并不是仅靠书本就能解决好的问题,它还需要有丰富的生活阅历和体验才能达到。黑格尔曾有一段被列宁赞为"绝妙的比较"的论述,意思是老人讲的真理,小孩也能说,但老人讲的包含着他的全部生活的意义,小孩说的则是全部生活和整个世界都在它之外[①]。

孔子把他人生学习和认识社会的过程概述为:"吾十有五而志于学,三十而立,四十而不惑,五十而知天命,六十而耳顺,七十而从心所欲不逾矩。"[②]这段话可以理解为:孔子到15岁才懂得自觉地发奋学习,30岁时才学有所成有独立见解,40岁才融会贯通不受迷惑,50岁才基本理解了自然规律,60岁才虚怀若谷耳聪目明,70岁才在规律的王国中获得自由。既"从心所欲",又"不逾矩",这就是自由与必然的统一,要达到这个境界,需要有对全部生活和整个世界的深刻理解,以孔子之好学善思,在70岁之前都未能达到这个境界,一般人要在这之前达到这个境界更为不易,这决非是厚古薄今或迷信智者,而是生活和认识的规律难以超越。

亚当·斯密曾反复论述一个人认识生活和世界之不易,人们年轻时总是不顾一切地追求财富、权力、地位、奢侈,以满足自己可怜的虚荣心,只是到了老年,才发现这些东西都是毫无效用的小玩意,它很难带来身体的舒适和心灵的平静,才诅咒自己曾为此而付出的牺牲吞噬了本应有的宁静和和谐[③]。

深生态学的创始人、挪威著名哲学家阿伦·奈斯(Arne aess)认为,人们对他者的认同感是随着人的成熟程度的提高而拓展的,一个小孩会拒绝与别人共享玩具,他们不认同那些感情被其伤害的玩友,较为成熟的少年出于对他人痛苦的关切会避免此类行为,更为成熟的人会关心他们可能永远不会遇到的人(如难民),高度成熟的人达到与其他生命形态的认同(如动物),最终成熟产生出与整个宇宙的认同,至此,人才达到了"自我实现"。

---

① 列宁:《哲学笔记》,中共中央马克思恩格斯列宁斯大林著作编译局译,人民出版社,1960年版第256页。
② 孔丘:《论语》(外二种),北京出版社,2006年版第12页。
③ [英]亚当·斯密:《道德情操论》,第20、70—71页。

当今社会的一个普遍现象是青春期提前而成年期推后,在采猎和农耕社会,十几岁的人在性成熟后就生儿育女,从事生产性活动,如今这个年龄还是个中学生,他们还要经历很长的学习和实践过程才具备成家立业、独立谋生的能力。发育心理学家和神经科学家认为,人类有两套神经和心理系统,一套是情感、动机系统,它与青春期的化学变化有关,它把温和的孩子变成精力旺盛、骚动不安、情感激烈的少年;另一套是疏导能量、控制情感和动机的系统,它使能量和情感冲动转向长期规划和延期满足,这两套系统的相互作用把冲动的少年变为相对温和的成人。在今天,青春期来得早,动机系统也启动得早,但青少年除了上学外几乎什么也不会做,获得完成实际目标的经验越来越往后推,而控制系统的成长则依赖于这种经验。广博灵活的知识与特定技巧所需的精细严谨专注的知识,存在一定矛盾,二者的获得需要越来越长的学习和实践时间,这就是今天的年轻人会犯一些非常幼稚的错误的原因。许多人看起来聪明博学,但却没有生活方向,无力全心投入某一种工作或某一段爱情,对性冲动、金钱欲、权力欲等缺乏控制力,犯低级错误甚至走向暴力犯罪①。

人们曾认为在自然科学领域,如果年轻时没有取得重大成就,年纪大了就难有作为。但这只是上个世纪早期以前的情况,那时由于一些新兴学科的发展,使年轻科学家取得重大成就的人数增多,尔后随着自然科学的不断发展,要取得重大科学成就需要越来越多的相关知识,这使得自然科学家获得重大成就也呈现出"大器晚成"的趋势。以诺贝尔奖得主做出使他们获奖的成就的平均年龄来衡量,1905 年前,在物理学、化学、医学三大领域,约有 2/3 的得奖者在 40 岁前取得了使他们获奖的成就,到 2000 年,40 岁以前在物理学方面取得重大成就的只有 19%,在化学方面几乎没有②。

人类个体是如此,整个人类文明也是如此。人类文明史上的人类中心主义、西方中心主义、各种层次和形式的狭隘利益中心主义、征服自然论、文明冲突论以及当代社会应对严重的生态危机而盛行的头痛医头、脚痛医脚的浅

---

① 参见"当代青少年何以'推迟成年'",新华社《参考消息》2012 年 1 月 30 日。
② "科学家正趋于'大器晚成'",新华社《参考消息》2011 年 11 月 9 日。

生态学,都是人类文明不成熟的表现。

　　人类的认识是从表象具体到思维抽象再到理性具体的否定之否定的螺旋式上升过程,这个过程不是一条平滑的曲线,而是无数个体认识的小螺旋和人类阶段认识的小螺旋的复合;人类认识是个体认识的汇聚,反过来又是个体认识的营养库,但个体认识并不能从这个营养库中直接拿来就能完成,人类不是只要输入指令就作出程序性反应的计算机,而是物质与精神的统一体,直接拿来的东西还必须有个体对生活的实践和世界的体验才能理解;个体认识总是走着自己的小螺旋但又在整体上受人类认识阶段的制约,即使人类认识达到了一个较高的阶段,也仍然需要个体认识完成自己的小螺旋才能对人的行为发生影响,这意味着人类个体和整体要达到自由与必然相统一的境界都需要经过一个相当长的认识积累、升华、进化过程,一个寿命较短的人或寿命虽长但在生命历程的中前期阶段都难以完成这种认识过程。在这个意义上说,人均预期寿命超八十的老龄社会是福不是祸,一个社会只有拥有较高比例的对生活和世界有深刻认识的睿智人口,才能有力地影响和引导这个社会认识并自觉地遵循必然,才会走向自由。人类对自我与家庭、己群、他群、同类、他类、资源、环境、地球的复杂关系的认识已走过了一个漫长的历史进步过程,直到今天才认识到人类个体与群体与万物与生物圈是协同进化的整体;人类在历史上也经历了个体、家庭、家族与部落、国家乃至联邦、联盟利益的整合,在今天的人口、资源、环境、社会问题的全球关联性和生物与环境协同进化规律的必然性面前,进入睿智时代的人类将更有可能认识和顺应这种必然,自觉地变革发展方式、整合全球协同进化的进程而迈向自由。

　　除此之外,老龄社会还有以下特征:

　　第一,更有利于社会生产力提高并使之服务于提高人的生存质量。社会生产力的提高取决于科技进步,科技进步并不是简单地取决于社会青壮人口的比重,而是取决于社会科技文化教育的发展水平和社会对科技生产力提高的需求。一个社会如果人口过多,存在着大量的失业和贫困人口,就会严重制约社会教育水平和社会福利水平的提高,导致失业和贫困家庭的众多子女无法受到应有的教育,从而会形成劳动力替代科技生产力以增加就业的巨大压力,社会就会存在着既要不断提高生产力以适应市场竞争的需求,又要大力发展劳动密集型产业以增加就业的需求的尖锐矛盾,这种矛盾不仅抑制了社会生产力的应有提高,而且使经济发展难以从数量增长型转向质量提高型,老龄社会由于生育率低,能使年轻人普遍受到良好的教育,从而能消除这种矛盾;老龄人由于体力逐步衰退,从而对智能化服务有更多的需求,这有利于推动自动化、智能化的发展;老龄人对生活的需求重品质提高而不是重数量增长,并拥有深刻理解生活和世界的智慧优势,从而有利于推动经济从数量型向质量型转换和社会发展的目的更为清晰地指向提高人的生存质量。

第二,人类将第一次有条件创造一个各尽所能、各得其所的新社会。人类是社会性、创造性生物,不只是有物质需求,而是还有精神需求。而且,人的需求不只是接受性消费需求,而是还有创造性劳动需求,人不满足于从自然和社会中接受现成的东西,而是还要通过自己的劳动去创造和收获新的东西,以满足和实现自我的物质和精神需求。因而,各尽所能、各得其所是人的本性追求。但是,人类社会自发生阶级分化后,劳者不获,获者不劳的现象就普遍存在,在自给自足的小农经济社会,虽然没有就业、失业、退休的概念,但阶级分化会不断地产生出失地农民,他们的物质和精神需求也就无从满足;在世界工业化市场化发展过程中,就业、失业、退休不仅是经济学和社会学家所关注的重点问题,而且还是国家经济社会政策调节的重要内容,这一现象本身即表明,各尽所能、各得其所只是一个可望而不可即的理想。在世界进入睿智的老龄社会后,由于人口负增长直至稳定在适宜的替代水平,青壮人口比重下降和老龄人口比重上升,老中青人口比重均衡且分布在一个不断延长的年龄段中,老龄人口的需求更多地转向精神领域,各年龄段人口的物质和精神、消费和劳动需求,因分异明显而不再相互冲突,社会不再有增加就业的巨大压力,不仅青壮人口有充分就业的条件,老龄人口也将能根据社会需求和自己的健康状况及意愿来决定离开工作的时间,社会将不再存在一个庞大的失业、退休人口,就业竞争的压力将不再是失业,不再是有否自食其力的机会,而只是社会实现人尽其才、才尽其用机制调节中的工作变动,是个人与社会双向选择中的合理流动,今天的失业、退休概念含义将成为历史。而且社会生产力的不断发展使得整个社会投入于满足物质需求的生产时间不断减少,人们将有更多的时间从事自主的创造性的精神劳动,从而就有条件进入各尽所能、各得其所的时空。

第三,将为社会提供新的创新动力。社会创新力并不与人口多少正相关,全球人口在古希腊和中国诸子百家时代不过1亿多,在文艺复兴时代不超过5亿,在牛顿时代不超过10亿,在爱因斯坦创立相对论时不超过20亿,现在是70亿人口,柏拉图、亚里士多德、老子、孔子、墨子、孙子、释迦牟尼、达·芬奇、哥白尼、牛顿、达尔文、马克思、爱因斯坦式的创新思想家不仅没有成正比例地增长,反而比以往似乎更为稀缺。其原因当然不是当代人发生了脑力退化,而是当代人在广度和深度上都空前地被欲望物质化、金钱化和智能专业化、肢解化了。除了极少数有条件也乐于仅靠继承的财产而享受终生的人外,绝大多数人都必须在竞争的市场中就业、创业,都既有失业、失败的风险,又有退休的限制,因而,用短暂的工作时间多多赚钱就成了压倒一切的目的。同时,工作中细密的分工和为此服务的学校专业化教育,使得今天的人才都属某种专才,这种教育使人们坐井观天,丧失了对全部生活和整个世界的认识能力,人口过多走向了反面。人类只有跳出就业、失业、退休的循环,从物欲旋涡中解脱出来,各尽所能、各得其所,才有可能全面推进科技、人文、哲学的协同发展,才有可能从微观到宏观的统一中理解生活和世界,这有赖于使人口稳定在一个适宜的水平。有研究认为,世界人口平均寿命每10年增加两岁的势头没有任何减弱,目前英国几乎有20%的人将活到100岁,平均寿命最长的国家在60年内将达到100岁,寿命的延长是身体在进化,基因参与身体的保养、修复过程,没有迹象表明人类接近任何所谓的寿命上限[①]。假设世界人口增长到80亿后开始负增长并将在40亿时达到各尽所能、各得其所和与自然和谐的状态,这时60岁以上的人口达40%,其他年龄人口也高达26亿,超过1950年时全球25亿的总人口,更远远超过历史上人类引以为自豪的任何大创新时期的世界总人口。中青年在术业专攻中创新力旺盛、年长者在知识综合中更显优势,随着教育整体水平的提高和社会对健康、文化、智能化产品和服务等多样化新需求的强劲增长,将有力地推动着社会的全面创新和全社会健康、文明素质的提高。

---

① "长寿国人均寿命60年内达百岁",新华社《参考消息》2011年3月11日。

第四,社会负担将大大减轻。老龄社会的中位数年龄虽不断上移,但社会生产力水平高并能实现各尽所能、各得其所,失业不复存在,因而社会失业保障负担也将很小;人人能根据社会需求和个人健康及意愿来决定离开工作的时间,社会成员因年迈而不能再工作的时间也大大缩短,因而养老负担也可以降至最低;个人因终生工作时间长、收入高、储蓄多,加上社会化和自动化服务体系的普及,从而又大大减轻病老对家庭、后代的负担。反之,一个年龄结构虽较低,但社会成员科技文化素质低,就业收入低,存在一个不断增长的失业、退休队伍,社会的贫困、失业、医疗、养老保障负担才不堪重负。这样的社会虽然普遍把退休年龄前移来作为减少失业的调节手段,但一头减少了失业人口,另一头就得增加退休人口,减少失业人口要付出增加退休人口从而增加人力资本损失和退休负担的双重代价,在人均预期寿命不断延长、生产和服务自动化水平不断提高、社会对劳动的需求不断减少的趋势中,失业、退休的人口和负担不断增长也就必然要将社会逼入四顾无路的困境。

第五,社会成员身心将更加健康。几乎所有生物都具有指数增长的潜能,以细胞分裂进行复制繁衍的细菌,可以在极短的时间中覆盖全球,但地球并没有因此而变成一个除细菌外别无生物立足的巨大菌球;蝗虫在温湿适宜、食物充足时会铺天盖地地爆炸性增长,但在一个极短的时间后就会陷入陈尸遍野的残局。资源环境的有限性,或者说环境的阻力、承载力,限制了所有生物包括人类的数量。任何物种基因的丰富性在任何特定时空都是受限的,丰富性的增加来自漫长的进化过程而不是短期的爆发性增长,爆发性增长只会带来突然性衰退,从而带来基因的巨大损失甚至灭种。已有研究还表明,即使是食物充足,种群密度高也会严重损害健康,饲养于实验室中的较高种群密度的动物(白鼠、灰鼠),虽然给以充足的水和食物,但由于密度较高,会出现生育力下降、对传染病的免疫力降低、活动减少、活动过多、挑衅性、缺乏亲代天性、性变态、相互嗜食等病态行为,临床症状包括肾上腺肿大,胸腺和生殖腺减少,心脏、血管、肾、肝脏恶化等。与此相类似,在人口密度高的城市中心,不仅家庭机能下降、酗酒、吸毒、犯罪、精神病等的发生率也比其他地方高,而且教育程度低、贫困水平高、失业及其他社会问题严重①。在这样的社会中,老人和儿童更易受到伤害,糟糕的儿时成长经历会对一个人的终生带来不利影响,恶劣的晚年状况会在每一个成年人心理上投下阴影,老人和儿童的生存状况是衡量社会文明进步的准绳,只有在一个人口适度,能实现各尽所能、各得其所的社会中,社会才能摆脱弱肉强食的"丛林法则"而获得真正的进步,这样的社会虽然生育率较低,但身心健康者的后代远比身心交瘁者的后代更健康,更有利于人类和文明的延续。而且,现代人患癌症、心血管病、精神病的数量激增和老年病年轻化,都与自然环境、社会环境恶化和病态的生活方式有关,老龄化社会的到来,将对根除这些疾病,改善整个自然、社会生态环境和人的生活方式提出紧迫的需求,这也将有利于提高整个人类的健康水平。

第六,社会将更加和平。在经济学和社会学的视角中,年轻人与老年人被突出地区别为前者是"劳动力"而后者则是"负担",这虽然突出地反映了工业化过程中的社会病态和人生谢幕过程的悲凉,但这种反映仍失之于片面。德国学者贡纳尔·汉森把人口结构与社会冲突联系起来研究,得出的结论是:在15~29岁年轻人比例超过30%的社会里,冲突往往会演化成暴力,现在全球有67个国家超过这个比例,其中60个国家正在发生内战、骚乱和恐怖袭击;他将40~44岁男人与4岁以下男孩的数量进行比较,得出4岁以下男孩比例越高的国家,内部冲突白热化的可能性就越大的结论,如加沙地带的比例是100:464,阿富汗是100:403,索马里是100:364,伊拉克是100:351。美国学者马克·哈斯也有类似的研究。② 有人羡慕阿拉伯国家一夫多妻,能生很多孩子,阿拉伯社会虽有很强的凝聚力,但教派、部落林立,失业率很高,现在有不少国家年轻人的失业率超出20%,以致一些过去看似较富裕、较稳定的国家也陷入动乱,导致一个个强人政权倒台,阿拉伯社会的福祉绝不会是多多生育,一个虽然年轻,但却充斥暴力、恐怖犯罪的社会显然与人类的利益和愿望背道而驰。老龄社会将是一个和平的社会,因为:老龄社会对

---

① [美]Willam P. Cunningham Barbara Woodworth Saigo:《环境科学:全球关注》(上册),第213页。

② 参见"人口结构变化将改变世界格局",新华社《参考消息》2008年2月7日。

服务性的需求将空前增大,女性在这方面有适应性优势,加上女性平均寿命高于男性,因而,老龄社会的女性就业比重、人口比重、社会地位和社会性别观念将会发生与现在相反的逆转,女性处理人际关系的友好倾向将成为社会和平的重要主导因素;老龄社会由于社会成员普遍受到良好的教育,能各尽所能、各得其所,社会犯罪率将大大减少;无论男女的年长者都心境更加平和宽容,处事更加理性睿智,更珍惜生命的宝贵,在处理国内外事务及矛盾时,更倾向于运用智慧、中庸、和平的手段,而他们又占社会人口的很大比重,在社会民主抉择中有着举足轻重的影响;人口的大幅减少和物质主义、虚荣攀比的消退将大大缓解对资源环境竞争的压力,从而缓解由此而引起的国家间的紧张关系,等等,所有这一切,都将使得社会很难有理由要把青壮年这一老龄社会的宝贵资源送到战场上去牺牲,因而战争风险也将大大降低。

第七,人与自然将更加和谐。人来之于自然,也复归于自然,年长者更倾向于亲近自然、更追求精神需求的满足,走出了物质主义攀比的虚荣性、浪费性消费的迷途,返璞归真,过有益于身心健康的平淡生活,这时,劳动将成为身心健康的第一需要,在他们通过户内外劳动来增进身心健康的过程中,还会创造价值,它虽然并不一定经过市场交换而计入 GDP,但却直接增加了个人、家庭、社会的享用和对自然的服务,减少了对自然的消耗,因为非交换价值与交换价值的实现相比,它减少了从生产到消费的长长链接过程中的所有环节,而所有这些环节都是要消耗物能和排放污物的。而且,这种劳动把生产劳动、体力锻炼、精神愉悦统一起来,正是对唯一有益于人与自然和谐和身心健康的劳动形成的复归,人们在这种劳动中获得了物质产品、强健身体、愉悦精神的收获和满足,而取之于自然的物质经消费后又返回到自然,进入自然的物质循环网络中。与之相比,传统工业社会中的生产劳动、身体锻炼、精神愉悦是完全分离且对立的,生产劳动中人是机器的仆人,身体锻炼要进单调的健身房、体育馆,精神愉悦要进刻板的歌舞厅、竞技场,且无处不消耗资源和排放污物,而以最小的物能消耗和排放获得所需的享用,走的正是人与自然和谐的必由之路。

我无须去刻意美化老龄社会,老龄社会当然也会有它的固有问题,主要的问题前面已经提到,就是随着人均寿命的不断延长,不仅女性的生育率要降低，而且生育的年龄必须推迟，这会遇到生理年龄的障碍，这是科技进步所要解决的问题。第二个问题是，由于生育率低，性别选择应被禁止或者可以按有利于社会性别比平衡作选择，但避免有严重先天性疾患的胎儿出生的选择应属必然，因为这有利于个人和家庭的幸福，也有利于社会的发展和人类的进化。第三个问题是，医学的发达有效地提高人类的健康水平和人均寿命，但人都有一死，其中许多人可能无疾而终或在较短的病痛中离去，但长期折磨于绝症中的病人可能会随着老人比重的提高而增多，这会遇到医学资源是否应当用于挽救大量的无效而痛苦生命的选择问题，这种选择要有科技、伦理、法律的跟进。第四个问题是，社会的养老方式将多元化，如家庭的、社会的、独处的方式都会出现，政府须及早提上议事日程，搞好调研和试点工作，高品质地发展老年服务性产业，激励社会参与和创新。第五个问题是社会必须为适应老龄的到来而进行全面的政治、经济、文化、社会变革，只有整体性的社会变革，才能把目前既存在年轻人失业率高、就业难，又存在就业人口退休早，社会福利支出大、财政困难等诸多"两头难"的巨大压力，转换成终生各尽所能、各得其所、老有所养、老有所为、老有所乐的美好未来。

上述选择有些会遇到伦理的、心理的复杂问题，现在去讨论它还缺乏充分的情势条件，但这并不构成根本性的障碍，最主要、最关键的问题还是整个社会利益结构的变革。应当相信，所有这些问题和困难都没有超出人类的智慧之外。老龄社会既是人口过度增长不可避免地向人口适宜的回归，又是人均寿命不断延长迟早必然会出现的结果，也是人类对可持续发展的理性选择，人类有能力化看似消极的因素为积极因素去把它建设好。建设好这样的社会，不同的国家会有不同的国情和方法，但都需要一场全球性的社会变革。

主要参考书目

1. 马克思:《资本论》,中共中央马克思恩格斯列宁斯大林著作编译局译,人民出版社,1975年。

2.《马克思恩格斯全集》,中共中央马克思恩格斯列宁斯大林著作编译局译,第1卷,人民出版社,1979年。

3. 列宁:《哲学笔记》,中共中央马克思恩格斯列宁斯大林著作编译局译,人民出版社,1960年。

4. [美]芭芭拉·沃德等:《只有一个地球——对一个小小行星的关怀和维护》,《国外公害丛书》编委会译校,吉林人民出版社,1997年。

5. [美]蕾切尔·卡逊:《寂静的春天》,吕瑞兰等译,吉林人民出版社,1997年。

6. [奥]威廉·赖希:《性革命——走向自我调节的性格结构》,陈学明等译,北京东方出版社,2010年。

7. [英]乔治·弗兰克尔:《性革命的失败》,宏梅译,北京国际文化出版公司,2006年。

8. [美]奥尔多·利奥波德:《沙乡年鉴》,侯文蕙译,吉林人民出版社,1997年。

9. [美]唐纳德·沃斯特:《自然的经济体系——生态思想史》,侯文蕙译,商务印书馆,1999年。

10. [美]亨利·戴维·梭罗:《瓦尔登湖》,戴欢译,北京当代世界出版社,2003年。

11. [英]詹姆斯·拉伍洛克:《盖娅:地球生命的新视野》,肖显静等译,上海人民出版社,2007年。

12. ［美］林恩·马古利斯 多里昂·萨根:《倾斜的真理:论盖娅、共生和进化》,李建会等译,江西教育出版社,1999年。

13. ［美］卡洛琳·麦茜特:《自然之死——妇女、生态和科学革命》,吴国盛等译,吉林人民出版社,1999年。

14. ［比］克里斯蒂安·德迪夫:《生机勃勃的尘埃——地球生命的起源和进化》,王玉山等译,上海科技教育出版社,1999年。

15. ［英］阿诺德·汤因比:《人类与大地母亲——一部叙事体世界史》,徐波等译,上海人民出版社,2001年。

16. 世界环境与发展委员会:《我们共同的未来》,王之佳等译,吉林人民出版社,1997年。

17. ［英］约翰·波斯特盖特:《微生物与人类》,周启玲等译,中国青年出版社,2007年。

18. ［英］约翰·格里宾:《大宇宙百科全书》,黄磷译,海南出版社,2001年

19. ［法］德日进:《人的现象》,李弘祺译,北京新星出版社,2006年。

20. ［美］杰拉德·戴蒙德:《第三种猩猩》,王道还译,海南出版社、三环出版社,2004年。

21. ［英］德斯蒙德·莫里斯:《人类动物园》,刘文荣译,文汇出版社,2002年。

22. ［英］G.埃利奥特·史密斯:《人类史》,李申等译,中国社会科学出版社,2009年。

23. ［英］史蒂文·琼斯:《达尔文的幽灵》,李若溪译,中国社会科学出版社,2004年。

24. ［英］克莱夫·庞廷:《绿色世界史:环境与伟大文明的衰落》,王毅等译,上海人民出版社,2002年。

25. ［美］彼得·S.温茨:《现代环境伦理》,宋玉波等译,上海人民出版社,2007年。

26. ［英］亚当·斯密:《道德情操论》,何丽君编译,北京出版社,2008年。

27 ［美］Paul Hawken. Amory Lovins. L·Hunter Lorins:《自然资本论:关于

下一次工业革命》,王乃粒等译。上海科学普及出版社,2000年。

28. [英]E．库拉:《环境经济思想史》,谢扬举译,上海人民出版社,2007年。

29. [德]西美尔:《金钱、性别、现代生活风格》,刘小枫选编,顾仁明译,华东师范大学出版社,2010年。

30. [美]加勒特·哈丁:《生活在极限之内——生态学、经济学和人口禁忌》,戴星翼等译,上海译文出版社,2001年。

31. [美]查尔斯·哈珀《环境与社会——环境问题中的人文视野》,肖晨阳等译,天津人民出版社,1998年。

32. [美]斯蒂芬·J·派因:《火之简史》,梅雪芹等译校,生活·读书·新知三联书店,2006年。

33. [美]米奇欧·卡库:《远景》,徐建等译,海南出版社,2000年。

34. [德]克劳斯·科赫:《自然性的终结》,王立君等译,社会科学文献出版社,2005年。

35. 《柏拉图全集》第2卷,王晓朝译,人民出版社,2003年。

36. [法]卢梭:《论人类不平等的起源和基础》,陈伟功等译,北京出版社,2010年。

37. [法]皮埃尔·勒鲁:《论平等》,王允道泽,商务印书馆,1988年。

38. [美]乔尔·查农:《社会学的十大问题》,汪丽华译,北京大学出版社,2009年。

39. [美]戴斯·贾丁斯:《环境伦理学——环境哲学导论》,林官明等译,北京大学出版社,2002年。

40. [美]埃里希·弗罗姆:《健全的社会》,蒋仲跃等译,国际文化出版公司,2003年。

41. [美]埃里希.弗罗姆:《生命之爱》,王大鹏译,国际文化出版公司,2001年。

42. [美]查尔斯·莫里斯等:《心理学导论》,张继明等译,北京大学出版社,2007年。

43. [美]卡罗尔·韦德等:《心理学的邀请》,白学军等译,北京大学出版社,2006年。

44. [英]乔治·弗兰克尔:《未知的自我》,刘翠玲译,国际文化出版公司,2006年。

45. [英]乔治·弗兰克尔:《文明:乌托邦与悲剧》,褚振飞译,国际文化出版公司,2006年。

46. [英]西奥多·泽丁尔:《情感的历史》,刘庸安等译,北京九州出版社,2007年。

47. 〔瑞典〕Malin Falkenmark Johan Rockstrom:《人与自然和谐的水需求——生态水文学新途径》,任立良等译,中国水利水电出版社,2006年。

48. [美]Paul Hawken Amorv Lovins L. Hunter Lovins:《自然资本论——关于下一次工业革命》,王乃粒等译,上海科技普及出版社,2000年。

49. [美]比尔·布莱森:《万物简史》,严维明等译,南宁接力出版社,2005年。

50. [美]阿尔·戈尔:《濒临失衡的地球——生态与人类精神》,陈嘉映等译,中央编译出版社,1997年。

51. [美]Willam P. Cunningham Barbara Woodworth Saigo:《环境科学:全球关注》(上册),戴树桂主译,北京:科学出版社,,2004年。

52. [英]史蒂芬·霍金:《时间简史——从大爆炸到黑洞》,许明贤等译,湖南科学技术出版社,2004年。

53. [美]赫尔曼·E·戴利等编:《珍惜地球——经济学、生态学、伦理学》,马杰等译,商务印书馆,2001年。

54. [法]阿尔贝·雅卡尔:《自由的遗产》,龚慧敏译,广西师范大学出版社,2005年。

55. [美]西蒙·A·莱文:《脆弱的领地:复杂性与公有域》,上海科技教育出版社,2006年。

56. [美]汤姆·哈特曼:《古老阳光的末日:抢救地球资源》,马鸿文译,上海远东出版社,2005年。

57. [英]德斯蒙德·莫利斯:《裸猿》,何道宽译,复旦大学出版社,2010年。

58. [英]德斯蒙德·莫利斯:《亲密行为》,何道宽译,复旦大学出版社,2010年。

59. [英]亚当·斯密:《国富论》,戴光年编译,武汉出版社,2010年。

60. [奥]弗洛伊德:《弗洛伊德心理哲学》,杨韶刚等译,九州出版社,2003年。

61. [瑞士]克里斯托弗·司徒博:《环境与发展——一种社会伦理学的考量》,邓安庆译,人民出版社,2008年。

62. [美]彼得·S.温茨:《环境正义论》,朱丹琼等译,上海人民出版社,2007年。

63. [美]迈克尔·T·克莱尔:《资源战争:全球冲突的新场景》,童新耕等译,上海译文出版社,2002年。

64. [美]詹姆斯·奥康纳:《自然的理由——生态学马克思主义研究》,唐正东等译,南京大学出版社,2003年。

65. [英]乔治·弗兰克尔:《道德的基础》,王雪梅译,国际文化出版公司,2007年。

66. [美]比尔·麦克基本:《自然的终结》,孙晓春译,吉林人民出版社,2000年

67. [英]乔治·弗兰克尔:《心灵考古》,褚振飞译,国际文化出版公司,2006年。

68. [美]赫·乔·韦尔斯:《世界史纲:生物和人类文明简明史》,吴文藻等译,广西师范大学出版社,2001年。

69. [美]H·W·刘易斯:《技术与风险》,杨健等译,中国对外翻译出版公司,1994年。

70. [美]保罗·霍肯:《商业生态学:可持续发展的宣言》,夏善晨等译,上海译文出版社,2001年。

71. [美]赫尔曼·E·戴利:《超越增长:可持续发展经济学》,诸大建等译,上海译文出版社,2001年。

72. [美]罗伯特·艾尔斯:《转折点:增长范式的终结》,戴星翼等译,上海译文出版社,2001年。

73. [美]希拉里·弗伦奇:《消失的边界:全球化时代如何保护我们的地球》,李丹译,上海译文出版社,2002 年。

74. [美]巴里·康芒纳:《与地球和平共处》,王喜六等译,上海译文出版社,2002 年。

75. [美]丹尼尔·A·科尔曼:《生态政治:建设一个绿色社会》,梅俊杰译,上海译文出版社,2002 年。

76. [美]诺曼·迈尔斯:《最终的安全:政治稳定的环境基础》,王正平等译,上海译文出版社,2001 年。

77. [美]南茜·弗雷泽:《正义的尺度》,欧阳英译,上海人民出版社,2009 年。

78. [美]南茜·弗雷泽:《正义的中断》,于海青译,上海人民出版社,2009 年。

79. [美]雅克·蒂洛、基思·克拉思曼:《伦理学与生活》,程立显等译,世界图书出版社,2008 年。

80. [美]卡洛琳·麦茜特:《自然之死——妇女、生态和科学革命》,吴国盛等译,吉林人民出版社,1999 年。

81. [德]迪特·森格哈斯:《文明内部的冲突与世界秩序》,新华出版社,2004 年。

82. [美]艾萨克·阿西莫夫:《终极抉择——威胁人类的灾难》,王鸣阳译,上海科技教育出版社,2000 年。

83. [英]戴维·佩珀:《现代环境主义导论》,宋玉波等译,上海人民出版社,2011 年。

84. [美]斯塔夫里阿诺斯:《全球通史:从史前史到 21 世纪》,吴象婴等译,北京大学出版社,2005 年。

85. 李耳 庄周:《老子·庄子》,北京出版社,2006 年。

86. 孔丘:《论语》(外二种),北京出版社,2006 年。

87. 《孙子兵法》,马一夫译评,吉林文史出版社,1999 年。

88. 白寿彝:《中国通史》(修订本)(第三卷,上古时代,下册),上海人民出版社,2004 年。

89. 孟昭华:《中国灾荒史记》,中国社会出版社,1999年。

90. 鲁迅:《鲁迅全集》第11卷,人民文学出版社,1981年。

91. 卿希泰:《中国道教思想史》第1卷,人民出版社,2009年。

92. 王宏昌:《中国西部气候—生态演替历史与展望》,经济管理出版社,2001年。

93. 樊宝敏 李智勇:《中国森林生态史引论》,科学出版社,2008年。

94. 姜春云:《偿还生态欠债-人与自然和谐探索》,新华出版社,2007年。

95. 曾宗永:《人类生存的基础:生物多样性》,上海科学技术出版社2002年。

96. 孙家驹:《全球关注:生态环境与可持续发展走向》,江西人民出版社,2006年。

97. 王子今:《秦汉时期生态环境研究》,北京大学出版社,2007年。

98. 秋风编:《市场二十讲》,天津人民出版社,2008年。

99. 黄希庭 郑涌:《心理学十五讲》,北京大学出版社,2005年。

100. 杨通进编:《生态二十讲》,天津人民出版社,2008年。

101. 余正荣:《中国生态伦理传统的诠释与重建》,人民出版社,2002年。

102. 雷毅:《深层生态学思想研究》,清华大学出版社,2001年。

103. 李永铭编著:(呵护家园),长江文艺出版社,2001年。

104. 何海波编:《人权二十讲》,天津人民出版社,2008年。

图书在版编目(CIP)数据

地球之难:困境与选择/孙家驹著.—南昌:江西人民出版社,
2012.4
ISBN 978-7-210-05328-6

Ⅰ.①地… Ⅱ.①孙… Ⅲ.①地球-普及读物
Ⅳ.①P183-49

中国版本图书馆 CIP 数据核字(2012)第 062436 号

地球之难:困境与选择

作者:孙家驹著
策划编辑:游道勤
责任编辑:蒭新民
封面设计:同昇文化传媒
出版:江西人民出版社
发行:各地新华书店
地址:江西省南昌市三经路47号附1号
编辑部电话:0791-86898510
发行部电话:0791-86898893
邮编:330006
网址:www.jxpph.com
E-mail:jxpph@tom.com web@jxpph.com
2012年4月第1版 2012年4月第1次印刷
开本:787毫米×1092毫米 1/16
印张:22.5
字数:350千字
ISBN 978-7-210-05328-6
赣版权登字—01—2012—144
版权所有 侵权必究
定价:48.00元
承印厂:南昌市印刷九厂
赣人版图书凡属印刷、装订错误,请随时向承印厂调换